U0161716

复合调味料生产技术与配方

徐清萍 陶 静 马 科 编著

中国纺织出版社有限公司

图书在版编目(CIP)数据

复合调味料生产技术与配方 / 徐清萍，陶静，马科
编著. -- 北京：中国纺织出版社有限公司，2022.10
ISBN 978 - 7 - 5180 - 9427 - 1

Ⅰ. ①复… Ⅱ. ①徐… ②陶… ③马… Ⅲ. ①复合调
味料—生产技术 ②复合调味料—配方 Ⅳ. ①TS264.2

中国版本图书馆 CIP 数据核字(2022)第 049748 号

责任编辑：毕仕林 国 帅 责任校对：江思飞 责任印制：王艳丽

中国纺织出版社有限公司出版发行
地址：北京市朝阳区百子湾东里 A407 号楼 邮政编码：100124
销售电话：010— 67004422 传真：010— 87155801
http://www.c-textilep.com
中国纺织出版社天猫旗舰店
官方微博 http://weibo.com/2119887771
唐山玺诚印务有限公司印刷 各地新华书店经销
2022 年 10 月第 1 版第 1 次印刷
开本：880×1230 1/32 印张：12.5
字数：343 千字 定价：68.00 元

凡购本书，如有缺页、倒页、脱页，由本社图书营销中心调换

❧ 前言 ❧

　　复合调味料是调味品行业增长的主力,近年来市场需求保持了较快的增长速度,市场规模突破千亿元。复合调味料不仅可以直接应用于家庭或餐饮业中菜肴的烹调或佐餐,而且还可以直接应用于方便食品、肉制品加工、休闲食品等食品工业生产中。我国复合调味料品种达到上千种,其中中式复合调味料增长最迅速,生产主要以原料混配型为主,中小型规模企业众多。为满足当前复合调味料行业发展需求,以及为从事复合调味料生产人员提供参考,我们编著了本书。本书系统总结复合调味料生产的基本理论、生产工艺、研究发展方向,着重介绍了复合调味料生产常用的原料、辅料和添加剂,不同形态复合调味料生产的通用工艺,固态复合调味料(如汤料、鸡精、鸡粉、风味小食品复合调味料等),半固态复合调味料(如蛋黄酱、色拉酱、各种动植物原料复合酱等),液态复合调味料(如凉拌汁、卤汁、酱油调味汁等),复合调味料生产设备。本书也可作为科研、教学、工程技术人员的实用参考书。

　　本书由郑州轻工业大学徐清萍教授、陶静副教授、马科博士编著,全书由徐清萍统稿。

　　本书在编写过程中查阅了大量相关文献,由于篇幅有限,参考文献未能一一列出,在此,谨向文献的作者表示衷心感谢!

　　由于编者水平有限,不当之处在所难免,敬请读者批评指正。

编者

2021.05

目录

第一章　复合调味料生产基本理论

第一节　复合调味料的基本概念及分类

一、基本概念

除传统的酱油、食醋、味精等大宗产品外,复合调味料是调味品行业使用最多的一类产品。复合调味料是指在科学的调味理论指导下,将各种基础调味品根据传统或固定配方,按照一定比例,经过一定工艺手段,进行加工、复合调配出具有多种味感的调味品,从而满足不同调味需要。简而言之,复合调味料就是用两种或两种以上的调味品配制,经特殊加工而制成的调味料。

我国有久远历史的花色辣酱、五香粉、复合卤汁调料、太仓糟油、蚝油等,甚至在家烹调时调制的作料汁和饭店师傅们调制的高档次的调味汁等都属于复合调味料。现代复合调味料是采用多种调味品原料经工业化大批量生产的具备特殊调味作用的标准化产品。随着现代化的进程和生活水平的提高,方便快捷、便于贮藏携带、安全卫生、营养而又风味多样的复合调味料在我国飞速发展,成为我国调味品行业中发展的主流。

与单一调味品相比,复合调味料是一类针对性很强的专用型调味料,如柱侯酱是粤菜柱侯鸡、柱侯牛肉的主要调味品,番茄汁是制作茄汁牛肉必不可缺的调味品。菜肴中的复合味型,主要是根据菜式的不同,将多种调味品按一定比例调配而成的。在调配过程中,调味品的数量是否准确,投料比例是否得当,添加顺序是否正确,均会影响调配后的口味。鱼香肉丝、麻婆豆腐、烤牛肉、红烧猪肉等不同菜肴的风味特点,都可以通过加入专用的复合调味料表现出来。食品工业生产出的复合调味料,是按照工艺流程,严格定量和加工而成的,其色、香、味等理化指标均是一定的。

二、分类

复合调味料的分类有多种方法。按用途不同可分为:佐餐型、烹饪型及强化风味型复合调味料;按所用原料不同可分为:肉类、禽蛋类、水产类、果蔬类、粮油类、香辛料类及其他复合调味料;按风味可分为:中国传统风味、方便食品风味、日式风味、西式风味、东南亚风味、伊斯兰风味及世界各国特色风味复合调味料;按口味分为:麻辣型、鲜味型和杂合型复合调味料(杂合型复合调味料是根据消费者的不同口味和原料配比生产出的调味品,其特点是综合各地消费者的口味,根据原料的特性和营养成分生产出的一种调味品);按体态可分为:固态(包括粉末状、颗粒状、块状)、半固态(包括膏状、酱状)、液态复合调味料(液状、油状)。粉末型包括干燥粉末和抽出浓缩物粉末,颗粒型包括定型颗粒和不定型颗粒;油状复合调味料包括油和脂。

我国于2018年6月首次发布强制性国家标准《食品安全国家标准 复合调味料》(GB 31644—2018),制定了复合调味料的定义:"用两种或两种以上的调味料为原料,添加或不添加辅料,经相应工艺加工制成的可呈液态、半固态或固态的产品。"该标准规定了污染物、微生物的限量要求,以及食品添加剂的应用原则。截至2022年3月相关的国内标准共计45项,其中食品安全标准6项,生产规范标准3项,术语定义标准1项,产品标准35项。

(一)固态复合调味料

以两种或两种以上的调味品为主要原料,添加或不添加辅料,加工而成的呈固态的复合调味料。根据加工产品的形态又可分为粉末状、颗粒状和块状。

1. 粉末状复合调味料

粉末状调味料在食品中的用途很多,如速食方便面中的调料、膨化食品用的调味粉、速食汤料及各种粉状料等。粉末状调味料加工分为粗粉碎加工型、提取辛香成分吸附型、提取辛香成分喷雾干燥型。粗粉碎型是我国最古老的加工方法,是将香辛料精选、干燥后,进行粉碎,过筛即可。另外,可根据各香辛料呈味特点及主要有效成分,对香辛料采取溶剂萃取、水溶性抽提、热油抽提等各种提取方式,在抽出有效成分后进行分离,选择包埋剂将香辛料精油及有效成分进行包埋,然后喷雾干燥。或采用吸附剂与香辛料精油混合,然后采用其他方法干燥。

粉末状复合调味粉可采用粉末的简单混合,也可在提取后熬制混合,经浓缩后喷雾干燥。其产品呈现出醇厚复杂的口感,可有效地调整和改善食品的品质和风味。采用简单混合方法加工的粉末状调味品不易混匀,在加工时要严格按混合原则加工。

2. 颗粒状复合调味料

将各种原料粉碎,混合制粒,干燥,筛分可制成颗粒状复合调味料。颗粒状复合调味料包括定型颗粒和不定型颗粒。粉末状复合调味料均可通过制粒成为颗粒状,如颗粒状鸡精。

3. 块状复合调味料

块状复合调味料,又称汤块。块状调味品在欧洲、中东、非洲、南美洲等地区的消费较多。按口味不同可分为鸡味/鸡精味、牛肉味、鱼味、虾味、洋葱味、番茄味、胡椒味、咖喱味等。

4. 常见固态复合调味料

(1)鸡精调味料　以食用盐、味精、鸡肉或鸡骨的粉末或其浓缩抽提物、呈味核苷酸二钠及其他辅料为原料,添加或不添加香辛料和/或食用香料等增香剂,经混合干燥加工而成的,具有鸡的鲜味和香味的复合调味料。

(2)鸡粉调味料　以食用盐、味精、鸡肉或鸡骨的粉末或其浓缩抽提物、呈味核苷酸二钠及其他辅料等为原料,添加或不添加香辛料和/或食用香料等增香剂,经加工而成的,具有鸡的浓郁香味和鲜美滋味的复合调味料。

(3)牛肉粉调味料　以牛肉的粉末或其浓缩抽提物、味精、食用盐及其他辅料为原料,添加或不添加香辛料和/或食用香料等增香剂,经加工而成的,具有牛肉鲜味和香味的复合调味料。

（4）排骨粉调味料　以猪排骨或猪肉的浓缩抽提物、味精、食用盐和面粉为主要原料,添加香辛料、呈味核苷酸二钠等其他辅料,经混合干燥加工而成的,具有排骨鲜味和香味的复合调味料。

（5）海鲜粉调味料　以海产鱼、虾、贝类的粉末或其浓缩抽提物、味精、食用盐及其他辅料为原料,添加或不添加香辛料和/或食用香料的增香剂,经加工而成的,具有海鲜香味和鲜美滋味的复合调味料。

（6）其他固态复合调味料。

（二）半固态复合调味料

以两种或两种以上的调味品为主要原料,添加或不添加辅料,加工而成的呈半固态的复合调味料。根据所加增稠剂量不同、黏稠度不同,又可分为酱状和膏状。

酱状复合调味料包括各种复合调味酱,如风味酱、蛋黄酱、色拉酱、芥末酱、虾酱;膏状复合调味料如各种肉香调味膏、麻辣香膏等。半固态复合调味料还包括火锅调料（底料和蘸料）。

常见的半固态复合调味料介绍如下。

1. 复合调味酱

以两种或两种以上的调味品为主要原料,添加或不添加其他辅料,加工而成的呈酱状的复合调味料。

（1）风味酱　以肉类、鱼类、贝类、果蔬、植物油、香辛调味料、食品添加剂和其他辅料配合制成的具有某种风味的调味酱。

（2）沙拉酱　西式调味品,以植物油、酸性配料（食醋、酸味剂）等为主料,辅以变性淀粉、甜味剂、食盐、香料、乳化剂、增稠剂等配料,经混合搅拌、乳化均质制成的酸味半固体乳化调味酱。

（3）蛋黄酱　西式调味品,以植物油、酸性配料（食醋、酸味剂）、蛋黄为主料,辅以变性淀粉、甜味剂、食盐、香料、乳化剂、增稠剂等配料,经混合搅拌、乳化均质制成的酸味半固体乳化调味酱。

（4）其他复合调味酱　除风味酱、沙拉酱、蛋黄酱等以外的其他复合调味酱。

2. 火锅调料

食用火锅时专用的复合调味料,包括火锅底料及火锅蘸料。

（1）火锅底料　以动、植物油脂、辣椒、蔗糖、食盐、味精、香辛料、豆瓣酱等为主要原料,按一定配方和工艺加工制成的,用于调制火锅汤的调味料。

（2）火锅蘸料　以芝麻酱、腐乳、韭菜花、辣椒、食盐、味精和其他调味品混合配制加工制成的,用于食用火锅时蘸食的调味料。

（三）液态复合调味料

以两种或两种以上的调味品为主要原料,添加或不添加其他辅料,加工而成的呈液态的复合调味料。

1. 汁状复合调味料

汁状复合调味料是指以磨碎的鸡肉/鸡骨/鲍鱼、蚝或其浓缩抽提物及其他辅料等为原料,添加或不添加香辛料和/或食用香料等增香剂,经加工而成的,具有浓郁鲜味和香味的汁状复合调味料。

汁状复合调味料包括鸡汁、牛肉汁、鲍鱼汁、海鲜制品复合汁、卤肉汁、烧烤汁、香辛料调味汁、各种混合汤汁及糟卤等液态复合调味料。

2. 油状复合调味料

油状复合调味料(油、脂)包括蚝油、各种复合香辛料调味油(热油浸提法)、复合油树脂调味料及各种风味复合调味油,如香辣调味油、肉香味调味油、川味调味油等。

3. 常见的液态复合调味料

（1）鸡汁调味料　以磨碎的鸡肉/鸡骨或其浓缩抽提物及其他辅料等为原料,添加或不添加香辛料和/或食用香料等增香剂,经加工而成的,具有鸡的浓郁鲜味和香味的汁状复合调味料。

（2）糟卤　以稻米为原料制成黄酒糟,添加适量香料进行陈酿,制成香糟;然后萃取糟汁,添加黄酒、食盐等,经配制后过滤而成的汁液。

（3）其他液态复合调味料　除鸡汁调味料、糟卤等以外的其他液态复合调味料。如烧烤汁,以食盐、糖、味精、焦糖色和其他调味料为主要原料,辅以各种配料和食品添加剂制成的用于烧烤肉类、鱼类时腌制和烧烤后涂抹、蘸食所用的复合调味料。

第二节　复合调味料味感的产生与构成

复合调味料味感的构成包括口感、观感和嗅感，是调味料各要素化学、物理反应的综合结果，是人们生理器官及心理对味觉反应的综合结果。

一、味的种类

人们通常所讲的"味道"或者"风味"其实是个十分复杂的概念，在不同的时间和地点，不同的环境下人们对味道会有不同的感受。味道和风味的关系非常密切，但又是不一样的。风味的概念大于味道的概念，风味包括食物的味道、人对食物的感触、人的心理感受三大要素。如果再细划分的话，其中食物的味道主要是指化学性的味和气味，是由人的舌、口腔、鼻系统感受到的；人对食物的感触主要是指对食物的颜色、形状等外观的观察所获得的印象，是由眼睛或由身体的某些部分接触感受到的；人的心理感受主要是指对饮食环境、食品所反映出的文化环境、习惯、嗜好、生理及健康因素等所做出的精神方面的反映。人们常说的北京风味、广东风味、四川风味、上海风味等指的不仅是菜肴本身的味道，还包括了菜肴的味道、气味、形状外观、颜色、周围的饮食环境，菜肴所衬托出的文化背景等各方面的要素。这些综合要素共同作用于人的感官、神经和大脑之后，使人对某个食物对象产生一种综合的概念，由此而出现或喜爱、或兴奋、或讨厌等各种不同的反应。

关于食物的味道，也就是化学的味，是通过刺激人的味觉和嗅觉器官表现出来的。关于味的分类有各种说法，比如有 5 种味的说法，也有 8 种味的说法。中国和日本都是 5 种味的说法，中国有"咸、酸、甜、苦、辣"的说法。日本也有跟中国一样的味道之说。除此之外，日本的另一种说法是把辣味去掉，换上一个"鲜味"。印度是 8 种味的说法，其中有"甜、酸、咸、苦、辣、淡、涩、腐败味"。还有许多学者的分类法，但目前比较有影响的是由德国 Hening 提出的 4 种味的分类法，即甜味、酸味、咸味和苦味,又称 4 基本味。就像颜色有 3 种基本色,其他各种色调都是在三基色的基础上配制出来的一样,4 种基本味的不同搭配和组合可以表达出各种不同的味感。Hening 认为,其他各种不同的味道都可以被归纳进 4 种基本味的四面体图之中,换句话说就是,其他所有味道都处于这个四面体图中的某个位置上。

基本味又称本味,是指单纯一种味道,没有其他味道。基本味是构成复合味的基础,一般复合味由两种以上的基本味构成。人们对食品风味的识别基于食品中呈味成分的含量、状态和对呈味成分的平均感受力与识别力。呈味成分只有在合适的状态下,才能与口腔中的味蕾进行化学结合,即被味蕾所感受。当呈味含量低于致味阈时,人们感受不到味;当含量过高,会使味觉钝化,人们感觉不到呈味成分含量的变化。当呈味成分含量处于有效的调味区间时,人对食品风味的味感强度与呈味成分含量成正比。高质量复合调味料的开发离不开研发人员对化学性味道的性质及其相互联系间的深刻理解。

二、味的定量评价

自然界物种丰富,可食用物质不计其数,这也就决定了呈味物质数量繁多。人们在对食品的风味进行研究时,应对食品和呈味物质的味觉强度和味觉范围进行量化,以保证描述、对比和评价的客观和准确。通常可以使用的数值参数包括:阈值(CT)、等价浓度(PSE)、辨别阈(DL 或 JND),其中使用最多的是阈值。

阈值是指可以感觉到特定味的最小浓度。"阈"是刺激的临界值或划分点,阈值是心理学和生理学上的术语,指获得感觉的不同而必须达到的最小刺激值。如食盐水是咸的,但将其稀释至极就与清水没有区别了,一般感到食盐水咸味的浓度应达到 0.2% 以上。

不同的测试条件和不同的人,最小刺激值有差别。一般说来,应有许多人参加评味,半数以上的人感到的最小浓度(最低呈味浓度),即刺激反应的出现率达到 50% 的数值,称为该呈味物质的阈值。5 种基本味的代表性呈味物质的阈值列于表 1 - 1 中。

表1-1 各种物质的阈值(质量分数)

基本味	物质	阈值/%	基本味	物质	阈值/%
咸味	食盐	0.2	苦味	奎宁	0.00005
甜味	砂糖	0.5	鲜味	谷氨酸钠	0.03
酸味	柠檬酸	0.003			

由表1-1可见,砂糖等甜味物质的阈值较大,而苦味的阈值较小,即苦味等阈值越小的物质比甜味物质等阈值较大的物质越易于被感知,或者说其味觉范围较大。阈值受温度的影响。不同的测定方法获得的阈值不同。采用由品评小组品尝一系列以极小差别递增浓度水溶液而确定的阈值称为绝对阈值或感觉阈值,这是一种对从无到有的刺激感觉。若将一给定刺激量增加到显著刺激时所需的最小量,就是差别阈值。而当在某一浓度再增加也不能增加刺激强度时,则是最终阈值。可见,绝对阈值最小,而最终阈值最大,若没有特别说明阈值则都是指绝对阈值。

阈值的测定依靠人的味觉,这就不可能不产生差异。为避免人为因素的影响,人们正在研究开发有关仪器,其中有的是通过测定神经的电化学反应间接确定味的强度。

阈值中最常用的是辨别阈。辨别阈是指能感觉到某呈味物质浓度变化的最小变化值,即能区别出的刺激差异,也称差阈或最小可知差异(缩写为JND)。人们都有这样的经验,当一种呈味物质为较高浓度时,能辨别的最小浓度变化量增大,即辨别阈有变得"较大"的现象;反之,辨别阈则感觉"较小"。不同的呈味物质浓度,其辨别阈也是不同的,一般浓度越高或刺激越强,辨别阈也就越大。

正是根据这种现象,Weber提出了"能辨别的刺激增值ΔR与其刺激量Ro成正比"的法则。Weber把刺激偏向增加和偏向减少的数值,分别称为上辨别阈R_U和下辨别阈R_E。对处于上、下辨别阈范围之间的Ro不能区别,此范围称为Ro的不确定范围。因此,为避免刺激Ro增加造成的影响,也用$\Delta R/Ro$表示辨别阈,而称它为Weber比或者相对辨别阈。

三、味觉机理学说

呈味物质溶液对口腔内的味感受体的刺激,通过收集和传递信息的神经感觉系统传导到大脑的味觉中枢,经大脑的综合神经中枢系统的分析处理,使人产生味感。人对味的感觉主要依靠口腔内的味蕾,以及自由神经末梢。无髓神经纤维的棒状尾部与味细胞相连。把味的刺激传入脑的神经有很多,不同的部位信息传递的神经不同。不同的味感物质在味蕾上有不同的结合部位,尤其是甜味、苦味和鲜味物质,其分子结构有严格的空间专一性,即舌头上不同的部位有不同的敏感性。一般来说,人的舌前部对甜味最敏感,舌尖和边缘对咸味较为敏感,而靠腮两边对酸味敏感,舌根部则对苦味最为敏感。但因人会有差异。各个味细胞反应的味觉,由神经纤维分别通过延髓、中脑、视床等神经核送入中枢,来自味觉神经的信号先进入延髓的孤束核中,由此发出味觉第二次神经元,反方向交叉上行进入视床,来自视床的味觉第三次神经元进入大脑皮质的味觉区域。

唾液与味感关系极大。味感物质须溶于水才能进入刺激味细胞,口腔内分泌的唾液是食物的天然溶剂。唾液的清洗作用,有利于味蕾准确地辨别各种味。食物在舌头和硬腭间被研磨最易使味蕾兴奋,因为味觉通过神经几乎以极限速度传递信息。人的味觉感受到滋味仅需 1.6 ~ 4.0 ms,比触觉(2.4 ~ 8.9 ms)、听觉(1.27 ~ 21.5 ms)和视觉(13 ~ 46 ms)都快得多。自由神经末梢是一种囊包着的末梢,分布在整个口腔内,也是一种能识别不同化学物质的微接收器。

当前关于味觉和嗅觉的机理已有定味基和助味基理论、生物酶理论、物理吸附理论、化学反应理论等。现在普遍接受的机理是,呈味物质分别以质子键、盐键、氢键和范德瓦耳斯力形成 4 类不同化学键结构,对应酸、咸、甜、苦 4 种基本味。在味细胞膜表层,呈味物质与味受体发生一种松弛、可逆的结合反应过程,刺激物与受体彼此诱导相互适应,通过改变彼此构象实现相互匹配契合,进而产生适当的键合作用,形成高能量的激发态。此激发态是亚稳态,有释放能量的趋势,从而产生特殊的味感信号。不同的呈味物质的激发态不同,产生的刺激信号也不同。由于甜受体穴位是由按一定顺序排列的氨基酸组成的蛋白体，如刺激物极性基的排列次序与受体的极性不能互补，则将受到排斥，就不可能有甜感。换句话说，甜味物质的结构是很严格的。由表蛋白结合的多烯磷脂组成的苦味受体，对刺激物的极性和可极化性同样也有相应的要求。因受体与磷脂头部的亲水基团有关，对咸味剂和酸味剂的结构限制较小。

在 20 世纪 80 年代初期，中国学者曾广植在总结前人研究成果的基础上，提出了味细胞膜的板块振动模型。对受体的实际构象和刺激物受体构象的不同变化，曾广植提出构型相同或互补的脂质和/或蛋白质按结构匹配结为板块，形成一个动态的多相膜模型，如与体蛋白或表蛋白结合成脂质块，或以晶态、似晶态组成各种胶体脂质块。板块可以阳离子桥相连，也可在有表面张力的双层液晶脂质中自由漂动，其分子间的相互作用与单层单尾脂膜相比，多了一种键合形式，即在脂质的头部除一般盐键外还有亲水键键合，其颈部有氢键键合，其烃链的 C_9 前段还有一种新型的、两个烃链向两侧形成疏水键键合，在其后 C_9 段则有范德瓦耳斯力的排斥作用。必需脂肪酸和胆固醇都是形成脂质板块的主要组分，两者在生物膜中发挥相反而相辅的调节作用。无机离子也影响胶体脂块的存在，以及板块的数量、大小。

对于味感的高速传导，曾广植认为在呈味物质与味受体的结合之初就已有味感。并引起受体构象的改变，通过量子交换，受体所处板块的振动受到激发，跃迁至某特殊频率的低频振动，再通过其他相似板块的共振传导，成为神经系统能接受的信息。由于使相同的受体板块产生相同的振动频率范围，不同结构的呈味物可以产生相同味感。根据计算，在食物入口的温度范围内，食盐咸味的初始反应的振动频率为 213 s^{-1}，甜味剂约在 230 s^{-1}，苦味剂低于 200 s^{-1}，而酸味剂则超过 230 s^{-1}，而且理论上可用远红外拉曼光谱进行测定。

味细胞膜的板块振动模型对于一些味感现象作出了满意的解释。

①镁离子、钙离子产生苦味，是它们在溶液中水合程度远高于钠离子，从而破坏了味细胞膜上蛋白质—脂质间的相互作用，导致苦味

受体构象的改变。

②神秘果能使酸变甜和朝鲜蓟使水变甜,是因为它们不能全部进入甜味受体,但能使味细胞膜发生局部相变而处于激发态,酸和水的作用只是触发味受体改变构象和起动低频信息。而一些呈味物质产生后味,是因为它们能进入并激发多种味受体。

③味盲是一种先天性变异。甜味盲者的甜味受体是封闭的,甜味剂只能通过激发其他受体而产生味感;因为少数几种苦味剂难以打开苦味受体口上的金属离子桥键,所以苦味盲者感受不到它们的苦味。

四、嗅感对风味的影响

嗅觉是一种比味感更敏感、更复杂的感觉现象,是由物体发散于空气中的物质微粒作用于鼻腔上的感受细胞而引起的。在鼻腔上鼻道内有嗅上皮,嗅上皮中的嗅细胞是嗅觉器官的外周感受器。嗅细胞的黏膜表面带有纤毛,可以同有气味的物质相接触。每种嗅细胞的内端延续成为神经纤维,嗅分析器皮层部分位于额叶区。嗅觉的刺激物必须是气体物质,只有挥发性有味物质的分子,才能成为嗅觉细胞的刺激物。

人类嗅觉的敏感度是很大的,通常用嗅觉阈来测定。所谓嗅觉阈就是能够引起嗅觉的有气味物质的最小浓度。和呈味物质一样,不同的嗅感物质产生的气味不同,相同的气味嗅感强度也不同。影响嗅感阈值的因素包括芳香成分的分子结构、物理性质、化学性质等本质,以及芳香成分的多少、集中、分散等量的因素,如吲哚在浓度高时呈粪便臭、而浓度低时则呈茉莉香,还有气温、湿度、风力、风向等自然环境因素,身体状况、心理状态、生活经验等因素。其中人的主观因素尤为重要,对于同一种气味物质的嗅觉敏感度,不同人具有很大的区别,有的人甚至缺乏一般人所具有的嗅觉能力,我们通常称为嗅盲。就是同一个人,嗅觉敏锐度在不同情况下也有很大的变化。如某些疾病,对嗅觉就有很大的影响,感冒、鼻炎都可以降低嗅觉的敏感度。

嗅觉不像其他感觉那么容易分类,在说明嗅觉时,还是用产生气味的东西来命名,例如玫瑰花香、肉香、腐臭……在几种不同的气味混合同时作用于嗅觉感受器时,可以产生不同情况:一种是产生新气味;另一种是代替或掩蔽另一种气味;也可能产生气味中和,混合气味就完全不引起嗅觉。

由于嗅感物质在食品中的含量远低于呈味物质浓度,因此在比较和评价不同食品的同一种嗅感物质的嗅感强度时,也使用嗅感物质的浓度。任何一种食品的嗅感风味,并不完全是由嗅感物质的浓度高低和阈值大小决定的。有些组分虽然在食品中的浓度高,但如果其阈值也大时,它对总的嗅感作用的贡献就不会很大。

嗅感物质浓度与其阈值之比值就是香气值,即香气值(FU)=嗅感物质浓度/阈值。

若食品中某嗅感物质的香气值小于1.0,说明这个食品中该嗅感物质没有嗅感,或者说嗅不到食品中该嗅感物质的气味。香气值越大,说明越有可能成为该体系的特征嗅感物质。

利用好香气正是调味师的追求之一。美好的食品香气会促进消化器官的运动和胃分泌,使人产生腹鸣或饥饿感;腐败臭气则会抑制肠胃活动,使人丧失食欲,甚至恶心呕吐。不同的气味可改变呼吸类型。香气会使人不自觉地长吸气;嗅到可疑气味时,为鉴别气味采用短而强的呼吸;恶臭会使呼吸先下意识地暂停,随后是一点点试探;辛辣气味会使人咳嗽。美好气味会使人身心愉快、精神爽快,可放松过度的紧张和疲劳;恶臭则使人焦躁、心烦,进而丧失活动欲望。气味的作用在人的精神松弛时会增强。

除了对气味的感知之外,嗅觉器官对味道也会有所感觉。嗅觉和味觉会整合和互相作用。嗅觉是外激素通信实现的前提。嗅觉是一种远感,即它是通过长距离感受化学刺激的感觉。相比之下,味觉是一种近感。当鼻黏膜因感冒而暂时失去嗅觉时,人体对食物味道的感知就比平时弱;而人们在满桌菜肴中挑选自己喜欢的菜时,菜肴散发出的气味,常是左右人们选择的基本要素之一。

五、色泽对风味的影响

色泽对风味的影响不是直接作用于味觉器官和嗅觉器官,而是通过对心理、精神等心理感觉作用间接的影响人们对调味品风味的品评。但色泽对风味的衬托作用非常重要,特别是错色将导致感官对风味品评的偏差。因此,对复合调味料的着色、保色等调色都是保证调味料质量的重要手段(表1-2)。

表1-2　颜色与心理感觉

颜色	感官印象	颜色	感官印象	颜色	感官印象
白色	营养、清爽、卫生、柔和	深褐色	难吃、硬、暖	暗黄	不新鲜、难吃
灰色	难吃、脏	橙色	甜、营养、味浓、美味	淡黄绿	清爽、清凉
粉红色	甜、柔和	暗橙色	不新鲜、硬、暖	黄绿色	清爽、新鲜
红色	甜、营养、新鲜、味浓	奶油色	甜、滋养、爽口、美味	暗黄绿色	脏
紫红色	浓烈、甜、暖	黄色	滋养、美味	绿	新鲜

注　本表摘自《食品物性学》。

各种感官感觉不仅取决于直接刺激该感官所引起的响应,还取决于感官感觉之间的相互关联,相互作用。对复合调味料的感觉是各种不同刺激物产生的不同强度的各种感觉的总和。对其评价要控制某些因素的影响,综合各种因素间的相互关联和作用。

六、复合调味料呈味成分构成

味可分为化学的、物理的、心理的共3种。化学的味是调味之味;物理的味是质感;心理的味是美感。本节讨论的味是化学的味。化学的味是某种物质刺激味蕾所引起的感觉,也就是滋味。它可分为相对单一味(旧称基本味,如咸、甜、酸、辣、苦等)和复合味两大类。

在复合调味料生产中,所用的原料既有呈现本味的调料如咸味剂、甜味剂、鲜味剂等,又有呈现复合味的调料如酵母精、动植物水解蛋白、动植物提取物等。每种原料都有自己的调味特点和呈味阈值,只有知道了它们的特性,才能在复合调配中运用自如。

（一）咸味

咸味是一种非常重要的基本味,它在烹饪调味中的作用是举足轻重的,大部分菜肴都要先有一些咸味,然后再调和其他的味。例如糖醋类的菜是酸甜的口味,但也要先放一些盐,如果不加盐,完全用糖加醋来调味,反而变成怪味;甚至做甜点时,往往也要先加一点盐,既解腻又好吃。

具有咸味的物质并非只限于食盐(氯化钠)一种,还有其他物质,而且它们的咸味强度各不相同。在化学上属于中性盐的物质有许多种,它们都能在一定程度上产生咸味,例如氯化钾、氯化铵、溴化钠、溴化钾、碘化钠、碘化锂、苹果酸钠等,都具备咸味这一特征。一般卤族元素的离子均会产生咸味,硫酸、硝酸以及有机酸的碱金属盐类均有咸味。但是这些盐除了能呈现出一定程度的咸味外,或多或少还带有其他的味,尤其是苦味,其中以氯化镁、硫酸镁、碘化钾的苦味最为突出。粗盐是由于含有这些苦味的盐,从而使人感到咸味不正。在所有的盐中,只有食盐(氯化钠)的咸味最为纯正。氯化钠在极稀的浓度时,会呈现出微甜味,而在浓度较大时,则呈现出纯咸味(表1-3)。

表1-3　各种咸味物质

种类	盐类
咸味纯正物质	$NaCl$、KCl、NH_4Cl、$LiCl$、$RbCl$ 等
带苦味的物质	KBr、NH_4Cl
苦味大于咸味的物质	$CsCl$、$RbBr$、$CsBr$

咸味是中性盐呈现出来的特征味感。盐在水溶液中解离后的正负离子都会影响到咸味的形成。中性盐 M^+A^- 中的正离子 M^+ 属于定味基,主要是碱金属和铵离子,其次是碱土金属离子。它们容易被味觉感受器中蛋白质的羟基或磷酸吸附而呈现出咸味。助味基 A^- 往往是硬碱性的负离子,它影响着咸味的强弱和副味。对于食盐 $NaCl$ 来说,Na^+ 是咸味定味基,Cl^- 则是咸味的助味基。一般来说,在中性盐中,盐的正离子和负离子的相对质量越大,越有增加苦味的趋

向。正负离子半径都小的盐有咸味;半径都大的盐有苦味;介于二者之间的盐呈咸苦味。若从一价离子的理化性质来看,凡是离子半径小、极化率低、水合度高,并且由硬酸、硬碱生成的盐是咸味的;而离子半径大、极化率高、水合度低,并且由软酸、软碱组成的盐则是苦味的。二价离子的盐和高价离子的盐可咸、可苦,或不咸、不苦,很难预料。

咸味是良好味感的基础,也是调味品中的主体。大多复合调味料是以咸味为基础,然后再配合其他调味料。在复合调味料以及各类食品当中,咸味有许多种表现方式,一是单纯的咸味,也就是由食盐直接表达出的咸味,这种咸味如果强度过大,会强烈刺激人的感官,即使是在有其他味道存在,如鲜味等共存的情况下也是如此。此外,单纯的咸味不太容易与其他味道融和,如用得不好,有可能出现各味道间的失衡感觉。二是由酱油、酱类表达的咸味,这种咸味来自酿造物。由于食盐与氨基酸、有机酸等共存一体,氨基酸和有机酸等的缓冲作用使咸味变得柔和了许多。所以,酱油和酱的咸味刺激小,容易同其他味道融和,使用比较方便。三是同动物蛋白质和脂肪共存一体发咸味,如含盐的猪骨汤或鸡骨架汤等。蛋白质、糖类、脂肪等,特别是脂肪的存在,能够进一步降低咸味的刺激性。此外,咸味的表达形式还有甜咸味、有烤香或炒香的咸味、腌菜(经过乳酸发酵)的咸味等。

咸味是所有味感之本,是支撑味道表达及其强度的最重要的因素。所以,控制咸味的强度,让咸味同其他味道之间保持平衡是非常重要的。咸味既不能太强,也不能太弱,需要有一个总体的计算。经过许多试验证明,人的舌和口腔对咸味(食盐含量)的最适感度一般为 1.0% ~ 1.2%,在这个范围内人的舌和口腔感觉最舒服。也就是说当把调制出的复合调味料用到某种食品当中,最后可直接入口的食物,或者说是进到口中食物的最终含盐量是在这个范围之内,就可以保证咸味以及整体味道强度的适宜性。有个计算公式可作为参考:复合调料的使用量 = 待调味的食品原料 ×0.012/复合调料的食盐含量(%)。这个公式是当需要知道使用多少复合调味料才能保证食物中的咸味和整体味道的强度适宜时使用的。其中的 0.012 是舌和口腔对咸味强度的最适感度,根据实际需要,有时也可以使用 0.010

或 0.011 的参数进行计算。

(二)甜味

甜味在调味中的作用仅次于咸味,尤其在我国南方,它也是菜肴中一种主要的滋味。甜味可增加菜肴的鲜味,并有特殊的调和滋味的作用,如缓和辣味的刺激感、增加成味的鲜醇等。

甜味物质使复合调味料呈现出甜味,使味感丰厚。常用的甜味剂有蔗糖、葡萄糖、果糖、饴糖、低聚糖、甜蜜素、蛋白糖和低分子糖醇类。除此之外,部分氨基酸(如甘氨酸和丙氨酸)、肽、磺酸等也具有甜味。呈甜味的物质很多,由于组成和结构的不同,产生的甜感差异很大,主要表现在甜味强度和甜感特色两个方面。甜味强度差异表现在,天然糖类一般是随碳链越长甜味越弱,单糖、双糖类都有甜味,但乳糖的甜味较弱,多糖大多无甜味。蔗糖的甜味纯,且甜度的高低适当,刺激舌尖味蕾 1 s 内产生甜味感觉,很快达到最高甜度,约 30 s后甜味消失,这种甜味的感觉是愉快的,因而成为不同甜味剂比较的标准物,是复合调味料中不可缺少的甜味剂。常用的几种糖基本上都符合这种要求,但也存在些差别。有的甜味剂不仅在甜味上带有酸味、苦味等其他味感,而且从含在口中瞬间的留味到残存的后味都各不相同。合成甜味剂的甜味不纯,夹杂着苦味,是不愉快的甜感。糖精的甜味与蔗糖相比,糖精浓度在 0.005% 以上即显示出苦味和有持续性的后味,浓度越高,苦味越重;查耳酮类呈甜味的速度慢,但后味持久;甘草的甜感是慢速的、带苦味的强甜味,有不快的后味;葡萄糖是清凉而较弱的甜感,清凉的感觉是因为葡萄糖的溶解热较大的缘故。与蔗糖相比,葡萄糖的甜味感觉反应较慢,达到最高甜度的速度也稍慢;某些低分子糖醇甜感与葡萄糖极相似,如木糖醇和甘露醇,具有清凉的口感且带香味。

分子构造和构型对糖甜度的影响十分明显,但目前尚未发现普遍性的规律。葡萄糖有 α 型和 β 型之分,β 型的甜味不如 α 型的甜,仅是后者的 0.67 倍。果糖与葡萄糖相反,β 型甜,α 型的甜度为前者的 0.33。葡糖苷和低聚糖的 α 型和 β 型的甜味度也不同,葡糖苷的 α型比 β 型甜,β - 葡糖苷的甜味淡,有时有苦味。α - D - 甘露糖和

α - D - 半乳糖分别是 α - D - 葡萄糖的 C_2 和 C_4 差向异构体,但其甜度仅有葡萄糖的一半,而 β - D - 甘露糖只有苦味无甜味。蔗糖没有差向异构体,但它是由葡萄糖和果糖的最甜构型组成,故甜度很高。根据研究,甜味与某些官能团有关,但和化学结构尚无规律性关系。对于多羟基化合物,当分子中碳原子数与羟基数的比值小于 2 时呈甜味,在 2~7 的范围内产生苦味或甜带苦,大于 7 后则味淡。甜度还与聚合度及糖苷键的类型有关。人工合成甜味剂,以甜蜜素的甜味最接近蔗糖,甜度为蔗糖的 40 倍左右,但需指出的是,不能以人工合成甜味剂完全取代蔗糖,只能作为蔗糖的辅助增味剂,否则将呈现一种不正常的甜味,影响复合调味料的整体效果。

甜味因酸味、苦味而减弱,因咸味而增加。甜味能够减轻和缓和由食盐带来的咸味强度,减轻盐对人(包括动物)的味蕾的刺激度,以达到平和味道的作用,这也就是为什么几乎所有的配方中都要使用糖类原料的重要原因。还原性糖类与调味品中含氮类小分子化合物反应,还能起到着色和增香作用。在经热反应加工的复合调味料生产中,可根据成品的颜色深浅要求,确定配方中还原糖的需要量。

(三)酸味

酸味是由于舌黏膜受到氢离子的刺激而产生的,凡在溶液中能解离出氢离子的化合物都具有酸味。酸味是食品调味中最重要的调味成分之一,也是用途较广的基本味。

酸味在复合调味料所表达的味道中占有重要地位,特别是醋酸所表现的酸味。酸味在蛋黄酱、生蔬菜调味汁等当中具有十分重要的作用。但要注意的是,不同的有机酸所表达的酸味是不一样的。各种酸都有自己的味质:醋酸具有刺激臭味,琥珀酸带有鲜腊味,柠檬酸带有温和的酸味,乳酸有湿的温和的酸味,酒石酸带有涩的酸味,食醋的醋酸与脂肪酸乙酯一同构成带有芳香气味的酸味。使用酸味剂不仅可获得酸味,还可以用酸味剂收敛食物的味。收敛味道不是要得到酸味,而是要将本来宽度大和绵长的味变成一种较为紧缩的味型,这种紧缩不是要降低味的表现力,相反的是要强化味的表现力。酸具有较强的去腥解腻作用,在烹制禽、畜的内脏和各种水产品时尤为必需,是很多菜肴所不可缺少的味道,并且具有抑制细菌生长和防腐作用。常有的酸味剂是各种有机酸,如醋酸、柠檬酸、乳酸、酒石酸、琥珀酸、苹果酸等。呈酸味的调味品主要有红醋、白醋、黑醋、酸梅、番茄酱、鲜柠檬汁、山楂酱等。

在调制复合调味料时会使用两种以上的有机酸原料,这并非为了加强酸味的强度,而是为了提高和丰富酸味的表现力。酸味很容易受其他味道的影响,如容易受到糖的影响。酸和糖之间容易发生相互抵消的效应,在稀酸溶液中加 3% 的砂糖后,pH 值虽然不变,但酸味强度会下降 15%。此外,在酸中加少量的食盐会使酸味减少,反之在食盐里加少量的酸则会加强咸味。如果在酸里加少量的苦味物质或者单宁等,可以增强酸味,有的饮料就是利用这个原理提高了酸味的表现力。

酸味剂的使用量应有所控制,超过限度的酸味将变得不容易接受。食醋是酸味剂的代表性物质,食醋不仅可以产生酸味降低 pH 值,还能带给人们爽口感,收敛味道。

(四)苦味

苦味是一种特殊的味道,人们几乎都认为苦味是不好的味,是应该避免的,其实苦味在某些食品和饮料当中不仅存在,而且起到了相当重要的作用。茶、咖啡、啤酒和巧克力等都含有某种苦味,这些苦味实际上有助于提高人们对该食品和饮料的嗜好性,起到了好的作用。苦味除有消除异味的作用外,在菜肴中略微调入一些带有苦味的调味品,可形成清香爽口的特殊风味。苦味主要来自各种药材和香料,如苦杏仁、柚皮、陈皮等。

苦味物质的阈值都非常低。只要在酸味、甜味等味道中加入极少的苦味就能增加味的复杂性,提高味的嗜好性。

苦味在感官上一般具有以下的一些特征:

①越是低温越容易感觉到苦味。

②微弱的苦味能增强甜味感。如在 15% 的砂糖溶液中添加 0.001% 的金霉素,该砂糖溶液比不添加金霉素的砂糖溶液的甜味感明显增强。但苦味过强则会损害其他味感。

③甜味对苦味具有抑制作用,比如在咖啡中加糖就是如此。

④微弱的苦味能提高酸味感,特别是在饮料当中,微苦可以增加酸味饮料的嗜好性。

(五)辣味

辣味具有强烈的刺激性和独特的芳香,除可除腥解腻外,还具有增进食欲,帮助消化的作用。呈辣味的调味品有辣椒糊(酱)、辣椒粉、胡椒粉、姜、芥末等,香辛料是提供复合调味料香味和辛辣味的主要成分之一。

辣味是饮食和复合调味料中的一个重要的味感,不属于味觉,只是舌、口腔和鼻腔黏膜受到刺激所感到的痛觉,对皮肤也有灼烧感。可见辣味是一些特殊成分所引起的一种尖利的刺痛感和特殊灼烧感的共同感受。不同的成分产生的辣味刺激是不同的,切大葱或洋葱时眼睛受强烈的刺激而泪流不止,调配芥末时气味刺鼻,舔辣椒粉时有刺辣的痛感和嚼大蒜的辣感等,日常生活的实际感受给人不同的认识。有的物质机械地刺激鼻腔而产生一种辣味。适度的辣味给予食品风味以紧张的感觉,有增进食欲、促进消化液分泌的功效。胡椒中的胡椒脂碱、辣椒中的辣椒素、山嵛菜(山葵)和芥末中的异硫氰酸烯丙酯等都是典型的辣味成分。

辣味调料是烹调的重要调料。因为辣味成分浓度的不同,辣感也有不同,人们将辣味分为从火辣感到尖刺感的几个阶段。因所含辣味成分的不同而使各种感觉不同,大致分成热辣(火辣)味物质、辛辣(芳香辣)味物质和刺激辣味物质三大类。

热辣(火辣)味物质是在口中能引起灼烧感觉而无芳香的辣味。属于此类辣味的物质常见的主要有辣椒、胡椒、花椒共3种。辣椒的主要辣味成分是类辣椒素,属于一类碳链长度为 $C_8 \sim C_{11}$ 的不饱和单羧酸香草基酰胺。胡椒的辣味成分是胡椒碱,是一种酰胺化合物,其不饱和烃基有顺反异构体,顺式双键越多时越辣;全反式结构也叫异胡椒碱。胡椒经光照或贮存后辣味会减弱,这是顺式胡椒碱异构化为反式结构所致。花椒素也是酰胺类化合物,花椒还有异硫氰酸烯丙酯等。除辣味成分外,花椒还含有一些挥发性香味成分。

辛辣(芳香辣)味物质类包括姜、肉豆蔻和丁香。辛辣味物质的辣味伴有较强烈的挥发性芳香味物质。鲜姜的辛辣成分是邻甲氧基苯基烷基酮类。鲜姜经干燥贮存,最有活性的 6 - 姜醇会脱水生成姜酚类化合物,辛辣变得更加强烈。但姜受热时,6 - 姜醇环上侧链断裂生成姜酮,辛辣味较为缓和。丁香酚和异丁香酚也含有邻甲氧基苯酚基团。

刺激辣味物质最突出的特点是能刺激口腔、鼻腔和眼睛,具有味感、嗅感和催泪感。此类辣味物质主要有蒜、葱、韭菜类和芥末、萝卜类两类。二硫化物是前一类辣味物质的辣味成分,在受热时都会分解生成相应的硫醇,所以蒜、葱等在煮熟后不仅辛辣味减弱,还有甜味。异硫氰酸酯类化合物中的异硫氰酸丙酯也叫芥子油,是后一类辣味物质的辣味成分,特点是刺激性辣味较强烈,在受热时会水解为异硫氰酸,导致辣味减弱。

辣椒素、胡椒碱、花椒碱、生姜素、丁香、大蒜素、芥子油等都是两性分子,定味基是其极性头,助味基是其非极性尾。辣味随分子尾链的增长而增强,在碳链长度为 C_9 左右(这里按脂肪酸命名规则编号,实际链长为 C_8)达到极大值,然后迅速下降,此现象被称作 C_9 最辣规律。辣味分子尾链如果没有顺式双键或支链时,在碳链长度为 C_{12} 以上将丧失辣味;若在 ω 位邻近有顺式双键,即使是链长超过 C_{12} 也还有辣味。一般脂肪醇、醛、酮、酸的烃链长度增长也有类似的辣味变比。

适度的辣味可以给予食品风味以紧张感,促进食欲。辣味成分的种类繁多,由辣椒的火辣感到黑胡椒或白胡椒的尖刺感,辣味顺序逐级改变。辣味可用于各种特色辣椒酱、辣味复合调味料的配制。辣味与其他呈味物的复合,才是辣味调味的关键所在。油辣子是辣椒最普通的产品,但以此为基础的发展变化是没有穷尽的。油脂特有的香味和浓厚味感,是辣味最好的载体;以其他香辛料为原料进行的香化处理,可以赋予辣味丰富的香感。各种香辣粉的辣成分比较复杂,一般来讲,香辣粉中多含辛辣型和穿鼻辣型的物质,其中含的辛辣成分同时也是芳香型成分。

（六）鲜味

鲜味虽然不同于酸、甜、咸、苦四种基本味,但对于中国烹饪的调味来说,它是能体现菜肴鲜美味的一种十分重要的味,应该看成是一种独立的味。鲜味可使菜肴鲜美可口,在菜肴的调味中非常重要,主要来源于原料本身所含有的氨基酸等物质。呈鲜味的调味品主要有味精、鸡粉、高汤等。

对于鲜味的味觉受体目前还未有彻底的了解,有人认为是膜表面的多价金属离子在起作用。鲜味的受体不同于酸、甜、咸、苦这四种基本味的受体,味感也与上述四种基本味不同。然而,鲜味不会影响这四种味对味觉受体的刺激,反而能增强上述四种味的特性,有助于菜肴风味的可口性。鲜味的这种特性和味感是不能够由上述四种基本味的调味剂混合调出的。人类在品尝鲜味物质时,发现各种鲜味物质在体现各自的鲜味作用时,是作用在味觉受体的不同部位上的。例如质量分数0.03%的谷氨酸钠和0.025%的肌苷酸二钠,虽然具有几乎相同的鲜味和鲜味感受值,但却体现在舌头的不同味觉受体部位上。

能够呈现鲜味的物质很多,大体可以分为三类:氨基酸类、核苷酸类和有机酸类。目前市场上作为商品鲜味调料出现的主要是谷氨酸型和核苷酸型。鲜味成分的结构通式为: $-O-(C)_n-O-$, $n=3\sim9$ 。其通式表明:鲜味分子需要一条相当于 $3\sim9$ 个碳原子长的脂链,而且两端都带有负电荷,当 $n=4\sim6$ 时,鲜味最强。脂链可以是直链,也可以是脂环的一部分。其中的 C 可被 O、N、S 等取代。保持分子两端的负电荷对鲜味至关重要,若将羧基经过酯化、酰胺化或加热脱水形成内酯、内酰胺后,均可降低鲜味。但其中一端的负电荷也可用一个负偶极来替代。例如口蘑氨酸和鹅膏氨酸等,其鲜味比味精强 $5\sim30$ 倍。这个通式能将具有鲜味的多肽和核苷酸都包括进去。

呈鲜味效果与 pH 值有关,在复合调味料中使用谷氨酸钠时应注意调味品的 pH 值。pH = 3.2(等电点)时鲜味最低;pH = $6\sim7$ 时,其几乎全部电离,鲜味最高;pH = 7 以上,则鲜味完全消失。关于 pH 值与谷氨酸钠鲜味强弱之间的关系,其解释如下:谷氨酸钠鲜味的产生是因为 $\alpha - NH_4^+$ 和 $\gamma - COO^-$ 两个基团之间产生静电引力,形成类似五元环结构,见图 1-1。在酸性条件,氨基酸的羧基成为 $-COOH$,在碱性条件下,氨基酸的氨基成为 $-NH_2$,都使氨基与羧基之间的静电引力减弱,因而鲜味降低甚至消失。

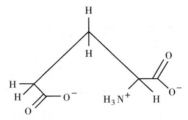

图 1-1 谷氨酸一钠中的 $\alpha - NH_3^+$ 和 $\gamma - COO^-$ 基团之间的静电吸引

味精鲜味与食盐的存在有一定的联系。据文献介绍味精和氯化钠在水中解离出 $HOOC - (CH_2)_2 - CHNH_2 - COO^-$、$Na^+$ 和 Cl^- 三种离子,而谷氨酸钠解离后的阴离子 $HOOC - (CH_2)_2 - CHNH_2 - COO^-$ 本身具有一定鲜味并起决定作用,但不与 Na^+ 结合,其鲜味并不那么明显,只有与 Na^+ 在一起作用才显示出味精特有的鲜味,其中 Na^+ 起着辅助增强的作用。

鲜味是复合调味料最重要的味感调味基础,是决定复合调味料质量的最重要因素。鲜味能引发食品原有的自然风味,是多种食品的基本呈味成分。选择适宜的鲜味剂可以突出食品的特征风味,如增强肉制食品的肉味感、海产品的海鲜味等。鲜味与其他呈味成分——咸味、酸味、甜味、苦味等的关系归纳如下:使咸味缓和,并与之有协同作用,可以增强食品味道;可缓和酸味、减弱苦味;与甜味产生复杂的味感。谷氨酸钠的使用有益于风味的细腻和谐。肌苷酸可以掩蔽鱼腥味和铁腥味。在复合调味料的调味过程中,除了注意影响鲜味的有关因素外,还应注意到与其他味感之间的对比、相抵作用。多种酿造和天然调味品都可以作为复合调味料中鲜味的来源,具体说来有味精、I + G(肌苷酸钠 + 鸟苷酸钠)、动物提取物、蛋白质水解液、酵母精、增鲜剂、氨基酸类添加剂、大豆蛋白质加工品（主要是粉末）、琥珀酸钠、海带精等。上述物质都具有生鲜的效果，但使用时却是各有各的侧重点。

（七）香味

应用在调味中的香味是复杂多样的，其作用是可使菜肴具有芳香气味，刺激食欲，还可去腥解腻。可以形成香味的调味品有酒、葱、蒜、香菜、桂皮、大茴香、花椒、五香粉、芝麻、芝麻酱、芝麻油、香糟、桂花、玫瑰、椰汁、白豆蔻、香精等。

利用热反应工艺能够对所要形成的风味进行设计，控制一定条件最终得到所希望的香型。热反应产生的香气有烤香型、焦香型、硫香型、脂肪香型等。动物的肉、骨、酱油粉、水解植物蛋白（HVP）粉、酱粉等许多原料都能进行"roast"处理，形成众多有风味特色的调味原料。但生产这种原料一般比较定向，就是说针对某种特定需要而生产的产品。洋葱、大蒜等香辛蔬菜类很适合制成带烤香味的产品，可以是膏状、粉状或油脂状，比如烤蒜味在面的骨汤中具有绝佳的效果，如果有了烤蒜味的膏、油脂等产品，就可使骨汤的味道实现大的变化。复合调味料中也使用以油脂为载体的香味原料，这种香味油是以美拉德反应或酶解等手段生产的，它可以代替许多合成香精用于汤料、炒菜调料、拌凉菜汁等，适用于多种调味。

（八）涩味

涩味是使口腔有一种收缩的感觉，是涩味物质对唾液及黏膜上皮细胞的蛋白质凝固作用的反应，如柿子或未成熟水果带给人的一种特殊味感。当然，强烈的涩味使人非常的不愉快，虽然不像苦味那样让人痛苦，但会给人的口腔带来不快的感觉。但是极淡的涩味与苦味近似，与其他味的复合可以产生独特的风味，使味道复杂化和个性化，例如茶中的涩味能够引起人们的嗜好。

涩味的代表性成分是单宁，但不溶性的单宁没有涩味，如用乙醇凝固柿子中的单宁物质，使之不溶，可以去掉柿子的涩味。茶里的涩味成分有儿茶酸和单宁，前者的涩味较为愉悦，后者的涩味对舌头有刺激性。葡萄酒中的涩味成分也是单宁，主要是没食子酸，是从葡萄皮和葡萄子中转移进酒当中的。

涩味物质与黏膜上或唾液中的蛋白质生成了沉淀或聚合物而引起口腔组织粗糙折皱的收敛和干燥感觉,这两种感觉的统和就是涩感。单宁分子具有很大的横截面,易与蛋白质发生疏水结合,另外结构中的苯酚基团还能转变为能与蛋白质发生交联反应的酮式结构,疏水作用和交联反应都可能是形成涩感的原因。因而有人认为涩味不是作用于味蕾的味感,而是触角神经末梢受到刺激而产生的。涩味强度与植物单宁和蛋白质形成不溶性复合体的生成量之间并没有比例关系,但单宁的涩感强度在阈值附近是与浓度成比例的。另外,在酸感较强时,降低酸度可明显减弱涩感;甜度也可使涩味变弱。

(九)蛤败味(辣嗓子味)

当把竹笋或紫萁等山菜浸在水中煮了之后,煮液变混,煮液变得又苦又涩,喝到嘴里后嗓子发痒,很不舒服,这就是所谓的蛤败味。这种味道的成分主体是酪氨酸的衍生物尿黑酸,也有报告说是草酸及其钙盐所致。

(十)金属味

由金属离子带来的味。比如罐头食品或饮料在开罐后直接食用或饮用时能感觉到金属(离子)对口腔(牙、舌头)的刺激酸味,这是由于食品长期同金属物体接触,金属离子溶入食品或饮料所造成的。这对食品、饮料或调味料的商品价值是有损害的。

(十一)碱腥味

一般的食品呈中性或微酸性,很少有碱性的食品(如碱大的馒头、烙饼)。碱味是羟基负离子的呈味属性,0.01%的浓度就会被感知。氨基酸类与食盐均在 pH=7 附近呈味,pH 值稍有升高,正常的味感即消失并转化为不良的碱味。碱味往往是在加工过程中不适当使用碱的结果,这种味在复合调味料中几乎不存在。

(十二)熟化味

老汤是经过长时间熬制后得到的,味道丰满、浑厚、回味无穷,这是长时间加热,汤内部各种有机成分经过不断分解和聚合反应后形成的一种深度熟化了的味感。一般的加工食品因工艺处理达不到这种要求,所以会显得单调乏味,或让人感觉味道是浮在表面的,在很大程度上会对人的食欲产生负面影响。

天然复合调味料要解决人对味道深层次的要求,不仅原料选自天然的动植物,而且通过一次或者多次热反应工艺,使原料中成分发生深度分解聚合及发生美拉德反应。使用这样的天然复合调味料能在很大程度上解决食品加工中的高档次调味问题。

调味品的熟化工艺流程见图1-2。

原料破碎→加水加热→过滤→滤液→浓缩→第1次反应物→加辅料→加热反应→过滤→调整→第2次反应物→加辅料→加热→调整→陈化→产品

图1-2　调味品的熟化工艺流程

(十三)酷味

所谓"酷味"就是厚味和后味,或者叫绵长味、回味等。这种味感常发生于浓汤、烧烤肉类食品、咖啡、豆奶、啤酒以及带有各种有能滞留于口腔的显味物质的食品。"酷味"与"熟化味"最大的区别在"滞留于口腔"的表现力上,酷味要强得多。从目前的研究结果来看,能形成酷味的成分是多方面的,其形成机理也很复杂。成分有动植物蛋白质转变而来的多肽(如分子量$1000\sim5000$ Da)、美拉德反应形成的碱性物质(吡嗪类等)、苦味成分(如咖啡因、生物碱等)、脂肪酸类等。酷味是多种复杂成分相互重合及缓冲作用的结果。许多食品中都或多或少含有这些成分,但如何将它们集中起来制成专用调味料则是需要研究的课题。

(十四)模糊味

所谓"模糊味"是指在主体风味基础上形成的一种不同于主体风味的微妙味感,它似有似无,但又确实存在着的某种滋味。有意识地运用好这一调味方法,可以极大地提高产品的档次,起到"四两拨千斤"的作用。当人们感觉到美味时,实际上是感觉到其中有些妙不可言的滋味在抚慰着自己的口腔,要想都说清楚是不容易的,不是只用"鲜"字就能概括的,这就是所谓的"模糊"的美味。许多好的厨师经常在有意无意地运用这个概念,要想让加工食品的味道提高档次,方法是使用具有这类功能的调味原料,其中包括各种天然有特色的调味配料。使用得当,可以让加工食品的味道升华到餐厅和家庭烹调的美味。食物美味的概念公式如下:

$$食物美味 = 主体风味 + 模糊味$$
$$主体风味 0.9 + 模糊味 0.1X = 食物美味$$

式中:X – 模糊味的效应(正整数,$\geqslant 1.0$),这个系数越高,食物美味就越大于主体风味。

七、复合调味料的调配原理

复合调味的原理,就是把各种调味原料依照其不同的性能和作用进行配比,通过加工工艺复合到一起,达到所要求的口味。复合调味料味感的构成包括口感、观感和嗅感,是调味品各要素间化学、物理反应的结果,是人们生理和心理的综合反应。由于各种原料调味性能不同,因而各类原料在调味中的作用也不同。复合调味料的配制以咸味料为配制中心,以鲜味剂和天然风味提取物为基本原料,以香辛料、酸味剂、甜味剂和填充料为辅料,经过适当的调色调香而制成。各种味感成分相互作用的结果是复合调味料口味的决定因素,味感成分的相互作用关系是复合调味的理论基础。

(一)调味的基本原理

调味是将各种呈味物质在一定条件下进行组合,产生新味,其过程应遵循以下原理。

1. 味强化原理

即一种味的加入,会使另一种味得到一定程度的增强。这两种味可以是相同的,也可以是不同的,而且同味强化的结果有时会远远大于两种味感的叠加。如 0.1% CMP(胞嘧啶核苷酸)水溶液并无明显鲜味,但加入等量 1% MSG(味精)水溶液后,则鲜味明显突出,而且大幅度地超过 1% MSG 水溶液原有的鲜度。若再加入少量的琥珀酸或柠檬酸,效果更明显。又如在 100 mL 水中加入 15 g 的糖,再加入 17 mg 的盐,会感到甜味比不加盐时要甜。

2. 味掩蔽原理

即一种味的加入,会使另一种味的强度减弱,乃至消失。如鲜味、甜味可以掩盖苦味,姜味、葱味可以掩盖腥味等。味掩盖有时是无害的,如香辛料的应用。但掩盖不是相抵,在口味上虽然有相抵作用,但被"抵"物质仍然存在。

3. 味派生原理

即两种味的混合,会产生出第三种味。如豆腥味与焦苦味结合,能够产生肉鲜味。

4. 味干涉原理

即一种味的加入,会使另一种味失真。如菠萝或草莓味能使红茶变得苦涩。

5. 味反应原理

即食品的一些物理或化学状态会使人们的味感发生变化。如食品黏稠度、醇厚度能增强味感,细腻的食品可以美化口感,pH 值小于 3 的食品鲜度会下降。这种反应有的是感受现象,原味的成分并未改变。如黏度高的食品,使食品在口腔内滞留时间延长,以致舌上的味蕾对滋味的感觉时间持续长,这样在对前一口食品呈味的感受尚未消失前,后一口食品又接触到味蕾,从而使人处于连续状态的美味感。醇厚是食品中的鲜味成分多,并含有肽类化合物及芳香类物质所形成的,从而可以留下良好的厚味。

(二)调味方法

由于食品的种类不同,往往需要各自进行独特的调味,同时用量和使用方法也各不相同,因此只有调理得当,调味的效果才能充分发挥。

首先应确定复合调味料的风味特点,即调味品的主体味道轮廓,再根据原有作料的香味强度,考虑加工过程中产生香味的因素,在成本范围内确定出相应的使用量。这类原料包括主料和增强香味的辅料,故掩盖异味也能达到增强主体香味的效果。其次是确定香辛料组分的香味平衡。一般来说,主体香味越淡,需加的香辛料越少,并依据其香味强度、浓淡程度对主体香味进行修饰。比如设计一种烧烤汁,它的风味特点是酱油和酱的香气与姜、蒜等辛辣味相配,既不能掩盖肉的美味,同时还要将这种美味进一步升华,增加味的厚度,消除肉腥。在此基础上,尽可能地拓展味的宽度,根据使用对象即肉的种类做出不同选择,比如适度增加甜感或特殊风味等。另外,根据是烤前用还是烤后用在原料上做出调整,如烤前用,则不必在味道的整体配合及其宽度上下功夫,只着重于加味及消除肉腥;如果是烤后用,则必须顾及味的整体效果,有了整体思路后,剩下的便是调味过程了。调味过程及味的整体效果与选用的原料有重要的关系,还与原料的搭配即配方和加工工艺有关。

调味是一个非常复杂的动态过程,随着时间的延长,味还有变化。尽管如此,调味还是有规律可循的,只要了解了味的相加、相减、相乘、相除,并在调味中知道了它们的关系及原料的性能,运用调味公式就会调出成千上万的味汁,最终再通过实验确定配方。

1. 味的增效作用

味的增效作用也可称味的突出,即民间所说的提味。是将两种以上不同味道的呈味物质,按悬殊比例混合使用,从而突出量大的呈味物质味道的调味方法,也称为味的对比作用。也就是说,由于使用了某种辅料,尽管用量极少,但能让味道变强或提高味道的表现力。甜味与咸味、鲜味与咸味等,均有很强的对比作用。如少量的盐加入鸡汤内,只要比例适当,鸡汤立即变得特别的鲜美。所以说要想调好味,就必须先将百味之主抓住,一切都迎刃而解。调味中咸味的恰当运用是一个关键。当食糖与食盐的比例大于10:1时可提高糖的甜味,反过来时会发现不光是咸味,似乎会出现第三种味了。这个实验告诉我们,此方式虽然是靠悬殊的比例将主味突出,但这个悬殊的比例是有限的,究竟什么比例最合适,这要在实践中体会。

调味公式为:

主味(母味)+子味A+子味B+子味C=主味(母味)的完美

谷氨酸钠与5'-肌苷酸(IMP)及5'-鸟苷酸(GMP)之间存在十分明显的协同作用。当谷氨酸一钠与5'-肌苷酸或5'-鸟苷酸的比例为1:1时,其鲜味增强效果最明显,但由于IMP与GMP的价格昂贵,实际生产中 I + G 用量约为 MSG 的 1/20。

2. 味的增幅效应

味的增幅效应也称两味的相乘,是将两种以上同一类味道物质混合使用,导致这种味道进一步增强的调味方式。如姜有一种土腥气,同时又有类似柑橘那样的芳香,再加上它清爽的刺激味,常被用于提高清凉饮料的清凉感;桂皮与砂糖一同使用,能提高砂糖的甜度;5′－肌苷酸与谷氨酸相互作用能起增幅效应产生鲜味。在烹调中,要提高菜的主味时,要用多种原料的味来扩大积数。如想让咸味更加完美时,你可以在盐以外加入与盐相吻合的调味料,如味精、鸡精、高汤等,这时主味会扩大到成倍的盐鲜。所以适度的比例进行相乘方式的补味,可以提高调味效果。

调味公式为:

$$主味(母味) \times 子味 A \times 子味 B = 主味积的扩大$$

味的相乘作用应用于复合调味料中,可以减少调味基料的使用量,降低生产成本,并取得良好的调味效果。

3. 味的抑制效应

味的抑制效应又称味的掩盖、味的相抵作用,是将两种以上味道明显不同的主味物质混合使用,导致各种物质的味均减弱的调味方式。有时当加入一种呈味成分,能减轻原来呈味成分的味觉,即某种原料的存在而明显地减弱了其呈味强度。如苦味与甜味、酸味与甜味、咸味与鲜味、咸味与酸味等,均具有明显的相抵作用。具有相抵作用的呈味成分可作为遮蔽剂,掩盖原有的味道。在 1% ~2% 的食盐溶液中,添加 7~10 倍的蔗糖,咸味大致被抵消。

如在较咸的汤里放少许黑胡椒,就能使汤的味道变得圆润,这属于胡椒的抑制效果;如辣椒很辣,在辣椒里加上适量的糖、盐、味精等调味品,不仅缓解了辣味,味道也更丰富了。调味公式为:

$$主味 + 子味 A + 主子味 A = 主味完善$$

4. 味的转化

味的转化又称味的转变,是将多种不同的呈味物质混合使用,使各种呈味物质的本味均发生转变的调味方式。如四川的怪味,就是

将甜味、咸味、香味、酸味、辣味、鲜味等调味品,按相同比例融和,最后导致什么味也不像,称为怪味。调味公式为:

$$子味 A + 子味 B + 子味 C + 子味 D = 无主味$$

总之,调味品的复合味较多,在复合味的应用中,要认真研究每一种调味品的特性,按照复合的要求,使之有机结合、科学配伍、准确调味,防止滥用调味料,导致调料的互相抵消、互相掩盖、互相压抑,造成味觉上的混乱。所以,在复合调味料的应用中,必须认真掌握,组合得当,勤于实践,灵活应用,以达到更好的整体效果。

5. 复合调味料的配兑

复合味就是两种或两种以上的味混合而成的滋味,如酸甜、麻辣等。常见的复合味有:酸甜味,如番茄沙司、番茄汁、山楂酱、糖醋汁等;甜咸味,如甜面酱等;鲜咸味,如鲜酱油、虾子酱油、虾油露、鱼露、虾酱、豆豉等;辣咸味,如辣油、豆瓣辣酱(四川特产)、辣酱油等;香辣味,如咖喱粉、咖喱油、芥末糊等;香咸味,如椒盐、糟油、糟卤等。

单一味可数,复合味无穷。由两种或两种以上不同味觉的呈味物质通过一定的调和方法混合后所呈现出的味,称为复合味。丰富多样的各种菜肴所呈现出来的味绝大多数都属于复合味。不同的单一味相互混合在一起,味与味之间就可以相互发生影响,使其中每一种味的强度都会在一定程度上发生相应的改变。

选择合适的不同风味的原料和确定最佳用量是决定复合调味料风味好坏的关键。在设计配方时,首先要收集资料,包括各种配方和各种原料的性质、价格、来源等情况。然后根据所设定的产品概念,运用调味理论知识进行复合调配。具体的配兑工作,大致包括以下几个方面:

①掌握原料的性质与产品风味的关系,加工方法对原料成分和风味的影响。

②考虑各种味道之间的关系如相乘、对比、相抵等。

③在设计配方时,应考虑既有独特风味,又要讲究复合味,色、香、味要协调,原料成本符合要求。

④确定原料的比例时,宜先决定食盐的量,再决定鲜味剂的量。

其他成分的配比,则依据资料和个人的经验。

⑤有时产品风味不能立即体现出来,应间隔 10～15 d 再次品尝,若感觉风味已成熟,则确定为产品的最终风味。

⑥反复进行产品的试制、品尝、保存性试验,直至出现满意的调味效果,定型后方可批量生产。

总之,复合调味料是将基础调味料按一定的比例,配以多种其他辅料,经一定的加工工艺制作完成的,具有口味多样独特,使用方便,便于保存、携带的特点。中国菜炒、烤、烩、炸、炖等菜肴中,使用的调味料品种相当繁多,并在长期不断的发展中形成了独具地方特色的风格。采用现代工业加工手段,制成各种口味的复合调味料,可以满足人们日常生活中的不同需要。使用时只需经过简单调味或烹制,即可获得品味极佳的菜肴,实现了家庭饮食制作的社会化,节约了时间和精力,省去了购置各种调味料的烦琐,是当今复合调味料发展的方向。

第三节　复合调味料生产的安全风险

现代意义上的复合调味料生产需具备以下 4 个要素:以工业化生产为特征的,采用多种调味原料进行的大批量生产;将产品进行规格化及标准化后的可重复性生产;以进入市场为特征的商品化包装;以核定保质期为标准的严格的质量管理。目前国内市场上复合调味料的现状并不尽如人意,离人们的需求还有很大的距离。复合调味料大类里面包含着诸多的小类,目前只有几种已经基本定型并且大量生产的产品制定行业标准,如鸡精和鸡粉调味料等。由于缺乏相应的复合调味料各级国家标准用来监督市场、检测产品,导致复合调味料质量良莠不齐,以致许多复合调味料配料表标准不明、含糊不清,特别是对防腐剂及合成色素是否添加不作说明。复合调味料产品没有经过严格的杀菌消毒措施,成品细菌总数超标,很可能对消费者身体健康造成危害。

复合调味料生产几乎涉及了所有的食品加工制造技术和高新技术,因此引起调味料的安全风险不仅有原料和包装材料因素、工艺助剂、食品添加剂规范使用因素,还有生产工艺因素。特别容易忽视的是复杂的原材料来源与供应体系易于失控。

一、原料

复合调味料生产加工使用的调味原料有各种传统发酵调味料、香辛料、食用油脂、酵母浸膏、动植物提取物、色素、增稠剂、乳化剂、抗氧化剂等食品添加剂等。而其中许多原料的生产加工使用了酶制剂、微生物菌种,以及动植物原料。原料中的农药残留、抗菌素残留、生物毒素超标、激素残留等问题,直接造成调味料的食品安全问题。如天然香辛料、原料中混杂着多种细菌、霉菌和枯草芽孢杆菌等,由于一般只用普通的粉碎机对其进行粉碎和筛分,以致细菌总数超标。为控制微生物污染问题,可采用环氧乙烷处理或 Co^{60} 辐射,以达到杀菌防虫的目的。

二、加工助剂及食品添加剂

加工助剂本身并不是一种食物或食物成分,而是为了满足一定的技术目的,在加工原料处理或加工过程中添加的一类物质,最终产品中的加工助剂没有任何工艺功能,但不可避免存在残留物或衍生物。

食品添加剂包括从动植物中提取的和化学合成的两类。一般来说,合成添加剂易存在不安全因素。随着食品毒理学和分析化学的发展,一些原来认为无害的食品添加剂,近年来已发现存在慢性毒性或致癌、致畸作用,如奶油黄(二甲基黄)等色素、甘素等甜味剂已禁止使用。

有些添加剂本身无毒,而混入的杂质易引起中毒。应该引起重视的是《食品安全国家标准 食品添加剂使用标准》(GB 2760—2014)中很少规定各种食品添加剂在调味料中的安全使用范围。

三、生产工艺的安全风险

食品生产工艺技术的安全性是引起食品安全问题的因素之一。除了生产中消毒杀菌工艺,以及操作人员自身卫生问题等生产过程卫生控制失误而引起的微生物污染外,调味料的生产工艺安全风险由产品和原料生产工艺两方面引起。由于调味料生产使用的原料种类繁多,生产技术多样,原料生产对调味料的安全性影响要引起高度重视。其中烟熏和腌制工艺的安全风险早已为人们熟知。

(一)热处理技术引起的食品安全问题

许多食品生产工艺助剂、添加剂,甚至食品成分,在特殊条件下(高温油炸时油温190℃,挤压膨化时温度200~210℃,高压、微波等)会出现食品安全问题。油炸、挤压、微波等技术同样应用于调味料生产中。在调味料生产中,为增强风味而广泛应用以美拉德反应为基础的热反应风味强化技术。热加工的方法、技术条件是根据需要而变化的。应该注意,原料不同热处理的安全条件也是不同的。

(二)发酵工艺的安全风险

发酵技术是调味料生产技术。发酵食品对人类安全有很强的、隐蔽性的威胁。发酵过程中总会伴随产生不利副产物,后处理也很难使其绝迹。发酵过程中不同微生物还会进行生存竞争,不可避免地有不良微生物甚至是病原微生物的侵入。

(三)植物蛋白水解工艺的安全风险

水解植物蛋白(HVP)是复合调味料的常用原料,其酸水解工艺会使残存的植物油脂在盐酸的作用下水解成脂肪酸和丙三醇,在高温下,丙三醇与浓盐酸作用产生对人体的肝、肾和神经系统有损害的含氯丙醇物质,其中1,3 - 二氯 - 2 - 丙醇(1,3 - DCP)和3 - 氯 - 1,2 - 丙二醇(3 - MCDP)具有致癌性。国际上对氯丙醇的毒性问题意见不一,各国对调味品乃至食品中氯丙醇的限量标准差异很大。

(四)辐照杀菌工艺的安全风险

食品辐照是为了杀灭微生物、昆虫和延长食品的货架期,已经批准在肉和肉制品杀菌,延长鲜鱼、水果、蔬菜的冷藏保鲜期,杀死调味料、谷物等中的昆虫等方面应用。辐照会导致化学反应,必须严格控制处理条件。FAO/WHO/IAEA对食品辐照的规定为:食品商品辐照的总平均剂量为10 kGy时不会产生中毒危险,因此按此剂量处理食品不需要进行毒理试验。美国食品与药物管理局批准调味品杀菌的最大辐照剂量为 30 kGy。

（五）传统干燥工艺的安全风险

蘑菇、干贝及鱼虾等是复合调味料生产的原料,其干燥脱水采用自然晒干方法,容易被微生物、昆虫、尘土甚至垃圾污染,极易发霉后产生危险毒素。新型太阳能、远红外干燥、微波干燥等新技术可以改善脱水食品的品质、清洁和加工效果,而冷冻干燥或真空干燥则可以生产高价值、高品质和安全的产品。无论是传统工艺,还是现代高新技术,没有经过安全评价都存在安全风险。

四、食品包装材料的安全风险

调味料多采用复合材料制成的包装。复合材料的聚合物单体,以及为改善工艺性质使用的抗氧化剂、光稳定剂、热稳定剂、阻燃剂、抗静电剂、增塑剂、润滑剂、润湿剂、起泡剂、稀释剂、杀真菌剂、填料等助剂,以及溶剂和油墨等,都有可能给调味料带来安全问题。

五、复杂的原材料来源与供应体系易于失控

经济的国际化,使原材料来源于不同的国家和地区,而不同的国家、地区采用的安全标准和控制措施差异显著,复合调味料生产商的原料供应系统或供应网络越来越复杂。为保证最终产品的质量,就要求整个供应系统的每个供应链都必须提供符合要求的原材料,而实现对各个供应链以及供应链之间的有效联系和控制并不容易。

六、对策

复合调味料在人们日常生活中的作用越来越大,其安全问题涉及面宽,影响大,应该引起各方面的重视。生产厂商只要严格按照规范操作,科学利用各种工艺技术就可以很好地避免上述食品安全风险。

（一）完善食品添加剂在复合调味料中的使用规范或标准

目前的《食品安全国家标准 食品添加剂使用标准》(GB 2760—2014)只有很少部分涉及调味料,已经远远不能满足需要。制定食品

添加剂在调味料中的使用规范或标准,首先需要完成调味料使用的调查,确定每天实际摄入量;再进行食品色素、防腐剂、抗氧化剂等食品添加剂、重要生物毒素、致病微生物、有机污染物在复合调味料中的含量检测,为标准、规范的制定奠定基础。

(二)全面推广HACCP,实现复合调味料规范化生产

HACCP体系充分体现了预防为主,全程监控的科学理念。HACCP要求食品链的全过程都制定可操作的规范,使原料的供应、加工生产、包装贮藏、销售消费都在统一的规范制约下运转。HACCP是食品安全的基础,是衡量食品安全的统一尺度。企业建立HACCP体系是规避安全风险的第一选择。但是,不是每一个企业总能对风险、灾难分析及其控制技术做得很好。

(三)实施ISO22000,建立涵盖整个原料供应系统的质量监控和保障系统

复合调味料生产涉及的原料繁多,供应环节多、层次复杂、生产厂商有大有小,普通的监控方法漏洞太多。肯德基从苏丹红问题发现了原料监控漏洞,只监管一级原料供应商是不够的,要采用渗透式的监管,监管到第二级、第三级原料供应商。推广实施ISO22000《食品安全管理体系—整个食品供应链的要求》是必要的。

市场上复合调味料产品质量问题比较突出,假冒伪劣情况比较严重,假冒侵权产品直接冲击了复合调味料的市场,坑害消费者,破坏了调味品生产企业的正常生产秩序。因此,监管应加强市场管理,杜绝假冒伪劣产品。

第四节　复合调味料生产的发展状况

一、复合调味料的国内外发展状况及市场分析

近年来,随着人们生活水平的提高和消费结构的改变,调味品产业迎来发展新机遇。作为调味品的一个重要分支产业,国内复合调味料市场新品牌、新产品、新模式不断涌现,呈现出持续快速健康发

展的良好态势。

（一）国外发展状况

国外从 20 世纪 50 年代就开始了复合调味料的研究,到了 20 世纪 70 年代则成为争相开发的课题,近年来又有了很大的发展,且应用得很普遍,质量也很高。国外复合调味料的工业化生产是领先我国的,从其发展来看,以日本开发较早、发展快、技术先进、质量上乘、包装精美、卫生方便。

1961 年,日本味之素公司首先推出了用谷氨酸钠添加肌苷酸钠的复合调味料"超鲜味精",使鲜味的效果提高了数倍,并且很快地普及家庭和食品加工业,拉开了现代复合调味料生产的序幕。从此,复合调味料的生产步入高速发展的轨道。现在日本市场上几乎全部是复合味精。20 世纪 70 年代,日本以鱼贝类、牛肉、鸡肉等为原料,添加植物蛋白水解液(HVP)、动物蛋白水解液(HAP)、酵母抽提物等增鲜剂生产的牛肉精、鸡肉精、木松鱼等风味调味品,味道十分鲜美,特别适宜于做汤料食用。专门烹调中式菜肴的复合调味料在日本开发也比较早,1978 年,日本味之素就生产了"麻婆豆腐调料""青椒肉丝调料""八宝菜调料"等,其商品总称为中华调料。到 1987 年已发展到 20 多种,又增加了一些汤料,如"玉米汤调料""鸡丁香菇汤调料""榨菜菇丝汤调料""鸡丁泡饭调料""四川泡饭调料""海鲜泡饭调料"等复合调味料。

2015 年,美国与日本的年度人均复合调味品支出分别为 83.3 美元和 85.3 美元。日本复合调味料不仅需求量大,而且品种繁多,仅味之素公司生产的复合调味料就有 22 种之多,包括中国风味、日本风味、西洋风味共 3 大类。目前日本复合调味料年产量达 10^7 吨,而且已连续数年以 20% 的速度增长。

国际市场上新型复合调味料琳琅满目,形成中式、西式系列,如瑞士的"康力鸡精"、荷兰的"牛肉精"、日本的"烧肉汁""鸡汁""鱼汁"都享有盛誉。在美国、加拿大、西欧、日本一些国家的市场上,中华复合调味料不仅有日本的产品,还有韩国、新加坡的产品。随着国内外食品工业的迅速发展,各种集多种调味功能于一体的多风味、营养、方便、卫生、精美、即开即食的小包装复合调味料纷纷上市,以其种类多、包装精美、食用方便等特点而深受消费者的青睐。目前,全世界复合调味料品种多达上千种,已成为当今国际上调味品的主导产品。

(二)国内发展状况

我国是最早生产调味品的国家之一,调味品的生产历史悠久。在我国古代文献中,很早就有关于"复合味"的概念,《淮南子·说林训》中有"使不同之味皆和于口"的描述。被今人称为现代调味品的"复合调味料"其实早在元代就已有制作。《居家必用事类全集》中记载:"调和省力物料,就是以多种调味品作为原料,碾为末,滴水随意丸。每用调和捻破入锅,出外者尤便。"这显然是一种使用十分方便的复合调味料。我国的烹调技术非常讲究利用不同味型的调味品,调配出各具特色的风味。食之其味反复多样,此伏彼起,味中有味,回味无穷。酱油、醋、酱、料酒、豆豉、香辛料等是我国传统调味品,以这些调味品为基本原料组合配制的各种复合型调味料在我国有悠久的历史,如古代的"八和齑"就是一种著名的蒜齑复合调味料,由醋、盐与8种香辛料配制而成,这种产品在北魏时期就很流行,至今已有1400多年的历史。我国已有久远历史的花色辣酱、五香粉、复合卤汁调料、太仓糟油、蚝油等,甚至在家烹调时调制的作料汁和饭店师傅们调制的高档次的调味汁等都属于复合调味料。传统的十三香、五香粉等复合香辛料及以豆酱、蚕豆酱为原料配制的各种复合酱,如豆瓣辣酱、芝麻辣酱、鸡肉辣酱、牛肉辣酱、海鲜酱、柱侯酱、沙茶酱等花色酱、糟卤、蚝油等配制调味料、西餐用的辣酱油、喼汁(乌斯特沙司)、咖喱酱等各种复合调味料在20世纪30—70年代就已经实现批量工业化生产了,只不过当时还没有采用"复合调味料"这个专用产品名称。

我国正式使用"复合调味料"这个专用的产品名称是从20世纪80年代初开始的。1982—1983年,天津市调味品研究所开发了专供烹调中式菜肴的"八菜一汤"复合调味料(清炒虾仁调料、咖喱鸡丁调料、酱爆肉丁调料、虾籽豆腐调料、糖醋鱼调料、鱼香肉丝调料、番茄肉片调料、辣子鸡丁调料、酸辣汤调料),并开始使用"复合调味料"这个专用产品名称。随后,上海、北京、武汉、四川、广州等地相继开发了多种烹调专用复合调味料,如蚝油牛肉调料、茄汁鱼片调料、糟熘里脊调料、米粉肉(粉蒸肉)调料、盐焗鸡调料、涮羊肉调料以及蒜蓉辣酱、金钩豆瓣辣酱、麻辣酱等花色调味酱。各种品牌的鸡精、牛肉精也开始大量上市。

1987 年我国正式制定了 ZBX66005—87 标准(即目前的 SB/T 10295—1999 标准),规定了调味品名词术语。2007 年我国制定了《调味品分类》(GB/T 20903—2007,对"复合调味料"专有名词、术语及定义进行标准化。如今,在各种新的政策及其本身极大的市场潜力作用下,我国工业化复合调味料发展迅猛。为适应复合调味料的发展并与国际接轨,我国在《食品安全国家标准 复合调味料》(GB 31644—2018)中重新定义了复合调味料的定义与标准。方便面料包也从单一的粉包扩展到酱包、油包,风味更加突出。在我国各大商场超市、农贸市场,蘑菇精、鸽精、干贝精、牛肉粉之类花样翻新的产品已经是随处可见。新型的芥末油、芥末酱、辣根酱、各种风味的沙拉酱、复合辣酱等品种繁多,极大丰富了老百姓的餐桌。

最近几年,复合调味料已经成为我国经济生活中发展最有潜力的行业之一,年均增长速度在 10% 以上,品种更加多样化,食用更加方便化,风味更加高级,中式、西式调味料的融合、相互渗透更加广泛。2018 年国内调味品市场规模约 3488 亿,预计未来五年内行业仍将保持接近 10% 的复合增速。国内调味品总产量与总销售收入都保持逐年上升的趋势。调味品行业 2018 年生产总量为 1322.5 万吨,同比增长率为 7.5%;销售收入为 938.8 亿元,同比增长率为 10.8%。在调味品行业的 17 大分支产业中,复合调味料产业的同比增长率仅次于蚝油,位居第二。2020 年我国复合调味料市场规模约为 1500 亿元,全国以调味品为特色的小镇(县区)共有 20 余个,主要分布在华东、华南、华北和西南地区,以复合调味料为主的小镇分别有四川安德、山东杨安等地。调味品行业是食品饮料子板块中为数不多仍保持双位数增长的行业,呈现较高的景气度。新型调味料如蚝油、复合调味料(川味调味料、火锅底料)等在全国市场的普及也带动整体销量的增长。复合调味料按照市场消费属性来分析,它属于消费频次低、单次购买量低、单价低、购买人群广泛、家庭刚需型的产品。相比较而言,复合调味料产业中,鸡精和鸡粉等增速较为平稳,复合调味酱等品种增速较快。

目前我国复合调味料企业数量众多,产品迭代的速度快,产品已经从单品时代到大单品时代再到产品迭代时代转换。随着消费习惯、消费人群、消费方式的变化,调味品企业需要以更快的速度研发出更多新品来迎合消费的变化。2017 年复合调味料产量排名前三的企业依次为上海太太乐、李锦记、安徽强旺,产量分别为 14 万吨、10.4万吨、7.4 万吨;同比增长率前三的企业依次为宁夏伊品、鹤山东古、青岛瑞可莱,分别为 54.6%、47.2%、34.6%。在进入百强的 29 家复合调味料企业中,接近半数企业产量集中在 1 万 ~ 5 万吨,呈现"纺锤形"格局,这个区间的企业实力接近,市场竞争激烈。

调味品企业自建网络销售平台的数量不多,欣和与安琪两家运营的较为突出。在互联网渠道结合方面,"饭爷"有比较强的互联网基因,在营销渠道、品牌运营和流量运营方面都有所突破。调味品低频购买、间接消费、追求烹饪美味的消费特性,决定了目前传统销路的占比仍然较大。从销售渠道占比来看,快消品在互联网的品牌渗透率为 70%,调味品为 20%;从销售收入占比来看,互联网渠道销售收入占比不到 2%。大多数的调味品企业,都有复合调味料的品类项,这一品类受到了资本市场的广泛关注,并被普遍看好。

中国复合调味品的市场规模从 2013 年的 557 亿元人民币增长至2017 年的 1091 亿元人民币,年复合增长率为 15.83%。中国复合调味品占整个调味品市场的比重约为 26%,远低于其他国家。发达国家,如日本、韩国、美国,复合调味品种类多、用量大、附加值高,消费占比在 59% 以上。对标日本、韩国,我国复合调味品仍有 1 倍以上的发展空间。

随着调味品工业的技术进步,酵母精、水解蛋白等高档天然调味基料的国产化,也为复合调味料提供了广阔的原料选择空间,而方便复合调味料的市场需求不断扩大。因此复合调味料是中国调味品发展的一个必然趋向,高质量、高超调配技术的复合调味料是中国调味品市场的基本保证。

二、复合调味料生产发展状况
(一)复合调味料原料的开发

生物技术等高新技术的广泛应用,为复合调味料工业提供大量新型原料,必然推动新型复合调味料的开发和生产。以色列的丹德西瓦斯克公司,利用低于海平面 400 m 的死海海盐,研制、开发出一种新型食盐"海之盐"。"海之盐"只含有 47% 的氯化钠,另含 50% 的氯化钾和 3% 的碳酸镁等微量无机盐,具有控制细胞平衡、降低血压的功效。日本利用蛋壳膜为原料,研制、开发出蛋酱系列调味品,能够赋予食品独特的风味,强化鲣鱼的风味,具有掩盖大豆的豆腥味、抑制食品风味变化、防止食品氧化、防止天然色素褪色等功能。其中所用原料蛋壳膜是蛋壳和蛋白之间的一层纤维状薄膜,含有蛋白质、脂肪、糖类、灰分及 20 多种氨基酸,胱氨酸含量高,并含有特有的羟脯氨酸。

为满足消费者追求天然风味的要求,近年来,开发出各式各样的天然调味基料。天然调味基料是开发复合调味料的重要组成部分,如从肉类、鱼虾类、蔬菜、香辣粉等多种天然原料中提取出的物质,经过多级复合调制,而成为味感丰厚的调味品。天然调味基料按其加工方法的不同,有分解型和提取型。分解型调味基料有水解动物蛋白(HAP)、水解植物蛋白(HVP)和酵母精等。提取型天然调味基料是以畜禽、水产类的加工副产品或是藻类、蔬菜等天然动植物为原料,经煮汁、分离(或酶解)混合、浓缩等工序制成的富有原料特色香气的调味品,这种浸出物经烹调加热会发生美拉德反应等各种化学反应,而生成典型的肉香风味,如虾基料、鸡肉基料、猪肉基料、蟹肉基料、牛肉基料等。天然提取物如各种肉类香精、大蒜精、姜精油、醋精、花椒精油等,因其原料味道鲜美、易被人体吸收,适用于各种复合调味料的开发应用。但是这些产品的研究因起步较晚,距世界水平还有很大差距,主要以进口为主。产品的使用范围尚有局限性,价格也比较高。此外也有部分小企业开发的低档产品,但市场销量不大。

目前,日本全年生产的新型天然鲜味调味料达到 10^5 吨,其中肉精汁 2.1×10^4 吨,海鲜精汁 2×10^4 吨,蔬菜精汁 2.45×10^4 吨,酵母精汁 0.45×10^4 吨,氨基酸系列天然调味料 2.75×10^4 吨。新型天然鲜味调味料具有强烈的增鲜、增香作用,已经在食品工业中得到广泛应用。其中用于快餐面占20%,水产制品占9%,快餐点心占8%,面汤汁占6%,汤料占6%,其他食品占45%。

我国生产调味品的动植物资源、微生物资源非常丰富。顺应当今"回归自然"的趋势,应该加强对野生动植物资源、微生物资源,特别是海洋生物资源和"药食两用"的动植物资源的开发和利用,生产出具有中国特色的复合调味料及其配料。中国一些厂家已经开始生产利用天然海鲜原料制成的、不另外添加味精的纯天然鲜味调味品,如鲍鱼汁等。为加快营养型和保健型复合调味料的开发和生产,必须大力加强酵母提取物、动植物水解蛋白、具有保健功能的配料等复合调味料工业原料的开发和生产。

(二)高新技术在复合调味料生产中的应用

随着科学技术的飞速进步,以及国际交流的日益深入和国外先进技术和设备的不断引进,生物技术、超临界流体萃取、微胶囊包埋、超微粉碎、膜分离(含超滤、纳滤、反渗透等)、高压加工、挤压膨化、电磁场技术、微波加工、冷冻干燥、超高温瞬时杀菌、辐射杀菌、连续真空干燥、喷雾造粒、连续造粒、无菌包装等高新技术,在国内外调味品工业中的应用越来越普遍。这些高新技术的应用,不仅改变了传统调味品工业的面貌,而且促进了新型复合调味料产品的研制和开发。

利用挤压膨化的原料生产酱油、食醋和各类复合调味料,可以使原料利用率提高40% ~50%,并能改善产品的风味。基因工程和细胞工程技术除用于培育调味品工业所需新型原料外,还可以用于培育调味品生产所需要的优良菌株。日本利用原生质体的融合技术,对构巢曲霉、产黄青霉、总状毛霉的同种内和种间进行细胞融合,选育出蛋白酶分泌能力强、生长速度快的菌株。并将其用于酱油生产,对于提高酱油的风味和品质有明显效果。

在复合调味料的生产工艺上,除了采用传统的调味品,配以鲜味素制成复合调味料外,更重要的是采用现代生物技术,将理想的风味物质提取或萃取出来,合理配制成为高档的复合调味料。利用蛋白酶水解作用的酶工程技术可使蛋白质的水解率达到70%以上,分解得到的氨基酸,不仅具有鲜味,而且不会有苦味。制得动植物蛋白水解物、酵母膏和鱼贝类浓缩浸膏等,生产复合鲜味调味料,不仅可以进一步增强鲜味,而且可以增强风味和营养价值。

超临界流体萃取技术是利用压力和温度对超临界流体溶解能力的影响来分离和提取所需要的物质的一项新技术。早在20世纪80年代,日本就安装了亚洲最大的生产调味品用的超临界 CO_2 萃取设备,可以从鲜花、香辛料、果皮、蔬菜中提取各种精油、风味剂、呈味物质等,用于生产复合调味料。

利用超微粉碎技术将调味品加工成微粉状食品,巨大的孔隙会形成集合孔腔,可吸收并容纳香气经久不散,这是重要的固香方法之一。因此,超微粉末调味品的香味和滋味更浓郁、突出。超微粉碎技术作为一种新型的食品加工方法,可以使传统调味品(主要是香辛料)粉碎成粒度均一、分散性好的超微颗粒。由于香辛料微粒粒径的不断减小,其流动性、溶解性和吸收率都有所增大,调味效果也得到改善。

微胶囊包埋技术将固体、液体和气体物质包埋在一个微型胶囊内,成为一种固体微粒。该技术能够使被包埋的物质与外界环境隔离,最大限度地保持其原有的色、香、味、理化性质和生物活性,防止营养成分被破坏,并具有缓释的功能。微胶囊技术对调味品工业的贡献,可大致归纳如下:将液态物转变为固态;使用时可具有各自不同的释出模式,保持挥发性物质在最佳条件下释出;可免于蒸发或受其他外界条件的影响;它能使不相溶成分均匀混合,掩蔽不良气味及滋味,改变固体的质地和密度等。我国的一些知名调味品企业通过几年来的反复研究,采用了先进的微胶囊技术,使蛋白质、肽类、氨基酸、核苷酸、糖类等风味成分和香辛料的特殊风味能够最完整的融合和留存,因此其风味特色极其突出。该技术用于生产固体粉末状的复合调味料,通过将普通酱油、醋、液体香精、香料等,与其他营养成分一起,制成微胶囊固体粉末状复合调味料。产品具有风味独特、营养丰富、便于携带、使用方便、稳定性好等优点。经过试验证明,将复合调味料的胶囊添加到食品和菜肴中,尤其是各种红烧、酱香型的复合型调味品中,后味浓郁、香气逼真、效果较令人满意。

将膜分离技术用于生产各类鲜味复合调味料,则可以简化加工工艺,避免加热过程,有利保持产品的色、香、味以及各种营养成分,降低和解决污染物的排放,并能加以综合利用和回收有用物质。

利用高压加工技术,即在一定温度下,用 100 MPa 以上的压力(100～1000 MPa)处理酱油,以及各类复合调味料,既能达到灭菌的效果,又不会对产品的组成成分和外观造成影响,而且节能,不对环境造成危害,符合简便、安全、营养、节能、环保的要求,是理想的冷灭菌技术。

对于液体复合调味料的生产,利用频率为 2450 MHz 的微波来对其灭菌,不仅可以代替防腐剂,杀灭和抑制霉菌,而且可以加快液体鲜味调味料的成熟,使味道更加鲜美。微波技术具有低温、快速、经济、防霉的效果。目前,国外已经利用交变磁场对味精、酱油、醋和酒等进行杀菌,可以明显提高产品质量,延长保质期。

与此同时,关于复合调味的理论研究不断深入。经多年探索,国外对于复合调味料的产品开发已积累了一套科学的程序,对于复合调味料呈味机理的研究已发展到了分子水平。

工业化生产的复合调味料的出现,标志着我国复合调味料的生产已进入一个新的历史发展时期。

(三)调味品产品形式衍变

随着高新技术的运用,国内外的调味品不断升级换代。以鲜味调味品为例,已经发展到第四代产品。

1. 第一代——味精

我国于1923年开始采用水解法生产味精。从1965年起,采用微生物发酵法生产。目前,我国已成为全球最大的味精生产国和味精出口国。2018 年,我国味精产量为 220 万吨,产能占世界的 80% 以上,供给量占全球的 60% 以上。2019 年,产量降为 205 万吨。

2. 第二代——特鲜味精

在味精中添加肌苷酸、鸟苷酸等呈味核苷酸,可以大幅提高味精的鲜度,制成第二代特鲜味精。日本于 20 世纪 60 年代初期开始生产第二代特鲜味精。我国在 20 世纪 60 年代中期开始采用自溶法和酶解法生产 5′ – 核苷酸,20 世纪 70 年代开始生产和销售特鲜味精。

3. 第三代——风味型调味品

在味精中添加肌苷酸、鸟苷酸等呈味苷酸,肉类、鱼类、蔬菜等的提取物以及其他风味物质,就可制得第三代风味型调味品。这类调味品除去鲜味外,还有各种不同的风味,包括鸡精、牛肉精、蘑菇精、海鲜精等。国内第三代风味调味品种类比较单一,以鸡精为主。近年来,鸡精(鸡粉)发展很快,2019 年产量为 43.42 万吨。

4. 第四代——营养型调味品

在第三代风味调味品中,添加肉类浸膏、鱼虾类浸膏、酵母浸膏、动植物蛋白水解物等,就能制成第四代营养型调味品。这类调味品除去鲜味、风味外,还含有多种其他营养成份。在菜肴中添加第四代营养型调味品,不仅可以增加菜肴的鲜味、风味,而且可以补充人体所必需的氨基酸、维生素等营养成分。

第三代风味型调味品、第四代营养型调味品和保健型调味品,均属于复合调味料的范畴,代表了调味品工业的发展方向,具有广阔的发展前景。

三、复合调味料产品开发趋势

多年以来,我国的调味品市场一直保持着低价低档的产品形象,几毛钱一袋的酱油、醋,一个家庭要用上十天半个月。随着复合调味料的出现,新品价格在逐渐走高,品种在不断细化,满足了消费者各种不同的调味需求,同时企业也找到新的赢利方向。因此,复合型调味品的出现是行业进步的标志。从国内外调味品的研究和发展趋势来看,使用方便化、味感复合化、调味专门化是复合调味料的发展方向。

功能性复合调味料由认知发展到迅速普及,如铁强化酱油,加碘、加锌、加钙的复合营养盐。与传统调味品相比,它们虽然是初级的复合型调料,但也正因为它简单化的功能诉求更能为大众所接受,普及推广速度非常快。对其他类型的功能性复合调味料的研究,国内也取得了一些研究成果。如上海海鸥酿造公司采用各种方法提取海带有效成分,再添加各种辅料制成各种海带功能复合调味料,开发海带酱类产品、海带酱油产品、海带复合汤料、海带保健醋及海带饴糖产品等。以具有一定的生理、药理功能的花椒、砂仁、豆蔻、八角茴香、桂皮、小茴香等为原料的复合调味料也受到越来越多的消费者青睐,为调味品开拓提供更广阔的市场。功能性复合调味料不仅能使菜肴更加美味,而且具有营养保健功能,极其符合现代人追求健康的心理,倍受人们的青睐。

方便实用也是复合调味料的发展方向之一。目前,市场上已出现了多款制作菜肴的复合型调味料,各种专门烹饪川、粤、鲁等大菜系的名肴调料,专用拌菜、调面、烹虾、炸鸡的各种复合调味料、各种调味酱、火锅底料等都属于这类产品。即将某种菜肴所需的各种调味品配好后装在一起,消费者在烹制菜肴时只需按说明加入,即可做出诸如鱼香肉丝、蚝油牛肉、酱爆肉丁、宫保鸡丁、辣子肉丁、醋溜鱼片、麻婆豆腐、糟溜里脊、茄子鱼片等佳肴,深受消费者欢迎。

消费的驱动及消费形式的改变,给复合调味料带来了产品的创新需求。"90后""00后",以及一些注重品味的家庭主妇,成为目标消费群体。这些消费群体不仅要吃出美味,而且要吃出品位。这就促使新产品的研发及产品概念的不断创新与迭代。例如,欧洲已经开发出兼具鲜味、咸味、香辛味、含油脂的多功能方便型复合型鲜味调味料,放入热锅内,立即融化,完全没有油烟。加入待烹调的菜肴,稍加拨动,即得一碗美味、营养的佳肴,实现了"炒菜不再添油"的夙愿,既方便、快捷,又卫生、环保。

鉴于家庭炊具的快速发展,适合微波炉、烤箱食品的调味品也将被开发,这些调味品开袋即可食用。现在我国开袋即食的复合调味品有很大的市场前景,正是因为有助于缩短烹饪时间,特别适用于快餐行业。融合油炸和烧烤特点的多功能方便型复合微波调味料,在普通微波炉内,就可以很方便地烹制出色泽金黄、香味扑鼻和皮脆里嫩的肉类、家禽和鱼类美味佳肴,达到省时、省力和省事的目的,又能保存食品的营养成分和免除油烟的污染,改善家庭环境。

复合调味料将成为调味品工业的研究重点。随着复合调味理论和调味实践研究的深化,采用各种高新技术生产的新型复合调味料将越来越多地占据调味品市场的主导地位。

第二章　复合调味料原辅料

复合调味料是将基础调味料按一定的比例,配以多种其他辅料,经一定的加工工艺而制作得到的调味品。复合调味料中的呈味成分多,口感复杂。各种呈味成分的性能特点及其之间的配合比例是影响复合调味料质量的关键因素。

基础调味料是用于食品调味的主要调味品,也是制作复合调味料的原料,它们能构成复合调味料的复合味感。常见的基础调味料有食盐、糖、柠檬酸、味精等单一化学成分调味料,以及化学成分不同的食用油、酵母提取物等,还有酱油、食醋、料酒、豆酱和豆腐乳之类的发酵调味品。各种基础调味料虽然各有其独特的味道,但其味感多较为单一(如盐、糖、醋等)或较为常见(酱油、味精、黄酱、面酱、辣椒油等),难以满足人们追求对味感新、特、奇的需要。

从复合调味料基料及辅料的口感、风味及作用来看,复合调味料主要是由咸味剂、甜味剂、鲜味剂、香辛料、风味物质及填充料这几部分构成。咸味剂、甜味剂、鲜味剂构成了复合调味料的基本味道,而香辛料和风味物质决定复合调味料的风味特征。其中,盐、糖、酸是所有复合调味食品都用的基本原料,对风味的体现起着相当重要的辅助作用,只是用多用少的问题。赋形剂(增稠剂)、赋香剂(香辛料、香精香料)、发色剂、着色剂、品质改良剂、嫩化剂、抗氧化剂、防腐剂等是复合调味料的主要辅料,是在调味品生产中起填充、着色、防腐、抗结块、抗氧化等作用的一类物质,如焦糖、麦芽糊精、山梨酸钾等。

复合调味料中的呈味成分多、口感复杂,各种呈味成分的性能特点及其之间的配合比例,决定了复合调味料的调味效果。按照复合配方配合在一起的原料,呈现出来的是一种独特的风味。

第一节　复合调味料生产常用原料

复合调味料中基础调味料种类很多,常用的原料主要有咸味剂、鲜味剂、增鲜剂、甜味剂、酵母精、水解动植物蛋白等。复合调味料中的呈味成分多、口感复杂,各种呈味成分的性能特点及其之间的配合比例,决定了复合调味料的调味效果。按照复合配方配合在一起的原料,呈现出来的是一种独特的风味。所以,复合调味料也是一类针对性很强的专用型调味料。

一、咸味调味基料与咸味剂

在基础调味料中,除食盐以外,酱油、酱类、豆腐乳、豆豉都是具有咸味的调味品。

(一)酱油

酱油是以大豆和/或脱脂大豆、小麦和/或小麦粉和/或麸皮为原料,经微生物发酵制成的具有特殊色、香、味的液体调味品。

在选择酱油时要注意品种的不同,通常使用的是浓口酱油,可以用于各种复合调味料。我国的酱油绝大多数都属于浓口酱油,比如特级或一级酱油。酱油生产技术主要包括低盐固态酱油、高盐稀态酱油等。前者的发酵期很短,通常只有 20 d 左右,后者的发酵期长,一般在 3 个月以上。另外,在所用原料上也有所不同,前者的淀粉质原料多使用麸皮或添加少量小麦,后者一般以小麦为主。发酵温度也不同,前者的制曲及发酵温度一般可达到 45℃以上,后者的制曲及发酵温度均较低。

酱油有浓口、淡口以及白酱油之分。淡口酱油的生产工艺与浓口酱油基本相同,只是采取了一些避免增色的措施。

白酱油的生产工艺同浓口酱油有较大的差别:

①白酱油的原料主要(90%以上)或全部为小麦,很少或不用蛋白质原料。

②在发酵过程中不搅拌,熟了之后不压榨,让酱油从底部自然

流出。

③在发酵中控制乙醇发酵的程度。

④不加热,避免增色。

淡口酱油和白酱油的最大特点和作用是不对或尽量减少对食物本身的颜色产生影响,比如汤羹或菜肴,若希望它的颜色越淡越好的话就可以使用淡或白酱油,特别是白酱油的效果最好。白酱油具有一种独特的曲香和甜酒香,但白酱油和淡口酱油的风味都不能同浓口酱油相比,两者均缺乏酱醇香气和发酵鲜味。

这里若用比较简单的语言来概括酱油,它是咸、甜、酸、苦各种味道调和一体的产物,具有独特的色、香、味。这种色、香、味是由微生物(曲菌、乳酸菌及酵母等)发酵等导致的生物化学作用产生的,比如它具有的深褐色主要来自原料中的糖与各种氨基酸之间的美拉德反应;鲜味出自大豆和小麦成分中的约 20 种游离氨基酸,特别是谷氨酸的作用最大;甜味是由酱油中 3% ~5% 的糖分形成的,约有 15 种糖,以葡萄糖为代表。此外,各种糖醇和甘氨酸也对甜味产生一定影响。酸味来自酱油中含有的 1% 左右的以乳酸为主的约 15 种有机酸。酱油的 pH 值为 4.7 ~4.8,酱油的香气在这个范围内能最大限度地得到发挥。

酱油是一种成分复杂的呈咸味的调味品。在调味品中,酱油的应用仅次于食盐,其作用是提味调色。酱油在加热时,最显著的变化是糖分减少,酸度增加,颜色加深。酱油的使用范围非常宽,除了用于西式菜的调料以外,几乎可以用于所有复合调味料。如酱油可以用于制作怪味汁等复合调味料,也可用于烹饪行业自制辣酱油、调制白油汁等。

(二)酱类

酱类是以豆类、谷类发酵酿制或果蔬鱼肉等各种食品原料经过加工而制成的糊状调味品。中国有大豆酱、蚕豆酱、面酱、豆瓣酱以及豆豉等,日本主要为米酱和豆酱。

1. 中国豆酱

豆酱是以豆类或其副产品为主要原料经微生物发酵酿制的酱

类,包括黄豆酱、蚕豆酱等。

(1)黄(豆)酱 黄(豆)酱是以大豆为主要原料的酱,又称大豆酱或豆酱,是利用以米曲霉为主的微生物制得的。优质的黄酱呈深杏黄色,有光泽,有浓郁的酱香和鲜味,咸淡适口。黄酱可用于多种菜肴烹调,如回锅肉、酱爆鸡丁、炸酱面等,是制作炸酱面的主要配料。黄酱的原料除了大豆之外还有面粉、食盐及水,其酿造工艺基本同酱油,一般经原料处理、制曲、发酵等工序而成。黄酱在复合调味料生产中多用作其他复合酱的基酱。

(2)蚕豆酱 蚕豆酱的生产工艺与大豆酱基本相同,只不过是用蚕豆制曲,也同样掺入面粉。

2. 日本酱

(1)日本豆酱 日本豆酱完全以大豆为原料,只是制曲当中接种的曲菌里含有炒过的大麦粉。豆酱产地主要在日本中部的爱知、岐阜和三重县。豆酱是日本色度最深的一种酱,近于黑褐色。

(2)日本米酱 在日本,米酱才是主要酱种,豆酱处于次要地位。日本米酱除了以大米为原料外,也使用大豆、食盐和水。

3. 面酱

面酱又称甜面酱,是以面粉为主要原料经微生物发酵酿制的酱类,由于其味道咸中带甜而得名。优质面酱呈黄褐色或红褐色,具有酱香和酯香,甜咸适口,味道醇厚。它利用米曲霉分泌的淀粉酶,将面粉经蒸熟、糊化产生的淀粉分解为糊精、麦芽糖及葡萄糖。曲霉菌丝繁殖越旺盛,则糖化程度越强。同时,面粉中的少量蛋白质也在曲霉分泌的蛋白酶的作用下,分解成为氨基酸,从而使甜面酱具有鲜味,成为特殊的产品。甜面酱酿制可天然曝晒,也可保温发酵。制曲分为地面曲床制曲、薄层竹帘制曲、厚层通风制曲和多酶法速酿稀甜酱(无须制曲)。曲体形状有面饼、馒头(或卷子)和面穗。

面酱营养丰富,易消化吸收,具备特有的色、香、味,既可做菜肴,又可做调料,是人们日常生活中离不开的调味品。在面酱生产中又分成两种不同的做法,即南酱园做法和京酱园做法,简称为南做法和京做法,它们之间的区别在于一个是死面的,一个是发面的。南酱园是发面的,即将面蒸成馒头,而后制曲拌盐水发酵。京酱园是死面的,即将面粉拌入少量水搓成麦穗形,而后再蒸,蒸完后降温接种制曲,拌盐水发酵。发面的特点是利口、味正。死面的特点是甜度大,发黏。

4. 豆瓣酱

豆瓣酱原产于四川的资中、资阳和绵阳一带。豆瓣酱鲜辣可口,独具特色。豆瓣酱的主要原料有蚕豆、面粉、辣椒、食盐和水,有的还添加红曲和甜酒酿。辣椒是豆瓣酱的主要原料,其品种有牛角辣椒、柿子辣椒、朝天椒、灯笼辣椒、小辣椒及长辣椒等。

当把豆瓣酱作为复合调味料的原料使用时,豆瓣酱中的蚕豆瓣和辣椒碎片会产生阻碍作用,必须用细磨将其磨成浆状才能使用。豆豉也是如此,一般不使用带颗粒或固形物的原料。

5. 豆豉

大豆整粒润水蒸煮后,制曲发酵,当微生物酶类将原料蛋白质降解至一定程度,采取加盐、加酒或干燥等措施后,再经发酵,使原料中部分蛋白质和酶解产物共存,呈干态或半干态的颗粒状,这种发酵性调味品称为豆豉。

我国的豆豉种类很多。主要有咸豆豉与淡豆豉之分,成品中含有食盐的叫咸豆豉,不含食盐的叫淡豆豉,后者主要用于药。只要加入不同的调味辅料即可生产出多种各具特色的调味型豆豉。按豆豉中水分含量的高低又可分为干豆豉与水豆豉两种。干豆豉多产于南方,豆豉松散完整,油润光亮,如湖南豆豉和四川豆豉。水豆豉在发酵时加入水分较多,产品含水量较高,豆豉柔软粘连,多产于北方及一般家庭作坊。按制曲时所用微生物的不同,可分为曲霉型、毛霉型和细菌型三类。利用曲霉酿造豆豉是我国最早、最常用的方法。毛霉型豆豉在全国豆豉产品中产量最大,也最富有特色,主要产于四川,以三台县最负盛名。细菌型豆豉产量很少,以山东水豉为代表,一般家庭制作大都属于细菌型豆豉。豆豉按原料分有黑豆豆豉和黄豆豆豉两种。以黑褐色或黄褐色、鲜美可口、咸淡适中、回甜化渣、具有豆豉特有豉香气者为佳。

豆豉的工艺流程如图2-1所示。

大豆浸泡→蒸煮→冷却→接入菌种→培养→大豆曲→洗霉→与辅料混合→翻拌→入池或入坛→后熟→成品

图2-1 豆豉的工艺流程

豆豉含有丰富的蛋白质（20%）、脂肪（7%）和碳水化合物（25%），含有人体所需的多种氨基酸,还含有多种矿物质和维生素等营养物质。豆豉一直广泛使用于中国烹调之中。豆豉拌上麻油及其他作料可作助餐小菜。用豆豉与豆腐、茄子、芋头、萝卜等烹制菜肴别有风味。著名的"麻婆豆腐""炒回锅肉"等均少不了用豆豉作调料。广东人更喜欢用豆豉作调料烹调粤菜,如"豉汁排骨""豆豉鲮鱼"和焖鸡、鸭、猪肉、牛肉等,尤其是炒田螺时用豆豉作调料,风味更佳。豆豉还以其特有的香气使人增加食欲,促进吸收。豆豉主要用于制豉汁、酱油,也可调制麻辣汁。

6. 甜米酱

甜米酱是介于黄酱和甜酱之间的产品,以大米为原料,经蒸煮、冷却、制曲、加盐水制醅、发酵而成的米酱。原料中的90%（黄豆占50%,面粉和大米各占20%）用于糊化分解,而只用10%（生面粉与黄豆）拌和进行通风制曲,温酿发酵。其生产过程如下：大米→浸泡→洗米→蒸饭→摊凉→装匾→培养→米酱曲（加盐水）→制醅→发酵→甜米酱。该产品味道香甜,酯香浓郁。可以用来腌制南瓜酱、茄子酱及制作甜辣酱,也可作为烹调的调味料,是百姓所喜爱的一种风味食品。

7. 番茄酱

番茄酱由成熟红番茄经破碎、打浆、去除皮和籽等粗硬物质后,经浓缩、装罐、杀菌而成。番茄酱常用作鱼、肉等食物的烹饪佐料,是增色、添酸、助鲜、赋香的调味佳品。番茄酱的运用,是形成港粤菜风味特色的一个重要调味内容。番茄酱可分两种,一种颜色鲜红,为常见;另一种是由番茄酱进一步加工而成的番茄沙司,为甜酸味,颜色暗红。前者可作炒菜的调味品,后者可以蘸食。番茄酱大都呈深红色或红色,具有番茄的特有风味,酱体均匀细腻、黏稠适度,味酸甜、无杂质、无异味。以番茄酱为主要原料,添加食盐、糖、各种香辛料和食品添加剂可制成各种风味番茄酱。

8. 辣椒酱

鲜红辣椒经盐腌后破碎或磨细的酱类,品种较多,有的经过发酵,有的加入蒜蓉、豆酱或其他调味料。

9. 芝麻酱

芝麻酱又称麻酱,是以芝麻为原料,经润水、脱壳、焙炒、研磨制成的酱品。芝麻酱的色泽为黄褐色,质地细腻,味美,具有芝麻固有的浓郁香气。芝麻酱可佐餐,可拌凉菜,也可作为火锅的调味酱汁使用。

10. 花生酱

花生果实经脱壳去衣,再经焙炒研磨制成的酱品。花生酱的色泽为黄褐色,质地细腻,味美,具有花生固有的浓郁香气。

11. 虾酱

以海虾为主要原料,经盐渍、发酵酶解,配以各种香辛料和配料制成的调味酱。从虾酱中提取的汁液称为虾油。

以豆酱、蚕豆酱等为原料可配制各种复合酱,如豆瓣辣酱、芝麻辣酱、鸡肉辣酱、牛肉辣酱、海鲜酱、柱侯酱、沙茶酱等花色酱。

(三)腐乳

腐乳是以大豆为原料,经加工磨浆、制坯、培菌、发酵而制成的一种调味、佐餐食品。

1. 红腐乳

其是在腐乳后期发酵的汤料中配以红曲酿制而成,外观呈红色或紫红色的腐乳。

2. 白腐乳

其是在腐乳后期发酵的汤料中不添加任何着色剂酿制而成,外观呈白色或淡黄色的腐乳。

3. 青腐乳

其是在腐乳后期发酵过程中以低度食盐水作汤料酿制而成,具有硫化物的气味、外观呈豆青色的腐乳。

4. 酱腐乳

其是在腐乳后期发酵过程中以酱曲为主要辅料酿制而成,外观呈棕红色的腐乳。

青腐乳即臭豆腐乳,一般不用作调味,只做佐餐小食;红腐乳和白腐乳除佐食外,在烹饪中使用可起到赋咸、增香、提鲜等作用,红腐乳还可增色。腐乳味型的菜肴味道咸、鲜,香而浓郁,多用于咸鲜、咸辣味型的菜肴中,腐乳也是涮羊肉调料的主要调味品之一。肉类原料往往有较重的腥膻气味,蔬菜类一部分品种也有一些不良气味,虽然在原料初加工及初步处理中已经消除部分,但往往不能除尽。腐乳具有多种浓郁的味道和香气,可以用它来掩蔽、抵消或调整异味,使菜肴味美。在保持腐乳原有风味特点的基础上,通过添加香辛料提取液,可开发出具有独特香味特征的复合调味料。豆腐乳可用于煲仔酱、复合柱侯酱的调配。

(四)鱼酱油(鱼露)

鱼酱油(鱼露)和以大豆、小麦为原料酿制成的酱油一样,都属于亚洲许多国家的传统调味品。中国、日本和韩国一般以大豆和小麦为原料酿制酱油,同时也生产鱼酱油。

可用于生产鱼酱油的鱼及水产品的原料种类十分丰富,如雷鱼、沙丁鱼、青花鱼等小鱼,小虾、糠虾等,此外还有墨斗鱼的内脏、玉筋鱼、牡蛎、蛤蜊等。传统的鱼酱油的生产方法是采用高盐发酵,盐的使用量为20%~30%,发酵期为0.5~2年。这期间鱼和水产品自身固有的蛋白质分解酶进行自我分解和消化,鱼蛋白逐渐分解成氨基酸和低分子的肽。发酵结束之后其进行沉淀和过滤,去掉骨渣等杂物,成为一种有独特香气和鲜味的调味品。

一般来讲,最适合使用鱼酱油的复合调味料有炒菜的作料汁、汤料及沙司等,使用量为2%~3%。使用了鱼酱油的调料,在主鲜味的背后会隐约感到有一种浑厚的发酵鱼腥味,这种味道是微弱的,但又是实在的。正是有了这种微弱的感觉,才能使许多消费者在味觉上得到共鸣和满足。

（五）咸味剂

咸味剂是良好味感的基础，为调味料味感的主体。大多复合调味料是以咸味剂为基础，然后配合其他调味料。咸味剂可以解腻，增鲜，除腥，去膻，突出原料中的鲜香味等。

1. 食盐

盐类大多呈现咸味，但只有食盐的咸味最为纯正。食盐在烹饪调味中享有"百味之主"之称。食盐在味感上主要是起风味增强或调味作用。食盐的阈值一般为 0.2%，但舌的各部位对食盐的敏感程度稍有差异。食盐（NaCl）的稀水溶液（0.02～0.03 mol/L）有甜味，较浓时（0.05 mol/L 以上）时则显咸苦味或纯咸味。一般来说，含量为0.8%～1.0%的食盐溶液是人类感到最适口的咸味浓度，过高或过低都使人感到不适。汤类中食盐含量一般为 0.8%～1.2%。粉状的复合调味料中，食盐的比例为 45%～70%。食盐与其他调味料一起构成复合调味料的味感平台。

食盐不仅用于调味，还可用来防腐，盐渍是食品加工贮藏的重要手段。在液体汤料添加 15% 的食盐，可以抑制细菌的生长。

以食盐为主要原料，添加了其他调味料制成复合调味盐。如添加了少量味精的食盐，称为味盐，添加花椒粉（熟）的食盐称为椒盐，此外还有五香盐、辣味盐、芝麻盐、苔菜盐及新引进的许多"味香盐"制品，清香即食调味盐（添加了香辛料、大蒜粉等）、肉汤烧烤调味盐、蒜汤调味盐等。种类还有添加了氯化钾的食盐，即"低钠盐"，也属于复合调味料。

2. 氯化钾

氯化钾为无色细长菱形或立方晶体或白色粗粉，无臭、有咸味，空气中稳定，易溶于水，咸味纯正，可代替食盐作咸味剂。氯化钾与食盐有相同的盐味、防腐作用、生理作用。在低浓度时，味呈甜性，高浓度时有苦味，最高浓度时有咸味、酸味混成的复杂味，盐味为食盐的70%。氯化钾的渗透压与水分活性为食盐的 80% 左右。氯化钾用作食盐代用品，广泛用于食品。过去主要用于低钠盐酱油和部分食品，近来大量用于配制运动员饮料剂，以及低钠食品。过多摄入食盐与高血压及高血压引发的疾病有一定的相关性,原因在于钠的摄入量过高。不少国家的膳食指南中都有减少食盐摄入量这一条目,一些国家用氯化钾代替一部分氯化钠,制成低钠盐。氯化钾在盐及代盐制品中的最大使用量为350.0 g/kg,在醋、酱油、各种复合调味料生产中按生产需要适量使用。

欧美市场很早就出售代替30%～100%全部食盐的氯化钾制品,还可配合有机酸、磷酸钾,起掩盖异味、调整味质的作用,广泛用于米饭与蔬菜的调味。氯化钾可代替钠盐用于制造低盐(低钠)酱油、淡盐酱油。氯化钾添加量为1%以下,超过2%苦味较重。对病人,可将大豆蛋白用酶分解的氨基酸添加氯化钾代替酱油调料。制造低盐酱时,在酱的熟成过程中加10%～20%氯化钾代替部分食盐,比单独用食盐能促使熟成中乳酸菌与酵母菌的增殖,但加多了氯化钾会影响味质。酱的低盐化主要减少食盐量,添加酒精能提高保存性。日本市场销售食盐5%～9%的沙司中,有一半盐使用氯化钾代替食盐。水产体制品中含盐1.0%～2.9%,为制得口感好的水产体制品,使鱼肉盐溶性蛋白最易溶出,盐浓度为2.5%,其中含食盐1.5%,另用氯化钾代替食盐,但氯化钾比食盐对蛋白质溶解时间要长。盐渍鱼子时,使用食盐的2%～5%以氯化钾代替,发色好,口味好(咸味少),与有机酸、味精、植物蛋白水解液等并用效果更好。食肉加工品火腿肠中一般含2%左右的食盐浓度。美国是与香料等调料一起使用,食盐的45%用氯化钾代替。香料等调料有掩盖氯化钾苦味的效果。日本使用氯化钾代替食盐,只代替15%量,否则影响其凝集性、弹性。盐渍物倾向低盐量、减盐化。在日本,小包装加热杀菌的渍物,大商店冷藏渍物商品都是低盐及氯化钾并用。盐渍白菜、黄瓜时与食盐比例1:1,比仅用食盐时盐味更复杂,盐味度略低,还加入为食盐用量的1%～2%味精、香辛料生姜、胡椒、香芹、味精等调料。面类再生面条中约含4%的盐分,尽管小麦粉品种不同,用氯化钾代替50%食盐的面条比单用食盐的面条口感好,破断性好,黏性好,延伸性好,氯化钾有增加黏度与筋力效果,也适合应用于中华面。

氯化钾可代替一部分食盐应用于汁液、饭中,用量为食盐的

0.7%~10.0%,比单用食盐盐味不差,而40%以上影响食味。鲜味料中加0.07%氯化钾不影响盐味。氯化钾代替食盐,用量多会影响味质,带来苦味,与适量有机酸、氨基酸等调味料、酵母提取物、香辛料混合应用可以减低苦味,提高加工食品质量,又能补钾减钠,达到味质、健康双赢效果。

3. 葡萄糖酸钠

葡萄糖酸钠,又称五羟基己酸钠,是一种多羟基羧酸钠,为白色或淡黄色结晶粉末,易溶于水,微溶于醇,不溶于醚。

葡萄糖酸钠和葡萄糖酸钾有优良的呈味阈。葡萄糖酸钠无刺激性,无苦涩味,盐味质接近食盐,阈值远高于其他有机酸盐,是食盐(无机盐)的5倍、苹果酸钠的2.6倍、乳酸钠的16.3倍。葡萄糖酸钠和葡萄糖酸钾在食品加工中用于调节pH,改善食品呈味性,代替食盐加工成健康的低盐或无盐(无氯化钠)食品,对增进人体健康、丰富人们生活起很大作用。葡萄糖酸钠和葡萄糖酸钾的主要成分为葡萄糖酸,有调节pH值的功能,pH值缓冲范围是3~4。

葡萄糖酸钠和葡萄糖酸钾是优良的呈味改善剂,本身呈味性能优良,还可掩盖苦味和臭味、改良呈味效果,能明显改善高甜度甜味剂天冬甜精、甜菊苷、糖精等的味质。大豆蛋白营养价值高,在畜肉加工品、鱼糜、冷冻食品等多种食品中广泛应用,但由于有大豆蛋白臭味,限制了大豆蛋白的使用量,葡萄糖酸钠能明显掩盖大豆蛋白的臭味。在香肠原料中加入5%的葡萄糖酸钠能明显降低大豆蛋白臭味。在鱼类加工品鱼酱中加入0.5%的葡萄糖酸钠能减低鱼臭味。葡萄糖酸钠能掩盖镁、锌、铁等微量金属特别是镁的特有苦味效果。

在食品加工中,用葡萄糖酸钠和葡萄糖酸钾代替部分或全部食盐制作低盐或无盐(指氯化钠)食品,如味噌发酵,以葡萄糖酸盐代替食盐,既能使发酵正常又能制得低盐、无盐味噌;在食品加工中,葡萄糖酸钠代替食盐还有改良物性、调整发酵、降低水分活性、赋予食品保存性、防止蛋白质变性等功能。

4. 苹果酸钠

苹果酸钠为白色结晶性粉末或块状,无臭,略有刺激性。味咸,咸度约为食盐的 1/3,有潮解性。其加热至 130℃失去结晶水,易溶于水。苹果酸钠可用于肉类、火腿肠、水产品加工,具有防腐保鲜和增加咸味的作用;也可作为代盐剂,制造无盐酱油;与苹果酸合用可以缓和酸味,并常用于清凉饮料及酸性食品。

5. 食盐代用品

新型食盐代用品 Zyest 在国外已研制成功并大量使用。该产品属酵母型咸味剂,可使食盐的用量减少一半以上,甚至 90%,并同食盐一样具有防腐作用,现已广泛用于面包、饼干、香肠、沙司、人造黄油等食品,统称为低钠食品。日本广岛大学也研制了一种不含钠,但有咸味的人造食盐,是由与鸟氨酰和甘氨酸化合物类似的 22 种化合物合成,并加以改良后制备而成,称其为鸟氨酰牛磺酸,味道很难与食盐区别。其现已投入生产,但售价比食盐高 50 倍。

二、酸味调味基料与酸味剂
(一) 食醋

酿造食醋是单独或混合使用各种含有淀粉、糖类的物料或酒精,经微生物发酵酿制而成的液体调味品。食醋可用于配制酸味液体调味品。

由于酿醋原料和生产工艺不同,酿制出的食醋风味各异,种类繁多。根据原料的不同,食醋可分为果醋、粮食醋、酒精醋、糖醋。用大米或高粱为原料酿制的食醋称为粮食醋;用薯类原料酿制的食醋称薯干醋;以麸皮为原料酿制的食醋叫麸醋;以含糖原料,如废糖蜜、糖渣、蔗糖等为原料可酿制糖醋;用果汁和果酒可酿制果醋;用白酒、酒精和酒糟等可酿制酒醋;而用野生植物及中药材等酿制的叫代用原料醋。

以粮食为原料制醋,因原料的处理方法不同可分为生料醋和熟料醋。粮食原料不经过蒸煮糊化处理,直接用来制醋,所得的为生料醋;经过蒸煮糊化处理的原料酿制的食醋为熟料醋。

按制醋用糖化曲分类,可分为麸曲醋、老法曲醋和酶法醋。按醋酸发酵方式分为固态发酵醋、液态发酵醋(包括传统的老法液态醋、速酿塔醋及液态深层发酵醋,其风味和固态发酵醋有较大区别)、固稀发酵醋(食醋酿造过程中的酒精发酵阶段为稀醪发酵,醋酸发酵阶段为固态发酵,出醋率较高)。

传统的名牌醋在酿造方法上都有独到之处,使风味差异很大。如陈醋的酯香味较浓,熏醋具有特殊的焦香味,甜醋则需人工添加食糖等甜味剂,还有的添加中药材、植物性香料等,形成各种风味不同的食醋,如饺子醋、凉拌醋、薏米醋等。

按食醋的颜色又可将其分为浓色醋、淡色醋和白醋。熏醋和老陈醋颜色呈黑褐色或棕褐色,可称为浓色醋。如果食醋没有添加焦糖色或不经过熏醅处理,颜色为浅棕黄色,称淡色醋。用酒精为原料生产的氧化醋呈无色透明状态,称为白醋。

1. 浓色醋

在制作复合调味料时,由于使用量较大,醋的容器应该使用大塑料桶等较大的包装材料,而不应是一般市场上的瓶装。此外,为了降低成本,在保证风味质量的前提下,食醋的等级可以稍低于一般家庭用的产品。因为做复合调味料的食醋不是单独面对消费的,而是加在其他原料中使用的。

2. 白醋

在制作复合调味料时,由于酸度高,用较少的量也能有效地降低pH 值。又由于白醋本身除酸味以外基本没有其他味道,不会对复合调味料的风味特征造成影响,而受到许多厂家的欢迎。

(二)酸味剂

当各种酸的水溶液在同一规定浓度时,解离度大的酸味强。醋酸、柠檬酸、苹果酸、酒石酸等用作烹调和食品加工的有机酸,味感各不相同。柠檬酸、苹果酸、酒石酸分别是柑橘类、苹果和葡萄的特征酸,但酸感差异很大;醋酸是挥发性酸,刺激性强,有特征风味;琥珀酸有鲜味和辣味,是特殊的酸。这些酸味物质的酸感之所以不同,是因为溶液中阴离子结构的不同。有机酸的味受结构受 – OH 和 – COOH 的位置、数量等的支配,从结构式来看 – OH 多的有机酸呈强酸味。脂肪酸从丙酸开始出现异臭味,丁酸呈浓汗臭味,戊酸、异戊酸、庚酸有强烈的汗臭。但这种气味自庚酸起,又随着碳原子数增加而逐渐减弱,辛酸臭味少,呈弱香,8 个以上碳原子的酸类,微有脂肪气味。

1. 醋酸

醋酸是食用醋的主要化学成分,是无色透明液体(低于 16.7℃时为白色晶体),有刺激性的酸味。冰醋酸分为工业和食用两种,食用冰醋酸可作酸味剂、增香剂。食用醋酸常用于番茄调味酱、蛋黄酱、醉米糖酱、泡菜、干酪、糖食制品等。其使用时适当稀释,还可用于制作番茄、芦笋、婴儿食品、沙丁鱼、鱿鱼等罐头,还有酸黄瓜、肉汤羹、冷饮、酸法干酪。用于食品香料时,需稀释,可制作软饮料、冷饮、糖果、焙烤食品、布丁类、胶糖、调味品等。其作为酸味剂,可用于调饮料、罐头等。

2. 柠檬酸

柠檬酸是在果蔬中分布最广的有机酸。商品柠檬酸有一水柠檬酸和无水柠檬酸,为无色结晶,极易溶于水及乙醇,20℃时在水中的溶解力 100%。特点是酸味圆润滋美、爽快可口,最强酸感来得快,后味时间短。由于是水果的成分之一,能赋予水果的风味,而广泛用于清凉饮料、水果罐头、糖果、果汁粉等的生产,是最常用的酸味剂。能使甜味剂、色素、香精相互协调,通常用量为 0.1% ~ 1.0%;同时还有增溶、抗氧化、缓冲及螯合不良金属离子的作用;在肉制品中还可脱腥脱臭。柠檬酸使用时与柠檬酸钠共用味感更好,有三种形式的钠盐。

3. 苹果酸

在自然界中苹果酸多与柠檬酸共存,为白色或荧白色粉末、粒状或结晶,不含结晶水。苹果酸,又名 2 - 羟基丁二酸,由于分子中有一个不对称碳原子,有两种立体异构体。大自然中,其以三种形式存在,即 D - 苹果酸、L - 苹果酸和其混合物 DL - 苹果酸。L - 苹果酸是人体必需的一种有机酸,也是一种低热量的理想食品添加剂。当50% L - 苹果酸与 20% 柠檬酸共用时,可呈现强烈的天然果实风味。L - 苹果酸口感接近天然苹果的酸味,与柠檬酸相比,具有酸度大(酸味比柠檬酸强 20%)、味道柔和(具有较高的缓冲指数)、滞留时间长等特点,具有特殊香味,不损害口腔与牙齿,代谢上有利于氨基酸吸收,不积累脂肪,是新一代的食品酸味剂,被生物界和营养界誉为"最理想的食品酸味剂"。其目前已广泛用于高档饮料、食品等行业,已成为继柠檬酸、乳酸之后用量排第三位的食品酸味剂。用 L - 苹果酸配制的饮料更加酸甜可口,接近天然果汁的风味。苹果酸与柠檬酸配合使用,可以模拟天然果实的酸味特征,使口感更自然、协调、丰满。清凉饮料、粉末饮料、乳酸饮料、乳饮料、果汁饮料中均可添加苹果酸以改善其口感和风味,苹果酸常与人工合成的二肽甜味剂阿斯巴甜配合使用,作为软饮料的风味固定剂添加。对于一些食品,加苹果酸可以节省白糖 10% ～ 20%。由于它的酸味刺激效果优于柠檬酸,而且美国 FDA(食品和药物管理局)已限制柠檬酸在儿童和老年食品中的应用,所以,近年来 L - 苹果酸在食品工业上的应用已逐渐取代柠檬酸。

L - 苹果酸可用于制作咸味食品,减少食盐用量。比如苹果酸钠咸度适中,常可用来制作带盐咸味的食物。苹果酸可形成许多衍生物,日本近几年已成功地将苹果酸盐应用于减糖、减盐食品中,应用苹果酸某些盐类代替食盐浸渍咸菜时,其咸味仅有食盐 1/5 ～ 1/7 情况下,而浸渍效果却是食盐的 2 倍,同时可以作为肾炎患者的食盐代用品,在豆浆中添加苹果酸钙盐,可有效地改善其口感和风味。

4. 酒石酸

酒石酸,2,3 - 二羟基丁二酸,无色结晶或白色结晶粉末,无嗅、有酸味,在空气中稳定。在食品行业用作啤酒发泡剂、食品酸味剂、矫味剂等。酒石酸的酸味较强,为柠檬酸的 1.2 ～ 1.3 倍,稍有涩感,但酸味爽口。酒石酸与柠檬酸1∶3复配,有增强酸味的功效。据我国《食品安全国家标准 食品添加剂使用卫生标准》(GB 2760—2014)规定:酒石酸可用于果蔬汁(浆)类饮料、植物蛋白饮料、碳酸饮料等,最大使用量为 5 g/kg(以酒石酸计)。酒石酸单独使用较少,主要与柠檬酸、苹果酸复配使用。酒石酸在固体复合调味料的最大使用量为 10 g/kg。酒石酸还可用作螯合剂、抗氧化增效剂、增香剂、速效性膨松剂。

5. 乳酸

乳酸,别名 α - 羟基丙酸、丙醇酸,纯品为无色液体,工业品为无色到浅黄色液体。无气味,具有吸湿性,食品和饮料中主要用作酸味剂和防腐剂等。乳酸存在于腌渍物、果酒、酱油和乳酸菌饮料中,具有特异收敛性酸味,因此应用范围受到一定的限制。乳酸有很强的防腐保鲜功效,可用在果酒、饮料、肉类、食品、糕点制作、蔬菜(橄榄、小黄瓜、珍珠洋葱)腌制、罐头加工、粮食加工以及水果贮藏,具有调节 pH 值、抑菌、延长保质期、调味、保持食品色泽、提高产品质量等作用。乳酸独特的酸味可增加食物的美味,在色拉、酱油、醋等调味品中加入一定量的乳酸,可保持产品中的微生物的稳定性、安全性,同时使口味更加温和。由于乳酸的酸味温和适中,还可作为精心调配的软饮料和果汁的首选酸味剂。乳酸粉可用于各类糖果的上粉,作为粉状的酸味剂;乳酸粉末是用于生产芥头的直接酸味调节剂。

6. 磷酸

磷酸为无机酸,无色透明或略带浅色稠状液体。磷酸的酸性比柠檬酸和酒石酸强烈,但口感酸味弱,有涩味。磷酸用作复合调味料的酸度调节剂,可单独或与磷酸盐等混合使用,最大使用量为 20.0 g/kg(以磷酸根计)。磷酸在方便湿面调味料包中的最大使用量为 80.0 g/kg。

7. 葡萄糖酸钠与葡萄糖酸 – δ – 内酯

葡萄糖酸具有与柠檬酸相似的酸味,稍有臭味,酸味强度是柠檬酸的 0.5 倍,常与其他酸味剂混合使用。葡萄糖酸内酯是白色晶体或结晶粉末,几乎无臭,味先甜后酸,约于 153℃ 分解,易溶于水(59 g/100 mL),在水溶液中缓慢水解形成葡萄糖酸及其 δ – 内酯和 γ – 内酯的平衡状态,稍溶于乙醇,不溶于乙醚。葡萄糖酸 – δ – 内酯可用作稳定和凝固剂,葡萄糖酸钠可用作复合调味料的酸度调节剂。可改善食品品质和色、香、味,能保持食品鲜度,防止腐败变质。易被人体吸收,具有营养价值,是一种多功能的优良食品添加剂。可抑制霉菌和一般细菌,能增强发色剂的作用效果。使用量为 0.1% ~0.3%。

三、鲜味调味基料与鲜味剂

鲜味剂是使用得最为频繁的调味品之一。鲜味是复合调味料中最重要的味感,是决定复合调味料质量高低的重要因素。鲜味剂能引发食品原有的自然风味,是多种食品的基本呈味成分。最常用的鲜味剂味精、琥珀酸钠、核苷酸及多种酿造和天然调味品,都可以作为复合调味料中鲜味的来源。

味精和 I+G 是最有代表性的鲜味剂。I+G 之所以有鲜味是由于其分子式中的 5′ 位上有磷,如果由于长时间高温加热等原因导致磷脱离,该物质就会失去鲜味。琥珀酸钠也可作鲜味剂使用。

(一)氨基酸类鲜味剂

这类鲜味剂中最主要的是 L - 谷氨酸一钠(简称谷氨酸钠或麸酸钠),又称味之素、味粉。

1. 谷氨酸一钠

谷氨酸一钠的化学名为 α - 氨基戊二酸一钠,有 L 及 D 两种构型,只有 L - 谷氨酸钠才有鲜味,D - 谷氨酸钠没有鲜味,其结构式见图 2 - 2。味精易溶于水而有强烈的鲜味,水溶液的 pH 值为 6 ~ 7 时鲜味最强,其耐热的最高温度为 120℃,长时间加热会生成焦谷氨酸钠而失去鲜味。味精在复合调味料中的使用量为食盐量的 10% ~ 30%。

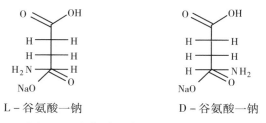

L - 谷氨酸一钠　　　　D - 谷氨酸一钠

图 2 - 2 谷氨酸一钠的两种构型结构式

谷氨酸钠有强烈的鲜味,在谷氨酸钠鲜味基础上,国内外已开发出许多复合风味调味料。如日本以谷氨酸钠为主,与脯氨酸、丙氨酸、甘露糖醇构成海带卤汁;以谷氨酸钠为主,与肌苷酸、组氨酸、甘氨酸、丙氨酸、缬氨酸构成鲣节卤汁味;以谷氨酸钠为主,与肌苷酸、鹅肌肽、乳酸构成鸡汤风味;以谷氨酸钠为主,与天冬氨酸、谷氨酰胺、亮氨酸、丙氨酸构成西欧菜肴中的洋葱肉汤味等。日本东海物产株式会社专门生产的供方便面汤料、佐料使用的复合新型鲜味剂,有鸡肉、牛肉、猪肉、贝、鱼等多种风味,都以味精为基质,如鸡汤配方中除味精外,配有精盐、蔗糖、糊精、鸡油、鸡精粉、洋葱粉、大蒜粉、胡萝卜粉、玉米淀粉、麦芽糊精等。

国际市场上还有以普通味精为基质加适量精盐、牛肉粉、猪肉粉、鸡肉粉、牛油、鸡油、水解植物蛋白、葡萄糖、辣椒粉、洋葱、大蒜、姜黄等香料制成不同品种、鲜味各异、香醇可口的特色味精,如鸡肉味精,鲜美滋味炖鸡汤,有强烈的鸡香味,如国内生产的品牌鸡精产品。

谷氨酸与葡萄糖混合在180℃下加热,有奶油蛋卷香味。谷氨酸钠的鲜味阈值为0.03%左右,但不同的文献对其鲜味阈值报道存在差异。除谷氨酸钠外,氨基酸类鲜味剂还有L-丙氨酸、甘氨酸、天门冬氨酸及蛋氨酸等。各种氨基酸有其独特的风味,比如DL-丙氨酸可以增强腌制品风味,蛋氨酸有海胆味。天然L-口蘑氨酸及L-鹅膏蕈氨酸的鲜度比谷氨酸钠的鲜度大5~30倍。

2. 甘氨酸(氨基乙酸)

甘氨酸为白色结晶或结晶性粉末,是分子量最小的氨基酸,有独特的甜味,在乙醇、乙醚等有机溶剂中几乎不溶解。甘氨酸有虾及墨鱼味,在水产物虾、蟹、海扇、牡蛎、蛤仔、鲍鱼、淡菜等食物中含量较多,是改善食品味道不可缺少的成分之一。

甘氨酸具有与糖不同的甜味,香甜而清爽,在溶液中含量低于0.5%时感觉不到,只有其含量大于1%时,其味道才显示出来,特别是与其他呈味物质混合使用时,会有相乘的效果,具有提高味道,增强食品风味的作用,如与核苷酸系调味剂、谷氨酸钠、天门冬氨酸混合等,均有相乘作用。甘氨酸能缓和酸、碱味,缓和盐渍物中盐味,掩盖食品中添加糖精的苦味并增强甜味。甘氨酸与葡萄糖反应,就会呈现焦糖的风味和颜色,而产生褐变,这能使焙烤点心和酱油等食品带有风味和颜色,而且能使产品光泽良好。但是,对于有白度要求的食品不能使用该添加剂。

甘氨酸可作为植物油的抗氧化剂,用于饮料、蛋黄酱等食品的调味剂;去除糖精的苦味;配制酒中加甘氨酸能掩盖苦味、盐味,改善酒的风味。低醇饮料中加入甘氨酸可保持清酒风味与葡萄酒风味。甘氨酸可增加饮料(如果汁)的口味和香味(增加氨基酸的含量),作为起泡剂用,以增加溶液的溶解度和泡沫。甘氨酸加入核酸、谷氨酸、L－天冬氨酸中有鲜味倍增效果,可补充冷冻水产物失去的鲜味成分,改善食味,改善泡菜和糖味酱渍的鲜味。甘氨酸可作甜味肽应用。鸟苷酸、甘氨酸盐酸盐和赖氨酸可组合成盐味鲜味剂。甘氨酸在酱油、醋、酱及酱制品、复合调味料中用作增味剂,最大使用量 1.0 g/kg。

3. 丙氨酸

丙氨酸是分子构造简单,仅次于甘氨酸的氨基酸,有甜味。主要调味功能为柔和盐味效果,腌制品中加入 0.1% ~ 0.5% 丙氨酸可使风味柔和,可用于酱腌菜、珍味食品、豆酱、酱油、调味汁中。其一般与食盐、苹果酸钠、氯化钾等配合使用,用于醋渍腌菜、生姜、辣椒、海带、蛋黄酱、色拉、汤料、果冻、酸乳中。加 0.05% ~ 0.5% 丙氨酸可调整酸味。丙氨酸与谷氨酸、鸟苷酸、肌苷酸等配合使用能发挥鲜味相乘效应,还可引出肉类、鱼类、果实类、海藻类、食用菌等鲜味成分。

丙氨酸能缓和涩味、苦味及辣味。丙氨酸主要用于鲜味剂、醋、酱油、酱及酱制品、料酒、复合调味料中作增味剂,在生产中按需要适量使用。丙氨酸添加到复合调味料中能缓和谷氨酸钠、鸟苷酸、食盐等钠盐的涩味、刺激味。

4. 氨基酸其他调味效果

氨基酸与葡萄糖反应可产生增香效果,如缬氨酸与葡萄糖在180℃下混合加热可产生巧克力香味;赖氨酸、精氨酸与葡萄糖、蔗糖共热,在卵磷脂存在下可产生杏仁香味;葡萄糖与亮氨酸 180℃ 反应产生奶酪焦香;脯氨酸、赖氨酸与葡萄糖反应产生面包香;羟脯氨酸与葡萄糖反应产生椒盐饼干香;葡萄糖与蛋氨酸反应产生马铃薯香等。在玉米食品中加半胱氨酸可使玉米香增加 10 ~ 40 倍。

利用氨基酸与葡萄糖的美拉德反应可作肉味调料,主要有:半胱氨酸 + 谷胱甘肽 + 单糖 + 氨基酸,核糖 - 5 - 磷酸 + 氨基酸,还原糖 + 牛磺酸 + 氨基酸,半胱氨酸、胱氨酸 + 还原糖,5 - 单糖 + 6 - 单糖

+半胱氨酸+HVP+5′-单核苷酸,脯氨酸+半胱氨酸+蛋氨酸+多元醇,糖+氨基酸+动物卵磷脂等。

(二)核苷酸类鲜味剂

具有鲜味的核苷酸类有肌苷酸(IMP)、鸟苷酸(GMP)、胞苷酸(CMP)、尿苷酸(UMP)、黄苷酸(XMP)。

5′-肌苷酸在水溶液中的含量达0.012%~0.025%时就有呈味作用,而且它与5′-鸟苷酸(GMP)、谷氨酸一钠合用时,会使鲜味增强很多。在复合调味料中,使用5′-肌苷酸二钠和5′-鸟苷酸二钠作增味剂,多用于强力味精、汤料和特鲜酱油的配制,用量为0.02%~0.03%(质量分数)。5′-肌苷酸和5′-鸟苷酸的结构式见图2-3。

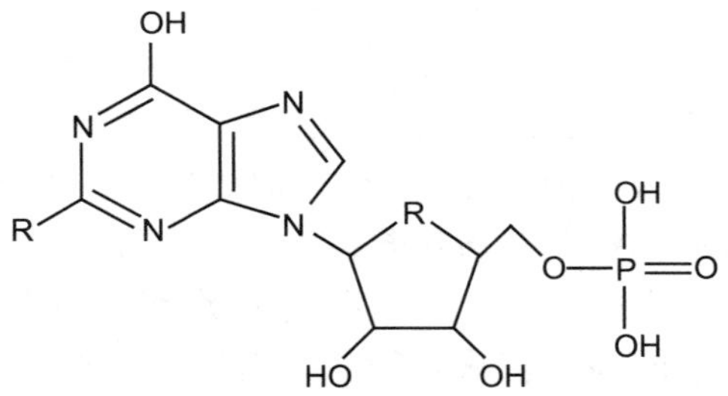

$$R = H(5′-IMP); R = -NH_2(5′-GMP)$$

图2-3　5′-肌苷酸和5′-鸟苷酸的结构式图

IMP与GMP的阈值分别为0.01%~0.025%和0.0035%~0.02%。5′-肌苷酸钠及5′-鸟苷酸钠在pH值为3以下长时间加热会分解而失去作用,但在pH值为4~6时非常稳定。这两种核苷酸对磷酸分解酶非常敏感,因为磷酸分解酶可将磷酸分解而失去呈味作用。

一般工业生产的GMP代表着蔬菜和菇类食品的鲜味,IMP代表着肉的鲜味。由于呈味核苷酸都广泛存在于天然食品之中,所以属于安全的食品添加剂。

呈味核苷酸的溶解度是不同的,如在醋溶液中IMP有较大的溶解度,而GMP在醋溶液中则生成凝胶。呈味核苷酸对热的稳定性与含水量、pH 值、温度有关,在干燥的情况下,即使是有酸性或碱性物质的影响,其热的稳定性还是好的。但是,在液体中的热稳定性取决于温度和 pH 值。动、植物组织中广泛存在磷酸酶,这种酶能将核苷酸分解而使其失效,因而不能直接将它加入生鲜的动、植物食品中,磷酸酶对热是不稳定的,因此,把生鲜的动、植物食品预先加热至 85℃左右,使酶的活性破坏后再添加核苷酸,即可收到较好的效果。呈味核苷酸在食品高温装罐和油炸过程中损失不大。试验证明,160℃油炸 60s,其残存率为 99.1%。核苷酸在干燥条件下,有很好的耐热性,在日常保存和烹调条件下,几乎不被破坏。I+G 与味精混合使用,能给鲜味以持久性、宽广性,产生丰润佳美的感觉。I+G 对食品的各种滋味有一定的增减作用,对甜味、肉味等良好滋味有增加作用,对咸味、酸味、苦味、焦味、油腻味有冲淡作用。I+G 用作食品调味保鲜剂,能倍增鲜味,突出主味,改善食品风味,抑制某些食品不良异味。其主要配制特鲜味精、复合味精、各种汤料、特鲜酱油、调味汁、酱类等,一般使用量不超过 0.1%。

（三）琥珀酸及其钠盐

琥珀酸钠为无色到白色结晶,或白色粉末,具有丁二酸味和咸味组合而呈特异的气味,其阈值为 0.015%。琥珀酸钠易溶于水,25℃在 100 mL 水中的溶解度为 39.82 g。

琥珀酸的呈味力较其钠盐强,通常一钠盐的呈味力只有琥珀酸的 1/4,而二钠盐的呈味力只有琥珀酸的 1/8,琥珀酸与味精合用也有相乘效果,但其用量不能超过味精的 1/10,否则易使谷氨酸钠变成谷氨酸而降低呈味力。

成品琥珀酸二钠(GB 29939—2013)含量(以干基质量分数计)为 98.0%~101.0%,pH 值(50 g/L 溶液)为 7.0~9.0,砷含量(以 As 计)≤3 mg/kg,重金属含量(以 Pb 计)≤20 mg/kg,硫酸盐和易氧化物含量通过试验,干燥减量(质量分数)为 37.0%~41.0%(结晶品)或≤2%(无水品)。

琥珀酸钠作为鲜味剂,可用于酱油、辣酱等,还可与味精、核苷酸类鲜味剂并用。在方便面汤料配方中,琥珀酸钠主要用于改善风味,其用量一般为 0.5% 左右。可作为食品风味改良剂使用,可用于水产制品的调味液、生鱼片的调味沾渍液或方便面的调味包料。琥珀酸钠具有独特的类似贝类的鲜味,在调配复合海鲜风味调味品时,使用琥珀酸钠会收到良好的效果。

琥珀酸二钠为白色结晶、无臭的粒状。琥珀酸二钠作为鲜味剂,可用于鲜味剂和增鲜剂、醋、酱油、酱及酱制品、料酒及制品、复合调味料等,最大添加量 20.0 g/kg。

常见的鲜味物质及其呈味阈值为:L-谷氨酸阈值 0.03%、D-天门冬氨酸阈值 0.016%、DL-α-氨基己二酸阈值 0.025%、琥珀酸阈值 0.055%、5'-肌苷酸阈值 0.025%、5'-鸟苷酸阈值 0.0125%。

(四)天然调味品

酵母精、水解动植物蛋白、动植物提取物等天然调味品中含有复杂的鲜味成分,如多种氨基酸、呈味核苷酸、低分子肽类等。在食品加工中,它们又与还原糖类、脂类等其他成分发生化学反应,产生复杂的鲜味和香气,起到改善食品口感和协调调味品的作用。在复合调味料中可作为增鲜剂、营养强化剂。

(五)水解动植物蛋白

水解动植物蛋白由动植物天然蛋白经水解、中和、过滤、浓缩、粉末化或造粒等工序制造而成,一般分为植物水解蛋白(HVP)和动物水解蛋白(HAP)两类。动植物水解蛋白含有人体需要的各种氨基酸,营养价值高,水溶性好,又可充分发挥动植物原料中的固有风味。主要用作营养强化剂以及肉类香精原料,在复合调味料中可作为增味剂及氨基酸强化剂,由于其中含有大量游离氨基酸,增鲜的效果较为明显。但使用量过多有时在口感上可出现某种异样的鲜味感,这是由于大量游离氨基酸对人感官过度刺激的结果,尤其是动物的水解液更为明显。因此,使用蛋白质水解液在用量上应有所控制,并不是使用得越多越好,使用得过多有可能失去自然的口感。

(1)水解动植物蛋白的原料分类及特征　生产动植物水解蛋白的原料种类比较多,由不同原料制备的水解物具有不同的风味。一般以富含蛋白质的食物基料为主,原料中的脂肪、多糖含量越低越好,尤其是植物蛋白,一般都是采用脱脂后的产物(如大豆粕、玉米粕、棉籽粕、花生粕等)。

生产动植物水解蛋白的原料可分为动物性和植物性两类。动物性原料有:畜肉类,以常用的牛、羊、猪等家畜和鸡、鸭等家禽的肉类及血液、骨头下脚料(腿骨、脚骨及皮等)、肉类罐头厂的下脚料等为主;禽蛋类,主要原料是蛋品;水产类,通常为鱼、虾、贝壳及各种海产品,它们也是复合调味料的重要原料。植物性原料以粮油作物为主,一般是粮食和油脂作物的种子及其加工制品,如大豆、玉米、棉籽、花生等。

在制备动植物水解蛋白之前,动植物原料必须经过预处理,预处理方法随原料种类、水解方法、所需的产品风味、生产设备条件的不同而有较大的差异。

(2)水解动植物蛋白生产的基本方法　水解动植物蛋白是通过酸、碱或酶的作用,对动植物蛋白源进行加热水解,使蛋白质的肽键断裂而得到小分子肽和游离氨基酸。在水解过程中,酸、碱或酶的浓度、水解温度、pH 值和水解时间对水解度都有影响。

HAP 与 HVP 一般只是原料的不同,生产工艺基本是相同的,都可以采用盐酸水解或酶水解工艺,酸水解还要用氢氧化钠中和,再经脱臭、脱色等精制处理方法,得到精制的水解液产品。若将水解液再浓缩和干燥就成了膏状物和粉末产品。与 HAP 相比,HVP 在原料供应上更有保障。

HVP 和 HAP 主要成分为氨基酸,基本没有不快气味。HVP 含有来源于甲硫氨酸的含硫化合物,呈味很强,使用时也必须注意。HVP 和 HAP 中含的各种氨基酸及肽所具有的各异的风味混合形成了范围较大的特定风味,不仅可以强化鲜味、缓和咸味、排除异味、掩盖苦味,而且能显著增强香气。将动植物水解物与动植物浸出物一起使用,有较强的香味互补作用。此外,动植物水解物的氨基酸在加热的条件下同糖类发生美拉德反应,不仅生成各种香味极强的香气成分,而且美化食品的色泽。

动植物蛋白水解物产品有液态、糊状、粉状 3 种形式。糊状产品在保存时易固化,使用前应加温软化,使其成为液态。粉状产品有吸湿性,应注意保存。糊状产品比液态产品褐变少。目前 HAP 产品明显少于 HVP,除了 HAP 在原料的供应、储存、成本存在一些问题之外,还有异杂气味较重的问题。动物性原料水解时可产生来自原料本身特有的不快气味,这种气味处理不好会被带入产品中。另外,HAP 的粉末产品的吸湿性更强,在使用上也有一定困难。但是,不论怎样,由于 HAP 具有的独特鲜味和厚味,其仍不失为一种很有使用价值的调味品。

动植物提取物的品种和数量极多,风味特性各不相同。动植物提取物可分为动物抽提物和植物抽提物两类。动物抽提物可分为畜肉抽提物和鱼类抽提物,前者包括牛肉抽提物、鸡肉抽提物和猪肉抽提物,后者包括鱼肉抽提物、贝类抽提物、甲壳类抽提物和墨鱼抽提物。植物抽提物包括蔬菜提取物、海藻提取物、蘑菇提取物和果实提取物。

1. 动物提取物

(1)鸡精　目前,禽肉抽提物主要是以鸡肉抽提物为主,与畜肉中成分相比,鸡肉的游离氨基酸成分中含有更多的鹅肌肽,谷氨酸、谷氨酰胺、谷胱甘肽和肌酸也较多,尤其是在鸡脯上的白肉中最多。在鸡骨抽提物的嘌呤类物质中黄嘌呤含量最多,以下依次为次黄嘌呤、胞嘧啶、鸟嘌呤、腺嘧啶。鸡肉香主要是由羰基化合物和含硫化合物构成,在鸡汤的挥发性香气成分中除这两者外还有含氮化合物,鸡抽提物的香味根据鸡肉、鸡骨、鸡皮、鸡脂等不同部位的选择而有很大区别,若在抽提时再加入不同的香辛料和蔬菜,则得到的抽提物风味就更加不同。

鸡精是一种以新鲜鸡肉、鸡骨、鲜鸡蛋为基料,通过蒸煮、减压、提汁后,配以盐、糖、味精(谷氨酸钠)、鸡肉粉、香辛料、肌苷酸、鸟苷酸、复合增鲜、增香调味料(鸡味香精等物质复合而成,具有鲜味、鸡肉味)等为原料,经特殊工艺制作而成的调味品,味道鲜美、独特,逐渐代替味精走进了千家万户。鸡精是中式菜肴中不可缺少的调味品,特别是在鸡骨汤中的使用量更大。鸡精中的鹅肌肽非常多,牛磺酸较少,此外,谷氨酸、谷氨酰胺、谷胱甘肽较多。鸡精的构成成分为水分73.3%,蛋白质22.3%,脂质物1.47%。

(2)畜肉精　其主要指的是猪肉精和牛肉精,主要构成成分有氨基酸类、有机碱类、核酸类、糖类、有机酸类等。

畜肉食品,以谷氨酸和肌苷酸为呈鲜味的中心物质,含有较多氨基酸、乳酸、琥珀酸,以及各种量比的甜菜碱、氧化三甲胺、肌苷酸、肌肽、鹅肌肽等各种成分。猪、牛、羊的生肉提取物中含有的氨基酸类型很相似,一般含有牛磺酸、鹅肌酸、肌肽和丙氨酸较多,另外还含有有机碱类、核酸物质、糖类及有机酸。但因为肉的鲜度、屠宰条件、贮存方法及肉部位不同,畜肉抽提物中这些成分的含量也有不同,尤其是采用加热抽提时,氨基酸和糖之间发生美拉德反应,脂质发生自动氧化、水解、脱水、脱脂等反应,使畜肉抽提物产生各自的香气,如瘦猪肉与瘦牛肉的香气成分相似,但由于二者的脂肪在加热时产生不同的香气,这使得猪肉抽提物与牛肉抽提物有各自的特征香气。

畜肉精在复合调味料中的使用频率和使用量都非常大,随着复合调味料工业的发展,这类原料的消费量还会大幅增加。

畜肉精和鸡肉精具有增鲜的作用,但是它们与化学性鲜(味精等)在增鲜的效果上是不同的,这些不同主要表现在以下两个方面:

第一,畜肉精和鸡精的成分复杂,除了含氨基酸和核酸物质之外,还含有肽、糖类、有机酸、有机碱等各种成分,所以鲜味表达得慢,厚度大,有的比较模糊,但持续时间较长。而味精等的鲜味表达得快,强度大,但鲜味感单一,持续时间较短。

第二,畜肉精、鸡肉精由于来自天然原料,所以风味自然,比较适合用于需要口感自然的调料。而味精等由于只含谷氨酸钠或核苷酸钠成分,鲜味单一,所以大量使用了化学鲜味剂的调料的鲜味就有可能给人以"人造"鲜味的感觉,比如有些方便面的味道就是如此。

(3)鱼精、贝精　水产类抽提物主要包括鱼、贝、虾的抽提物。由于鱼、贝所含成分不同,其风味也不大相同。鱼精、贝精的原料主要是下脚料及煮汁,但鲣鱼精原料可使用原料本身的加工产品,如鲣鱼干(块儿或碎渣)。鲣鱼精是日本传统的调味品,采用热水提取法制取。

鱼精和贝精的显味成分主要为各种含氮化合物,即氨基酸类物质。一般虾等无脊椎动物含有大量的甘氨酸、丙氨酸、脯氨酸,因此其肉质发甜。鱼类一般含组氨酸较多,鱼类约含谷氨酸 $10 \sim 50$ mg/g,贝类、章鱼等软体动物含谷氨酸达 $100 \sim 300$ mg/g。另外,鱼类中含 5'-肌苷酸 $0.1\% \sim 0.3\%$,无脊椎动物则含有 5'-鸟苷酸甚多。鱼类肉中有机酸主要是乳酸,贝类中的则以琥珀酸为主。鱼类含有葡萄糖等碳水化合物,贝类含肝糖量多。

2. 植物提取物

(1)海带精　同鲣鱼精一样,海带精也是日式调味品生产中不可缺少的。制取海带精一般是使用干燥的海带片,采用热水提取法,经过滤、浓缩等工序制得。海带有一种鲜味,主要来自谷氨酸,其他还含有丙氨酸、甘氨酸及天冬氨酸等。海带中含海藻酸这种多糖类物质,还含有甘露糖醇和山梨糖醇等,特别是甘露糖醇带有一股爽快的甜味。

海带精常与鲣鱼精(或青花鱼精等)一同使用,用来调制汤料或"兹佑"(煮蘸汁)等。

(2)蔬菜提取物　蔬菜提取物品种很多,在我国主要以辣椒类为主,还包括香菇精、白菜(洋白菜)精、葱头精、蒜汁(精)、姜汁(精)、大葱精等。生产的蔬菜精种类也是根据社会消费需要决定的,任何一种蔬菜都有可能被加工成提取物(精)产品。蔬菜提取物中的氨基酸对风味也有影响,但由于含量低,对整体风味的影响不像动物提取物那样显著。通常,人们使用蔬菜提取物是利用蔬菜的特征香气,烘托食品的主香,协调风味和丰富口感。

天然提取物含多种氨基酸、有机酸、核酸类鲜味成分及低分子肽和糖类物质,因此它提供的味感不但鲜美浓郁而且丰满醇厚。其用于调味可以强化味道的表现力,使整体风味柔和协调,并可以突出产品的特征风味。其用于复合调味料中可明显改善其风味,提供其厚味,并且由于天然提取物原料和工艺的特性使其具有耐蒸煮的特性,这对于那些用于餐饮类的调味品来讲是一款非常适合的原科。

目前,国内的天然提取物以动物提取物为主,可用于方便面料包、各种汤料、液体调味料、畜肉制品、鸡精(粉)调味料中,使用量可根据具体的使用情况而定。

动植物提取物为水溶性,对热、酸和碱比较稳定。根据以上特点在实际使用时要注意以下几点:由于原料和制造方法及制造条件(加热、温度、时间、熟成、浓缩、干燥)不同,其组成有相当大的差异;因为天然产物在短期内质量易变坏,所以应充分注意其保存条件和保质期。

(六)酵母精

酵母精又称酵母抽提物,是以面包酵母或啤酒酵母为原料,经自身酶系自溶或添加细胞壁溶解酶等工艺,将酵母细胞内的蛋白质、核酸等大分子物质降解为人体可以直接吸收利用的可溶性营养及风味物质,再经分离、去渣、脱臭、生物调香、浓缩、干燥等工艺制成。酵母精属于分解型天然调味品,具有营养、调味和保健三大功能。从营养学角度来看,酵母精含有全部8种人体必需氨基酸,以及肽类化合物、呈味核苷酸、B族维生素、有机酸、碳水化合物和微量元素等营养成分。各种营养成分比例较为合理,容易消化、吸收,有利于人体健康。因为不含胆固醇及饱和脂肪酸,所以酵母精还是一种天然的保健食品。研究表明酵母精具有降血脂的作用,这可能与其含有大量磷脂有关。

自溶酵母抽提物呈黄色至深棕色,可为液体状、膏状、粉状或颗粒状,具有浓郁的酱香和肉香混合风味。作为一种高档天然调味品,酵母精具有自己独特的调味特性,酵母精中含有的鲜味物质,主要是游离氨基酸、呈味核苷酸、还原糖及鲜味反应产物。酵母精的增鲜作用是一种"鲜味相乘"作用,是上述对鲜味有影响的物质相互作用的结果。最能体现酵母精鲜味增强特性的物质是呈味核苷酸,其中5'-肌苷酸钠和5'-鸟苷酸钠起着主要作用,它们在酵母精产品中的含量高达2.5%以上,且比例较为合适,二者配合能产生令人愉快的鲜味效果。氨基酸最显著的性能是具有协同作用,酵母精中含有多达19种氨基酸,在增鲜方面能够互相增强味觉效果。尤其是氨基酸与呈味核苷酸的结合进一步增强了谷氨酸的味觉阈值,达到了0.01%~0.03%。因此,酵母精的增鲜效果远远超过了一般市售的味精、I+G等化学鲜味剂。

在增香方面,酵母精自身具有浓郁的酱香和肉香,若与肉类香精、香辛料配合,既有逼真的肉香、辛香,又有酱香和醇厚丰满的味感,形成宽广味阈和"增益补损"的主香与辅香的完美结合。将酵母精与水解植物蛋白(HVP)配合起来应用于肉制品中,酵母精可将肉制品的肉味提升,并缓冲 HVP 的直冲感,连接动物肉味的"甜香"和 HVP 的"尖干",产生均衡味感及甘浓的美味。

酵母精在调味应用上的另一个主要特点是赋予食品"醇厚味"的调味效果。众所周知,经过烧、煮、熬、烩及成熟处理的肉、鱼、蔬菜和调味料等原材料中所含有的风味前体物质,如氨基酸、糖类、核酸、脂质和有机酸等,可通过以美拉德反应为代表的各种反应产生呋喃、内酯、吡嗪和含硫化合物等烹饪风味成分。它们不仅给予食物烹调味,而且会形成醇厚味道。酵母精中含有大量的分子量为 1000~5000 的多肽类成分,有较强的醇厚味调味作用。因此,以酵母精为主要成分的醇厚味调料具有柔和的鲜味和醇厚味,添加后可取得圆滑和浓稠滋味感。

在酵母精中加入美拉德反应产生的猪肉味、牛肉味、鸡肉味或其他肉味特征的风味物质、烟熏香料、香辛料等其他调味料,就形成了具有特定肉香风味的系列产品,又称风味化酵母精。风味化酵母精融合了热反应肉类香精和酵母精的调味特点,具有耐热性及保香稳定性等良好的优点,可与天然肉类提取物相媲美,从而进一步拓宽了酵母精在食品领域中的用途。

四、甜味剂

甜味剂是指赋予食品以甜味的食品添加剂,目前世界上允许使用的甜味剂约有 20 种。甜味剂有几种不同的分类方法:按其来源可分为天然甜味剂和人工甜味剂;以其营养价值来分可分为营养性甜味剂和非营养性甜味剂;按其化学结构和性质分类可分为糖类甜味剂和非糖类甜味剂等。

糖类甜味剂主要包括蔗糖、果糖、淀粉糖、糖醇以及寡果糖、异麦芽酮糖等。蔗糖、果糖和淀粉糖通常视为食品原料,在我国不作为食品添加剂。还原性的糖类与调味品中含氮类小分子化合物反应,还能起到着色和生香作用。在经热反应加工的复合调味料生产中,可根据成品的颜色深浅要求,确定配方中还原糖的需要量。

糖醇类的甜度与蔗糖差不多,因其热值较低,或因其和葡萄糖有不同的代谢过程,而有某些特殊的用途,一般被列为食品添加剂。主要品种有:山梨糖醇、甘露糖醇、麦芽糖醇、木糖醇等。

非糖类甜味剂包括天然甜味剂和人工合成甜味剂,一般甜度很高,用量极少,热值很小,有些又不参与代谢过程,常称为非营养性或低热值甜味剂,是甜味剂的重要品种。天然甜味剂的主要产品有甜菊糖、甘草、甘草酸二钠、甘草酸三钠(钾)、竹芋甜素等。人工合成甜味剂的主要产品有糖精、糖精钠、环己基氨基磺酸钠(甜蜜素)、天门冬氨酰苯丙氨酸甲酯(甜味素或阿斯巴甜)、乙酰磺胺酸钾(安赛蜜)、三氯蔗糖等。

(一)砂糖

白砂糖属于砂糖的一种,是有代表性的天然甜味剂之一,蔗糖含量为99.82%。砂糖的种类如图2-4所示。

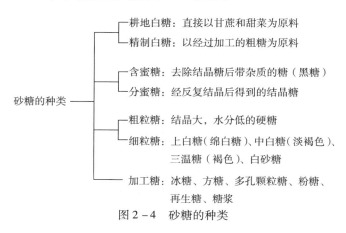

图2-4　砂糖的种类

(二)异构糖

以淀粉为原料,在酶解罐利用淀粉酶水解淀粉乳液,再用糖化酶将经过初步分解的淀粉乳液进行糖化处理,使分解液中的葡萄糖含量达到98%。接下来进行过滤和脱色,再让分解液通过固定了异构酶的反应装置,使其中的约45%的葡萄糖变为果糖,把果糖分离出来。最后根据配比将分离得到的果糖添加进含果糖的葡萄糖糖浆之中,让果糖的含量达到55%,就得到果糖葡萄糖糖浆。反之,没添加果糖的,果糖含量为45%,葡萄糖含量为55%的糖液就叫葡萄糖果糖糖浆。

异构糖浆中含有大量果糖,比含大量麦芽糖的饴糖浆在口感上要清爽许多,透明度也相对较高,适合调制各种口感清爽型的调料,如夏季凉面用的拌汁、烧烤汁、汤料等。

(三)低聚糖

低聚糖又称寡糖,是由淀粉通过酶的催化作用生成的新型淀粉糖,是替代蔗糖的新型功能性糖源。其主要包括低聚乳糖、低聚半乳糖、低聚果糖、低聚异麦芽糖、帕拉金糖、低聚龙胆糖、大豆低聚糖、棉籽糖、野芝麻四糖等。帕拉金糖又称异麦芽酮糖,是一种新型不致龋齿的甜味剂,为白色结晶,是蔗糖的同分异构体,以1,6-糖苷键相连,甜度为蔗糖的42%,不易在酸中水解。其甜味纯正,类似蔗糖,既安全又有营养。低聚糖主要是浆状的产品。原料有淀粉、白糖、大豆乳清等,分别可以生产麦芽低聚糖、果糖低聚糖和大豆低聚糖。

(四)糖醇

1. 麦芽糖醇

麦芽糖醇是一种低热量、高甜度的天然糖加工产品,工业生产是由麦芽糖经氢化还原而制得的一种双糖醇。它具有保湿性、耐热性、耐酸性、非发酵性等特点。可用于乳酸发酵饮料,以保持乳酸饮料的永久甜味,用于酱瓜菜中而不发酵。利用其保湿性和非结晶性,可用于制作糖果、发泡糖和果脯等。由于麦芽糖醇在生物体内几乎不被利用,不提高血糖值,在体内的代谢又与葡萄糖不同,无须胰岛素参与,因此是糖尿病、肥胖病患者使用的良好甜味剂。它可用于各种食品中并较好地保持口腔卫生,防止蛀虫的形成。

麦芽糖醇可用于蛋黄酱、沙拉酱、以动物性原料为基料的调味酱、以蔬菜为原料的调味酱、其他半固体调味料、浓缩汤、肉汤、骨汤、调味清汁、蚝油、虾油、鱼露等,按生产需要适量使用。

2. 木糖醇

木糖醇是一种五元醇,是一种单糖,为白色粉状结晶,甜度略高于蔗糖,易溶于水,溶解度小于蔗糖,但吸湿性大于蔗糖。木糖醇的水溶液对热有较好的稳定性,是制作适合糖尿病人饮用的保健饮料的理想甜味剂。因为糖尿病人胰岛素分泌不足,葡萄糖不能转化成6-磷酸葡萄糖,而木糖醇的代谢与胰岛素无关,因此不会增加糖尿病患者的血糖值。木糖醇还具有抑制酮体生成的特殊功能,可以降低肝病患者的转氨酶,增强肝脏功能,促进脂肪的代谢。木糖醇可用于调味品、饮料、果酱、糖果、糕点等的加工。由于酵母和细菌不能利用它,其可作为防龋齿的甜味剂,并有防腐作用。

糖醇一般是指通过添加氢,将糖分子结构中的羰基还原后得到的多价醇的总称。除麦芽糖醇、木糖醇外,糖醇类的产品还有丁四醇、山梨糖醇、半乳糖醇和阿拉伯糖醇等。

3. 阿斯巴甜

阿斯巴甜即天门冬酰苯丙氨酸甲酯,室温下以白色粉末的状态存在,是一种天然功能性低聚糖,甜度高、不易潮解、不致龋齿,糖尿病患者可食用。阿斯巴甜热量极低,又具有较高的甜度,通常情况下甜度是蔗糖的 180～220 倍。阿斯巴甜可添加于饮料、药制品或无糖口香糖中作为糖替代品。除饮料、冷冻饮品、糖果等,阿斯巴甜可用于醋、鸡精、鸡粉、固体汤料、肉汤、骨汤、浓缩汤、蚝油、虾油及其他复合调味料中。阿斯巴甜在醋里的最大使用量为 3.0 g/kg;在固体复合调味料和半固体复合调味料中的最大使用量为 2.0 g/kg;在液体复合调味料中的最大使用量为 1.2 g/kg。

4. 甜蜜素

甜蜜素的化学名称为环己基氨基磺酸钠,为白色粉状结晶体,性质稳定,易溶于水,具有甜度高、口感好、无异味等特点。甜蜜素具有蔗糖风味,又兼有蜜香,产品不吸潮、易贮藏、成本低、耐酸、耐碱、耐盐、耐热,甜度为蔗糖的 50 倍。

甜蜜素属于低热值的甜味剂,无糖精苦涩味,广泛用于果脯、蜜饯、饮料、糖果等食品中,与蔗糖混合使用效果最佳,并具有抗结晶作用,但不宜在含亚硝酸盐类的食品中使用,以免产生橡胶异味。

5. 高甜度甜味剂

(1)甜菊糖苷　目前使用较多的是甜菊糖苷,主要用于饮料、腌菜、罐头、口香糖以及健美食品等,在复合调味料中也是使用比较多的一种。甜菊糖苷是从甜叶菊的叶中提取的一种天然甜味剂,甜度相当于蔗糖的 100~250 倍,而热值只有蔗糖的 1/300,可代替部分蔗糖使用。

高甜度甜味剂属于食品添加剂的范畴,通常在使用上受相关法律的约束。甜菊糖苷在调味品中的最大使用量为 0.35 g/kg(以甜菊醇当量计)。由于各种原因,各国对高甜度甜味剂的使用有不同的规定,比如甜菊糖苷在日本是允许使用的,但在新加坡等东南亚国家不允许使用。如果事先对相关法规了解得不充分,就可能出现某些麻烦。

(2)纽甜　化学名称 $N-[N-(3,3-$二甲基丁基$)-L-\alpha-$天门冬氨酰$]-L-$苯丙氨酸$-1-$甲酯。纽甜的甜度为蔗糖的 8000~10000 倍,甜味与阿斯巴甜相近,甜味较纯正,无苦味及其他后味。干粉状态下,其在粉末状成品中具有极佳的稳定性。在特定的应用和风味体系中,纽甜可显著地延长、增强产品的口感和香味。纽甜可以被人体代谢,代谢产物主要为脱脂化纽甜和极少量甲醇。纽甜及其代谢产物不会在体内积累,且在血液中存留时间较短。纽甜主要应用于各类食品饮料,也可用于复合调味料。纽甜使用前需要预混,常与甜蜜素、糖精、白砂糖等预混后,再与其他干料混合使用。纽甜在复合调味料中的最大使用量为 0.07 g/kg。

(3)三氯蔗糖　三氯蔗糖又名蔗糖素,是一种新型蔗糖氯化衍生物产品,也是唯一用蔗糖制作的无热量的高倍甜味剂。

三氯蔗糖为细颗粒的白色结晶状粉末,甜度纯正,无苦味和其他怪味,无毒副作用,极易溶于水,20℃在水中溶解度为 28.2 g,溶解后溶液澄清透明。它的甜度为蔗糖的 600~800 倍,化学稳定性好,在高温下甜度不变,pH 值的适应性广,从酸性至中性都能使食品有良好的甜味。其水溶液在 pH = 5 时稳定性最好,化学性质非常稳定,可以贮藏 1 年以上而不发生任何变化。结晶物贮存 4 年未发现变化,因此可广泛应用于食品。三氯蔗糖在体内不参与代谢,不被体内吸收,不产生热量,适合糖尿病人;三氯蔗糖不被龋齿病菌利用,不会引起龋齿,正是基于以上特性,三氯蔗糖成为目前食品和医药领域研究开发的热点。

三氯蔗糖突出的特点是:

①热稳定性好,温度和 pH 值对它几乎无影响,适用于复合调味料加工中的高温灭菌、喷雾干燥、焙烤、挤压等工艺。

②pH 值适应性广,适用于酸性至中性食品,对涩、苦等不愉快味道有掩盖效果。

③易溶于水,溶解时不容易产生起泡现象。

④甜味纯正,甜感呈现速度、最大甜味的感受强度、甜味持续时间、后味等都非常接近蔗糖,是一种综合性能非常理想的强力甜味剂。

甜味具有掩盖杂味、协调各种风味、令口感圆润等功能,用量因地域而异,用量弹性较大,为 10% ~ 25%,在华南地区习惯用量较大。如生产需造粒的鸡精,一般要达 15% 以上,否则会影响造粒。调味料中常用的甜味剂及其用量如表 2 - 1 所示。

表 2 - 1 调味料中常用甜味剂

甜味剂名称	应用范围	最大使用量/(g/kg)
$N - [N - (3,3 -$ 二甲基丁基$)] -$ L $- \alpha -$ 天门冬氨 $-$ L $-$ 苯丙氨酸 $-$ 1 $-$ 甲酯(纽甜)	醋、香辛料酱(如芥末酱、青芥酱)	0.012
	复合调味料	0.07
甘草酸铵,甘草酸一钾及三钾	调味品、复合调味料	按生产需要适量使用
糖精钠	复合调味料	0.15
环己基氨基酸钠(甜蜜素)环己基氨基磺酸钙	复合调味料	0.65(以环己基氨基磺酸计)
天门冬酰苯丙氨酸甲酯(又名阿斯巴甜)	醋	3.0
	固体复合调味料	2.0
	其他固体复合调味料	2.0
	液体复合调味料	1.2

续表

甜味剂名称	应用范围	最大使用量/(g/kg)
天门冬酰苯丙氨酸 甲酯乙酰磺胺酸	醋、酱油、酱及酱制品 料酒及制品 复合调味料	1.13
乙酰磺胺酸钾(又名安赛蜜)	调味品 复合调味料 酱油	0.5 0.5 1.0
赤藓糖醇(生产菌株分别为 *Moniliella pollinis*, *Trichosporonides-megachiliensis* 和解脂假丝酵母 *CandidaLipolytica*)	调味品 复合调味料	按生产需要适量使用
罗汉果甜苷	鲜味剂和助鲜剂、醋、 酱油、酱及酱制品、 料酒及制品 复合调味料	按生产需要适量使用
爱德万甜($N-\{N-[3-(3-$羟基$-4-$甲氧基苯基)丙基]-L-\alpha-$天冬氨酰\}-L-$苯丙氨酸$-1-$甲酯)	复合调味料	0.0005
木糖醇	鲜味剂和助鲜剂、醋、 酱油、酱及酱制品、 料酒及制品 复合调味料	按生产需要适量使用
甜菊糖苷	调味品,复合调味料	0.35 (以甜菊醇当量计)
三氯蔗糖(蔗糖素)	复合调味料 蛋黄酱、沙拉酱 醋、酱油、酱及酱制品、 香辛料酱 (如芥末酱、青芥酱)	0.25 1.25 0.25

第二节　复合调味料生产常用辅料及添加剂

一、赋香剂/增香剂与风味剂

增香剂(flavor enhancer)又称香味增强剂,是指能显著增强或改善食品原有香味的物质。在调味品工业中,常需要加入增香剂。调味品增香剂能提供某种特殊风味或香气,可影响调味品口感和风味,是提高调味品产品价值的辅料。增香剂还可弥补因食品加工制造过程而损失的风味。由于增香剂的使用方法不同,可赋予产品特有的风味,创造新产品。近年来,增香剂在调味品生产及消费领域越来越受重视。增香剂的用量一般很少,但它却决定着调味品的风味。在味道大体相同的情况下,哪个厂家能制作出味美而且气味诱人的产品,就能在激烈的竞争中取胜。

复合调味料生产中常用的增香剂包括各类食用香精香料。香精香料决定产品的风味尤其是产品的香气特征,对整个产品起画龙点睛的作用。

(一)料酒

料酒是以酒精成分为主体,添加食盐,添加或不添加辅料(香辛料、增味剂)精制加工而成的液体调味品,用于烹饪和食品加工。酒类调味料对去除鱼肉、畜肉食品的腥臭味有特殊效果。其中清酒有防止因食品加热而引起的色泽加深的作用,并使甜味醇和。酒类调味料包括清酒、烧酒、葡萄酒和啤酒等。

1. 黄酒

黄酒是用谷物(糯米、粳米、籼米、黍米、玉米)作原料,通过特定的加工过程,受到酒曲(麦曲或红曲)、酒药或浆水(浸米水)中不同种类的霉菌、酵母、细菌等共同作用而酿成的一种发酵酒,酒度较低,一般为16°~18°。

烹调菜肴时常用黄酒以去腥、调味、增香。特别是烹调水产类原料时,更少不了黄酒。这是因为肉、鱼等原料里含有三甲胺、氨基戊醛、四氢化吡咯等物质,这些物质能被酒精溶解并与酒精一起挥发,因而可除去腥味。黄酒除本身所含的酯类、醇类、酸类物质具有芳香气味外,其中含有的氨基酸还可与调味品中的糖结合成有诱人香味的芳香醛。

酒在加热过程中遇到酸(乙酸、脂肪酸等)会产生酯化反应,生成乙酸乙酯,产生香味。而有些菜就是要体现酒味,则不能让它挥发,烹调时可在出锅前放入。做糟货、醉菜,酒味可渗透入组织,还有杀菌作用,使蛋白质凝固从而增加带皮原料表皮的脆性。上浆时不主张加酒,因为酒难以挥发,会影响菜味。黄酒中,以浙江绍兴出产的绍酒最好。

2. 葡萄酒

葡萄酒是用新鲜的葡萄或葡萄汁经发酵酿成的酒精饮料。全世界葡萄酒品种繁多,一般按以下几个方面进行葡萄酒的分类。

(1)按酒的颜色　酒按颜色分为红葡萄酒、白葡萄酒。

①红葡萄酒:葡萄带皮发酵而成,酒色分为深红、鲜红、宝石红等,桃红葡萄酒在国际市场上也颇为流行,桃红葡萄酒色泽介于红葡萄酒和白葡萄酒之间。

②白葡萄酒:用白葡萄或红葡萄榨汁后不带皮发酵酿制,色淡黄或金黄,澄清透明,有独特的典型性。

(2)按酒内糖分　酒按含糖量分为干葡萄酒、半干葡萄酒、半甜葡萄酒和甜葡萄酒。

①干葡萄酒:也称干酒,原料(葡萄汁)中糖分完全转化成酒精,残糖量在 4 g/L 以下,口评时已感觉不到甜味,只有酸味和清怡爽口的感觉。干酒由于糖分低,从而不会引起酵母的再发酵,也不易引起细菌生长。

②半干葡萄酒:含糖量在 4 ~ 12 g/L,欧洲与美洲消费较多。

③半甜葡萄酒:含糖量在 12 ~ 40 g/L,味略甜,是日本和美国消费较多的品种。

④甜葡萄酒:葡萄酒含糖量超过 40 g/L,口评能感到甜味的称为甜葡萄酒。质量高的甜酒是用含糖量高的葡萄为原料,在发酵尚未完成时即停止发酵,使糖分保留在 40 g/L 左右。但一般甜酒多是在发酵后另行添加糖分。我国及亚洲一些国家甜酒消费较多。

(3)按酒含不含二氧化碳　酒按含不含二氧化碳分为静酒和气酒。

①静酒:不含 CO_2 的酒为静酒。

②气酒:含 CO_2 的葡萄酒为气酒,这又分为两种:天然气酒,酒内 CO_2 是发酵中自然产生的,如法国香槟省出产的香槟酒;人工气酒,

CO_2是用人工方法加入酒内的。

葡萄酒,无论是红葡萄酒或白葡萄酒,用于调味优于清酒等其他酒。其不仅香味、风味良好,而且有软化食物作用。葡萄酒中有机酸含量比其他酒都高,含有丰富的酒石酸、苹果酸及醛类等各种物质;有其他调味料所缺乏的成分,如花色素、酚酸类、茶多酚及其聚合物单宁—多酚。葡萄酒中含乙醇 9% ~ 12%、有机酸 0.5%、糖分 0.5%、甘油、氨基酸。其中的酒精有向食品材料渗透效果、掩盖挥发性成分挥散、防腐及杂菌等作用;煮食时沸点低,能改善质地;葡萄酒能改善食品风味,尤其是肉类风味,作用于肉组织有防止重量及肉汁损失的效果。葡萄酒中的糖为葡萄糖与果糖,与食品中氨基酸反应生成芳香性褐变物质,能赋予食品香味,有抗氧化功能及掩盖异臭作用。葡萄酒中富有的特征成分为有机酸,有调和及缓和盐味、甜味、咸味、中和氨、胺等不快味的作用,对掩盖鱼臭、兽畜肉臭特别有效。葡萄酒中的氨基酸能提高食品呈味性,特别是鲜味效果。

葡萄酒是酿造食品,富含香气成分,能赋予食品芳香,改善食品香气,与食物中醛类等反应,和酯类等共沸可掩盖或去除食品中不快味。红葡萄酒含花色苷及多酚,有消臭效果及乳化油的作用,腌渍肉时能改善肉质,煮肉时能增加肉的重量。

《中外烹调大全》中录有多种用葡萄酒调味新潮菜的制法,如核果酱、草莓酱、伯萨米克酱、酸辣酱、翡翠酱、芥末味噌酱,以及醉香汁的调制、果奶露汁的调制、香槟汁的调制、复合提子汁的调制、复合调味汁的调制、西柠葡汁的调制、豉蚝汁的调制等。以上酱汁在烹调中的大量运用,为新潮菜的调味提供了物质基础。

3. 啤酒

啤酒是以大麦芽、酒花、水为主要原料,经酵母发酵作用酿制而成的饱含二氧化碳的低酒精度酒。现在国际上的啤酒大部分均添加辅助原料。有的国家规定辅助原料的用量总计不超过麦芽用量的50%。但在德国,除制造出口啤酒外,国内销售啤酒一概不使用辅助原料。国际上常用的辅助原料为:玉米、大米、大麦、小麦、淀粉、糖浆和糖类物质等。啤酒具有独特的苦味和香味,营养成分丰富,含有各种人体所需的氨基酸及多种维生素如维生素 B、烟酸、泛酸以及矿物质等。啤酒作调料,可使烹制出的菜肴别有风味。

日本开发出啤酒型风味调料。啤酒型风味调料是以麦芽为主料发酵,发酵过程中分次序添加糖,采用啤酒酵母发酵,接种量比啤酒发酵略少。发酵液中可溶性物浓度及乙醇浓度高,发酵到酒精浓度达 10% 以上,能促进高级酯醇等物质形成,产生香味。发酵结束后进行后熟,温度在 7~10℃,使发酵液中双乙酰等发酵未熟成分逐渐挥发,之后加入食盐,经杀菌和过滤后得成品。啤酒型风味调料有麦芽香及高级酯醇等发酵香,味醇厚,香气成分比啤酒丰富,不用酒花,无啤酒苦味。其含乙醇12%,可溶性固形物10.0%,均比啤酒高,含少量盐分。

啤酒适合于家庭烹饪鱼、肉类的菜、汤、点心的调料与佐料,能去腥、嫩化肉类,提高食品风味。

以料酒(黄酒、江米酒或酒糟)为主要原料,添加其他调味料、香辛料可配制的复合调味料有烹香料酒、橱酒、卤水汁、糟卤、香糟、红糟、糟油等。含醇调味料除能赋予食品独特的风味外,还具有抗菌防腐的效果。

将清酒、白兰地、威士忌及其他发酵酒等浓缩后,加入赋形剂喷雾干燥可制成粉末发酵调味料,属高质量调味料,能掩盖生臭食品的异味,增加食品香味,防止油类劣化,保湿性好,且携带方便,易于贮存。

(二)味淋、发酵调味液

1. 味淋

味淋是一种金黄色或琥珀色的多少带些黏稠的透明酒类调味品。其用途与中国料酒相似,是烹调中不可缺少的调料。含糖量在40% 以上,以葡萄糖为主,还含麦芽糖、异麦芽糖、潘糖等多种糖类。乙醇含量一般为14% 左右,味道甜醇,味的厚度大,适合于去除或遮腥味,改善甜味,提高调料的亮度等。

味淋有无盐的和含盐的两种。由于味淋含14% 以上的乙醇,加盐后味淋变咸,不能像酒那样饮用。日本味淋中盐的添加量是根据乙醇含量计算的,即盐的添加量为乙醇含量的15%,乙醇含量越高加盐就越多,一般情况下含盐味淋中的含盐量为2% 左右。

味淋是调制烧烤调料的重要原料。比如在生肉上面涂些味淋再放到火上烤,很快就能看到漂亮的烤色。在日本,调制兹佑(荞麦面条的蘸汁等)时味淋是不可缺少的原料之一。味淋与酱油、白糖、鲣鱼汁(海带汤)四味一体可以形成典型的日式荞麦面条的蘸汁,其味道的特点是比较强的熏鲣鱼风味与咸、甜、鲜味的有机结合。味淋在其中起到一种缓冲的作用,能将各原料之间的风味有机地结合起来,使之浑然一体,同时造成一种难以言状的模糊味效果。

2. 发酵调味液

发酵调味液与味淋的不同之处主要在“发酵”二字上。味淋的工艺中没有发酵,只有糖化。发酵调味液的工艺是既有糖化又有发酵,因此发酵调味液的香气成分比味淋要多许多。

(三)食用油

食用油也称“食油”,是指在制作食品过程使用的动物或者植物油脂,常温下为液态。由于原料来源、加工工艺以及品质等原因,常见的食用油多为植物油脂,包括粟米油、花生油、橄榄油、菜籽油、葵花籽油、大豆油、芝麻油等。

油的燃点很高,可达300℃以上,在烹调的过程中,油温经常保持在120~250℃之间。因而可使原料在短时间内烹熟,从而减少营养成分的损失。油很特殊,兼具调味和传热的作用。一方面,它是使用最普遍的调味品;另一方面,它又常用作加热原料的介质。而且,即使在用作加热原料的介质时,油还兼具传热和调味的作用。例如在炸和滑油这两种烹制方法中,油起到使原料成熟的传热作用,又起到使原料增加香滑酥脆等口味的调味作用。并且实际上这两种作用是同时发生、紧密结合、不可分割的。

饮食业常用的食用油有动、植物油脂。动植物油脂是指以加热或压榨、萃取等方法,单纯从动植物原料中提取出的油脂。

1. 动物油脂(猪油、牛油)

(1)猪油　猪油又称大油、荤油,在西方被称为猪脂肪。猪油色泽白或黄白,具有猪油的特殊香味,深受人们欢迎。猪油在烹调中应用较广,在炸、炒、熘等烹调方法中都可使用。而且猪油所含色素少,故烹制出来的菜肴,色泽洁白,特别是炸裹蛋泡糊的原料(如高丽肉)非用猪油不可。但猪油炸的食品,冷凉后表面的油凝结而泛白色,并且容易回软而失去脆性,尤以冬季为甚。这是因为猪油是不干性油脂,所含的不饱和脂肪酸低。

(2)牛油　牛油,有两种含义,一是指牛乳制品,即黄油,是西方人餐桌上的常用食物,可直接食用,也可用于热炒、烘烤食品;二是指从牛的脂肪组织里提炼出来的油脂,又叫牛脂,具有特殊的香味和膻味,常用于制作火锅香料等。动物油的油脂与一般植物油相比,有不可替代的特殊香味,可以增进人们的食欲。其特别与萝卜、粉丝及豆制品相配时,可以获得用其他调料难以达到的美味。动物油中含有多种脂肪酸,饱和脂肪酸和不饱和脂肪酸的含量相当,几乎平分秋色,具有一定的营养,并且能提供极高的热量。

猪油、牛油不宜用于凉拌和炸食。用它调味的食品要趁热食用,放凉后会有一种油腥气,影响人的食欲。

2. 植物油

(1)花生油　花生油淡黄透明,色泽清亮,气味芬芳,滋味可口,是一种比较容易消化的食用油。花生油含不饱和脂肪酸80%以上(含油酸41.2%、亚油酸37.6%),另外还含有软脂酸、硬脂酸和花生酸等饱和脂肪酸19.9%。花生油属于不干性油,是一种优质的烹调用油。

其用作炸油,制品呈鹅黄色,不能达到洁白的要求,其炸制品也容易回软。粗制的花生油,还有一股花生的生腥味,精炼和经过熬炼的则没有这种气味。如需除去粗制花生油的腥味,可将油加热,熬至冒青烟时离火,将少量葱或花椒投入锅内,待油凉后,滤去白沫即可。

(2)芝麻油　芝麻油有普通芝麻油和小磨香油,它们都是以芝麻为原料所制取的油品。从芝麻中提取出的油脂,无论是芝麻油还是小磨香油,其脂肪酸大体含油酸35.0%～49.4%、亚油酸37.7%～48.4%、花生酸0.4%～1.2%。芝麻油的消化吸收率达98%。芝麻油色泽金黄,香气浓郁,用于调拌凉菜,则香气四溢,能显著提高菜肴的口味。在一般汤菜中淋上几滴芝麻油,也有增香提鲜的效果。芝麻油以小磨麻油为好,香味浓郁。芝麻油中含有一种叫"芝麻素"的物质(一种酯基化合物),它是有力的抗氧化剂,故而芝麻油性质稳定,不易氧化变质。芝麻油如经高温加热,香味就会损失,故一般都是直接浇淋在菜上使用。

(3)豆油 大豆油的色泽较深,有特殊的豆腥味,热稳定性较差,加热时会产生较多的泡沫。大豆油含有较多的亚麻油酸,较易氧化变质并产生"豆臭味"。从食用品质看,大豆油不如芝麻油、葵花籽油、花生油。从营养价值看,大豆油中含棕榈酸 7% ~ 10%、硬脂酸 2% ~ 5%、花生酸 1% ~ 3%、油酸 22% ~ 30%、亚油酸 50% ~ 60%、亚麻油酸 5% ~ 9%。豆油属于半干性油脂,含磷脂多,不宜作炸油用。因磷脂受热会分解而生成黑色物质,使油和制品表面颜色变深。但由于豆油含磷脂多,用来同鱼或肉骨头熬汤,可熬成浓厚如奶的白汤,豆油色泽较深,有些用青豆或嫩黄豆生产的豆油可因含有叶绿素而呈青绿色,炒出来的菜肴色泽不佳。

(4)菜籽油 菜籽油一般呈深黄色或棕色。菜籽油中含花生酸 0.4% ~ 1.0%、油酸 14% ~ 19%、亚油酸 12% ~ 24%、芥酸 31% ~ 55%、亚麻酸 1% ~ 10%。菜籽油是一种半干性油脂,色金黄。菜籽油因含有芥酸而有一种"辣嗓子"气味,但炸过一次食品或放进少量生的花生米或黄豆炸焦,即可除去。

食用油制品主要有烹饪油、煎炸油、色拉油、调和油、起酥油和人造奶油等几种。根据使用需要,将两种以上经精炼的油脂(香味油除外)按比例调配制成的食用油,称为调和油。调和油澄清、透明、可作熘、炒、煎、炸或凉拌用油。调和油一般选用精炼大豆油、菜籽油、花生油、葵花籽油、棉籽油等为主要原料,还可配有精炼过的米糠油、玉米胚油、油茶籽油、红花籽油、小麦胚油等各种油脂。其加工过程是:根据需要选择上述两种以上精炼过的油脂,再经脱酸、脱色、脱臭、调和成为调和油。调和油的保质期一般为 12 个月。食用调和油需要符合国家标准《GB 2716—2018 食品安全国家标准 植物油》。

色拉油呈淡黄色,澄清、透明、无气味、口感好,用于烹调时不起沫、烟少,在 0℃ 条件下冷藏 5.5 h 仍能保持澄清、透明(花生色拉油除外)。除作烹调、煎炸用油外,色拉油主要用于冷餐凉拌油,还可以作为人造奶油、起酥油、蛋黄酱及各种调味油的原料油。

(四)食用香料

食用香料是指从天然香料中提取出不同形态的香味提取物,或从天然香味调料中分离出单一成分香料化合物,和以石油化工产品中与煤焦油产品为原料、经化学方法得到的某种单体化合物。食用香料具有挥发性的物质,在加工烹调时应尽量缩短受热时间,或在加工后期添加香料,避免与碱性物质直接接触,而产生食品变质。

按照食用香精香料的制备方式种类可分为5类。

1. 天然香精香料

天然香精是通过物理方法,从自然界的动植物(香料)中提取出来的完全天然的物质如表2-2所示。香辛料在食品生产中既是调味料又是增香剂,如蒜、葱、八角、肉桂、小茴香、丁香、砂仁。通过萃取、蒸馏、精馏、浓缩等技术可获得香辛料提取物、精油和油树脂。

表2-2 天然增香剂原料、加工工艺及产物种类

原料	加工工艺	产物
香草、香辛料、水果及果汁、蔬菜及蔬菜汁、植物的皮、花蕾、植物的根、叶或其他植物材料,肉类、海鲜、禽、蛋、奶制品	蒸馏、萃取、发酵、酶解、水解、焙烤、加热	果汁精油、精油、油树脂、萃取物、焙烤产物、馏出物、酶解产物

(1)香辛料 香辛料具有着香、赋香、矫臭、抑臭、辣味等功能,有辣味、苦味、芳香味等香辛料。香辛料形态有整体式、破碎式、提取式、胶囊式。香辛料包括胡椒、花椒、小茴香、月桂、辣椒、丁香、砂仁、肉豆蔻、豆蔻、草果……香辛料既可直接作为调味品,又可用作复合调味料中的增香剂。

香辛料类调味品广泛应用于家庭厨房、餐饮烹饪行业和食品加工业。葱、姜、桂皮、八角、胡椒、丁香、砂仁、豆蔻以及薄荷等都是熟知的香辛料,古老的调味品,可以单独使用,也可以配比调和。在国内过去主要是以原产品形式使用,加工产品和成品较少。主要加工成粉状品,如姜粉、五香粉、咖喱粉、花椒粉、姜粉、蒜粉和洋葱粉等。

由于粉状香辛料易变质、难保存,因此,又发展了下列不同类型制品。

①浓缩制品:把洋葱、大蒜、辣椒等经冷榨或萃取,浓缩而得,其制品水溶性好。

②精油:通过蒸汽蒸馏、冷榨或萃取而制得,可以单独用,也可作调香原料,如芥末油、花椒油、茴香油、姜油、胡椒油、大蒜油和辣椒油等。

③乳化制品:将精油、乳化剂、稳定剂等混合,制成 O/W(水包油)型制品,对食品渗透快,使用性能好。

④吸附型制品:用淀粉、植物胶、微晶纤维素、糖类载体将精油吸附,或溶于食用油或乙醇,其制品的香味表现性能好。

⑤微胶囊型制品:将精油放入天然胶制成的水溶液中,经乳化、喷雾干燥制得,制品稳定性好。

粉状制品也并非被淘汰产品,如咖喱粉仍是一种很时髦的香辛料,主要成分是郁金香、枯茗等。香辛料提取物可不经调香直接用于食品、饮料或烟草中,香气不如精油强烈,但口感强,且多数具有营养滋补作用。这类提取物也可以制成浸膏、汁液和浓缩物以及粉状制品。例如苜蓿提取液具有鲜叶、果蔬香味和浓郁的口感。海藻提取物的香味很适于贝壳等水产品类加香。灵香草提取物具有强烈的香味和苦蛋白味,可用作佐料的原料,也可加入烟草,以去其涩、苦味,提高烟草档次。尚有许多香草药提取物含丰富的维生素及滋补成分,早已用于各种酒或饮料中。

香辛料可作为复合调味料中的增香剂,赋予一定风味;香辛料本身也可直接复配成复合香辛调料,如著名的河南王守义"十三香"调味料、上海"味好美"调料、贵阳南明"老干妈"辣酱和重庆"美乐迪"辣椒制品(饭遭殃)等复合产品。目前,家庭用于蒸、煮、卤、酱和凉拌菜的复合调味料和单一调味料很多。工业化的复合调味料也发展迅速,标准化和规范化生产则是其产品质量的有效保障。

(2)香味油脂　香味油脂(seasoning oil)指的是将来自动植物原料及其烹调的香气成分包容在油脂(载体)当中所形成的产品群,如图 2 - 5 所示。这类产品的品种非常多,主要有猪、牛、鸡、蔬菜类的香味油;鱼等水产类的香味油;炒、烤、熏的香味油以及各式菜肴的香味油等。

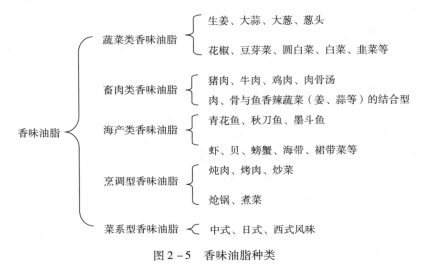

图 2-5 香味油脂种类

巧用香味油脂具有十分重要的意义,无论多好的复合调味料,如果只是味道鲜美,而没有某种特定的香气辅佐,说到底是有缺陷的。香味油脂能带给复合调味料更多的烹调香气,而且这种香气不是单一型的,是复合型的。

2. 等同天然香精

该类香精是经由化学方法处理天然原料而获得的或人工合成的与天然香精物质完全相同的化学物质。

3. 人工合成香精

人工合成香精是用人工合成等化学方法得到的尚未被证实自然界有此化学分子的物质。若在自然界中发现且证实有与此相同的化学分子,则为等同天然香精。只要香精中有一个原料物质是人工合成的,即为人工合成香精。

人工合成香精种类很多,复合调味料中常用的乙基麦芽酚,为白中带黄色针状结晶,熔点 89~92℃,溶于热水,是一种香气浓、挥发性强的化合物。乙基麦芽酚是世界认可的一种安全、可靠的食品添加剂。作为乳制品的香味增效剂,其效果特别显著。其还可增加甜味食品的甜度,节省部分蔗糖,同时抑制酸味和苦味,使食品中的香气更柔和。乙基麦芽酚广泛应用于各类低档食品中,可提高香味质量。一般在调味品中的用量为 20～50 mg/kg。

4. 微生物方法制备的香精

该类香精是经由微生物发酵或酶促反应获得的香精。

5. 反应型香精

用作生产反应香料的原料主要有:蛋白质原料,含有蛋白质的食品(肉类、家禽类、蛋类、奶制品、海鲜类、蔬菜、果品、酵母和它们的萃取物)、肽、氨基酸和它们的盐和上述原料的水解产物;糖类原料,含有糖类的食品(面类、蔬菜、果品以及它们的萃取物)、单、双和多糖类(蔗糖、糊精、淀粉和可食用胶等)和上述原料的水解产物;脂肪原料,含有脂肪和油的食品,从动物、海洋生物或植物中提取的脂肪和油、加氢、脂转移或者经分馏而得到的脂肪和油以及上述原料的水解产物。反应型香精通过美拉德反应,即氨基化合物和还原糖或其他羟基化合物之间发生的反应而得到,常见于肉类、巧克力、咖啡、麦芽香中。反应中使用的氨基酸种类较多,有 20 多种。在反应中氨基酸能产生不同香气香味。不同种类氨基酸在美拉德反应中产生的香气香味如表 2-3 所示。

表 2-3　不同种类氨基酸在美拉德反应中产生的香气香味

氨基酸	产生香气香味	氨基酸	产生香气香味	氨基酸	产生香气香味
L-丙氨酸	焦糖香气	L-异亮氨酸	烤干酪香气	L-苯丙氨酸	刺激性香气
L-缬氨酸	巧克力香气	L-脯氨酸	面包香气	L-酪氨酸	蔗糖香气
L-亮氨酸	烤干酪香气	L-蛋氨酸	土豆香气	L-天冬氨酸	蔗糖香气
L-谷氨酸	奶油糖果香气	L-组氨酸	玉米面包香气	L-赖氨酸	面包香气
L-精氨酸	烧蔗糖香气	L-半胱氨酸	肉香味	甘氨酸	焦糖香气

　　调味品提高食品口感,强化食品原有香味,起到增进食欲、提高

食用愉快感的效果。由于天然食品本身香味不足,或在加工中受加热等因素影响而导致香气挥发损失,或需要强化香味以改善制品风味,或因原料供应、经营等需要时,可用合成香味料部分或全部代替供香原料。下面介绍几种利用美拉德反应生产的肉类风味料。

(1)鸡香味料的制备 物料配比见表2-4。

表2-4 鸡香味料配方(质量分数/%)

原辅料名	葡萄糖	L-阿拉伯糖	L-半胱氨酸盐酸盐	L-亮氨酸盐酸盐	水
配比	4.43	1.97	29.55	14.78	49.27

工艺操作过程:将原辅料混合,搅拌均匀,加热至85℃恒温1 h,此时pH值为4.5,以NaOH溶液调至pH值为5.5~6.0,即得鸡肉香味料。

(2)牛肉香味料的制备 物料配比见表2-5。

表2-5 牛肉香味料配方(质量分数/%)

原辅料名	半胱氨酸盐酸盐	β-丙氨酸	甘氨酸	谷氨酸	核糖	葡萄糖	水
配比	3.45	1.61	1.15	3.45	3.45	4.14	82.75

工艺操作过程:在130℃油浴中加热回流2 h,冷却至室温,移入密闭容器中放置2 d(熟化),再用碱中和至pH值6.6~6.8,可得具有浓厚牛肉香的褐色香味物质。

(3)火腿香味料的制备 物料配比见表2-6、表2-7。

表2-6 火腿香味料配方之一(质量分数/%)

原辅料名	L-半胱氨酸盐酸盐	甘氨酸盐酸盐	D-葡萄糖	L-阿拉伯糖	水
配比	13.2	6.8	11.0	8.1	60.9

表2-7 火腿香味料配方之二(质量分数/%)

原辅料名	水解植物蛋白	味精	蔗糖	猪油	水
配比	37.38	44.38	12.56	3.39	2.29

工艺操作过程:将每100 g配方一用50% NaOH溶液调至pH值为7,在90～95℃反应2 h,冷却至室温。添加水38 g,以NaOH溶液中和至pH值为7。再添加配方二,搅拌,加热至70～72℃,4 h后冷却至室温,即得具有火腿香味的棕色香味料。

食用香精是将各种提取的天然香味、化学合成香料,按适当比例调和而成的,不同香型的食品添加剂。按产品形态分可分为3类食用香精:液态香精、乳化型香精、粉末香精。液态香精(水溶性、油溶性),其中香味物质占10%～20%,溶剂(水、丙二醇等)占80%～90%;乳化型香精,其中溶剂、乳化剂、胶、稳定剂、色素、酸和抗氧化剂等共占80%～90%;粉末香精,其中香味物质占10%～20%,载体占80%～90%。

使用何种形态的增香剂是根据增香对象的物性决定的。例如水溶性的增香剂可以添加到液体调味品中,但因其对热敏感,宜在加热以后添加。油状物较耐热,但要注意必须均匀地分散到对象物之中的问题。乳化物应注意防止微生物污染。在生产休闲食品时,由不同粉末香精调配成的各式各样的调味粉末料能赋予休闲食品不同的风味,肉香、辛辣、烧烤、酱香等味道应有尽有。使用粉末调味粉的目的是使产品呈味更直接,减少产品的水分含量,延长产品的保质期。

通常,食用香精按口味分为甜味香精(如草莓、苹果、桃等)和咸味香精(如辛香料香精、肉类香精);按照香型分类有水果香型、花香型、坚果香型、豆香型、奶香型、肉香型、其他香型等8类。咸味食品香精是由热反应香料、食品香料化合物、香辛料(或其提取物)等香味成分中的一种或多种与食用载体和/或其他食品添加剂构成的混合物,用于咸味食品的加香。

咸味食品香精是用于咸味食品加香的一种食品香精。从品种来看,咸味食品香精主要包括牛肉、猪肉、鸡肉等肉味香精和鱼、虾、蟹、贝类等海鲜香精,各种菜肴香精以及其他调味香精。同其他食品香精一样,咸味食品香精只能作为加工食品生产中的一种香味添加剂,不能直接食用,也不能直接作为厨房烹调的原料或餐桌佐餐的调料。尽管咸味香精也称调味香精,但咸味香精只是某些调味料或调味品中的一种能够提供香味的原料。

6. 增香剂在复合调味料中作用

许多食品或原材料经过加工之后,失去了一部分特有的香气,尽管其外观很美,但是缺少诱人的芳香,不能不说是美中不足。还有的原材料如鱼类、肉类等,本身带有令人不快的腥气,即便经过消臭处理仍然会有少量残留。使用增香剂后上述两种情况都会得到明显改善,这样就大幅提高商品的价值,推动了商品的销售。

在调味品生产中,增香剂的用量与其他调味原材料相比是非常少的。比如用于面条的各种汤料中少不了使用香味油脂,虽然其用量一般只占全部用量的 $1/10 \sim 1/20$,然而它却能决定一种汤料的风味特性,用得好就能以低成本获得最大的调味效果,也就是以香气取胜。西洋芥末常被用于调制沙司,它所具有的辛辣气诱人食欲,用量通常只有万分之几。西洋芥末的增香剂种类很多,有粉末、提取液及油状物,由于纯度极高,几滴就有效果。生姜和大蒜等传统香辣调料有许多被制成高纯度的液态提取物,特别适用于需要突出这类气味的食品和调味品,如调制盖浇饭的味汁以及吃烤肉的调料时,只要加几滴就有效。

增香剂不仅能提高香气,还能让人感到烹调手法上的特点。比如受消费者欢迎的传统风味、有名店铺的风味、家庭烹调风味等,通过加增香剂均能实现。为了让消费者吃方便面时能享受到风味面条的味道,开发了各种肉类的增香剂,主要有鸡、猪、牛肉和蔬菜类(圆白菜、白菜、豆芽、西红柿等)的炒香、烤香型。在调味品中适当地添加一定数量的香精使调味品香气浓郁。例如在牛肉味粉包中适当添加一定数量的牛肉香精,在鸡肉粉包中适当添加一定量的鸡油香精。

在食品及调味品生产中,各种产业根据其自身的特点经常使用哪类增香剂也是一定的。比如调味品产业中制作方便面和面条用油料时主要使用香味油脂;糕点产业、冷冻食品、高压蒸煮食品等也常用油状增香剂。前者是在汤料中加香味油或者是单独包装(俗称子母袋),后者是往糕点的面坯中揉入香味油或者是加工成型后将香味油脂涂到点心上。冷冻和高压蒸煮食品一般是加热之后使用。

二、着色剂

食用着色剂又称食用色素。食用着色剂是使食品着色,从而改善食品色调和色泽的可食用物质,属于食品添加剂中的一大类。色、香、味、形是构成食品感官性状的 4 大要素。而食品的色,是食品给食用者视觉的第一感官印象。正常颜色使人赏心悦目,刺激人们的食欲。受光、热、氧等影响褪色的食品或因加工失去正常颜色的食品,会使人感到厌恶,甚至认为已经变质,立即失去食欲。因此,食品正常的使人喜欢而觉得安全的色调和色泽,对于食品是重要的。

食用色素(着色剂)按来源分为食用合成色素和食用天然色素。我国许可使用的食用合成色素都有国家标准,天然色素部分有国家标准,在《食品安全国家标准　食品添加剂使用标准》(GB 2760—2014)中都规定了使用范围,对最大使用限量也做出了相应的规定,但有少部分天然色素是不限量使用的。这些天然色素是从植物、微生物、动物可食部分用物理方法提取精制而成,比一般合成色素安全性高。目前我国主要生产、使用和出口的天然色素产品有焦糖、红曲米、红曲红、辣椒红、栀子黄、高粱红、可可壳色、甜菜红、紫胶红、栀子兰、叶绿素铜钠盐、姜黄、姜黄素、紫草红、紫苏色素等。近年来,我国食用天然色素应用技术开发有一定进步。例如红曲红用于火腿肠、午餐肉着色;辣椒红用于饼干喷涂;栀子黄用于方便面着色;姜黄素用于酸奶着色;很多高档食品都用食用天然色素着色。

食用合成色素有着色泽鲜艳、稳定性较好、易于调色和复配、价格低等优点,在食品工业中被广泛应用。我国批准允许使用的合成色素在最大使用限量范围内使用都是安全的。

(一)食用天然色素

食用色素是一类调节食品色泽的食品添加剂,而色泽则是食品的一项极其重要的感官指标。食用色素必须能溶解且均匀分散在食品中。按色素的溶解性质不同,其可分为水溶性色素和脂溶性色素;按色泽的不同,其可分为绿色色素(如叶绿素)、橙红色色素(如胡萝卜素)、红色色素(如番茄红素)等;按照来源不同,其又分为天然食用色素和人工合成食用色素。

从植物组织直接提取的天然色素对人体一般没有伤害,是安全的色素,如红曲红、叶绿素、姜黄素、胡萝卜素、焦糖。

1. 红曲红

红曲为曲霉科真菌,又称红曲霉。红曲米的生产工艺包括浸米、蒸饭、晾饭、接种、堆曲、搓曲、上铺、喷水拌曲、出曲晒干等工序。一般从米饭培养至出曲,大约需 4 d。

红曲红色素是以天然红曲米为原料加工而成,为暗红色水溶性液体或粉末。红曲红耐热性好、着色力好,不受金属离子影响,不受pH 值变化的影响,对蛋白质的染着性很好,一旦染着后经水洗也不褪色。与化学合成的红色素相比,红曲红具有无毒、安全的优点,而且有健脾消食、活血化瘀的功效。其实平常我们经常可以吃到由红曲米染色制成的菜肴,如江苏名菜樱桃肉、无锡排骨,另外广东叉烧的鲜红外观也是红曲米的功劳。红曲红色素可用于各类调味品如腐乳、酱油、酱制品如花色酱类等的着色。

2. 焦糖色

焦糖色,又称酱色,为黑褐色稠状液体或粉粒状,易吸湿,具有焦糖色素的焦香味,无异味。焦糖色素属于食用色素,是食品添加剂的重要组成部分,添加目的是使食品增色。焦糖色具有水溶性好、着色力强、安全无毒和性质稳定等优点,在调制各种调味汁(液)及粉末产品时,通常使用红褐色和黑色的焦糖色。不同的食品,需添加不同特性的焦糖色素,这主要是根据焦糖色素的色率、红色指数、pH 值及胶体电荷等影响因素决定的。焦糖色在调味品行业中得到了广泛应用。

现生产焦糖色主要采用 3 类原料。

①以淀粉类为原料,主要有大米、玉米、红薯和木薯等,具有技术成本低、工艺成熟、设备及原料来源广泛等优势。

②以葡萄糖或木糖母液为原料,以葡萄糖母液为原料可采用氨水、碱和铵盐等为催化剂生产,所用的铵盐有 NH_4OH、$(NH_4)_2CO_3$、NH_4HCO_3、$(NH_4)_3PO_4$、$(NH_4)_2SO_4$、$(NH_4)_2SO_3$ 和 NH_4HSO_3。而以木糖母液为原料生产的焦糖色素的色率和红色指数较高,与同浓度的

焦糖色素相比黏稠度较高,更适于调味品行业的使用。

③以糖蜜废液为原料,主要有甜菜糖蜜和甘蔗糖蜜的废液。在生产过程中,可采用食用级的消泡剂,如脂肪酸聚甘油酯。

由于焦糖色素的形成过程(焦糖化作用)是各种糖在高温下发生不完全分解并脱水聚合的过程,其反应程度与温度和糖的种类有关。例如糖在160℃下可形成葡聚糖和果聚糖,在185~190℃下形成异蔗聚糖,在200℃左右聚合成焦糖烷和焦糖烯,200℃以上则形成焦糖块。焦糖色素则可为上述各种(或部分)脱水聚合物的混合物,其物理性状为深褐色至黑色的液体、块状、粉末状或糊状物质,无臭或略带异臭(焦糖香味),具有愉快的苦味。液状标准品浓度为33~38°Bé,黏度0.1~3 Pa·s,pH值为2.6~5.5。粉状标准产品的含水量为5%,溶于水和烯醇溶液。

GB 1886.64—2015 中,根据所用催化剂的不同将焦糖色素分为普通法(不加氨法)、铵盐法(亚硫酸铵法)和氨法等几类。其中利用氨法生产的焦糖色素比较适合于在调味品中添加使用。一般以砂糖为原料者,多采用酸作为催化剂,所得成品对酸、盐的稳定性好,红色色度高,但染色力低,适用于酱油和腌制品;用淀粉酸解液或葡萄糖为原料者,可用酸、碱或盐类作催化剂。凡用碱作催化剂者,成品的耐碱性强,红色色度高,对酸和盐不稳定;而用酸作催化剂者,情况与砂糖相似。根据型号的不同可将焦糖色素分为普通单倍型、普通双倍型、酿造型、老抽红型和特红型等。

根据 GB 1886.64—2015 的规定,普通法生产的焦糖色素适用于酱油、食醋、调味酱、调味粉和酱;氨法生产的焦糖色素适用于酱油、食醋。调味品中使用的焦糖色素主要是采用氨法生产的,其带有正电荷。调味品中一般食盐含量都比较高(酱油),而且多数偏酸性,有的酸性还较强(食醋),因此,在使用中必须选择适合的品种。酱油中所使用的焦糖色素必须具有耐盐性,否则极易出现沉淀。而为了提高酱油的红亮度和挂壁性,则需要选择红色指数和固形物含量高的品种。食醋中使用的焦糖色素一般具有耐酸性,否则会在短期内出现褪色。酿造焦糖色素属于第2类氨型焦糖色素,带有正电荷,主要使用于酱油、醋等酿造调味品的着色。

焦糖色属于酱色,最适合用于强调以酱油和酱为基调的调味品的颜色。各类调味品中,如沙司、塔菜或汤料等,无论何种产品,在色调上一般有一个公认的标准,特别是当调制仿制品(经常有把其他公司的产品拿来仿制的情况)时,要得到与被仿制品同样的颜色,就得靠焦糖色来调配。换句话说,如果没有焦糖色,许多产品就调不出应有的颜色,味道好也卖不出去,由此可以知道焦糖色在调味品工业中的重要性。

在日本使用焦糖色的专用调味品种类很多,主要有 5 类。

①塔菜类:用于烧烤肉、烤鸡串、盖浇饭(米饭上盖肉和菜)、饺子、烧卖等。

②沙司类:用于汉堡包、炸鸡块等。

③汤料类:用于方便面、袋装面等。

④露汁类:用于凉荞麦面、中华凉面、(热)面条、(热)荞麦面、熬炖(油炸豆腐、鱼糕等五六种食物)等。

⑤生鲜蔬菜味汁。

焦糖色有液体和粉末产品。液体焦糖色易于溶解,适合于各种液体调味品的调色。粉末状的不仅可以用于液体产品,还特别适合调制粉末调料。

3. 辣椒红色素

辣椒红色素,别名辣椒红、辣椒色素、红辣素。辣椒红色素是以辣椒的果实为原料提取而得到的食用天然色素,属于类胡萝卜素,成品多为暗红色油膏状物,主要是叶黄素类的辣椒红素和辣椒玉红素的混合物。辣椒红色素是具有辣椒香气味的深红色黏性油状液体,溶于大多数非挥发性油,部分溶于乙醇、丙酮、正己烷、油脂、植物油等有机溶剂,不溶于水和甘油,对可见光稳定,但在紫外光下易褪色。色调会因稀释浓度不同由浅黄色至橙色变化,着色力强,色泽鲜艳,遇到 Fe^{2+}、Cu^{2+}、Co^{2+} 褪色,遇到 Al^{3+}、Sn^{2+}、Pb^{2+} 发生沉淀。

目前,国内外辣椒红色素的生产方法主要有油溶法、有机溶剂法和超临界 CO_2 流体萃取法三种。油溶法是在常温下用呈液状的食用油如棉籽油、豆油、菜籽油等浸渍辣椒果皮或干辣椒粉,使辣椒红素溶解在食用油中,然后通过一定方法从油中提取出辣椒红素的一种方法。用油溶法提取辣椒红色素存在油与色素分离困难的缺点,难以得到浓稠的色素。

有机溶剂法是辣椒红色素的常规生产方法:将去除坏椒、梗、籽的干辣椒磨成粉后,用有机溶剂如丙酮、乙醇、乙醚、氯仿、正己烷等进行浸提,将浸提液浓缩得到粗辣椒油树脂,减压蒸馏得到产品。由于粗产品中经常含有辣味即辣椒素,高温下易产生刺激性蒸汽,使其应用范围大幅减小,因此在辣椒色素的精制过程中必须除去辣椒素。辣椒红色素和辣椒素在不同溶剂中有不同溶解度,利用两者的溶解度差异可达到除辣目的,具体有以下两种处理方法:碱液处理法和层析柱分离法。利用辣椒素易溶于碱液的特点,将其溶出后与辣椒红色素分离。层析柱法是根据辣椒红色素和辣椒素的结构差异,在束缚于硅胶上的固定相和洗脱液中的溶解度不同而达到分离效果的方法。

晨光生物是辣椒红色素行业龙头,2021 年该公司辣椒红色素销量 8000 多吨,占全球市场份额 60%。辣椒红可用于多种食品、化妆品、医药、饲料等的着色。目前我国东南沿海一带已将辣椒红广泛应用于酱油、醋中的着色。辣椒红也用于咸菜、火锅底料、调味料、酱料的着色,并深受人们欢迎。

(二)食用合成色素

食用合成色素是以从煤焦油中分离出来的苯胺染料为原料制成的,又称煤焦油色素与苯胺色素,如胭脂红、柠檬黄等,对人体有害,如中毒、致泻、致癌,尽量少用或不用。

常用于复合调味料的着色剂及其用量如表 2 - 8 所示。

表 2 - 8　调味料生产中常用着色剂

着色剂名称	应用	最大使用量/(g/kg)
番茄红素	固体汤料	0.39(以纯番茄红素计)
	半固体复合调味料	0.04(以纯番茄红素计)

着色剂名称	应用	最大使用量/（g/kg）
柑橘黄	鲜味剂和助鲜剂、醋、酱油 酱及酱制品 料酒及制品 复合调味料	按生产需要适量使用
红曲米，红曲红		
天然胡萝卜素		
甜菜红		
红花黄		0.5
姜黄	调味品、复合调味料	按生产需要适量使用
高粱红		
β-胡萝卜素	固体复合调味料 半固体复合调味料 液体复合调味料	2.0 2.0 1.0
核黄素	固体复合调味料	0.05
红曲黄色素	鸡精、鸡粉	按生产需要适量使用
辣椒橙	半固体复合调味料	按生产需要适量使用
苋菜红及苋菜红铝色淀	固体汤料	0.2
萝卜红	醋、复合调味料	按生产需要适量使用
姜黄素	复合调味料	0.1
植物炭黑		5.0
紫胶红（虫胶红）		0.5
胭脂树橙 （红木素、降红木素）		0.1
焦糖色（加氨生产）	醋	1.0
	酱油、酱及酱制品 复合调味料	按生产需要适量使用
焦糖色（普通法）	醋、酱油 酱及酱制品 复合调味料	按生产需要适量使用
焦糖色（亚硫酸铵法）	酱油 酱及酱制品 料酒及制品 复合调味料	按生产需要适量使用 10.0 10.0 50.0

续表

着色剂名称	应用	最大使用量/(g/kg)
辣椒红	调味品(盐及代盐制品除外) 复合调味料	按生产需要适量使用
栀子黄		1.5
栀子蓝		0.5
辣椒油树脂	香辛料油 复合调味料	10.0(增味剂、着色剂)
赤藓红及赤藓红铝色淀	酱及酱制品 复合调味料	0.05
柠檬黄及柠檬黄铝色淀	香辛料酱(如芥末酱、青芥酱)	0.1
	固体复合调味料	0.2
	半固体复合调味料	0.5
	液体复合调味料	0.15(以柠檬黄计)
日落黄及日落黄铝色淀	固体复合调味料	0.2
	半固体复合调味料	0.5
	液体复合调味料	0.2(以日落黄计)
亮蓝及亮蓝铝色淀	香辛料酱(如芥末酱、青芥酱)	0.01
	半固体复合调味料	0.5(以亮蓝计)
诱惑红及其铝色淀	固体复合调味料	0.04
	半固体复合调味料 (除蛋黄酱、沙拉酱)	0.5(以诱惑红计)
胭脂虫红	固体复合调味料	1.0
	半固体复合调味料	0.05
	液体复合调味料	1.0 (以胭脂红酸计)
胭脂红及其铝色淀	半固体复合调味料 (蛋黄酱、沙拉酱除外)	0.5
	蛋黄酱、沙拉酱	0.2(以胭脂红计)

三、增稠剂(赋形剂)

随着现代生活方式的变化,国际上普通的消费者在调味料的使用上,已从传统的粉状、颗粒状调味料转向偏爱使用液状、半液状调味料。与粉状、颗粒状调味料相比,液状调味料具有相对干净、使用方便、可量化程度高、调味物质分散和释放均衡等优点。食品增稠剂在这类液状、半液状复合调味料的生产中具有相当重要的作用。

增稠剂,也称食品赋形剂、黏稠剂,能增加液态或半固态食品黏度,是保持体系的物理状态相对稳定的亲水性物质,能有效地改善调味品的组织形态,并丰富食品的触感与味感功能。增稠剂来源分两类,一为含有多糖类的植物原料,二为从含蛋白质的动物及海藻类原料中制取的。一些发酵调味品如酱油、食醋、豆酱、甜面酱,以及一些复合调味料如蚝油、番茄酱、辣椒酱等,为了提高黏度,需要添加一定量的增稠剂。沙司或塔菜类的调味汁,一般有一定的黏度,这是因为这类调味品是浇在或抹在肉、鱼等类食品的表面起调味作用的,所以流动性要小,附着性要大,这就必须使用增稠剂和淀粉。

现在我国批准使用的增稠剂有琼脂、食用明胶、羧甲基纤维素钠、海藻酸钠(或钾)、果胶、阿拉伯胶、卡拉胶、黄原胶(汉生胶)、海藻酸丙二醇酯、羧甲基淀粉(钠)等。

(一)淀粉

淀粉一般作为食品原料使用,不属于增稠剂范畴,但是经常用于烹饪中,使用面之广、使用量之大,是其他任何一种增稠剂所不能比拟的。无论是勾芡、上浆、挂糊,还是制作肉圆、鱼圆等,都需要淀粉作为增稠剂。

淀粉的种类有玉米淀粉、番薯淀粉、马铃薯淀粉、木薯淀粉、绿豆淀粉、豌豆淀粉、蚕豆淀粉、大麦淀粉、燕麦淀粉,不同淀粉各有特色,用法也完全不同。淀粉都是原料经处理、浸泡、破碎、过筛、分离、洗涤、干燥后制得的。这些淀粉从外观上看都呈粉末状,而在显微镜下观看,都是由无数个大小不一的淀粉颗粒所组成。淀粉颗粒是一种白色的微小颗粒,不溶解于冷水和有机溶剂中。烹饪行业中,常常将淀粉预先浸泡在冷水中,称为"水淀粉"或"湿淀粉"。它们在水中呈白色沉淀状态。这种水淀粉经搅拌后则成为乳状悬浮液,若停止搅拌,悬浮液中的淀粉颗粒便会慢慢下沉,最终成为水和淀粉分层。水淀粉的这种性质是因为淀粉不溶于冷水,同时淀粉的密度(1.5)又比水的密度(1)大的缘故。

一般淀粉中含有二种淀粉,即直链淀粉和支链淀粉。直链淀粉在冷水中不溶解,只有在加压或是加热的情况下才能逐步溶解于水,形成较为黏滞的胶体溶液,这种溶液的性质非常不稳定,静置时容易析出粒状沉淀。而支链淀粉与直链淀粉不同,它极易溶解于热水之中,形成高黏度的胶状体,并且这种胶状体溶液即使在冷却后也很稳定。因此,淀粉作为一种烹饪中常用的增稠剂,其黏度的大小与所选用的淀粉中支链淀粉含量的高低密切相关。一般来讲,淀粉中支链淀粉含量高的黏度大,增稠效果好,并且原料与卤汁黏附得较牢。反之则增稠效果差,黏度小,卤汁与菜肴原料的黏附也不牢。

淀粉溶液在加热时会逐渐吸水膨胀,最后完全发生糊化。糊化开始时的温度在55～63℃,糊化后淀粉溶液变成具有一定黏稠性的半透明胶体溶液。淀粉不同,所含的直链淀粉和支链淀粉的比例不同,其糊化后的黏度、拉出的糊丝以及透明度、凝胶力均会有所不同。

淀粉是调制许多专用复合调味料不可缺少的原料之一。淀粉同多糖类增稠剂的用途基本相同。既为增加黏度,也属于糊料,同多糖类增稠剂相比,淀粉的特点是廉价、形成黏稠的溶液味感好(其他多糖类增稠剂使用过多时,在舌头上有黏质感,味感欠佳),黏质滑润光亮。从用量比例看,淀粉的使用量是多糖类增稠剂的20～30倍。一般在黏稠调味液里,多糖类增稠剂只占0.1%～0.2%,而淀粉要占1%～3%。

在液体调味品中,如蚝油或以酱油为基料的复合调味料中,添加淀粉,使其糊化可以提高制品的黏度,但糊化了的淀粉经一段时间静置后,水分会从淀粉糊中析离出来,使制品上部明显出现水层。添加其他增稠剂如黄原胶可以防止这种现象出现。

随着食品科学技术的不断发展,食品加工工艺有很大的改变,对淀粉性质的要求越来越高。如采用高温加热杀菌、激烈的机械搅拌、酸性食品,特别是处于加热条件下或低温冷冻等,都会使淀粉黏度降低和胶体性被破坏。天然淀粉不能适应这些工艺条件,通过选择淀粉的类型或改性方法可以得到满足各种特殊用途需要的淀粉制品。

可用于做增稠剂的变性淀粉有氧化淀粉、乙酰化淀粉、羟丙基淀粉、羧甲基淀粉、淀粉磷酸酯、交联淀粉等。

变性淀粉作为食品增稠剂中的一大类,可以提高食品的黏稠度或使产品形成凝胶状,增强挂壁性,改变感官体态,改变食品的物理性质,赋予食品黏润、不同的适宜的口感;还兼有乳化、稳定或使产品成悬浮状态等固有特性,在复合调味料中的应用将更为广泛。

(二)明胶

明胶是用动物的皮、骨、软骨、韧带、肌膜等富含胶原蛋白的组织,经部分水解后得到的高分子的多聚物,在工业上常用碱法和酶法来制取。

明胶的外观为白色或淡黄色,是一种半透明、微带光泽的薄片或粉粒。其有特殊的臭味,类似肉汁。明胶的主要成分是:蛋白质82%,水分16%,灰分2%。明胶不溶于冷水,但加冷水后可缓慢吸水膨胀软化,吸水量约为自身重量的 5~10 倍;在热水中可以很快溶解,形成具有黏稠度的溶液,冷却后即凝固成胶冻。明胶不溶于乙醇、乙醚等有机溶剂,但可溶于醋酸、甘油。明胶溶解于水中的浓度一般在15% 左右才能凝成胶冻。如果低于 5%,则溶液不能凝成胶冻。明胶溶液凝成胶冻富有弹性,口感柔软,具有热可逆性,加热时溶化,冷却时凝固。胶冻的溶解与凝固温度在 25~30℃内。

明胶溶解于热水后,其水溶液不能长时间加热煮沸,否则,溶液即使冷却也不易凝固成胶冻,或是胶冻的质量不理想。这是因为在长时间的加热煮沸过程中,明胶的分子会慢慢地发生部分水解,使凝固能力大幅下降,明胶与酸或碱共同加热后,也会因分解而丧失凝胶性。

使用时先用冷水浸泡 10~20 min,再加热使其溶解,但温度不要超过60℃。因明胶本身是营养物质,故使用量没有严格限制,可根据产品需要确定,通常按生产需要适量使用即可。明胶应密封后存放在干燥处。明胶一经使用,则容易受潮,微生物极易繁殖生长,导致明胶发霉变质,故不宜久贮。明胶主要用于生产果酱粉、肉汁粉、果冻粉、果膏、糖果、糕点、熟肉制品、蛋白酱等调味汁。

(三)琼脂

琼脂又叫洋菜、琼胶、冻粉。它是从花菜属植物及海藻中提取的一种多糖混合物。大多数冻制甜食所选用的增稠剂主要是琼脂。琼脂是以半乳糖为主要成分的一种高分子多糖。它与淀粉一样,分子中既含有直链部分,又含有支链部分。淀粉在人体内可被分解吸收,成为人体的主要营养来源,而琼脂则不能被人体的酶分解,仍以原来的分子形状被排泄出体外。所以从营养学的角度看,琼脂几乎对人体不提供任何营养。

商店里所售琼脂的形状一般有细长条状、薄块、粉状、颗粒等。长条状和薄块状中常含有少量的水分,表面皱缩,微有光泽,轻软而韧,不易折断。如果完全干燥则脆而易碎。色泽为白色至浅黄色,半透明、无臭,并有黏液样的外感。琼脂不溶于冷水而溶于热水,在沸水中易分散形成液状的溶胶。在冷水中虽然不溶,但是却能吸水膨胀成胶块状。浓度为0.2%的优质琼脂的溶液冷却后即能形成凝胶,稍次的为0.3%~0.4%,较差的为0.5%~0.6%。琼脂浓度在0.1%以下的溶液中,冷却后不能形成凝胶,而只能形成具有黏稠性的液体。1%的琼脂溶液在42℃时能固化,其凝胶即使加热到94℃也不溶化,具有很强的弹性和韧性。琼脂与酸长时间加热会失去凝胶能力。

琼脂的吸水性和持水性均很高。干燥的琼脂在冷水中浸泡时可吸收20倍左右的水。而琼脂凝胶的含水量可高于99%,并且有较好的持水性。一般来讲,0.5%的琼脂溶液冷却后即能形成坚实的凝胶体。因此,烹饪中使用琼脂的浓度一般控制在0.2%~0.6%的范围内。琼脂溶液的耐热性较好,在较长时间内加热不会产生任何影响,这一特点很适于热加工。琼脂用于调味是在加热过程中进行的,边调味边搅拌,然后趁热浇于装有原料的模盘中,冷却后即可食用,如西瓜冻、水晶橘子冻、莲子西瓜冻等甜味冻制菜肴均是采用上述方法。另外,由于琼脂溶胶的凝固温度较高,一般在30℃左右即可变成凝胶,所以在夏季温度较高的情况下,也可制作冻制甜食,其制作、食用均很方便,不必特别进行冷藏。

（四）卡拉胶

卡拉胶是一种具有商业价值的亲水凝胶（属天然多糖植物胶），为白色或淡黄色粉末，无臭、无味，有的产品稍带海藻味，主要存在于红藻纲中的麒麟菜属、角叉菜属、杉藻属和沙菜属等的细胞壁中。卡拉胶形成的凝胶是热可逆性的，即加热融化成溶液，溶液放冷时，又形成凝胶。在热水或热牛奶中所有类型的卡拉胶都能溶解。在冷水中，卡拉胶溶解，其钠盐也能溶解，但其钾盐或钙盐只能吸水膨胀而不能溶解。卡拉胶不溶于甲醇、乙醇、丙醇、异丙醇和丙酮等有机溶剂。

卡拉胶是由 $1,3-\beta-D-$ 吡喃半乳糖和 $1,4-\alpha-D-$ 吡喃半乳糖作为基本骨架，交替连接而成的线性多糖类硫酸酯的钾、钠、镁、钙盐和 $3,6-$ 脱水半乳糖直链聚合物所组成。根据半酯式硫酸基在半乳糖上所连接的位置不同，卡拉胶可分为 7 种类型：$\kappa-$ 卡拉胶、$l-$ 卡拉胶、$\gamma-$ 卡拉胶、$\lambda-$ 卡拉胶、$\nu-$ 卡拉胶、$\varphi-$ 卡拉胶、$\xi-$ 卡拉胶，其分子量一般介于 $(1\sim5)\times10^5$ 之间。目前工业生产和使用的主要有 $\kappa-$ 型、$l-$ 型、$\lambda-$ 型三种，尤其以 κ 型为多见。

干的粉末状卡拉胶稳定性很强，长期放置不会很快降解，在室温下超过 1 年的期限，强度无明显损失。在中性或碱性溶液中卡拉胶很稳定（pH =9 时最稳定），即使加热也不会发生水解。卡拉胶黏度的大小因所用的海藻种类、加工方法和卡拉胶的型号不同，差别很大。有的水溶液能形成凝胶，其凝胶性受某些阳离子的影响很大，全部为钠盐的卡拉胶在纯水中不凝固，加入钾、铵或钙等阳离子能大幅提高其凝胶性，在一定范围内，凝胶性随阳离子浓度的增加而增强。$\kappa-$ 型和 $l-$ 型仅在有钾离子或钙离子存在时，才能形成凝胶。$\kappa-$ 型钾的作用比钙的作用大，称为钾敏感卡拉胶。$l-$ 型钙的作用比钾的作用大，称为钙敏感卡拉胶。这些凝胶都具有热可逆性。一般 $\lambda-$ 型卡拉胶黏度最高，$\kappa-$ 型黏度最低。一般商品卡拉胶的黏度在 5 ~ 800 cps。

卡拉胶可与多种胶复配。有些多糖对卡拉胶的凝胶性也有影响。如添加黄原胶可使卡拉胶更柔软、更黏稠和更有弹性。黄原胶与 $l-$ 型卡拉胶复配可降低食品脱水收缩。$\kappa-$ 型卡拉胶与魔芋胶相互作用形成一种具有弹性的热可逆凝胶。加槐豆胶可显著提高 κ - 型卡拉胶的凝胶强度和弹性。玉米和小麦淀粉对它的凝胶强度也有所提高,而羟甲基纤维素则降低其凝胶强度。土豆淀粉和木薯淀粉对它无作用。

　　卡拉胶能形成高黏度的溶液,这是由它们无分支的直链型大分子结构和聚电解质的性质所造成的。在酱油、鱼露和虾膏等调味品中加入卡拉胶作增稠剂,能提高产品的稠度和调整口味。此外,用卡拉胶调制西餐的色拉效果也很好。制作红豆酱时可加入卡拉胶作增稠剂、凝胶剂和稳定剂,使产品分散均匀,口感好。

(五)海藻酸钠

　　海藻酸钠又称藻朊酸钠、褐藻酸钠、藻胶。海藻酸钠($C_6H_7O_8Na$)$_n$ 主要由海藻酸的钠盐组成,是由 α - L - 甘露糖醛酸(M 单元)与 β - D - 古罗糖醛酸(G 单元)依靠 1,4 - 糖苷键连接并由不同 GGGMMM 片段组成的共聚物。海藻酸钠为白色至浅黄色纤维状或颗粒状粉末,几乎无臭、无味,是亲水性高的聚合物,易溶于水,糊化性能良好,加入温水使之膨化,吸湿性强,持水性能好,不溶于有机溶剂;在 pH 值 6 ~ 11 时较稳定,pH 值低于 6 时析出海藻酸,不溶于水;pH 值高于 11 时又要凝聚,黏度在 pH 值为 7 时最大,但随温度的升高而显著下降。

　　海藻酸钠是由海藻制备的。将海藻洗净破碎,以无机酸(硫酸)浸泡,制成藻酸,再以碱中和,经过滤、漂白、干燥制得成品。海藻酸钠与钙离子形成的凝胶,具有耐冻性和干燥后可吸水膨胀复原等特性。海藻酸钠的黏度影响所形成凝胶的脆性,黏度越高,凝胶越脆。增加钙离子和海藻酸钠的浓度而得到的凝胶,强度增大。胶凝形成过程中可通过调节 pH 值,选择适宜的钙盐和加入磷酸盐缓冲剂或螯合剂来控制。也可以通过逐渐释出多价阳离子或氢离子,或两者同时来控制。海藻酸钠与酸的比例可以调节凝胶的刚性。

　　海藻酸钠广泛应用于食品工业,可用作乳化剂、成膜剂、增稠剂。美国人称其为"奇妙食品添加剂",日本人誉之为"长寿食品添加剂"。海藻酸钠在酸性溶液中作用弱,一般不宜在酸性较大的水果汁和食品中应用。我国《食品安全国家标准　食品添加剂使用标准》(GB 2760—2014)规定:在复合调味料、香辛料类等中按生产需要适量使用。海藻酸钠是良好的增稠剂,用于果酱、辣酱、果子冻、番茄酱、鱼糕、布丁、色拉调味汁、肉香调味汁、调味品、色拉调味油,可提高乳化和稳定性,使固体粒子悬浮均匀,减少液体渗出。

(六)黄原胶

黄原胶是微生物多糖,由纤维主链和三糖侧链构成,作稳定剂、增稠剂等,在肉制品加工中起稳定作用,结合水分、抑制脱水收缩。

黄原胶是以碳水化合物为基础,经微生物发酵生产的一种微生物胞外多聚糖。因为具有显著的增加体系黏度的凝胶结构物的特点而经常被使用于食品或其他产品。黄原胶不仅具有良好的水溶性、增稠性、假塑流变性、热稳定性、耐酸碱稳定性、酶稳定性,而且对盐有较高的稳定性。黄原胶溶液能和许多盐溶液混溶,黏度不受影响。它可在 10% KCl、10% $CaCl_2$、5% Na_2CO_3 溶液中长期存放(25℃、90 d),黏度几乎保持不变。

黄原胶的黏性主要有以下几个特点。

①黄原胶:在各种天然糊料中黏性最高、最为稳定。特别是在低浓度领域更是如此。

②黄原胶溶液:具有塑性流动的特性。也就是说黄原胶溶液(浓度为 0.5%)在没有一定值以上外力的作用下是不流动的。外力小的时候不易流动,随着外力增强,流动性急剧增大。换句话说,就是黄原胶水溶液在有外力作用时黏度急剧下降。这种特性非常适合制作吃生鲜蔬菜的味汁。当这种味汁被装在瓶子里时和浇到生菜上时黏度较大。瓶中含黄原胶的调味汁之所以能迅速地通过瓶口流出,是因为使用者在用前需要用力晃动瓶子,这就形成了一种外力,降低了调味汁的黏度并很容易将其倒出来。

③耐盐性:黄原胶浓度为 0.3% 以上的水溶液在有食盐的情况下黏度会加强。极少的食盐也会对黄原胶的黏度产生影响。0.1% 的食盐就会有增强黏度的作用,随着食盐含量增加,黏度逐渐提高。这种现象是在纯水的情况下出现的,当调制沙司等调味汁时,不光有食

盐,还有其他各种原料,这时遇盐黏度增强的特性则表现得不明显。

④酸性或碱性时黏度高:有试验表明,1%含量的黄原胶溶液在中性附近的黏度最低,在酸性或碱性时的黏度增强。

⑤耐高温:将黄原胶含量为0.5%的水溶液以97℃加热,0.5~2h后没有大的变化。也就是说,黄原胶还适合用于高温蒸煮食品。

按我国国标规定,黄原胶作为增稠剂和稳定剂在各种食品中可以使用,其中在香辛料类(香辛料粉、香辛料油、香辛料酱)、复合调味料生产中是按需要适量使用。

(七)羧甲基纤维素钠

羧甲基纤维素钠(CMC—Na)是由精制天然纤维素、NaOH和氯乙酸为主要原料化学合成的一种高聚合纤维素醚,化合物分子量从几千到百万不等。CMC—Na为白色粉末或纤维状物,是最主要的离子型纤维素胶。羧甲基纤维素钠无毒、无臭、无味,是一种大分子化学物质,能够吸水膨胀,在水中溶胀时可以形成透明的黏稠胶液,水悬浮液的pH值为6.5~8.5。该物质不溶于酸、甲醇、乙醇、乙醚、丙酮、氯仿、苯等有机溶剂。

衡量CMC质量的主要指标是取代度(DS)和聚合度(DP)。取代度是指连接在每个纤维素单元上的羧甲基钠基团的平均数量。纤维素分子上的葡萄糖苷有3个醇基:1个伯醇和2个仲醇。3个醇基都能与氯乙酸钠发生反应。伯醇基团反应活性最大,因此取代基首先会取代此基团使反应物分子变长。取代度的最大值是3,但是在工业上用途最大的是取代度为0.5~1.2的CMC。一般来说,DS不同,CMC的性质也不同:DS越大,溶液的透明度和稳定性越好;当$DS>0.3$时,则可溶于碱性水溶液;$DS=0.7$,则可溶于热甘油中;当$DS>0.8$时,则耐酸性和耐盐性均好,且不产生沉淀。

聚合度指纤维素链的长度,决定着其黏度的大小。纤维素链越长溶液的黏度越大,CMC溶液也是如此。CMC分子呈现出线性结构。和大多数溶液一样,当温度升高时CMC溶液黏度降低,冷却后恢复,但长时间高温可能引起CMC降解而导致黏度降低;随着溶液pH值的降低,黏度下降,这是由于酸性pH值条件下,羧基被抑制电离而导致黏度下降。

经过精制后的高纯度 CMC 用于食品行业,又名食用纤维素胶。CMC 可控制食品加工过程中的黏度,在低浓度下也可获得高黏度,同时赋予食品润滑感。CMC 可保持食品品质的稳定性,防止油水分层(乳化作用),控制冷冻食品中的结晶体大小(减少冰晶)。

CMC—Na 主要用作增稠剂、稳定剂,可改善食品质构和口感,被公认为是安全物质。在食品生产中应用广泛,可用于果酱、汤汁、调味汁、酱油等多种食品,在果酱、花生酱、芝麻酱、辣酱中添加 CMC 后,能起到增稠、稳定和改善口感的效果。添加量为总量的 0.5%。

复合调味料生产中常用的增稠剂还有很多,具体可参见表 2 - 9。

表 2 - 9　复合调味料生产中常用增稠剂

增稠剂名称	应用	功能	最大使用量/(g/kg)
醋酸酯淀粉 淀粉磷酸酯钠 瓜尔胶 果胶 海藻酸钠 槐豆胶(又名刺槐豆胶) 阿拉伯胶 海藻酸钾(又名褐藻酸钾) 甲基纤维素 结冷胶 聚丙烯酸钠 磷酸酯双淀粉 明胶 羟丙基甲基纤维素(HPMC) 琼脂 酸处理淀粉 氧化淀粉 氧化羟丙基淀粉 乙酰化二淀粉磷酸酯 乙酰化双淀粉己二酸酯 羟丙基二淀粉磷酸酯	复合调味料	增稠剂	按生产需要适量使用

续表

增稠剂名称	应用	功能	最大使用量/（g/kg）
海藻酸丙二醇酯	半固体复合调味料	增稠剂、乳化剂、稳定剂	8.0
海藻酸钠（又名褐藻酸钠）	复合调味料	增稠剂、稳定剂	按生产需要适量使用
黄原胶（又名汉生胶）	复合调味料	稳定剂、增稠剂	按生产需要适量使用
α-环状糊精	复合调味料	稳定剂、增稠剂	按生产需要适量使用
甲壳素（又名几丁质）	蛋黄酱、沙拉酱、坚果与籽类的泥（酱），包括花生酱等	增稠剂、稳定剂	2.0
聚甘油脂肪酸酯	复合调味料	乳化剂、稳定剂、增稠剂、抗结剂	10.0
决明胶	半固体复合调味料、液体复合调味料	增稠剂	2.5
卡拉胶	复合调味料、香辛料类	乳化剂、稳定剂、增稠剂	按生产需要适量使用
硫酸钙（又名石膏）	其他半固体复合调味料	稳定剂和凝固剂、增稠剂、酸度调节剂	10.0
罗望子多糖胶	半固体复合调味料	增稠剂	7.0
麦芽糖醇和麦芽糖醇液	半固体复合调味料、液体复合调味料	甜味剂、稳定剂、水分保持剂、乳化剂、膨松剂、增稠剂	按生产需要适量使用
普鲁兰多糖	复合调味料	被膜剂、增稠剂	50
乳酸钙	复合调味料（仅限油炸薯片调味料）	酸度调节剂、抗氧化剂、乳化剂、稳定剂和凝固剂、增稠剂	10.0
乳酸钠	复合调味料	水分保持剂、酸度调节剂、抗氧化剂、膨松剂、增稠剂、稳定剂	按生产需要适量使用
乳糖醇（又名4-β-D吡喃半乳糖-D-山梨醇）	复合调味料	乳化剂、稳定剂、甜味剂、增稠剂	按生产需要适量使用

续表

增稠剂名称	应用	功能	最大使用量/（g/kg）
山梨糖醇和山梨糖醇液	复合调味料	甜味剂、膨松剂、乳化剂、水分保持剂、稳定剂、增稠剂	按生产需要适量使用
双乙酰酒石酸单双甘油酯	半固体复合调味料	乳化剂、增稠剂	10.0
	液体复合调味料		5.0
羧甲基淀粉钠	酱及酱制品	增稠剂	0.1
皂荚糖胶	复合调味料	增稠剂	4.0
羟丙基淀粉	复合调味料	增稠剂、膨松剂、乳化剂、稳定剂	按生产需要适量使用
纤维素	酱及酱制品、香辛料酱（如芥末酱、青芥酱）	抗结剂、稳定剂和凝固剂、增稠剂	按生产需要适量使用

（八）增稠剂在复合调味料中的应用

1. 增稠剂的协同增效性

由于各种调味品都含有食盐及酸，在选择增稠剂时，应考虑所采用的增稠剂在食盐及酸的存在下不会降低其增稠效果。酱类制品通常含有较高的盐分，一般在 12% ~ 18%。绝大多数增稠剂耐盐性较差，特别是高价金属盐，极易形成沉淀。实验证明，黄原胶、CMC—Na、瓜尔豆胶、魔芋胶、槐豆胶、亚麻籽胶等耐盐性较强，并具有协同增效作用。

在生产中利用亲水胶体的协同增效作用，能有效地提高产品质量和降低其使用量。亚麻籽胶与黄原胶、瓜尔豆胶、魔芋胶、阿拉伯胶、CMC—Na 等其他多糖类天然亲水胶体的协同作用也很显著，主要表现在溶液黏度大幅提高，耐酸、耐盐性增强，乳化效果更好，悬浮稳定性、保湿性得到改善等。黄原胶与瓜尔豆胶也有良好的协同效果，复配不能形成凝胶，但可以显著增加黏度和耐盐稳定性，而且彼此之间存在合适的配比，黄原胶与瓜尔豆胶最合适的配比为 3：7。黄原胶、槐豆胶、瓜尔豆胶的含量分别为 0.2%、0.01%、0.9% 时，耐盐性最好,用量最少,成本最低。而黄原胶、魔芋精粉、瓜尔豆胶的含量分别为 0.3%、0.01%、0.8% 时,耐盐性最好。市场上的酱类增稠剂即是利用以上原理设计生产,其效果远比单一增稠剂效果优良。

2. 食品增稠剂在酱油中的应用

食品增稠剂使酱浓稠感增强,能更好地产生增稠效果,且性能稳定,口感良好,酱香浓郁,回味持久;提高了酱类食品的质感和成品无盐固形物等理化指标;在酱油中可防止酱油产生沉脚,减少浪费,降低成本。

黄原胶、亚麻籽胶是酱油的最佳增稠稳定剂,能显著增强酱油的着色能力,使酱油具有浓稠挂瓶的效果。其用量在 0.05% ~ 0.3%。使用时,先将黄原胶、亚麻籽胶与适量砂糖、食盐混合,均匀分散在冷水中,加热溶解,趁热倒入 85℃ 的原酱中,搅拌均匀。再经过巴氏消毒处理。

3. 增稠剂在复合调味料中的应用

食品增稠剂在酱类复合调味料中应用具有增稠增浓、耐盐耐温、抗沉淀、防瓶垢生成等特点。蚕豆酱中取原汁豆瓣 75 kg、香油 3 kg、辣椒酱 12 kg、芝麻酱 4.5 kg、麻油 0.5 kg、香料粉 0.15 kg、甜酱 1.2 kg、白糖 0.65 kg,加入增稠剂黄原胶 150 g、CMC—Na 200 g,能增强浓稠感,香气持久,并能延长其保质期。

辣椒酱是鲜红辣椒经盐腌后,破碎磨细的加工品。每 100 kg 辣椒酱中添加 CMC—Na 300 g 或黄原胶 150g、CMC—Na 200 g,质感增强。花生酱、芝麻酱含盐分较低,适合的增稠剂种类多一些。瓜尔豆胶、黄原胶、CMC—Na、亚麻籽胶 0.01%、槐豆胶、阿拉伯胶、古尔胶等亲水胶体均可应用。如添加 0.1% 瓜尔豆胶、15% CMC—Na、0.08% 黄原胶,其效果极佳,浓厚感强,口感细腻,无分离现象。增稠剂已广泛应用于鱼子酱、虾酱、肉酱中。黄原胶、CMC—Na(FFH9 型)、卡拉胶几种配合使用,酱体增稠明显,肉感增强,耐煮性增强,食品细腻。果酱、蔬菜酱中基本不含盐分,琼脂、卡拉胶、黄原胶是其最好的增稠剂。

四、防腐剂

使复合调味料腐败的原因有很多，包括物理、化学、生物等因素。在人们的生活中、食品生产活动中，这些因素有时单独引起作用，有时共同引起作用。由于空气中微生物到处存在，复合调味料的原料多数营养含量特高，如含水量、氨基酸态氮、还原糖等成分含量较高，适合微生物的生长与繁殖，所以受到微生物如霉菌、酵母菌等侵袭，使其带菌严重；同时复合调味料的半成品，如甜面酱、大豆等，都是以手工操作为主，采用开放式生产方法，敞口发酵，因此，在制作完毕后，仍有大量微生物存在，可继续发酵，产酸、产气。这不仅影响到复合调味料的质量，同时还大幅缩短了产品的保质期。据资料介绍，半成品、成品中的微生物污染菌主要是土壤、空气中的芽孢杆菌（短小芽孢杆菌、地衣芽孢杆菌）。

防止复合调味料腐败主要有两个措施：首先加强原材料的把关，如辣椒的水分需控制在 8% 以下，以减少细菌的繁殖，延长产品存放期。胡椒、花椒等，由于细菌多附在表皮，清洗比较容易，只要在生产前用水清洗干净，再以 80~100℃ 烘干后，进行粉碎即可。同时花椒、胡椒本身就是重要的防腐剂。花椒除有特殊浓烈芳香、味麻、辣、涩外，还有防腐杀菌作用，对炭疽杆菌、枯草杆菌、大肠杆菌等有明显抑菌效果，而胡椒兼有防腐和抗氧化作用。其次，产品采用添加剂防腐。防腐剂是对微生物具有杀灭性，抑制或阻止细菌生长的食品添加剂。它不是消毒剂，不会使复合调味料的色、香、味消失，不破坏食品的营养价值，对人体不会产生伤害。与速冻、冷藏、罐装、干制、腌制等食品方法相比，正确使用防腐剂，具有简单、无须设备、经济等特点。由于防腐剂的种类很多，各种防腐剂都有各自的作用范围，迄今未发现适用于各种食品的理想防腐剂。几种防腐剂并用，可弥补相互的不足，增强防腐效果。

防腐剂的种类很多，但随着国家对防腐剂安全性的重视程度的增加，我国对每种防腐剂的使用范围进行了严格的限制，因此能应用于调味品行业的防腐剂种类并不多。根据《食品安全国家标准 食品添加剂使用标准》（GB 2760—2014）的规定,目前可应用于调味品的防腐剂主要包括如下几种。

（一）苯甲酸及苯甲酸钠

苯甲酸又称安息香酸,故苯甲酸钠又称安息香酸钠。苯甲酸在常温下难溶于水,在空气（特别是热空气）中微挥发,有吸湿性,常温下溶解度大约 0.34 g/100 mL;但溶于热水,也溶于乙醇、氯仿和非挥发性油。未离解酸具有抗菌活性,其防腐最佳 pH 值是 2.5~4.0。

苯甲酸钠大多为白色颗粒,无臭或微带安息香气味,味微甜,有收敛性;易溶于水,常温下溶解度约为 53.0 g/100 mL,pH 值在 8 左右。苯甲酸钠也是酸性防腐剂,和苯甲酸的性状、防腐性能都差不多,在碱性介质中无杀菌、抑菌作用。其防腐最佳 pH 值同苯甲酸,在pH 值 5.0 时,5% 的溶液杀菌效果也不是很好。苯甲酸钠亲油性较大,易穿透细胞膜进入细胞体内,干扰细胞膜的通透性,抑制细胞膜对氨基酸的吸收。其进入细胞体内电离酸化细胞内的碱储,并抑制细胞的呼吸酶系的活性,阻止乙酰辅酶 A 缩合反应,从而起到食品防腐的目的。

苯甲酸及苯甲酸钠是目前调味品行业中应用最为广泛的防腐剂,这与其不错的抑菌效果和低廉的价格有关,但其安全性受到一定质疑。苯甲酸钠由于比苯甲酸更易溶于水,而且在空气中稳定,抑制酵母菌和细菌的作用强,因此比苯甲酸更常用。苯甲酸钠在调味品工业中可用于酱油、食醋、酱腌菜、调味沙司、调味汁、低盐酱菜、复合调味酱等。《食品国家安全标准 食品添加剂使用标准》（GB 2760—2014）中规定苯甲酸及其钠盐在固体复合调味料（固体汤料、鸡精、鸡粉等）中的最大使用量为 0.6 g/kg,在半固体复合调味料和液体复合调味料中的最大使用量为 1.0 g/kg,通常在调味品中的使用量为0.3~0.5 g/kg。

（二）山梨酸及山梨酸钾

山梨酸又名 2,4-己二烯酸、2-丙烯基丙烯酸,为白色或淡黄色结晶性粉末或颗粒,特性吸湿、易溶于水、空气中可氧化。山梨酸为酸型防腐剂,在酸性条件下对霉菌、酵母菌和好气性菌均有抑制作用,随 pH 值增大防腐效果减小,pH 值为 8 时丧失防腐作用,适用于 pH 值在 5.5 以下的调味品防腐。在调味品工业中可用于酱油、食醋、低盐酱菜、酱类、固体复合调味料、半固体复合调味料、液体复合调味料等。

山梨酸难溶于水,使用时先将其溶于乙醇或碳酸氢钠、硫酸氢钾的溶液中,溶解山梨酸时不得使用铜、铁容器和与铜铁接触。使用山梨酸作复合调味料防腐剂时,要特别注意卫生,若调味料被微生物严重污染,山梨酸便成为微生物的营养物质,不仅不能抑制微生物繁殖,反而会加速腐败。山梨酸与其他防腐剂复配使用,可产生协同作用,提高防腐败效果。

由于山梨酸在水中的溶解度不是很高,影响了它在食品中的应用。所以,食品添加剂生产企业通常将山梨酸制成溶解性能良好的山梨酸钾,以扩大山梨酸类产品的应用范围。山梨酸和山梨酸钾的防腐原理和防腐效果是一样的。作为一种安全高效的防腐剂,山梨酸钾代替苯甲酸钠是食品工业发展的趋势。

山梨酸钾在 pH 值为 6 以下使用效果较佳,具有很强的抑制腐败菌和霉菌的作用,其毒性远低于其他防腐剂,已成为广泛使用的防腐剂。在酸性介质中,山梨酸钾能充分发挥防腐作用;在中性条件下,山梨酸钾防腐作用小。

与山梨酸比,山梨酸钾易溶于水,且溶解状态稳定,使用方便,其 1% 水溶液的 pH 值为 7 ~ 8,所以在使用时有可能引起食品的碱度升高,需加以注意。《食品国家安全标准　食品添加剂使用标准》(GB 2760—2014)中规定在复合调味料中的最大使用量为 1.0 g/kg,通常在调味品中的使用量为 0.3 ~ 0.5 g/kg。除作为防腐剂外,山梨酸及其钾盐还可作为抗氧化剂、稳定剂使用。

1. 山梨酸及钾盐的主要特点

(1)防霉效果良好　山梨酸及钾盐的防霉能力明显高于苯甲酸及盐类,山梨酸钾的防霉效果是苯甲酸钠的 5 ~ 10 倍。山梨酸的用量一般在 0.2 ~ 1.0 g/kg。

(2)产品毒性低、安全性高　山梨酸钾的毒副作用只是苯甲酸钠的 1/40。山梨酸及钾盐在人体内的安全使用范围为:每天每千克体重的使用量不超过 25 mg。

(3)不改变食品特性　山梨酸是一种不饱和脂肪酸,进入人体后,参与人体的新陈代谢过程,代谢产物为二氧化碳和水。所以,山梨酸可以看作是食品的一部分,在食品中应用不会破坏食品的色、香、味和营养成分。

(4)应用范围宽广　山梨酸及钾盐可以用于饮料、酒、调味品、肉制品、水产制品、酱腌菜等多种食品的防腐之中,且对水果保鲜也有效果。

(5)使用方便　在使用山梨酸及钾盐时,可以直接添加,也可以喷洒或者浸渍。正是由于其具有使用灵活的特点,所以,联合国粮农组织、世界卫生组织、美国、英国、日本以及中国、东南亚国家,都推荐山梨酸及钾盐作为多种食品的防腐保鲜剂。

2. 应用

山梨酸及钾盐广泛应用于调味品防腐,在酱油中按照 0.01% 的比例添加山梨酸,在高温季节放置 70 d,可以使酱油不发生长霉变质的问题。酱类制品比较黏稠,山梨酸在其中不易均匀分散,用户可以在产品灌装之前,在加热的情况下,加入相应浓度的山梨酸溶液。对于果酱、果胶防腐,用户可以添加山梨酸(用量为 0.05%)或者相应浓度的山梨酸钾。另外,用户也可以在物料的表面喷洒浓度为 2% 的山梨酸钾溶液。蛋黄酱中山梨酸用量为 0.08% ~ 0.1% 和山梨酸钾用量为 0.1%。色拉中添加山梨酸(用量为 0.1%)和苯甲酸钠(用量为 0.06%)的混合物,可以防止酸味和气泡的产生,而酸味和气泡多是因乳酸发酵而产生的。

(三)丙酸钙

丙酸钙为白色结晶性粉末,熔点 400℃ 以上(分解),无臭或具轻微特臭。丙酸钙由丙酸与碳酸钙或氢氧化钙进行反应制得,可制成一水合物或三水合物,为单斜板状结晶,可溶于水(1 g 约溶于 3 mL 水),微溶于甲醇、乙醇,不溶于苯及丙酮。10% 水溶液 pH 值等于 7.4。丙酸钙用作防腐剂需注意:使用膨松剂时不宜使用丙酸钙,因为由于碳酸钙的生成而降低产生二氧化碳的能力;丙酸钙为酸型防腐剂,在酸性范围内有效,pH 值为 5 以下对霉菌的抑制作用最佳,pH 值为 6 时抑菌能力明显降低。

丙酸钙是世界卫生组织(WHO)和联合国粮农组织(FAO)批准使用的安全可靠的食品与饲料用防霉剂。在淀粉、含蛋白质和油脂物质中对霉菌、好气性芽孢产生菌、革兰氏阴性菌、黄曲霉素等有效,具有独特的防霉、防腐性质。在抑制霉菌方面效果显著,可用于发酵豆制品、酱油、食醋。《食品安全国家标准 食品添加剂使用标准》(GB 2760—2014)中规定丙酸及其钠盐、钙盐在腐乳、豆豉、酱油、醋中最大使用量为 2.5 g/kg(以丙酸计),通常在调味品中的使用量为 0.1~0.3 g/kg。

(四)双乙酸钠

双乙酸钠为白色晶体粉末,几乎无臭。其对光和热较为稳定,抗菌能力随 pH 值的不同而变化,但不太受其他因素的影响。

双乙酸钠主要是通过有效地渗透霉菌的细胞壁而干扰酶的相互作用,抑制了霉菌的产生,从而达到高效防霉、防腐等功能。双乙酸钠从化学分子结构上讲,是有短氢键结合的双分子盐,是完美的分子化合物($CH_3COONa \cdot CH_3COOH \cdot xH_2O$),并含有可释放的 40% 的游离乙酸分子,在 10% 水溶液中它显示为一种 pH 值为 4.7 的乙酸—乙酸钠缓冲溶液,双乙酸钠能增强乙酸的抗菌活性,使之对 pH 值的依赖性降低,不离解的乙酸比离子化的乙酸更能有效地渗透入霉菌组织的细胞壁,并借以干扰细胞间酶的相互作用,达到抑制霉菌素(孢子)和细菌素的发生、滋长和蔓延,因此双乙酸钠是一种广谱、高效、无毒的防腐保鲜剂。双乙酸钠对腐败菌、病原菌一样起作用,特别对霉菌、酵母菌的作用比抑制细菌的作用强。根据国内外大量实验证明,双乙酸钠对黄曲霉菌、烟曲霉菌、黑曲霉菌、绿曲霉菌、白曲霉菌、微小根毛霉菌、伞枝梨头霉菌、足样根毛霉菌、假丝酵母菌等 10 多种霉菌有较强的抑制效果,对大肠杆菌、利斯特菌、革兰氏阴性菌等细菌有一定的抑制作用,但它对食品中所需要的乳酸菌、面包酵母几乎不起什么作用,能保护食品的营养成分,这种特性使得双乙酸钠被列为一种相当不寻常的食品添加剂。

在调味品工业中双乙酸钠被应用于黄酱、食醋、酱油、调味料等食品中。《食品安全国家标准　食品添加剂使用标准》(GB 2760—2014)中规定在复合调味料中的最大使用量为 10 g/kg,通常在调味品中的使用量为 0.1~0.5 g/kg。

(五)对羟基苯甲酸酯类及其钠盐

对羟基苯甲酸酯又称尼泊金酯。尼泊金乙酯(羟苯乙酯,对羟基苯甲酸乙酯)和尼泊金丙酯(对羟基苯甲酸丙酯)是尼泊金酯中两种应用广泛的防腐剂,具有高效、低毒、广谱、易配伍、在酸性及微碱性范围内均可使用,在使用效果上不像酸型防腐剂随 pH 值变化起伏大等众多优点。尼泊金乙酯和尼泊金丙酯由于具有酚羟基结构,因此抑菌效果强于苯甲酸和山梨酸。一般说来,尼泊金酯的抗菌作用随醇羟基碳原子数的增加而增加。因此,尼泊金丙酯的抗菌效果略强于尼泊金乙酯。此外,尼泊金乙酯和尼泊金丙酯混合使用时具有增进溶解度、抗菌力的协同增效作用。尼泊金乙酯和尼泊金丙酯在调味品工业中被应用于食醋、酱油、酱料以及蛋黄馅料等食品中。《食品安全国家标准　食品添加剂使用标准》(GB 2760—2014)中规定在调味品中的最大使用量为 0.25 g/kg,通常在调味品中的使用量为0.05~0.1 g/kg。

可用于复合调味料的其他防腐剂如表 2-10 所示。

表 2-10　调味料中常用其他防腐剂

防腐剂名称	使用范围	功能	最大使用量/(g/kg)
ε-聚赖氨酸盐酸盐	复合调味料	防腐剂	0.5
纳他霉素	蛋黄酱、沙拉酱		0.02(残留量≤10 mg/kg)
乳酸链球菌素	复合调味料		0.2
脱氢乙酸及其钠盐(又名脱氢醋酸及其钠盐)	复合调味料		0.5
乙二胺四乙酸二钠	复合调味料	稳定剂、凝固剂、抗氧化剂、防腐剂	0.075
乙酸钠(又名醋酸钠)	复合调味料	酸度调节剂、防腐剂	10.0

除必须从安全和经济的角度考虑外,防腐剂在选用时其抗菌力和抗菌范围也是选择时需要重点考虑的方面。在酸性条件下,苯甲酸钠、山梨酸钾、尼泊金乙酯和尼泊金丙酯对细菌、酵母菌和霉菌的抑制力均较为理想,其中尼泊金丙酯对细菌、酵母菌和霉菌的抑制力最为有效;而丙酸钙对细菌、酵母菌的抑制力一般,但其抑制霉菌的能力十分突出;双乙酸钠对细菌的抑制力也不太理想,而其对酵母菌和霉菌的抑制力要好于苯甲酸钠和山梨酸钾。此外,苯甲酸钠和山梨酸钾在对细菌、酵母菌和霉菌的抑制力方面基本相当。

由此可见,不同防腐剂在其抑菌能力方面各有其优越性,实际应用时可根据生产的需要进行选择,并结合安全和成本来加以综合考虑,也可考虑在不超出国家标准规定的范围内将两种或多种防腐剂进行配伍使用。

五、其他辅料
(一)抗氧化剂

抗氧化剂是指能阻止或延缓食品氧化,并提高食品的稳定性,延长食品储存期的食品添加剂。在复合调味料中含有蛋白、多糖、脂肪等成分,因微生物、水分、光线、热等的反应作用,成分易受到氧化和加水分解,产生腐败、退色、褐变、微生物破坏,降低复合调味料的质量与营养价值,以至引起食物中毒。为防止复合调味料的氧化,应着重原料新鲜、加工工艺、保藏保鲜环节上采取相当的避光、降温、干燥、排气、除氧、密封等措施,然后使用安全性高、效果好的抗氧化剂。

食物抗氧化剂的种类很多,但常用的有下列几种:油溶性抗氧化剂,如丁基羟基茴香醚、二丁基羟基甲醚、没食子酸丙酯、维生素 E 等;水溶性抗氧化剂,如抗坏血酸、异抗坏血酸、抗坏血酸钠、异抗坏血酸钠、烟酰胺等。调味料中常用的抗氧化剂如表 2 - 11 所示。

表2-11　调味料中常用抗氧化剂

抗氧化剂名称	应用范围	功能	最大使用量/(g/kg)
茶多酚(又名维多酚)	复合调味料	抗氧化剂	0.1(以儿茶素计)
丁基羟基茴香醚(BHA)	固体复合调味料(仅限鸡肉粉)		0.2(仅限鸡肉粉。以油脂中的含量计)
没食子酸丙酯(PG)	固体复合调味料(仅限鸡肉粉)		0.1(仅限鸡肉粉。以油脂中的含量计)
抗坏血酸钠	复合调味料		按生产需要适量使用
抗坏血酸钙	复合调味料		按生产需要适量使用
维生素E(DL-α-生育酚,D-α-生育酚,混合生育酚浓缩物)	复合调味料		按生产需要适量使用
茶黄素	复合调味料		0.1
迷迭香提取物	固体复合调味料		0.7
抗坏血酸(又名维生素C)	复合调味料	面粉处理剂、抗氧化剂	按生产需要适量使用
D-异抗坏血酸及其钠盐	复合调味料	抗氧化剂、护色剂	按生产需要适量使用
磷脂	复合调味料	抗氧化剂、乳化剂	按生产需要适量使用
二氧化硫,焦亚硫酸钾,焦亚硫酸钠,亚硫酸钠,亚硫酸氢钠,低亚硫酸钠	半固体复合调味料	漂白剂、防腐剂、抗氧化剂	0.05(最大使用量以二氧化硫残留量计)
乳酸钙	复合调味料(仅限油炸薯片调味料)	酸度调节剂、抗氧化剂、乳化剂、稳定剂和凝固剂、增稠剂	10.0(仅限油炸薯片调味料)
乳酸钠	复合调味料	水分保持剂、酸度调节剂、抗氧化剂、膨松剂、增稠剂、稳定剂	按生产需要适量使用

(二)抗结剂

抗结剂又称抗结块剂,在复合调味料生产中主要是用来防止颗粒或粉状调味料聚集结块,保持其松散或自由流动的物质。其颗粒细微、松散多孔、吸附力强、易吸附导致形成分散的水分、油脂等,使固体复合调味料保持粉末或颗粒状态。如鸡精(粉)储存太久会受潮产生结块现象,加入抗结剂如二氧化硅或磷酸钙则可延缓此现象发生,一般用量为 1.0% 以下,冬季干燥时可少加或不用,要造粒的鸡精可不用。

我国在调味品中许可使用的抗结剂如表 2 - 12 所示。除抗结块作用外,有的还具有其他作用,如硅酸钙具有助滤作用,硬脂酸钙有乳化作用等。

表 2 - 12　调味料中常用抗结剂

抗结剂名称	应用范围	功能	最大使用量/(g/kg)
二氧化硅	固体复合调味料 香辛料	抗结剂	20.0
硅酸钙	复合调味料		按生产需要适量使用
聚甘油脂肪酸酯	复合调味料	乳化剂、稳定剂、增稠剂、抗结剂	10.0(仅限用于膨化食品的调味料)
磷酸,焦磷酸二氢二钠,焦磷酸钠,磷酸二氢钙,磷酸二氢钾,磷酸氢二铵,磷酸氢二钾,磷酸氢钙,磷酸三钙,磷酸三钾,磷酸三钠,六偏磷酸钠,三聚磷酸钠,磷酸二氢钠,磷酸氢二钠,焦磷酸四钠,焦磷酸一氢三钠,聚偏磷酸钾,酸式焦磷酸钙	复合调味料	水分保持剂、膨松剂、酸度调节剂、稳定剂、凝固剂、抗结剂	20.0[可单独或混合使用,最大使用量以磷酸根(PO_4^{3-})计]
柠檬酸铁铵			0.025
亚铁氰化钾,亚铁氰化钠	盐及代盐制品	抗结剂	0.01
酒石酸铁			0.106(最大使用量以酒石酸铁含量计)

续表

抗结剂名称	应用范围	功能	最大使用量/（g/kg）
硬脂酸钙	香辛料及粉、固体复合调味料、酱及酱制品	乳化剂、抗结剂	20.0
纤维素	香辛料酱（如芥末酱、青芥酱）	抗结剂、稳定剂和凝固剂、增稠剂	按生产需要适量使用

（三）稳定剂和凝固剂

复合调味料生产中，稳定剂和凝固剂主要用于半固态（酱状和膏状）复合调味料，是使调味料结构安定或使其组织结构不变、增强黏性固形物质的一类食品添加剂。常见的有各种钙盐，如氯化钙、乳酸钙、柠檬酸钙等，能使可溶性果胶成为凝胶状不溶性果胶酸钙，以保持果蔬加工制品如果酱的脆度和硬度。另外，金属离子螯合剂（如乙二胺四乙酸二钠）能与金属离子在其分子内形成内环，使金属离子成为此环的一部分，从而形成稳定而能溶解的复合物，消除了金属离子的有害作用，从而提高复合调味料的质量和稳定性。调味品中使用的添加剂有些具有多种功能，除作为稳定剂，还作为增稠剂等使用的有海藻酸钠、果胶、黄原胶、羟丙基淀粉、海藻酸丙二醇酯、卡拉胶、硫酸钙、乳酸钙、乳酸钠、α - 环状糊精（表 2 - 5）；甜味剂中的麦芽糖醇、乳糖醇、山梨糖醇，具有抗结剂和酸度调节作用的磷酸（表 2 - 8）。调味料中常用的其他稳定剂和凝固剂见表 2 - 13 所示。

表 2 - 13　调味料中常用稳定剂和凝固剂

稳定剂和凝固剂名称	应用范围	功能	最大使用量/（g/kg）
氯化钙 氯化镁	发酵豆制品（腐乳、豆豉等）	稳定剂和凝固剂、增稠剂	按生产需要适量使用
	发酵豆制品（腐乳、豆豉等）	稳定剂和凝固剂	按生产需要适量使用

续表

稳定剂和凝固剂名称	应用范围	功能	最大使用量/（g/kg）
羧甲基纤维素钠	复合调味料	稳定剂、增稠剂	按生产需要适量使用
碳酸钙（包括轻质和重质碳酸钙）		面粉处理剂、膨松剂、稳定剂	
微晶纤维素		抗结剂、增稠剂、稳定剂	
γ-环状糊精		稳定剂、增稠剂	
柠檬酸钠		酸度调节剂、稳定剂	
乙二胺四乙酸二钠	复合调味料	稳定剂、凝固剂、抗氧化剂、防腐剂	0.075

（四）乳化剂

乳化剂是能改善乳化体中各构成相之间的表面张力，形成均匀分散体或乳化体的物质。它能稳定食品的物理状态，改进食品组织结构，简化和控制食品加工过程，改善风味、口感，提高食品质量，延长货架寿命等。在复合调味料生产中主要作为水不溶物的增溶剂与分散剂。调味料生产中常用的乳化剂如表2-14所示。

表2-14 调味料中常用乳化剂

乳化剂名称	应用范围	功能	最大使用量/（g/kg）
丙二醇脂肪酸酯	复合调味料	乳化剂、稳定剂	20.0
单,双甘油脂肪酸酯（油酸、亚油酸、棕榈酸、山嵛酸、硬脂酸、月桂酸、亚麻酸）	复合调味料	乳化剂、被膜剂	按生产需要适量使用
	香辛料类		5.0
聚甘油蓖麻醇酸酯（PGPR）	半固体复合调味料	乳化剂、稳定剂	5.0
聚甘油脂肪酸酯	复合调味料	乳化剂、稳定剂、增稠剂、抗结剂	10.0（仅限用于膨化食品的调味料）

乳化剂名称	应用范围	功能	最大使用量/(g/kg)
聚氧乙烯(20)山梨醇酐单月桂酸酯(又名吐温20),聚氧乙烯(20)山梨醇酐单棕榈酸酯(又名吐温40),聚氧乙烯(20)山梨醇酐单硬脂酸酯(又名吐温60),聚氧乙烯(20)山梨醇酐单油酸酯(又名吐温80)	发酵豆制品(腐乳、豆豉等)	乳化剂、消泡剂、稳定剂	0.05(以每千克黄豆的使用量计)
	固体复合调味料		4.5
	半固体复合调味料		5.0
	液体复合调味料		1.0
乳糖醇(又名4-β-D吡喃半乳糖-D-山梨醇)	香辛料类复合调味料	乳化剂、稳定剂、甜味剂、增稠剂	按生产需要适量使用
双乙酰酒石酸单双甘油酯	香辛料类	乳化剂、增稠剂	0.001
	半固体复合调味料		10.0
	液体复合调味料		5.0
蔗糖脂肪酸酯	复合调味料	乳化剂	5.0
甘油(又名丙三醇)	复合调味料	水分保持剂、乳化剂	按生产需要适量使用
柠檬酸脂肪酸甘油酯	复合调味料	乳化剂	按生产需要适量使用
乳酸脂肪酸甘油酯			
辛烯基琥珀酸淀粉钠			
改性大豆磷脂			
酶解大豆磷脂			
乙酰化单、双甘油脂肪酸酯			

第三章　固态复合调味料的生产

第一节　固态复合调味料的原料及预处理

固态复合调味料是以两种或两种以上天然食品为原料,配以各种食品及调味辅料加工而成,如鸡精、鸡粉、固体汤料等。根据加工成品的形态,主要包括粉状、颗粒状和块状复合调味料。所用原料一般可分为下列三大类:植物性原料、动物性原料和化学制品原料。

复合调味料所用辅料,一般均可在配制成品时直接使用;有一些动物性和植物性原料,在进入成品配制车间前需先进行预处理,主要进行的处理内容为精选、破碎、提取、精制、浓缩、干燥。具体采用的处理方法首先决定于对原料使用的要求。如利用原料本身则需作切片、干燥、粉碎等处理;如利用原料的抽提液则需经精制、浓缩等处理;如利用原料的水解液则采取化学或生化水解法。化学水解法是以酸水解原料中的蛋白质,使之生成肽和氨基酸。生化水解法是利用食品自身所含的酶或额外添加的酶,使蛋白质得到酶解而生成肽和氨基酸。

原料的预处理采用哪种方法较为合适,需根据原料种类、产品的风味要求、生产装备和技术条件而做出选择,但应以能再现原物质复杂微妙的风味特征为首选。在较多复合调味料中,一个产品常需同时用到经上述几种原料处理方式预处理过的调味原料。以下对固态复合调味料所用主要原料及预处理技术作简要介绍。

一、植物性原料
(一)植物性原料的种类
1.粮油类
粮食及油脂作物的种子及其加工制品,如大米、大豆、面粉、玉米粉、植物油、酱油、水解植物蛋白粉、酱粉、粉末酱油、粉末油脂等。

（1）水解植物蛋白粉　该产品以脱脂大豆等为原料,蛋白质经蛋白酶水解为氨基酸等,制成水解蛋白液,经灭酶、浓缩、喷雾干燥而成。其为淡黄色粉末,富含多种氨基酸、肽类化合物、有机酸,以及微量元素、核苷酸等。其具有增鲜、增香及赋予食品醇厚味的效果,与味精等调味品混用,有相乘效果;具有含盐量低,掩盖异味、异臭的功能,调味时,添加少许便能加强美味和口感,提高产品质量。

产品性能稳定,不怕高温,不易与其他物质反应,使用范围广泛,应用在许多产品中,增加了食物的美味。特别是在牛肉、烧烤、鸡和其他肉味香精中,不受限量,如果用盐酸水解而制备的蛋白液含有氯丙醇,因氯丙醇有致癌作用,酸解蛋白液必须符合国家行业标准《酸水解植物蛋白调味液》(SB/T 10338—2000),3－氯－1,2－丙二醇≤1 mg/kg。

（2）粉末油脂　氢化脂肪经喷雾干燥而成,可被添加到某些奶酪型混合物中,如奶酪或奶酪加洋葱香精以增强口感。

（3）酱粉　以各种酱(如黄酱、面酱、蚕豆酱)为原料,添加增稠剂、保型剂、调味料等,经喷雾干燥而成。

（4）粉末酱油(酱油粉)　粉末状的固体酱油,系以酱油直接喷雾干燥而成,风味与原有酱油无明显差别。主要用于粉状调味料中,如汤料、汤精。方便面所需的汤料量非常多,因此该产品很有发展前途。

2. 蔬菜类

如葱、洋葱、姜、蒜、辣椒、芫荽等各种蔬菜,又属香辛料类。

（1）洋葱　其含有特殊气味的物质,主要是二烯丙基二硫化物、硫氨基酸、半胱氨酸、环蒜氨酸、柠檬酸盐、苹果酸盐及多种氨基酸、多糖、多种维生素及微量元素硒等。刺激性辛辣甜味的主要成分是二丙基二硫化物和甲基丙基二硫化物,刺激眼睛流泪的成分是环蒜氨酸。

洋葱性辛温,据现代研究洋葱中含有的二烯丙基二硫化合物的挥发油质液体,可助消化、降血脂、降血压、降糖、防止动脉硬化、预防心肌梗死;所含的前列腺 A 能降低血液黏度、舒张血管、增加冠状动脉血流量;洋葱所含槲皮素有利尿作用,可用于治疗肾炎等疾病引起的水肿。洋葱对白喉杆菌、金黄色葡萄球菌等致病菌有较强的杀菌作用。它所含的硒还具抗癌作用。

洋葱具有独特的辛辣味,既可作蔬菜熟食或生食,还可用于调味、增香,是家庭烹饪和制作熟肉类食品、罐头及中西式菜肴等常用调味料。欧洲一些国家把洋葱作为"菜中皇后"。

(2)芫荽 其又称香菜、胡荽、香菜子、松须菜,为伞形科芫荽属一年或两年生草本植物。全株光滑无毛,有强烈气味,具有温和的芳香,带有柠檬与鼠尾草(山艾)混合的味道。

芫荽是最古老的药用和调味芳香蔬菜,烹调菜肴和汤类常用鲜嫩全株。芫荽子用作腌渍香料,粉末则用在多数食品中,主要用于配制咖喱粉、酱卤类。

(3)大蒜 其又称葫蒜,为百合科葱属多年生宿根植物蒜的鳞茎,我国早在2000多年前就有种植。

大蒜的特殊气味和浓烈穿透性辛辣味,分别由大蒜辣素和大蒜新素所致。大蒜辣素不是蒜的成分,只在切开或挤压使细胞壁破坏时,由蒜苷酶水解蒜氨酸产生。大蒜新素是大蒜特征强烈臭味的根源,抗细菌、霉菌的能力较强而稳定。大蒜辣素是天然不稳定的广谱抗菌剂。

大蒜是传统的调味料。大蒜中的硫醚类化合物在150~160℃热油中炒熟,能够产生特殊的蒜焦香和诱人滋味。大蒜素降解产物包括二烯丙基二硫醚、二烯丙基硫醚、二烯丙基三硫醚、2-乙烯基-4H-1,3-二噻烯和阿霍烯等,共同构成大蒜的特征气味。大蒜和多种调味料如葱、姜、醋、糖和香油等,在加热和凉拌时都能形成多种协调的复合美味。大蒜与醋一起调拌凉菜,既有酸味、蒜辣特别的美味,又有杀菌能力。

(4)蔬菜粉精 根据生产工艺,蔬菜粉精可分菜粉、菜汁粉和蔬菜提取物粉三类,如图3-1所示。

蔬菜粉末可保持蔬菜原有的色泽、风味。最常用的蔬菜粉末是洋葱粉。目前有品质优异的各式各样的商品供应,主要产于美国、法

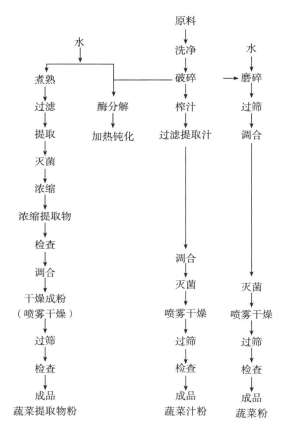

图 3 - 1　植物性原料抽提工艺流程

国、埃及和东欧。大蒜粉也是常用的。番茄粉,尤其来自西班牙的,
被广泛用于许多配方中,特别是烧烤香精。其他常用的蔬菜粉包括
胡萝卜粉、芹菜根粉和辣椒粉。适宜品种还有海带、甘蓝、玉米等粉
末品种,是清炖肉汤、西式汤料等必备原料。

　　蔬菜汁粉可呈现新鲜菜汁的风味,保持着各种原料原来的色泽。
适宜制备蔬菜汁粉的蔬菜品种有洋葱、胡萝卜、豆芽、甘蓝等。蔬菜汁
粉主要用于清炖肉汤、面用汤料等粉汤料,以突出鲜的风味和特色。

　　蔬菜提取物粉是从蔬菜中提取的精华成分,其中的含有呈鲜味

的氨基酸类、各种有机酸、糖类等,使该品种风味独特。蔬菜提取物粉有白菜、葱、洋葱、胡萝卜、豆芽、香菇、甘蓝和海藻等品种,可用于各种粉末汤料、佐料汁、寿司。其可以作为中式、日式、西式的菜肴中重要的风味成分。

蔬菜粉精还可同其他调味料混合,经过流动层造粒或挤出造粒,制成颗粒状,作为方便食品、风味小食品的调味料。

3. 香辛料类

香辛料是指具有特殊香气和滋味的天然植物的根、茎、叶、花或果实。采收后,一般要先经过晒干或烘干,才能作为香料使用。香辛料是提供调味品香味和辛辣味的主要成分之一。香辛料中的芳香物质具有刺激食欲、帮助消化的功效。香辛料除了具有本身的特殊香气之外,还具有遮蔽异味的特性。常用香辛料,如花椒、八角茴香、小茴香、草果、月桂叶(又称香叶)、甘牛至、迷迭香、胡椒、丁香、砂仁、百里香、孜然、莳萝、山奈、肉桂、香芹菜、辣根、芥籽、肉豆蔻、豆蔻、葫芦巴、姜黄、广木香、罗勒、白芷、紫苏、香荚兰、玫瑰、薄荷等。月桂、胡椒、丁香、茴香、肉蔻、豆蔻等香辛料配合使用,可以除去不同原料中的腥味和异味。

4. 食用菌类

其指各种食用菌,如蘑菇、香菇、金针菇等。

5. 微生物类

其主要以酵母为主要原料如酵母精。微生物在分类学上属植物。

酵母精也称酵母抽提物,是兼有调味、营养、保健三种功能的天然调味品。其含有 8 种必需氨基酸、B 族维生素、矿物质,且比例较为合适,易消化、吸收,有利于人体健康。含有大量的呈味物质如鸟苷酸、肌苷酸,鲜味充足,风味浓郁,留香持久。

Torula 酵母之类的酵母粉大量地用于熏肉香精和奶酪加洋葱香精。热加工可以使自溶酵母粉产生一种焙烤香味,赋予一种非常愉快的美味。当需要一种"天然的"风味增强效果时,粉末状的酵母提取物被广泛使用。

酵母抽提物被广泛地用于各类调味料、肉类、水产品、膨化食品、快餐食品加工中,可改善产品口味、风味,增加醇厚味,提高产品质量和营养价值。与调味料中的动植物提取物及香辛料配合,可引出强烈的鲜香味,达到相乘效果。调味品中使用量为 0.3% ~1% 。

(二)植物性原料的预处理技术

植物性原料常用的预处理有下列几种方法:

①将可食部分干燥后磨成细粉备用(如洋葱粉、胡椒粉)。也可采用湿式磨碎过筛后,与各种蔬菜末调合成复合蔬菜末,经灭菌、喷雾干燥后再过筛而制成蔬菜粉。

②制成脱水蔬菜后,粗碎备用(如胡萝卜)。

③制取抽提液:可参阅动物性原料的抽提工艺(如香菇、洋葱、海藻等),也可选用下列流程的加工工艺。

④将成熟鲜货用盐腌制,以便终年不间断地供用,同时又可改进鲜货的风味,例如腌辣椒。

⑤制成水解植物蛋白备用。常用原料为脱脂大豆、小麦面筋、谷朊粉等通过盐酸水解,使蛋白质水解成氨基酸。豆饼以常压法水解时,原料与盐酸之比为 1:1.7(18% HCl)。水解时间约 20 h。水解后以碳酸钠中和至 pH 值为 5 ~5.5 过滤。滤液常带有令人不愉快的异臭,可用活性炭处理,用量为 0.05% ~0.1% ,处理后除脱臭外,还可使水解液口味改善;也可用酱渣处理以脱臭增香。水解植物蛋白的成品有液状、粉状、颗粒状及糊状等 4 种。为了强化植物蛋白风味,在水解的同时加入动物性原料(如动物下脚料、鱼粉等)共同水解,由于HAP 呈味效果强于 HVP,故制品除具有两种原料的风味外,还能产生新的风味成分。现在逐渐使用合适的蛋白酶酶解蛋白质来制备酶解液,风味效果大幅优于酸水解法,因为利用蛋白酶酶解蛋白质制备的酶解液风味鲜美、浓郁、醇厚,无不良气味和口味。

二、动物性原料

(一)动物性原料种类

1. 禽蛋类

其以鸡为主要原料,其次为蛋品。

2. 畜肉类

其以牛、羊、猪等为主的肉类,如老汤精粉。

3. 水产类

其通常为鱼、虾和贝壳类。

老汤就是烹煮时间较长的酱汤,营养丰富,口味极佳,历来被著名的烹调大师们奉为烹调的镇家之宝。老汤精粉是采用牛肉、猪肉、鸡肉等各类天然原料,经蛋白酶分解,微胶囊化封闭等多种生物技术作用,分解成小分子多肽、氨基酸等,再经过美拉德反应,在特定的技术条件下,配合多项单体加热反应,呈现出特定的风味,再经调和、浓缩、喷雾干燥等步骤,精制成具有天然风味的精品,具有纯正天然、用量少、口感浓厚、风味独特、回味悠长等优点。

老汤精粉为乳白色粉末状,易溶于水,具有以下特点。

①鲜味均衡,老汤精粉的鲜味不如化学调味料,但原有的老汤鲜味不被破坏。

②整体风味为主,赋予食品浓郁的味感。

③厚味突出,老汤精粉的精髓是肉味感浓厚强烈。

④后味长,留香时间长。

⑤风味突出,味道愉快,常吃不厌。

老汤精粉的整体风味突出,香味浓郁、悠长,是其他调味精粉无法比拟的。老汤精粉作为调味料被广泛用于食品中,如火腿、香肠、肉类罐头、方便面汤料加0.3% ~1.5%,烹调调味品加0.5%左右等,可赋予肉汁原汤味,强化肉味不足。液体调味料、火锅调料为1% ~1.5%,一般添加量0.1% ~5%。

(二)动物性原料的预处理技术

1. 配方中应用动物肉质原料的处理

将食用部分洗净,切成薄片或丝状,烘干,磨成50 ~200 μm 的细粉,密封备用。各种原料的性质有所不同,可参照这一通则自订相应操作规程,以牛肉粉为例,举实例操作如下。

将牛肉切成3 cm×3 cm 的薄片,置烘箱中加热烘干,再用粉碎机粉碎到50 ~200 μm。将所得牛肉粉两等份,一部分放在等量的牛脂中,以 140℃的温度加热 5～10 min 增香,然后再与另一份混合,即成牛肉粉,如在混合牛肉粉中加入调味品和香辛料,即可制成风味牛肉粉。

2. 畜肉类原料处理的综合工艺

(1)工艺流程图　畜肉类原料处理的综合工艺流程见图 3–2。

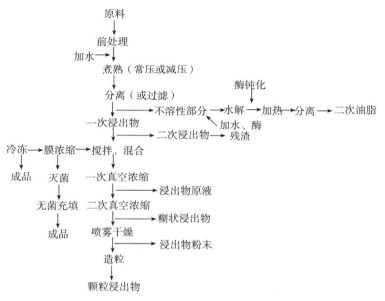

图 3–2　畜肉类原料处理的综合工艺流程图

(2)工艺操作　前处理是加工的第一道工序,将畜肉和骨头清洗、切块(或片、或丁、或丝,视需要而定)、破碎,用热水浸烫一次,除去臭味和悬浮物质。原料和水的比例一般应掌握在 1∶(6～30),煮沸后以文火炖煮 10～120 min。在加工处理中,按原料与品种严格掌握和控制水分、温度、pH 值、时间等,以保障肉质及抽提物的浸提率和风味。

将一次浸出物与不溶性物质(肉和骨头)分离,可用纱布过滤或离心机离心分离。为了提高收得率,可以再次分离油脂,即对不溶性部分(特别是原料内含有多量胶蛋白的肉骨)再次蒸煮或加酶水解。

酶选用肽链内切酶和肽链端解酶为佳。通过酶处理后,分离的脂质中含磷脂较多,磷脂易氧化,故二次油脂不应加入产品。得到的二次浸出物可与一次浸出物相混合,混合时也可加入其他天然调味基料、水解植物蛋白、香辛料、果蔬菜类、化学调味品等,以制成风味、品种不同的产品。混合后的浸出物浓度一般在 1% ~ 2%,若制成较高一级的产品还需浓缩到 5% ~ 10%。浓缩一般采用真空浓缩,温度低于60℃较好,真空浓缩可使香气挥发散失。若采用超滤膜浓缩可保持并提高产品的风味,但超滤膜浓缩一般最高只能使浓缩液达到 8% ~ 10%的浓度。将膜的浓缩液一次真空浓缩成流动性好的液体调味料,再以片式换热器进行高温短时灭菌处理,灭菌后的料液经无菌充填包装后,即可作为商品用以配制各种调味品。也可以将膜浓缩液进行冷冻处理,并在冰冻状态下作冷冻调味品出售。对于两次浓缩的高浓度或流动性差的调味料,可以包装后进行灭菌,制成糊状(或膏状)产品。

3. 畜禽类调味基料的生产工艺

以肉类为原料生产出的调味基料是最为典型的肉香型。产品除含有各种鲜味成分外,还保留了畜禽肉中重要的香气成分。所用原料以牛肉、羊肉、猪肉、鸡肉为主。但从降低成本角度考虑,一般采用肉类罐头的下脚料和各种肉骨头来制备肉类风味调味基料。

(1)主要设备 主要设备有切片机,粉碎机,煮提罐,水解罐,过滤机,离心机,真空浓缩设备,杀菌设备。

(2)工艺流程 工艺流程有两种。

①酶解型工艺流程如图 3 - 3 所示。

图 3 - 3 酶解型畜肉调味基料生产工艺流程

②抽出型工艺流程如图 3 - 4 所示。

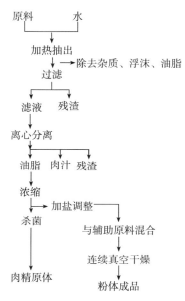

图 3 - 4　抽出型畜肉调味基料生产工艺流程

（3）操作要点　操作要点有六点。

①原料处理:畜禽肉或肉骨头,清洗,切块或破碎。然后用沸水热烫 2 min,除去腥臭味、多余的盐类和煮汁中的悬浮杂质。

②煮提:将原料放入煮提罐中,加入 8 ~ 10 倍于原料量的水,煮沸后用文火烹煮 1 h。

③过滤:趁热过滤出煮汁。

④离心分离:用专用设备离心机分离除去煮汁中的油脂与不溶物。

⑤浓缩:保持真空度 86. 66 kPa,温度在 55℃ 左右,进行真空浓缩。

⑥杀菌:将浓缩后的浓汁液进行超高温灭菌。杀菌前加入部分盐,以调整肉汁中的固形物。

（4）质量标准　呈半固体浓膏状,具有独特的固有香气,脂肪含量 <10% ,固形物含量 >60% ,氯化钠含量在 25% ~ 30% 。

（5）注意事项　注意事项有3点。

①煮提条件直接影响抽提物的提取效率和风味。一般物料粉碎的块越小,烹煮时加水越多,提取的物质越多。但加水太多,会给后面的浓缩工序造成难度,因需蒸发大量水分。一般采用2次煮提,第一次煮汁进行浓缩,第二次煮汁再用下次原料的第一次煮提。原料与水比例为1:(7~15)为宜。

②酶解肉类时,先将肉粉碎,加水调成一定浓度,用碱或酸调节至酶的最适作用pH,加热至酶解最适温度,加入酶制剂,在水解罐中进行酶解,所用的酶以肽链内切酶和氨基酸生成力强的肽链端解酶为好。

③煮汁提取时可加入食醋、料酒、生姜、大蒜、鼠尾草、肉豆蔻、丁香等香辛料,以抑制腥臭味,达到赋香调味的作用。

4.水产类调味基料的生产工艺

可作为酶解产品的原料有虾、虾头、牡蛎及水产类罐头的下脚料。水解提高了蛋白质利用率,更有利于人体吸收,同时使制品味道更鲜美诱人,营养价值更高。

（1）主要设备　主要设备有磨碎机,蒸煮设备,水解罐,浓缩设备,超高温灭菌机。

（2）工艺流程　工艺流程如图3-5所示。

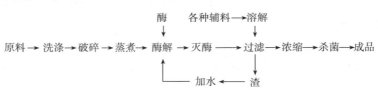

图3-5　水产类调味基料的生产工艺流程

（3）操作要点　操作要点如下。

①原料处理:将水产品原料用清水洗净,然后用磨碎机磨碎或绞肉机绞碎。物料粉碎的越细越好,以增加与酶的接触面积,加速酶解速度。

②酶解:根据所酶解的原料,选择酶的种类如碱性蛋白酶、中性蛋白酶或酸性蛋白酶,根据酶的最适作用条件,调整 pH 值,温度一般控制在 50~55℃,酶解时间为 0.5~1.5 h。

③灭酶:酶解后根据料液的稠度加入一定量水,加热至 85℃ 以上,保持 15 min,使酶失活。

④过滤:原料先进行粗滤,除去碎壳、皮及杂质,再进行细过滤。过滤后的肉再返回水解罐进行酶解。

⑤浓缩:将滤液调整 pH 值后,用泵送入真空浓缩罐中进行减压浓缩,去除部分水分。浓缩前可加入辅料,如 β - 环状糊精、盐和糖等。

⑥杀菌:可在浓缩前用135℃超高温瞬间杀菌。也可在浓缩后灌装,再连同包装一起杀菌。杀菌温度100℃,时间 20 min 以上即可。

（4）质量标准　质量标准如下。

①感官指标:状态黏稠状,细腻无颗粒;色泽棕褐色,有光泽;滋味具有其独特风味,无异味。

②理化指标(质量分数):水分≤40%;蛋白质≥40%;食盐≥8%;氨基酸态氮≥1.5%;脂肪≤5%;总糖≥10%。

③卫生指标:细菌总数 < 1000 个/mL;大肠菌群 < 30 个/100 mL;致病菌不得检出;铅(以 Pb 计)含量 < 1.0 mg/kg;砷(以 As 计)含量 < 0.5 mg/kg。

（5）注意事项　注意事项如下。

①在生产中,有些原料可先进行水煮抽提,滤渣再加水和酶进行酶解,灭酶,再过滤,合并 2 次的滤液,浓缩。

②水产类基料可用作复合调料、汤料、肉肠、膨化食品调料的原料,风味效果极佳。

5. 三种水产品提取工艺

以水产品扇贝和牡蛎的提取工艺为例,工艺流程示意图如图 3-6~图 3-8 所示。

①扇贝中提取扇贝精。

②牡蛎中提取牡蛎精。

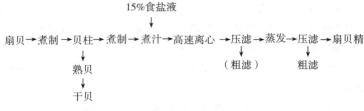

图 3 - 6　扇贝中提取扇贝精工艺流程

图 3 - 7　牡蛎中提取牡蛎精工艺流程

③酶解法提取牡蛎精。

牡蛎→浸提→分离→┬→煮汁→浓缩→提取物→牡蛎精
　　　　　　　　　└→残渣→酶解→加热→分离→牡蛎精
　　　　　　　　　　　　　　　　　　　　↓
　　　　　　　　　　　　　　　　　　未分解渣

图 3 - 8　酶解法提取牡蛎精工艺流程

肽具有特殊的调味功能,使用蛋白质水解时保留较高肽的工艺,得到含有较多肽的制品,从而调味时扩展风味、稳定香味、矫正异味。

三、添加剂类原料

(一)鲜味剂和增味剂

复合调味料中常用的增味剂有氨基乙酸(又名甘氨酸)、L - 丙氨酸、琥珀酸二钠、呈味核苷酸二钠、5' - 肌苷酸二钠、5' - 鸟苷酸二钠、谷氨酸钠。

(二)甜味剂

粉状复合调味料中常用的甜味剂有蔗糖、结晶葡萄糖、果糖、甜菊糖苷、甘草酸铵,甘草酸一钾及三钾、纽甜、三氯蔗糖、甜蜜素、阿斯巴甜、安赛蜜和低分子糖醇类(山梨糖醇、木糖醇、麦芽糖醇)等。

（三）增稠剂

粉状复合调味料中常用的增稠剂有 α - 环状糊精、γ - 环状糊精、海藻酸钠、瓜尔胶、黄原胶、卡拉胶、明胶、酸处理淀粉、氧化淀粉、氧化羟丙基淀粉、羟丙基淀粉、纤维素等。

此外，固态复合调味料生产中常会用到着色剂，如焦糖色等；合成食用香精，如牛肉香精、鸡肉香精等；有机酸，如琥珀酸、醋酸、乳酸等；防腐剂，如山梨酸钾、丙酸钙、对羟基苯甲酸乙酯、葡萄糖酸 - δ - 内酯等；抗氧化剂，如 D - 异抗坏血酸钠、没食子酸丙酯、丁基羟基茴香醚（BHA）等。各种辅料均应按照各种产品的不同需要适量使用。有关介绍可参见第二章。

对于粉状复合调味料，为使其经过长时间的贮藏仍保持良好的自由流动性，通常要添加抗结剂，如二氧化硅、硅酸钙、硬脂酸钙，其中二氧化硅的最大添加量不能超过 20.0 g/kg。

固态复合调味料中还需体积庞大的粉末作为复合调味料的载体和填料，尤其当有些配料具有吸湿性时。所使用的主要载体是面粉和它经过加工的形式，如面包屑、玉米淀粉、豆粉、乳糖、葡萄糖和麦芽糊精。乳粉也常作为填料使用。

生产复合调味料时，单一成分的调味料配合使用，其风味远比不上用鸡、猪骨头、牛骨头及水产品等为原料制作的天然调味料的风味。天然调味料中具有复杂的鲜味成分、重要的香气成分等呈味物质，可赋予人们追求自然柔和的美味。天然调味料浸提物中含有多种氨基酸、肽、核酸系风味物质，还含有有机酸、糖和无机盐等，经烹调加热会产生美拉德反应等各种化学反应，生成典型的肉香风味。因此，也称这种天然调味料为天然调味基料，如虾基料、牛肉基料等。另外，以动物和植物为原料，经酶水解原料中的蛋白质，制成含有多种氨基酸的水解液，作为氨基酸系调味基料使用，也被视为食物中的精品。

为了适应新时代的需要，要求食品厂家增加天然调味料，同时要求生产出前所未有的，应用范围更广的特殊调味料。天然调味基料一般按加工方法及原料的不同分类。目前，天然调味料分类如下。

①分解型：酶解型——植物性原料分解液（HVP）、动物性原料分解液（HAP）、自己消化型——加酵母抽提（YE）。

②抽出型：动物性原料——鱼类抽提（松鱼、沙丁鱼、金枪鱼、杂鱼、牡蛎）、肉类抽提（鸡肉骨、牛、羊肉骨、猪肉骨）；植物性原料——海带、蘑菇类、蔬菜（洋葱、胡萝卜、芹菜、白菜、大蒜、姜、西红柿）等。抽出方法通常为常压、加压、榨汁。

③酿造型：酱油、醋、酱、料酒、腐乳、豆豉等。

天然调味料除具有化学调味品的风味（甜、酸、咸、苦、鲜）外，还具有复杂的香味，浓厚的口感。把它作为基料，添加糖类、氨基酸、有机酸、味精、香辛料和核苷酸等物质，可制成不同的复合调味料。

四、使用液体原料的生产工艺
（一）使用液体原料的生产工艺特点

全部采用粉状原料生产复合调味料时，不需干燥工艺，整个生产过程十分简单，只需将全部原料混合均匀即可，可避免加热引起的芳香成分破坏和挥发损失。但是，全部使用粉末原料在调香方面有缺陷。首先，由于粉末香精种类比液体香精少得多，粉末香精之间混配可能产生的香型变化也就少得多，生产厂家调配特有风味的可能少。而且粉末香精混配后香气的熟化困难，更限制了粉末香精的使用，影响和限制了复合调味料质量的提高。采用液体香精是提高单粉包调料质量的方法之一。为提高复合调味料的质量，多数厂家使用液体香精的用量（受技术水平限制）多控制在1%。再者，热反应香精的干燥物或 HVP 粉等粉末原料包括粉末焦糖极易吸潮，使生产受到季节、区域（空气的相对湿度）的严格限制，且生产中的原料损耗大，设备不易清洗。此类使用液体香精调香技术的生产工艺增加了炒盐搓盐操作（见图 3－9）。

炒盐是为了通过加热减少和降低食盐中水分含量，一般是在食盐水分含量高的情况下进行的干燥处理工艺，采用炒盐操作多在南方和使用海盐的地区。在特殊的情况下，通常采用烘干工艺对其他粉末原料进行相同的干燥处理。

图3-9　单粉包调料常规生产工艺流程

搓盐就是将液体香精,尤其是不宜分散的、黏度较高的膏状香精,利用食盐溶解速度小的特点,通过机械作用将其均匀的分散和附着在食盐颗粒表面。由于设备和技术条件的限制,有些厂仍在采用手工搓盐工艺,卫生条件差、生产效率极低。对于膏状香精的分散,最好使用剪切作用较好的混合设备。

炒盐和搓盐是此类生产技术的核心工艺,对产品质量(主要指调料的干燥度和流动性)影响较大。该工艺的特点是产品的香气和口味不低于甚至好于一般的全粉末原料产品,而产品成本有所降低。该工艺的缺点是仍然受到空气相对湿度的限制,由于液体原料的用量一般仅约1%,所以产品的香气和口味质量改善不大,提高单粉包调料的质量也同样受到限制。

烘干是降低物品中水分含量常用的方法,温度越高,水分蒸发的速度越快。而芳香成分是调料中的关键性成分,沸点较低,极易挥发,在生产中应极力避免使之受热,为保证调料的质量要在避光低温的条件下保存。显然,在添加液体香精时,用直接加热蒸发液体香精中水分的方法行不通,此时采用水分的冷转移技术较为理想。

(二)水分的冷转移技术

水分的冷转移技术是指将水分吸收转移到吸收剂中使物品变干燥,使其流动性达到烘干物料的水平的方法。

目前,在方便面单粉包调料生产中添加淀粉和微粉二氧化硅,主要起隔离和抗结块作用,也有一定吸水干燥作用,二氧化硅可以转移的水量很有限。淀粉会引起冲调后汤体的浑浊,故淀粉的用量通常≤3%。国标规定,二氧化硅的使用量≤20 g/kg。另外,二氧化硅比较昂贵,用量又受到成本限制。

淀粉、二氧化硅一起使用可以显著提高转移水量,操作工艺也只是简单的混合操作(见图3－10),使上述助剂与液体(膏状)香精均匀混合接触,使液体(膏状)香精中的水分转移到助剂中,使单粉包调料变干。于是液体香精的用量可增加到4%以上,一般复合调味料中液体原料用量为4%时效果就较好。

图3－10　水的冷转移技术生产单粉包调料工艺流程

水的冷转移技术有突出的优势和特点。可先通过不同液体香精的混配来获得满意的香气和口味的增强,对肉味的强化尤其明显。香精经熟化后再进行水转移,工艺路线合理,产品风味调整方便灵活,且原有的混合设备基本上均可利用,省去了炒盐操作。液体原料的用量可提高到10%,调香调味时可以使用的原料范围增加很多,为生产高质量的调料奠定了基础。另外,使粉状调料的工程化生产成为可能。食品开发、生产技术发展的方向是食品工程化,实现调料的工程化、规模化生产可以更好地满足消费者的需求,同时保证产品质量的稳定和成本的最低化。应用水分的冷转移技术可以降低生产复合调味料的成本,因为较大量的液体原料可被使用,而液体原料价格比相同质量的固体原料低很多,通常只为固体原料的30%～60%,有些甚至更低仅为10%。

五、热加工香精
(一)复合调味料热加工技术

可用于生产热加工香精的技术有许多,究竟采用哪种技术,要根据水分含量、pH值水平、酸碱缓冲能力、温度及热处理时间的长短而定。例如,在美拉德反应中,吡嗪于pH值5.0以上形成,而褐色则于pH值7.0以上形成。糠醛和一些含硫化合物则适宜在较低的pH值条件下形成。

　　热加工方法常常是可变的,以使制造商有能力生产具有不同风味特征的产品和控制所形成香精的风味终端。在热加工香精的制备中,需要进一步考虑的问题是成本问题。

1. 液态反应(水煮,油煎或双管齐下)

　　液态反应是在不锈钢或衬玻璃的反应釜中进行的。水解植物蛋白的生产需要衬玻璃的反应釜,因为反应混合物(酸、碱和高浓度的盐)具有很强的腐蚀性。可用电加热,但更常见的是用高压蒸汽加热。反应混合物用混合器(带或不带表面刮刀)进行搅拌。传统的常压反应釜带有一个回流冷凝器和若干空气清洁装置,将芳香物质回收或从反应混合物中移走。反应期间产生的香气是非常强烈的。用加压反应釜来更好的控制在回流温度以上进行的反应。反应温度最好≤150℃,适当的反应温度应控制在 100 ~ 120℃。很高的温度会给反应的控制、加工成本及高昂的初始资本成本方面都带来麻烦。而温度高于 150℃后,可能会产生公众非常关心的影响安全性方面的成分。该加工工艺在许多方面跟汤类产品的生产相类似,只不过在汤类产品的生产中使用了可产生强烈芳香特征的关键配料。

　　热加工香精大部分都是以液态反应的方式加工生成,然后再用后面讨论的干燥方法之一直接干燥或在脱水或包装之前向混合物中添加其他的香精原料。

2. 糊状反应(高温高固形物)

　　该法是处理高固形物反应混合物的另一种典型方法。滚筒干燥机和釜式反应器都只适用于具有流动性相当好的反应混合物。固形物含量高的糊状物的反应需要使用能够在高温下操作并能输送非常黏稠的物料的特别装置,Lodiger 混合器、Z - 混合器或其他类型的糊状物反应器能够处理这种类型的产品。这种装置带有转轮,混合器的侧壁上带有高速切刀。如果适当地加以设计,它们能够在非常高的温度下工作。这种工艺一个突出的优点是有对脂肪含量高的反应混合物进行加工的能力。尽管该工艺也会损失部分挥发性成分,但是使用较多的脂肪会保留重要的挥发性风味成分。它是一种用来在反应中产生强烈烧烤、嫩煎和/或油炸香韵的极佳方法。

该加工工艺的主要缺点是固定资产(设备和支持热源)的投资。设计某些腐蚀性(高盐、高氨基酸含量)反应混合物的设备时必须特别加以考虑。例如,通常的轴承和垫圈不能耐受用于生产热加工香精的反应物类型。

3. 挤压膨化

膨化机提供了另一种以连续的方式生产热加工香精的方法。其设计特点是,在一个连续的过程中可分别添加不同原料,然后混合并进行热反应。该加工工艺能用于高固含量混合物,可对时间和温度进行很好的控制。已知该工艺有助于保护风味成分,但由于当反应混合物到达膨化机加热筒的顶端时,会有显著的压差,从而造成某些挥发性头香损失。

若干香精公司以挤出室作为反应釜来开发热稳定香精。膨化机中的热量、水分和压力加速了这些"热加工"或"反应"风味的形成,时间、温度和 pH 值等因素,会影响最终的风味结果。香精的前体物质,如还原糖和氨基酸,在膨化机内经美拉德反应可形成最终的风味。由于原料已经历了剧烈的热处理,在随后的热处理中不大可能再受影响了,故对热更为稳定。

当用膨化技术生产膨化食品时,混合物中添加的香精,在膨化过程中会消失或改变其风味特征,这是常见的现象。一般地,膨化温度在 $150 \sim 235℃$ 范围内,而传统香精很少有能够耐受如此高温度的。已经开发出了一些特定的热加工香精,它们在膨化食品中具有较强的风味保持力。膨化食品主要是以淀粉或蛋白质为基料,辅以少量添加剂,其风味感觉会因基料的组成不同而有所差异。在膨化机中,淀粉和蛋白质分子由于受到加热、加压和剪切作用,而产生各种不同的变化。如淀粉遭受了氢键的破坏和糊化及和/或糊精化;蛋白质则发生了改性、交联和凝结。调配膨化用食品基料,应在开始时添加非挥发性成分。例如,通过反应形成的风味前体性配料可被混入主基料中,这些配料将有助于构建和补充最终产品的风味特征。

(二)干燥工艺

1. 喷雾干燥

反应完成之后,必须对混合物(热加工香精和淀粉、变性食用淀粉、树胶或这些物料的组合等适当的载体相混合)进行脱水干燥来制得干燥成品。脱水是确保物料处于稳定和可用状态的一个重要步骤。尽管热加工香精会再次经受高温,但是在喷雾干燥机中的暴露时间通常很短并且足够温和,因而不会产生其他芳香成分,所产生的香精可以自由流动且湿度很低。有些植物蛋白或含盐量很高的热加工香精吸水性很强,极易潮解,通常很难干燥。

喷雾干燥机的初始费用相当高,且它的占地面积也相当大。这些不利因素可以通过提高操作效率和控制脱水工艺来加以克服。

2. 盘式干燥

盘式干燥法提供了热加工香精脱水的又一种方法。由于某些热加工香精具有较强的吸湿性,这种方法可能是非常有效的。将产品放在托盘中,再把托盘放在真空室的烘架(平板)上,将真空室抽成真空,同时升高烘架的温度赶出水分,将产生的糕饼状物粉碎到特定粒度进行包装。产品通常都具有非常强的吸湿性,所以需要在有空调的房间中进行处理包装。水解植物蛋白的生产者发现,该加工工艺在制备具有高品质风味特征的水解植物蛋白时效果很好。这种工艺能够去除某些不期望的香韵,并且可进一步产生正面风味特征。

该加工工艺的缺点是间歇式加工,不像喷雾干燥方式可连续进行;物料在包装之前需作进一步处理(粉碎和筛分)。

3. 滚筒干燥器(低水分反应)

滚筒或转鼓干燥机可使配料以一种连续的方式进行反应和脱水。加工工艺的控制通过调节转鼓的温度、反应物料在转鼓上的停留时间及反应混合物中各配料的状态(如水分含量)来实现。该加工工艺的一个主要缺点是当反应混合物在转鼓热表面上停留时,挥发性成分会因闪蒸而显著损失。

这种加工工艺可用于许多食品原料,如酵母,通过这种干燥方式可得到极佳的烤肉汁香韵,这种香韵在许多香精/调味料中起着非常重要的作用。

(三)最终的复合调味料/香精调配

我们已探讨了生产热加工调味料/香精的主要方法,并将"热加工香精"定义为经受了高温处理而产生特定风味特征的混合物。在许多场合,香精公司并不直接销售热加工香精,而是将其用做一个内部模块,用以创造出商业化销售的最终风味。调香师会从已经讨论过的原材料中选择各种不同的配料。调香师会在应用专家,或许还有职业厨师的帮助下评估各种不同的加工工艺,以确定是否可用于食品系列及其加工工艺中的最终风味,是否具有客户所需要的货架寿命,以及能否满足成本方面的要求。全部工作完成后,配方就会变成完成了的商品化香精。

成品调味料制成后,紧接着进入包装工序,包装需选用合适的包装材料和包装机械。

六、固态复合调味料生产过程控制要点

(一)粉状和颗粒状复合调味料生产过程控制要点

1. 生产环境湿度控制

粉状复合调味料的水分含量应控制在 5% 左右,一般 ≤8% 。粉状颗粒水分含量很低且有巨大表面,使其有极强的吸潮能力,而水分含量为 10% ~12% 即能影响粉状颗粒流动性能。颗粒状复合调味料的合适水分含量应控制在 6% ~7% 。故生产过程中控制好环境的湿度至关重要,可用空调机控制相对湿度在 70% 为宜。

2. 产品卫生指标控制

粉状复合调味料的生产通常无热处理过程,因此在生产过程中,复合调味料的微生物指标不好控制。为了保证产品的卫生指标合格,原料的卫生指标应严格控制,在使用前进行辐照杀菌。为确保产品的卫生质量,包装后再进行一次辐照杀菌。颗粒或块状复合调味料的杀菌是将混合后的原料加水调配成乳液,采用瞬时灭菌,即在 15 s 内将乳液加热到 148℃,然后立即冷却,装入消过毒的贮罐内,再进行浓缩、喷雾干燥等加工程序。

(二)块状复合调味料生产过程控制要点

1. 原辅料工艺的确定

由于块状复合调味料的生产所用原料种类和类型比较多,为保证产品的质量,对不同的原料要采用不同的预处理工艺。尤其是香辛料和蔬菜,要认真挑选,择优选用,要严格控制香辛料的水分含量和杂质含量。根据工艺要求进行必要的粉碎,或选用粉碎好的原料。

2. 生产环境湿度控制

块状复合调味料为柔软块型,水分含量应控制在 14% 以下,盐 40% ~50% ,总糖 8% ~15% 。生产环境湿度控制参考粉状和颗粒状复合调味料。

3. 产品均匀度的控制

由于块状复合调味料要用到液体原料、粉状原料、块状原料等,且有些粉状原料、块状原料可以不用完全溶解,于是要求其均匀度的意义比较大,否则产品质量相差悬殊。解决此问题的关键之处是将液体原料调整到一个合适的黏稠度、粉状原料的颗粒度、确定和控制生产(特别是成型过程)中的搅拌工艺。

4. 产品卫生指标的控制

块状复合调味料的生产中,尽管采用了热处理工艺,可以在一定程度上控制生产过程中微生物的生长、繁殖,但进行热处理的强度大小受所用原料被微生物污染程度和风味受热产生影响的制约。因此,首先,要保证原料的微生物指标合格。其次,严格生产过程的卫生管理,生产中尽可能采用极限工艺条件,以减少和抑制微生物的污染和繁殖。必要时对最终产品进行辐照杀菌。

七、固态复合调味料的生产设备

复合调味料的种类虽多,但工厂的设备在很大程度上可以兼用,以一套设备生产多种产品,但一般都设有几套设备,可以同时生产多种产品。

(一)主要生产设备

固体复合调味料主要生产设备包括计量秤(电子秤,称取原料)、粉碎机(用于粉碎原辅料)、干燥箱(用于干燥原辅料)、S 型多功能搅拌混合机(用于搅拌混匀)、双轴 S 型搅拌混合机、颗粒造粒机、大型热烫设备(用于制备蔬菜汁粉时快速浸烫新鲜蔬菜等以尽量保持蔬菜的原色原味)、沸腾干燥床、干燥设备(包括喷雾干燥设备、盘式干燥设备、滚筒干燥设备、冷冻干燥设备等)、振动筛(用于筛分)、成型机(立方形或锭型)、半自动颗粒(粉体)包装机、封罐机、电磁感应封口机、半自动复合薄膜封口机、打码机等。

　　另外,常用到的生产设备还有自动流量控制系统(酱油、糖浆等管道计量供料)、夹层锅、混合加热罐(有立式罐和卧式罐,用于投料、搅拌、加热、保温)、液体存储罐(暂时存放物料)、换热装置、优良的瞬时杀菌设备和高温杀菌装置及高压蒸煮装置(杀菌)、油脂混合罐、液体泵及充填装置(铁罐、方形立体塑料袋等的灌装)、无菌室(包装)、成品库(包括存放场地、叉车等)。

　　粉体香辛料的原料多为自然干燥的茎、叶、花、果、种子、树皮和根等,收获和晾晒时易混入杂质如杂草、树叶、泥沙和铁钉等,所以首先应人工或用分选机分选。清除香辛料原料中的杂质,常用的分选机可根据物料大小、比重和色彩不同进行分选。分选机的工作原理有风力分选、震动分选、磁铁分选和比色分选等。

　　粉碎工序中,所用的粉碎机多种多样,如万能粉碎机或锤式粉碎机(应用非常普遍,发热量高时会使原料的挥发性成分损失或变性)、辊式粉碎机、齿式粉碎机、冲击式粉碎机、冷冻粉碎机和超声波粉碎机等,这些粉碎机可对原料进行粗粉碎、细粉碎和微粉碎操作。发热较少的有球磨机、捣磨机等粉碎机。选择粉碎机时要考虑原料的硬度、脆性、大小、油脂含量及产品的粒度或细度等。

　　香辛料的灭菌是将杀菌气体通入粉碎香辛料中进行高压灭菌,可以得到灭菌香辛料。通常使用的杀菌气体是环氧己烷和 CO_2 的混合物。环氧己烷杀菌效果好,但该气体对操作人员有毒害作用,而且原料会因受热潮湿引起质量下降。目前来看,用放射线照射被认为是香辛料最有效的杀菌手段。

　　小型工厂的产品包装多是人工使用塑料袋进行热封包装,也有部分产品使用粉状自动计量包装机或全自动颗粒包装机进行包装。个别产品有真空包装。

(二)包装材料

制成成品调味料后,接下来要进入包装工序,需使用合适的包装材料和包装机械。

常用的包装材料如表3-1所示。粉末等固体调料的包装一般采用铝箔加聚乙烯(Al/PE)、玻璃纸加聚乙烯(PT/PE)、铝塑复合膜等材料,这类材料的防潮湿性和密封性良好,可以防止粉末或颗粒吸潮,且无毒、无污染。包装材料中最常用的是尼龙/聚乙烯(NY/PE)复合材料,这种材料具有耐油性和耐热性,价格低,适合一般液体汤料、塔菜、沙司等的包装,缺点是同铝箔材料相比,隔绝空气的性能稍差。如果产品含有较多油脂或易氧化成分,如香气成分等,就需使用聚酯/真空喷铝雾/聚乙烯(PET/VM/PE)等材料包装,这类材料隔绝空气的性能良好,可延长产品的保存期。

通常脱水蔬菜包和粉末汤料采用透明的包装材料,以突出视觉感受。较高档次的颗粒状或块状速溶调味料采用含有铝箔的包装材料,以烘托体现内在价值。

表3-1 常用的包装材料种类

保存期限	种类	复合材料	厚度/μm	在常温常压下的氧穿透率/ ($mL \cdot m^{-2} \cdot d^{-1}$)
长期保存	铝箔 铝雾喷附	PET/Al/PE	12/7/40	0
		PET/Al 喷附/PE	12/60nm/40	0.2 ~ 6
	聚乙烯醇类	OPP/聚乙烯醇/PE	20/17/40	0.3 ~ 4
中长期保存	聚偏 二氯乙烯类	KON/PE	12/50	6 ~ 10
		KPET/PE	15/50	6 ~ 10
		KOP/PE	20/40	5 ~ 15
		KT/PE	22/50	5 ~ 15
中短期保存	尼龙类	2 层压出型	100	11 ~ 30
		3 层压出型	60 ~ 90	25 ~ 70
短期保存	聚酯类	ON/PE	15/40	30 ~ 120
		PET/PE	12/40	50 ~ 120

续表

保存期限	种类	复合材料	厚度/μm	在常温常压下的氧穿透率/($mL \cdot m^{-2} \cdot d^{-1}$)
不适合保存	玻璃纸 聚丙烯 聚乙烯	PT/PE OPP/PE PE	20/40 20/40 40	10～200 1500～2000 2000

注　PET:聚酯。Al:铝。PE:聚乙烯。OPP、OP 延伸聚丙烯。K:聚偏二氯乙烯附着。ON:延伸尼龙。T、PT:玻璃纸。CP、CPP:未延伸聚丙烯。

高压蒸煮调味品较常用的包装材料是聚酯/铝箔/未延伸聚丙烯(PET/Al/CPP),尼龙/铝箔/未延伸聚丙烯(NY/Al/CPP)材料。高压蒸煮用包装材料不同于一般包装材料,它的耐热性、耐水性和密封性均好,不能因压力大而产生各层材料间或热封口部位的剥离或强度下降的现象,袋子也不能变形。

此外,工业用产品一般用1.8 L塑料瓶(PET·聚酯材料),5 L、18 L、20 L(kg)的立方形塑料袋和铁罐包装。除铁罐外,其他包装物都需再用瓦楞纸箱盛装。

包装机械的种类也很多,日本较有名的包装机生产厂家是小松制作所和三光机械等。现在的包装机械基本上是由计算机控制的,操作者将数据按要求输入控制盘,机器就可以按指令工作。包装机的操作最主要的是掌握好热封口轧辊的温度(一般为150～180℃)和压力,温度和压力要适当,太高会使袋子封口部位起褶,低了会因口封得不牢引起物料的泄漏。在包装事故中,最常见的是液体外漏。

八、固态复合调味料生产注意事项

①原辅材料应严格按配方要求、企业标准或相关国家标准进行检验把关,不使用不符合标准要求的原辅材料,或通过适当处理,如干燥、粉碎等,符合要求后方能使用。

②原料的保存:原料的日常管理非常重要。粉末和液体原料须分开存放,特别是液体原料中适合常温保存的和需要冷藏保存的要分开。工厂中应设有专门的原料冷藏库,可存放各种动植物提取物

和酱类等,而在常温下保存的部分动植物提取物、糖浆类、焦糖色等,是否需要冷藏由原料的含盐量(质量分数%)、浓度(°Bx)与 pH 值决定。一般,含盐 >15% 或浓度 >45°Bx 的原料可在常温(25℃左右)保存,否则需在 10℃ 以下冷藏。此外,部分原料还需冷冻保存,像含盐量极低、浓度也低的鸡骨汤、猪骨汤、牛骨汤等液体原料要在冷冻库内(−18℃)保存。

③调配车间和包装车间应配置空调或吸湿机,使空气保持干燥,防止物料在调配、包装过程中吸潮而影响产品质量。此外,调配车间和包装车间应配备紫外杀菌或其他消毒设施;调配设备和包装设备直接接触物料的部分在生产前和生产后应进行相应的清洁和消毒处理。

④对每批次生产出的产品外观、风味、水分等指标进行严格检验,以防配方出错和调配不均匀等意外导致生产事故的发生。

九、卫生及质量管理

每个工厂都设有专门的质量管理部门,负责检查日常的产品质量。该部门的工作范围如下。

①检验日常产品的各项质量指标,即 pH 值、食盐含量(质量分数%)、浓度(°Bx)、黏度(Pa·s)、水分活性(Aw)、相对密度,看产品与配方的质量指标是否相同,如果出现差异,要立刻寻找原因和解决方法。

②建立质量档案,设立产品样品库,以便查询。

③向客户提出本厂产品的质量等级和分析数据等。

④协助工厂负责人、研究所(室)及车间负责人解决来自客户的质量申诉,提出应对方案。

⑤建立工厂卫生管理程序和规则,检查执行情况。需要说明的是,HACCP(危害要点分析及管理)开始渗透到调味品生产企业,质量管理部门作为专门班子负责具体执行。

十、对产品保鲜期的设定

确定保鲜期要考虑的因素有多个。

①pH 值、水分活性(A_w)、含盐量(质量分数%)、浓度(°Bx)。

②加热杀菌的状况。

③包装材料的选定。

④保藏试验的结果。

⑤市场流通的要求等。

保鲜期的长短最终还要根据保藏试验的结果来确定。

第二节 固态复合调味料通用生产工艺

一、粉状复合调味料

粉状调味料在食品中的应用非常广泛,如分别用在速食方便面中的调味料、膨化食品中的调味粉、各种粉状香辛料和速食汤料等。粉状香辛调味料加工方法有以下三种:粗粉碎加工型、提取辛香成分吸附型、提取辛香成分喷雾干燥型。而粗粉碎加工是我国最古老的加工方法,即将香辛料精选→干燥→粉碎→过筛。这种加工方法辛香成分损失少,加工成本较低。但粉末细度不够,且加工时一些成分易氧化,产品易受微生物污染,尤其对那些加工后直接食用的粉末调味料,需采取辐照等技术手段杀菌。另外,可根据各香辛料呈味特点和主要有效成分,对香辛料采用水溶性抽提、溶剂萃取、热油抽提等方式提取,然后分离有效成分,将辛香精油及有效成分用合适的包埋剂进行包埋,最后喷雾干燥,或采用吸附剂和香辛精油混合,用其他方法进行干燥。

粉状复合调味粉可用粉末简单混合,也可用提取得到的产物进行熬制混合。经浓缩后喷雾干燥,所得产品呈现出的口感醇厚复杂,可有效地改善和调整食品的品质与风味,且产品与简单混合的产品相比,卫生、安全。

由于采用简单混合方法加工粉状调味料不易混匀,所以在加工时要严格按混合原则进行。即混合的均匀度与各物质的相对密度、比例、粉碎度、颗粒大小和形状以及混合时间等因素有关。

　　配方中各原料,如果比例是等量的或相差不多的,则容易混匀;若比例相差较大时,则应采用"等量稀释法"进行逐步混合。具体方法:首先加入色深的、质重的、量少的物质。其次加入等量的、量大的原料混合,再逐渐加入等量的、量大的共同混合,直到加完混匀为止。最后过筛,检验达到均匀为止。

　　一般,混合时间越长,越易达到均匀。在实际生产中,多采用搅拌混合兼过筛混合的一体设备。而所需的混合时间应取决于混合原料量的多少及使用机械。

(一)粉状复合调味料常规生产工艺流程

　　粉状复合调味料常规生产工艺流程如图3-11所示。

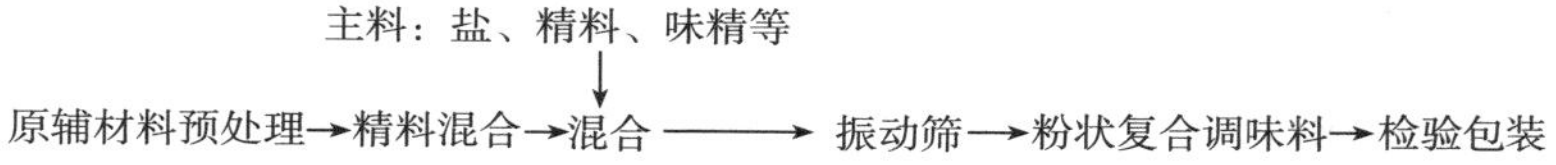

主料:盐、精料、味精等

原辅材料预处理→精料混合→混合————→振动筛→粉状复合调味料→检验包装

图3-11　粉状复合调味料一般生产工艺流程

(二)粉状复合调味料生产操作要点

1. 原料的选择原则

　　粉状复合调味料的种类很多,加工时所使用的原料种类涉及的面也较为广泛,有一定规模的调味品生产企业日常管理和使用的原料有很多种。每生产一种复合调味料,平均要使用十几种原料,所以要有足够的原料供加工选择。

　　设计一种复合调味料,如何选择和使用原料是首先要解决的问题。调味品技术人员在选择原料时,要考虑该原料与所设计的产品是否匹配和成本问题,尽量使用低价原料,寻找能够代替高价原料的替代原料,如此就需要对每种原料的风味、特性、价格、生产厂家等有一个全面的了解。

　　设计一种理想的复合调味料,选择适当的原料,首先要了解原料的特性、风味特点、成本等。

　　(1)风味特点　要确定所制备的复合调味料的风味特点,必须明确该调味品用于什么样的食品和使用方法。

　　(2)掌握各种原料的特性　制备粉状复合调味料的原料可大致

分为以下几类:粉状酱油、酱粉类、白糖、甜味剂类、鲜味剂类、食盐、牛、猪、鸡的提取汁类和酶解液类等的粉末料和颗粒料、鲣鱼粉精、虾粉等风味剂、淀粉类增稠剂、抗氧化剂类等。在选择原料时,应尽量避免原料的重复使用。比如,糖类中白糖的口感最好,但用得量大成本就高,可以用高甜度的甜味剂代替一部分白糖使用。鲜味剂中除了味精、核酸系调味品外,还有许多复合型鲜味剂,其中不仅含谷氨酸钠,而且含核酸物质,有的还含有机酸类。使用这类调味品,要根据显味的强度要求合理添加。鸡肉、畜肉提取汁(膏)种类相当多,不仅味道、含盐量各不相同,而且用到产品中之后,产品的清亮浑浊程度也有差别。若要生产清澈度高的产品,就不应使用浊度大的原料。再者选用淀粉和增稠剂时应注意,淀粉有生淀粉和化工淀粉(磷酸架桥淀粉)之分,生淀粉黏度大,价格低,能适应一般需要,但化工淀粉在耐酸和稳定性方面优于生淀粉,应根据需要选择。

(3)成本因素　设计复合调味料要考虑每种原料的单价,尽量选用低价原料,成本计算一般方法如下。

配方中每种原料的单价分别乘以该种原料的使用量,相加得到原料的总成本。由于要小袋包装,还要用总成本除以小包装袋数,即可得到每袋调味料的原料成本价。例如,某种配方中用酱粉200 g、味精50 g、水解鸡肉蛋白粉30 g……分别乘以单价,则:

$$酱粉的成本 = 40\ 元/kg \times 0.2\ kg = 8\ 元$$
$$味精的成本 = 15\ 元/kg \times 0.05\ kg = 0.75\ 元$$
$$水解鸡肉蛋白粉成本 = 80\ 元/kg \times 0.03\ kg = 2.4\ 元$$
$$……$$

假设最后各项原料成本之和(即总成本)为120元,每小袋重为25 g,计算1 kg (L)可分多少小包装袋,则:

$$1000g \div 25\ g/袋 = 40\ 袋$$
$$每小袋产品的成本 = 120\ 元 \div 40\ 袋 = 3\ 元/袋$$

上述原料成本不包含包装材料、人工费等其他费用。所有费用全加起来大约是原料成本的2.5~3倍。调味品的售价一般较低,其利润靠大量销售来获得,由此必须尽量使用价格便宜的原料。

2. 原辅材料选用和预处理

采购和验收原辅材料要按照生产配方要求、企业标准和国家标准进行,这是生产合格产品关键的一个工序。预处理过程是指对某些原辅材料进行清洗→干燥→粉碎→过筛,为粉状复合调味料的生产提供合乎要求的原料;预处理过程也包括对一些新鲜物料进行清洗→打浆→酶解提取→过滤→浓缩处理,制备出一些天然提取物供加入粉体混合料中;还包括将一些液体香精料用 β - 环状糊精和麦芽糊精固化为稳定的粉状香精料等。

3. 精料混合

通常先将一些精料或小料,如香辛料粉、肉类提取物、水解蛋白粉、鲜味增强剂、酵母精粉、粉末化香精、抗结剂及部分填充料先在小型搅拌器中混合均匀(混合时间一般为 15 ~ 30 min),这样可提高粉状复合调味料的混合均匀度、缩短与主体料的混合时间、提高设备利用率、有效降低电耗。

4. 大料混合

对于不使用液体原料(或用量低于 1%)的情况,可以采用大料混合。将主体料(干燥粉状盐、味精、幼砂糖、I + G 等)混合 3 ~ 5 min,边搅拌边加入熔化好的油脂,再与混合好的精料、干燥剂(抗结剂)混合 15 ~ 20 min,生产粉状复合调味料,过振动筛即可得到成品。

5. 检验

需对生产出的每批产品的外观、风味、水分等一些必检常规指标进行检验。

6. 包装

按照产品的包装规格要求进行分装,通常有各种规格的瓶装、罐装和复合袋装等形式。无论采用何种包装材料都必须保证具有良好的防潮、隔氧、阻光性能,且无毒、无污染。包装检验后,在外包装袋上打上生产日期和批次,装箱入库。

粉状复合调味料使用方便,便于携带、保存,但风味保存性较差。由于添加的油脂少,风味调配上有不可克服的缺陷,但因成本较低,生产工艺、设备简单,所以产品仍有不可替代性。

粉状复合调味料包括各种复合香辛料粉、酱粉、呈粉状的各种汤料粉等。

二、颗粒状复合调味料

颗粒状调味料在食品中的应用非常广泛,如分别用在速食方便面中的颗粒状调味料和颗粒状速食汤料等。呈颗粒状的调味料通常采用了粗粉碎加工工艺或造粒工序。粗粉碎型的具体加工方法参照复合香辛料的一般加工程序。

(一)颗粒状复合调味料生产工艺流程

颗粒状复合调味料生产工艺流程如图3-12所示。

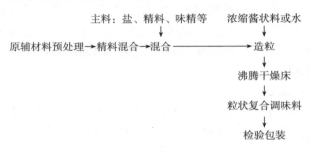

图3-12 颗粒状复合调味料一般生产工艺流程

(二)操作要点

操作要点类同粉状复合调味料的工艺流程。

1.原辅材料选用和预处理

参照粉状复合调味料的原辅材料选用和预处理。

生产颗粒状复合调味料,精料、大料混合结束后,边搅拌边加入浓缩处理好的酱状抽提物或少量水(物料含水量应为13%左右),混合(5~10 min)均匀后,经造粒机造粒,干燥工艺(如沸腾干燥床中)连续干燥,当水分<6%~8%时,用振动筛过筛,冷却,包装。

2.检验

需对生产出的每批产品的外观、风味、水分等一些必检常规指标进行检验。

3. 包装

按照产品的包装规格要求进行分装,通常有各种规格的瓶装、罐装和复合袋装等形式。无论采用何种包装材料都必须保证良好的防潮、隔氧、阻光性能。包装检验后,在外包装打上生产日期和批次,装箱入库。

(三)颗粒状复合调味料的生产工艺特点

颗粒状复合调味料的生产工艺路线与粉末状的不同之处是在原辅料经过初步混合后,要加入一定量的水或浓缩处理好的酱状抽提物调配成乳状液,通过二次干燥成型。

乳状液杀菌采用瞬时灭菌,即在 15 s 内加热乳液到 148℃,然后立即冷却,装入消过毒的贮罐内。可采用三效真空浓缩装置浓缩消毒后的乳液,再用喷雾干燥法使产品水分含量降至 6%。采用此方法生产的颗粒调味料速溶性好,但设备成本较高。

颗粒状复合调味料也可采用较为简易的方法生产。将混合后的原辅料加水调成乳液,杀菌后加入淀粉或大豆蛋白等作为填充物,调节至合适的含水量,经造粒机造粒,于真空干燥箱中脱水至 6%~7%。此方法设备投资少,运行费用低,但产品的速溶性不是很理想。

另外,还有一种颗粒调味料,是指各种脱水菜、肉的混合料包。

三、块状复合调味料

块状复合调味料通常选用新鲜的鸡、牛肉、海鲜等,经高温高压提取、浓缩、生物酶解、美拉德反应等现代食品加工技术精制而成。块状复合调味料风味的好坏,很大程度上取决于所选用的原辅材料品质及其用量。基本包括三个方面的工作,原辅材料选择,即选择适合不同风味的原辅材料和确定最佳用量;调味原理的灵活运用和掌握;不同风格风味的确定、试制、调制和生产。

(一)块状复合调味料的工艺流程

块状复合调味料的工艺流程如图 3-13 所示。

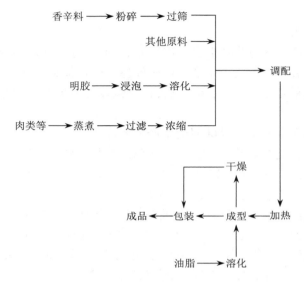

图 3 – 13　块状复合调味料一般生产工艺流程

(二)操作要点

1.基本原料

块状调味料常用的基本调味原料有香辛料、各种肉类、水产品、蔬菜、甜味剂、咸味剂和鲜味剂等。这里主要介绍一下肉类,其余可参见第二章与本章第一节。

(1)肉中的主要化学成分　肉是人类饮食的重要组成部分,是优良蛋白质的来源。肉中的主要化学成分有蛋白质、脂肪、矿物质、维生素和水等。肉中蛋白质的含量仅次于水的含量,大部分存在于动物的肌肉组织中。肌肉中的蛋白质占鲜重的20%左右,占肉中固形物的80%。肌肉中的蛋白质按照其所存在于肌肉组织上位置的不同,可分为肌原纤维蛋白、肌浆蛋白、基质蛋白和颗粒蛋白共4类。一般家畜体内脂肪的含量为其活体的10%～20%。肉类脂肪有20多种脂肪酸,其中饱和脂肪酸以硬脂酸和软脂酸居多;不饱和脂肪酸以油酸居多,其次是亚油酸。不同动物脂肪的脂肪酸组成不同,相对来说,鸡脂肪和猪脂肪含不饱和脂肪酸较多,牛脂肪和羊脂肪含饱和脂肪酸较多。纯净的脂肪无味、无色、无臭,但含有不纯物的天然脂肪,则因畜禽种类的不同而具有各种风味,如羊肉的特有气味一般认为和辛酸、壬酸等中级饱和脂肪酸有关。矿物质是指一些无机盐类和元素,含量占 1.5%;这些无机物在肉中有的以单独游离状态存在,如镁离子、钙离子;有的以螯合状态存在,如硫、磷有机结合物。肉是 B 族维生素的良好来源,尤其是人类膳食维生素 B_{12} 和维生素 B_6 的重要来源。各种肉类的维生素含量也有不同,如猪肉中 B 族维生素特别丰富,但维生素 A 和维生素 C 少,而牛肉中的叶酸、维生素 E 和维生素 B 族相对较多。

肉中含量最多的组成成分是水,且分布不均匀,其中肌肉含水为70%～80%,骨骼为12%～15%,皮肤为60%～70%。如果把肉看作是一个复杂的胶体分散体系,水即为溶媒,其他成分作为溶质以不同形式分散在溶媒中。肉中水分含量多少及存在状态影响肉的加工质量及贮藏性。一般来讲,保持适宜比例水分的肉和肉制品鲜嫩可口、多汁味美、色彩艳丽,但水分多时细菌、霉菌等微生物容易繁殖,引起肉的腐败变质。脱水后的肉颜色、风味和组织状态受到严重影响,并脂肪氧化会加速。肉中水分存在的形式大致可以分为 3 种:结合水、不易流动水、自由水,并非像纯水那样以游离的状态存在。

(2)肉中呈味物质　肉类中有甜味、咸味、酸味、苦味、鲜味等呈味物质。葡萄糖、果糖、核糖、甘氨酸、丙氨酸、丝氨酸、苏氨酸、赖氨酸、脯氨酸、羟脯氨酸等呈甜味;无机盐类、谷氨酸单钠盐、天门冬氨酸钠呈咸味;天门冬氨酸、谷氨酸、组氨酸、天门冬酰胺、琥珀酸、乳酸、吡咯烷酮羧酸、磷酸呈酸味;肌酸、肌酸酐、次黄嘌呤、鹅肌酸、肌肽、其他肽类、组氨酸、蛋氨酸、缬氨酸、亮氨酸、异亮氨酸、苯丙氨酸、色氨酸、酪氨酸呈苦味;谷氨酸单钠盐、5'-肌苷酸、5'-鸟氨酸、某些肽类呈鲜味。

(3)肉的特征香气　将牛肉、猪肉及羊肉的水提取物分别加热,产生的肉香味相似。而当加热肉中的类脂类物质,便可产生挥发性物质,赋予肉的特征香气,各种肉的类脂类物质产生各种肉的特殊香味。其中磷脂与美拉德反应产物的相互作用对烤牛肉香味的产生有重要影响。

（4）产生肉味香气的反应　产生肉味香气的反应如下。

①氨基酸和肽的热降解作用：氨基酸和肽的热降解作用需要较高的温度，这时氨基酸脱氨、脱羧，形成醛、烃、胺等。

②糖降解：在较高温度下，糖会发生焦糖化反应。戊糖生成糠醛，己糖生成羟甲基糠醛。进一步加热，便会产生具有芳香气味的呋喃衍生物、羰基化合物、醇类、脂肪烃和芳香烃类。肉中的核苷酸如肌苷单磷酸盐加热后产生 5 - 磷酸核糖，然后脱磷酸、脱水，形成 5 - 甲基 - 4 - 羟基 - 呋喃酮。羟甲基呋喃酮类化合物很容易与硫化氢反应，产生非常强烈的肉香味。

当糖在酸、碱或缓冲液中加热时，焦糖味便产生。当糖被加热至 180℃ 时，糖失去一分子水形成酐。继续加热至 220℃，糖又失去一分子水形成糠醛类化合物（糠醛形成自戊糖，羟甲基糠醛形成自己糖）。继续加热至约 300℃ 时，产生了许多有气味的物质，如呋喃、羰基化合物、醇、脂肪烃和芳香烃，其中呋喃占主要成分。糖降解产生了二羰基化合物和三羰基化合物。这些化合物可与氨基酸发生 Strecker 降解反应，形成了大量风味物质，包括醇类、醛类、酮类、酸类、苯化合物、呋喃及其衍生物等。

③美拉德反应：还原糖与氨基酸之间的美拉德反应，是肉香味的最主要的来源。美拉德反应为非酶褐变反应，是食品加热产生风味最重要的途径之一。食品中的游离氨基酸和还原糖是美拉德反应的重要参与者。

美拉德反应包括 3 个阶段：初始阶段、中期阶段和 Strecker 降解。

初级阶段：从羰氨反应到 Amadori 重排和 Heys 重排，此阶段无褐变，亦不产生风味，但 Amadori 重排和 Heys 重排的中间产物是风味物质的前体物质。

中期阶段：Amadori 重排和 Heys 重排化合物进一步降解，生成糠醛、呋喃酮和二酮化合物，这些化合物再与胺类、氨基酸、H_2S、硫醇类、氨、乙醛和醛类反应，形成许多重要风味物质如吡嗪类、噁唑类、噻吩类、噻唑类和其他杂环化合物。

Strecker降解：Strecker降解是与美拉德反应有关的最重要的反应之一，它包括α-氨基酸在二酮化合物的存在下脱氨、脱羧，形成比原氨基酸少一个碳原子的醛和α-氨基酮；这些α-氨基酮是形成吡嗪类、恶唑类、噻唑类等杂环化合物的重要中间物质。

④硫胺素的降解：硫胺素的热降解产物为呋喃、呋喃硫醇、噻吩和脂肪族含硫化合物，其中的一些化合物存在于肉香气挥发成分中。

⑤类脂类物质的降解：在烹煮或烧烤肉时，挥发性香味的重要来源之一为脂类物质中不饱和酰基链的氧化作用。不饱和脂肪酸如油酸、亚油酸和花生四烯酸中的双键，在加热过程中发生氧化反应，生成过氧化物，继而进一步分解生成香气阈值很低的酮、醛、酸等挥发性羰基化合物；羟基脂肪酸水解为羟基酸，经过加热脱水、环化生成内酯化合物，具有肉香味。

2. 原料处理

制作不同品种的调味料，在使用香辛料时也有所不同，如鸡肉类应采用有脱臭效果的香辛料和增进食欲的香辛料；牛肉、猪肉适合使用各种脱臭、芳香、增进食欲效果的香辛料。各种肉类、水产品和蔬菜类等，具有丰富的天然味道，协同香辛料产生诱人的主体香味，能增强调味料风味的真实性和营养性。

（1）香辛料的处理　目前国内使用香辛料的主流仍是以传统的粉末状为主，将其直接用于制作复合调味料。香辛料的粉碎加工简单，对设备要求不高。

（2）肉类的处理　肉类属于动物性原料，在进入成品配置车间前须先进行预处理，主要处理内容为精选、破碎、提取、精制和浓缩。

①前处理：将拣选后的原料肉加入3倍的清水，浸泡3 h，使血水溶出。然后，清洗干净，沥去表面水分，切成小块备用。原料骨要先清洗，再破碎。接着热烫1次，即在100℃水中加热2 min，立即捞出。经过热烫，可以除去肉类腥味和一部分浮沫。

②热水浸提分离：采用蒸汽夹层锅，将原料与水按质量比1∶2 ～

1：3 的比例混合,煮制数小时。在煮制时,应先将肉汤煮沸,然后使之处于微沸的状态,蒸汽压力保持在 0.1～0.2 MPa。有些肉类的腥气比较重,可加入鼠尾草、生姜等香辛料,以抑制腥臭味。浸提一般在常压下进行,也可在加压条件下进行,加压浸提可减缓浸出液中脂肪的氧化酸败速度。原料的提取率与浸提的压力没有明显的关系,而与加热的时间成正比。加热时间越长,提取效率越高。若达到理想的提取效率,可在煮制 1～2 h 后进行一次粗过滤,在滤出的固形物内加入清水,调整固液比例,进行二次加热浸提,时间为 1 h 左右。浸提完毕后,合并两次提出的肉汤,再进行过滤。

③过滤:经过热水浸提 1 h 后,原料肉减重 40% 左右。溶出的肉汤中含有水溶性浸出物、蛋白质和部分脂肪。由于肉汤中过多的脂肪会导致产品在贮运过程中发生氧化变质,在加热浸提后,一般采取分离的方法除去。水溶性浸出物是肉汤呈味的主要成分,蛋白质部分分解得到的肽类能增加其显味的醇厚感。

热水提取工序结束后,先趁热用较粗的滤网,将肉汤中残余的肉、骨滤出,这一步工序称为粗滤。粗滤后的滤液一般使用卧式离心机,分离出脂肪和残渣。由于动物脂肪的熔点较高,温度下降会引起黏度增大,增加过滤和分离的困难,所以分离过程要保持 0℃ 以上的温度。有些产品对于提取物的澄清度要求比较高,在分离后又增加了精细过滤工序。精细过滤可以采用硅藻土过滤,也可考虑使用压滤机过滤。

④不溶性物质加酶分解:粗滤后剩余的肉、骨和离心机分离出的固体残渣,一般要占原料重量的 30% 以上。若将这些不溶性物质直接弃去,会降低原料的利用率。这些残渣中含有丰富的蛋白质,可采用加酶分解的方法,水解产生可溶性物质,这种方法称为二次浸出法。

动物蛋白具有紧密的立体结构,不利于酶的水解。然而,经热水浸提后,剩余原料的蛋白质构象发生了变化。蛋白质变性,使得维系原构象的弱键断裂,原先分子内部的非极性基团暴露到分子表面,使水解部位增加,因此有利于酶解。为提高酶解效率,先将剩余的不溶性骨、肉残渣进行磨浆,加水调整底物浓度在 10% 左右。酶解时,采用木瓜蛋白酶、中性蛋白酶和碱性蛋白酶等内切酶水解 3 h,再用含有内切酶和端切酶的复合酶水解,总的水解时间为 10～13 h。水解完成后,钝化酶,分离出残渣,得到二次浸出液。二次浸出液中含有大量的小分子肽和氨基酸,对肉汤起到增鲜的作用。

⑤真空浓缩:将热水浸出的汤汁与二次浸出液混合后,浸出物的浓度一般在 5% 左右,要制成浓度为 40% 左右的液体产品,必须经过浓缩。肉类提取物产品富含挥发性香味成分,如果采用常压加热浓缩,这些香味成分会随水蒸气逸出,造成损失。所以,肉类浸出物的浓缩采用常温或低温浓缩法。真空浓缩是目前较为普遍使用的手段。

采用单效薄膜或双效薄膜浓缩设备将精制液浓缩至固形含量物 50%～80%,得酱状物。浓缩物中含有大量的可溶性蛋白质、寡肽类、游离氨基酸、核苷酸和由核酸分解出的碱性物质。在特定条件下,通过使有损于精制液风味的呈味物质(主要指碱性氨基酸、碱基和苦味肽)与呈味核酸结合成一种氯化氨基酸,可使所有的苦味、涩味和不愉快的臭味得到消除或缓解,或使之变成良好的香味和呈味成分,通过这样处理可生产出非常浓厚味美的抽提物。

(3)蔬菜的处理　原料蔬菜要先清洗干净,热水漂烫使酶失活并保持其原有色泽在加工中不发生变化。将原料切片后,真空冷冻干燥。在冷冻过程中,蔬菜要在 -30～-40℃ 的温度下,迅速通过其最大冰晶区域,在 6～25 min 以内使平均温度达到 -18℃。这样可以避免在细胞之间生成大的冰晶体,减少在干燥过程中对细胞组织的破坏。将已冻结的蔬菜放入干燥室,使蔬菜内的冰晶,从固态升华为水蒸气并完全逸出。真空冷冻干燥最大限度地保存了蔬菜的色泽和营养成分。干燥后的蔬菜,形成多孔的组织结构,能够达到快速复水的目的。

3. 块状复合调味料的生成

(1)液体原料的热混　肉汁等液体原料放入锅中,然后加入蛋白质水解物、酵母浸膏和其他液体或酱状原料,加热融化混合。

(2)明胶溶液的制备　将明胶用适量温水浸泡一段时间,使其吸水溶胀,再用间接热源加热搅拌溶化,制成明胶水溶液。

(3)混料 在保温的条件下,将明胶水溶液加入肉汁等液体原料中搅拌均匀,再加入白糖、粉末蔬菜等原料,混合均匀后停止加热。

(4)调味 加入香辛料、食盐、味精、I+G、香精等,混合均匀。

(5)成型、干燥、包装 原料全部混合均匀后即可送入标准成型模具内压制成型,为立方形或锭状,通常一块重量为4 g,可冲制180 mL汤。根据产品原料和质量特点选择适当的干燥工艺,将其干燥至水分含量45%左右。每块或每锭为小包装,用保湿材料作包装物,然后再用盒或袋进行大包装。

(三)块状复合调味料生产的注意事项

1.原辅料工艺的确定

由于所用原料类型多、种类多,要针对不同的原料采用不同的预处理工艺,标准是保证产品的质量。特别是蔬菜和香辛料,要认真挑选,择优选用,要严格控制香辛料水分含量和杂质含量。根据工艺要求进行必要的粉碎,也可选用粉碎原料。

2.产品均匀度的控制

由于块状复合调味料使用液体原料、粉状原料、块状原料等,而且有些粉体原料、块状原料可能不能完全溶解,这样对其均匀度的要求就比较重要,否则产品质量差距太大。解决此问题的关键是调整液体原料至合适的黏稠度、控制粉状原料的颗粒度、确定和控制生产过程(特别是成型过程)中的搅拌工艺。

3.产品卫生指标的控制

尽管采用了热处理工艺,可以在一定程度上控制生产过程中微生物的生长、繁殖,但热处理的强度受所用原料被微生物污染程度和风味受热影响程度的制约。因此,首先要保证原料的微生物指标合格。其次要严格生产过程的卫生管理,尽可能采用极限工艺条件,减少和抑制微生物的污染和繁殖。必要时对最终产品进行辐照杀菌。

第三节　固体汤料的生产

一、以植物类原料为主体风味的固体汤料

近十几年来,食品向多样化、天然化、健康化、方便化方向发展。蔬菜中含有人体必需的维生素、矿物质和膳食纤维,且许多蔬菜粉精能增强食品的天然感和醇厚味,因此,研究开发生产这类天然调味料和复合调味料具有广阔的市场发展前景。开发蔬菜粉精应特别强调:能完全保持加工前蔬菜的风味;具有天然蔬菜的味道;同时要开发菜谱,依据菜谱的要求,追求蔬菜素材的调味;追求蔬菜同果类、香辛料、肉类、鱼贝等复合化的素材调味。

根据生产工艺,蔬菜粉精可分菜粉、菜汁粉和蔬菜提取物粉3类。

①菜粉:蔬菜可食部分经热烫等前处理,粗碎、杀菌、调和、喷雾干燥成粉末,保证蔬菜原有的色泽、风味,含有口感柔和、膨润性优良的纤维质等成分。经喷雾干燥的制品色泽、风味和滋味的效果较好。适宜品种有海带、甘蓝、玉米、番茄等品种,是清炖肉汤、西式汤料等必备原料。

②蔬菜汁粉:呈现新鲜菜汁的风味,保持着各种原料原来的色泽。选择不损害菜汁品质的加热条件进行处理,制得菜汁后应尽快粉末化。生产工艺为:鲜菜经水洗→粗碎→榨汁→调入黏结剂→杀菌→粉末化。产品在加工过程中容易变色、褐变和风味劣化,所以必须有能够大量、均匀处理的大型热烫设备、优良的瞬时杀菌设备和喷雾干燥设备。粉末化时,还要注意合适黏结剂的选用、送风与排风温度的控制、喷雾时的菜汁浓度等关键技术,保证风味逸散损失降至最低限度。适宜制备蔬菜汁粉的蔬菜品种有洋葱、胡萝卜、豆芽、甘蓝等。蔬菜汁粉主要用于清炖肉汤、面用汤料等粉汤料,突出鲜菜的风味和特色。

③蔬菜提取物粉:从蔬菜中提取精华成分,其中含有呈鲜味的氨基酸类、各种有机酸、糖类等,使该品种风味独特。生产工艺特点:鲜

菜加水→粗碎→通过常压加热提取→固液分离→过筛→浓缩→杀菌→调和→粉末化。热水提取的条件可影响产品风味,操作中应十分小心。为了防止加热中风味劣化,也有采用酶处理的提取方法。酶法加工,得到的产品风味良好,且省时。

蔬菜提取物粉有白菜、葱、洋葱、胡萝卜、豆芽、香菇、甘蓝和海藻等品种,可用于各种粉末汤料、佐料汁、寿司。其可以作为中式、日式、西式的菜肴中重要的风味成分。

蔬菜粉精还可同其他调味料混合,经过流动层造粒或挤出造粒,制成颗粒状,作为方便食品、风味小食品的调味料。

(一)海带复合汤料

海带是沿海水中生长的藻类,具有良好的调味作用。在日本,常用来制取海带煮汁作为调味。在日本市场上已有多种海带汁的浓缩物商品。将此浓缩物配以各种调味成分,可制成各种海带复合调味料。

海带是一种理想的保健食品原料,热量低且富含无机质、维生素、膳食纤维、二十碳五烯酸(EPA)与二十二碳六烯酸(DHA),后两者具有健脑功能。将经精选、清洗除砂的海带用 0.2% 正磷酸盐水溶液于50℃浸泡 8 h(除砷),浸后取出,切割成型。用 0.2% 碳酸钠溶液常温下浸泡 15 min,使海带中的褐藻酸钙转化为褐藻酸钠,提高海带的复水性与吸水率。加醋酸调节 pH 值至 4.8,蒸煮 20 min,80℃烘干,粉碎,即得海带精粉,再配以各种辅料即可制成海带复合汤料。

在日本,海带除煮汁供调味用外,还将煮汁制成浓缩品。主要过程为:洗净,切碎,于水中缓慢加热,至煮沸时取出海带,煮汁即为提取液,内含有无机质和呈味成分。为了提高溶出物质的含量等,将提取液浓缩制成浓缩物。浓缩物的形式有:煮汁用超滤法进行粗滤,去除多糖液(多糖液尚可研究利用),过滤液经浓缩则为海带汁浓缩液;浓缩液经活性炭脱色,可制得海带汁清液;清液进行喷雾干燥即得海带无机质粉末。

上述产品既可作为商品,也可加入各种调味辅料制成多种形式的海带复合汤料(见表 3 – 2)。

表3-2　海带复合汤料配方比例(质量分数/%)

鸡汁海带汤料		番茄海带汤料		鲜辣海带汤料	
配料名	配比	配料名	配比	配料名	配比
鸡肉香精(粉末)	1.5	番茄粉	5.0	虾仁粉	2.0
鸡肉粉	3.0	海带粉	4.0	柴鱼粉	1.0
海带汁粉	5.0	洋葱粉	2.0	海带粉	5.0
海带粉	4.0	蒜粉	1.0	洋葱汁粉	2.0
生姜粉	0.5	生姜粉	0.4	辣椒粉	5.0
胡椒粉	0.3	鸡蛋粉	3.0	胡椒粉	1.0
洋葱粉	3.0	酸味料	3.0	生姜粉	1.0
蒜粉	1.5	食盐	34.0	麦芽糊精	4.8
食盐	42.0	味精	13.0	食盐	50.0
味精	15.5	I+G	0.1	味精	15.0
I+G	0.2	酵母精粉	2.5	I+G	0.2
酵母精	1.5	水解蛋白粉	3.0	酵母精粉	1.0
甘氨酸	2.0	砂糖粉	23.0	水解蛋白粉	2.0
砂糖粉	20.0	变性淀粉	6.0	砂糖粉	10.0

(二)番茄复合汤料

番茄营养成分丰富,具有诱人的风味可加工成各式番茄酱、番茄沙司和多种番茄复合调味料。由于新鲜的番茄不耐贮藏,收获季节性强,用番茄作汤料原料,易于存放,可以弥补淡季番茄供应不足。

1.海绵状番茄复合汤料

(1)配方(以1000 kg计)　海绵状番茄复合汤料配方如表3-3所示。

表3-3　海绵状番茄复合汤料配方

原辅料名	浓缩番茄浆(固形物28%)	番茄浆(固形物6%)	马铃薯淀粉	柠檬酸	水
配方1/kg	476		175	4	345
配方2/kg		821	175	4	

（2）主要生产过程　在带有搅拌装置的容器中，依次加入水、柠檬酸、番茄浆和淀粉，搅拌均匀，然后用泵将物料输送到有加热装置的贮缸中，加热到80～90℃，淀粉糊化后，把所得物料放入容量约15 kg的有薄膜或箔的盘中，盘中物料厚度约3 cm，将薄膜覆盖在物料上。把此盘移入冷冻箱中，使表面温度冷却到0℃，然后把盘移入冻结装置中，冻结12 h，其温度冷冻到约 –15℃（空气温度为 –18 ～ –25℃）。把深冷冻结的生成物从盘中取出，用破碎机破碎成片状碎块，再把它放入预先冷却的切断机中，保持在0℃以下研细为2 ～ 4 mm的颗粒，使生成物始终保持在冻结状态。然后，把冻结研细的海绵状物在空气温度为70℃的通风干燥箱中热风干燥，在干燥箱中的生成物厚度为3 ～6 cm，干燥过程中产品的温度低于40℃，干燥至产品的水分含量大约3%为止，即得海绵状番茄复合汤料。

2. 番茄复合汤料

将不同原料按比例混合制备番茄复合汤料，配方比例见表3 –4。

表3 –4　番茄复合汤料配方（质量分数/%）

复合番茄酱粉		肉汁番茄汤料	
配料名	配比	配料名	配比
冻干番茄粉	20.0	一般番茄粉	10.0
一般番茄粉	32.0	冻干番茄粉	5.0
海绵状番茄粉	13.0	肉汁粉	5.0
蒜粉	1.5	洋葱粉	5.0
胡椒粉	0.5	蒜粉	1.5
酵母精	1.0	酸味料	1.5
柠檬酸	2.0	麦芽糊精	9.0
食盐	15.0	咖喱粉	0.5
味精	5.0	味精	10.0
砂糖	10.0	酵母精	2.5
		砂糖	15.0
		食盐	35.0

3. 番茄汤料生产实例

(1)主要设备　真空干燥箱,粉碎机,筛网,混合机,粉料包装机。

(2)配方　配方1:番茄粉100 g,葱粉15 g,花椒粉10 g,酱油粉5 g,糊精80 g,香料油2 g,味精50 g,砂糖20 g,食盐300 g。

配方2:番茄粉100 g,葱粉10 g,胡椒粉20 g,酱油粉10 g,糊精80 g,香料油20 g,味精50 g,砂糖20 g,食盐200 g。

配方3:番茄粉100 g,葱粉10 g,花椒粉10 g,酱油粉10 g,糊精100 g,香料油20 g,味精50 g,砂糖70 g,食盐150 g。

(3)工艺流程　工艺流程如图3-14所示。

花椒、葱、姜
↓
花生油→萃取
番茄→水洗→切片→烘干→粉碎过筛→番茄粉→调配混合→热杀菌→包装→番茄汤料
其他原料

图3-14　番茄汤料生产流程

(4)操作要点　操作要点如下。

①番茄粉加工:选用八成熟的新鲜完整良好番茄,当天进料,当天加工。用流水将番茄在清洗池中清洗干净,沥干水分。将番茄用切片机切成2~3 mm的薄片,放于架盘上,在真空干燥箱中60~70℃烘干至番茄片水分含量<8%,取出,常温下冷却。将冷却后的番茄片用粉碎机粉碎,过60目筛,即得番茄粉。

②香料油制备:用花生油加热180℃以上萃取花椒、姜、葱,然后冷却过滤。

③调配混合:将花椒、味精、砂糖粉碎,过60目筛,按配方中各原料的定量准确称量,在混合机中搅拌均匀。

④灭菌:混合粉放于蒸汽双层锅内,在蒸汽压为49 kPa时,加热灭菌10 min,其间不断搅拌,出锅散凉。

⑤分装:粉料冷却后,要及时用粉料包装机分装。每包汤料用90℃沸水冲溶即可。

(5)质量标准　质量标准如下。

①感官指标:粉末呈淡红色,多种细小结晶混合物,味道美味

适口。

②理化指标(质量分数):水分 <5%,食盐 40%。

③卫生指标:符合《食品安全国家标准 复合调味料》(GB 31644—2018)。

(6)注意事项 注意事项如下。

①番茄一定要用流动水清洗干净,盐、糖、花椒、味精等其他辅料也要符合食品卫生标准。

②番茄烘干温度应控制在 60~70℃,温度过高易发焦。

(三)洋葱复合汤料

取洋葱 100 kg,剥去外皮,可得净葱肉约 95 kg,将葱肉切成 5 mm 长条形,投入 14 kg 加热至 130℃的奶油(或人造奶油、麻油、椰子油)中,以搅拌器转速为 4 r/min 搅拌 30~50 min,使洋葱分解酶失活。加热后,洋葱呈透明状,仍保持有洋葱特有风味,但容量减缩到 1/3。在 10 min 内降温至 80~90℃,于 60℃用磨碎机磨碎乳化,可得淡黄色膏状洋葱调味料,得量为 50 kg。装瓶后冷藏保存,可浓缩干燥成洋葱粉末。

洋葱粉具有洋葱特有的风味和有效成分,有增加芳香、提高食物的天然味感、防腐灭菌等功效,常用于面包、鱼、肉等各种食品的调味。下面列举几个洋葱粉调制的复合汤料配方供参考,如表 3-5 所示。

表 3-5 洋葱风味复合汤料配方(质量分数/%)

			肉香洋葱汤料					
配料名	猪肉粉	洋葱粉	味精	I + G	食盐	砂糖	复合香辛料	麦芽糊精
配比	5.0	15.0	7.0	0.2	45.0	15.0	4.8	8.0
			海鲜洋葱汤料					
配料名	洋葱粉	海鲜粉	味精	琥珀酸钠	食盐	砂糖	复合香辛料	麦芽糊精
配比	10.0	3.0	12.0	2.0	48.0	15.0	6.0	4.0

(四)口蘑汤料

口蘑汤料是方便汤料的一个品种,加工简便,香味浓厚,炒菜、做汤、拌面皆佳。它含有大量的鸟苷酸,所以具有味精的鲜味,是居家旅游的佐餐佳品。

1.主要设备

粉碎机,筛网,烘干箱,粉料包装机。

2.配方

配方1:口蘑粉10 g,味精15 g,白胡椒5 g,糊精10 g,酱油粉5 g,砂糖10 g,食盐45 g。

配方2:口蘑粉10 g,味精80 g,白胡椒10 g,砂糖100 g,精盐300 g。

配方3:口蘑粉10 g,味精50 g,白胡椒10 g,葱粉15 g,姜粉15 g,砂糖50 g,食盐200 g。

3.工艺流程

工艺流程如图3 – 15 所示。

图3 – 15　口蘑汤料生产工艺流程

4.操作要点

(1)原料粉碎　选用肥大、肉厚的口蘑,用清水洗净,晒干,或在60℃恒温下烘干。碾成粉末,过100目筛。把胡椒、砂糖等所有原料用粉碎机粉碎,过60目筛。

(2)配料包装　按配方将各原料准确称量,混合,搅拌均匀,用粉料包装机装袋。

5.质量标准

(1)感官指标　粉末呈酱色,无结块现象,香味纯正,无杂质。

(2)理化指标　水分≤5%。冲汤后溶解快,味道鲜美、柔和,无变味现象。

6.注意事项

所用原料必须符合卫生标准。若产品卫生指标不合格,应采用微波杀菌,干燥后再包装。

(五)山榛蘑即食营养汤料（属固态）

1. 原料配方

食盐 16%、白砂糖 7%、榛蘑量 30%、调味剂量 10%；调味剂为五香粉、鸡精、味素、白胡椒粉、姜粉按 2：6：4：1：2 比例的混合。

2. 工艺流程

工艺流程如图 3 – 16 所示。

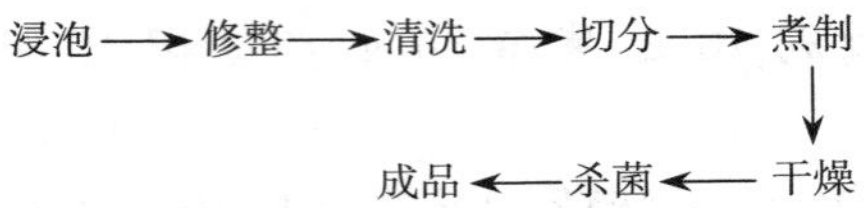

浸泡 ⟶ 修整 ⟶ 清洗 ⟶ 切分 ⟶ 煮制

成品 ⟵ 杀菌 ⟵ 干燥

图 3 – 16　山榛蘑即食营养汤料生产流程

3. 操作要点

（1）浸泡　用 0.2% ~ 0.3% 的食盐水浸泡 30 min 左右,使干燥的蘑菇充分泡开,盖边缘的放射状排列的条纹柔软,清晰可见。

（2）修整　榛蘑经过仔细挑选,剔除烂菇、霉菇及杂质。

（3）清洗　用自来水将修整好的榛蘑清洗 2 ~ 3 遍,仔细清洗表面的小沙粒等杂质,待清洗后的水清澈即可。

（4）切分　将清洗后的榛蘑切分成 2 ~ 3 cm 长的蘑菇小片,注意切分要基本做到均匀一致,切忌过大或者过小。

（5）调味、煮制　将切分后的榛蘑与食盐、白砂糖、调味剂充分混合,其中调味剂为五香粉、鸡精、味素、白胡椒粉、姜粉按 2：6：4：1：2 比例的混合物,投入沸水中煮 6 ~ 8 min,并不断搅拌蘑菇使其受热均匀,浓缩,待榛蘑充分入味后捞出,沥干、冷却后待用。

（6）干燥　将煮制好的榛蘑放入干燥箱内,在 60℃ 条件下,连续烘干 4 h 左右。烘干到表面既不潮湿又不十分坚硬的榛蘑小块即可。

（7）微波杀菌　采用微波间歇灭菌法灭菌,输出功率为 800 W,灭菌总时间为 4 min,即得成品。

(六)其他蔬菜类复合汤料

菇类、甜玉米、甘蓝、紫菜等其他许多蔬菜,经预处理加工成粉末或提取物粉末后,可直接用于配制各式汤料。下面列举几个配方供参考,分别如表3-6和表3-7所示。

表3-6　蔬菜粉利用配方之一(质量分数/%)

健康食品玉米汤料		白汤拉面汤料	
配料名	配比	配料名	配比
玉米粉末2号	9.5	洋葱汁粉100号	2.0
玉米粉末NM-2	22.1	甘蓝粉	4.0
洋葱汁粉100号	1.0	白菜提取物粉	2.0
脱脂乳粉	13.1	HAP粉	5.0
糊精	10.5	猪肉提取物粉	45.0
清汤混料	19.8	鲜味调味料	6.0
氨基酸	1.0	香辛混料	1.5
葡萄糖	9.2	砂糖	4.5
食盐	3.6	食盐	30.0
增黏剂	10.2		

表3-7　蔬菜粉利用配方之二(质量分数/%)

紫菜复合汤料				香菇复合汤料			
配料名	配比	配料名	配比	配料名	配比	配料名	配比
紫菜粉	22.0	琥珀酸	0.5	香菇粉精	15.0	酵母精	2.0
蒜粉	5.5	砂糖粉	17.0	辣椒粉	3.0	味精	8.9
胡椒粉	0.9	预糊化淀粉	17.6	五香粉	1.0	砂糖粉	10.0
特鲜味精	4.5	食盐	32.0	生姜粉	1.0	麦芽糊精	13.5
				胡椒粉	0.5	食盐	45.0
				I+G	0.1		

二、以动物类原料为主体风味的固体汤料

(一)牛肉、鸡肉汤块

块状调味品是国外风味型复合汤料中的一种形式,重点消费地区为欧洲、中东、非洲等。块状复合调味料相对粉状复合调味料来说,具有携带、使用更为方便、真实感更强等优点。

1.原辅料配方

牛肉汤块和鸡肉汤块配方分别如表3-8和表3-9所示。

表3-8 牛肉汤块配方(质量分数/%)

原辅料名	配比	原辅料名	配比	原辅料名	配比
食盐	49.9	牛油	5.0	胡萝卜粉	0.80
味精	8.0	氢化植物油	4.0	大蒜粉	0.54
砂糖粉	10.0	明胶粉	1.0	胡椒粉	0.08
HVP 粉	10.0	I + G	0.5	洋苏叶粉	0.04
浓缩牛肉汁	10.0	粉末牛肉香精	0.1	百里香粉	0.04

表3-9 鸡肉汤块配方(质量分数/%)

原辅料名	配比	原辅料名	配比	原辅料名	配比
食盐	45.0	鸡油	3.0	胡萝卜粉	0.5
味精	15.0	氢化植物油	6.0	大蒜粉	0.2
砂糖粉	14.0	明胶粉	1.0	胡椒粉	0.7
酵母精粉	6.0	I + G	0.1	五香粉	0.1
浓缩鸡肉汁	10.0	粉末鸡肉香精	0.1	咖喱粉	0.1
HVP 粉	5.2	乳糖粉	1.0	洋葱粉	2.0

2.操作要点

(1)液体原料的加热混合 将牛肉汁或鸡肉汁等放入锅内,然后加入蛋白质水解物、酵母与或氨基酸,加热混合。

(2)明胶等的混合 将明胶用适量水浸泡一段时间,加热溶化后,边搅拌边加入牛肉汁或鸡肉汁锅内,再加入白糖、粉末蔬菜,混合均匀后停止加热。

(3)香辛料的混合 将香辛料、食盐、粉末香精等混合均匀。

（4）成型、包装　混合均匀后即可进行成型，为立方形或锭形，经低温干燥，便可包装。一块重 4 g，可冲制 180 mL 汤。

（二）虾味复合汤料

对虾资源不足，又是重要出口食品，作为出口的对虾按商品规格均应去掉虾头。对虾头含有丰富的蛋白质和较多的油脂，滋味十分鲜美，尤其适于制作对虾复合调味料。

1. 虾味浸膏

将鲜或冰鲜虾洗净剥去胸甲，置于 160℃ 植物油中炸 2 min 左右捞起冷却。磨碎成浆状，加入 0.5% 味精、0.5% 白砂糖、0.5% 胡椒粉、16% NaCl 及防腐剂等，混匀，便成棕红色的复合调料。

2. 虾味粉

虾头除甲壳后磨碎，加入 AS1.398 蛋白酶 0.2% ~0.4%，于 40℃，pH =7 时水解 3 h；然后加入 15% NaCl、苯甲酸钠与少量抗氧化剂（BHT），在 30℃ 恒温条件下消化 10 d；再煮沸 10 min，趁热用 18 目筛过滤，便成虾味提取物。该方法中蛋白质经过酶解，滋味变得更加鲜美。

将处理好的虾味提取物浓缩、干燥（喷雾干燥或真空干燥）、粉碎即得到虾味粉。

虾味粉可广泛用作海鲜味复合调味料的主体风味剂。虾味粉应用的两个配方如表 3-10 和表 3-11 所示。

表 3-10　虾味复合汤料配方之一（质量分数／%）

原辅料	虾味浸膏	特鲜味精	预糊化淀粉	胡椒粉	砂糖	食盐
配比	7.5	8.0	40	0.5	10.0	34

表 3-11　虾味复合汤料配方之二（质量分数／%）

原辅料	配比	原辅料	配比	原辅料	配比
鲜虾粉	11.70	香葱粉	1.46	味精	10.30
虾子香精	1.37	大蒜粉	1.88	食糖	7.51
胡椒粉	2.12	葱片	1.12	食盐	58.10
生姜粉	1.86	榨菜粉	2.58		

(三)鸡肉复合汤料

鸡肉风味复合调味料,根据用途分为鸡肉复合汤料和主要用作调味的鸡精粉(又称鸡味鲜汤精)。调味料鸡肉风味突出,味道鲜美诱人,品种花样繁多、各有特色,是目前国内外市场普遍受欢迎的复合调味料之一。鸡肉复合汤料配方见表3-12。

表3-12 鸡肉复合汤料配方(质量分数/%)

原料名	配方1	配方2	配方3	配方4
食盐	24.0	21.0	20.0	40.0
味精	9.0	6.0	10.0	12.0
砂糖	15.0	4.0	3.5	10.0
鸡肉粉	10.0	13.5	18.0	16.0
鸡肉香精(粉末化)	3.5	5.0	4.5	2.5
酵母精粉	4.0	2.5	2.0	
水解蛋白粉	3.0		2.0	2.0
胡椒粉	1.0	1.0	0.9	3.0
洋葱粉	0.6	7.0	0.6	5.0
生姜粉	0.4	2.0		2.0
咖喱粉	1.0			3.0
脱脂奶粉			20.0	
麦芽糊精	20.0	32.0	8.0	
鸡油	8.0	6.0	10.0	4.0
抗结剂	0.5		0.5	0.5

另附日式粉末鸡肉清汤料配方:食盐55 kg,砂糖12 kg,味精12 kg,I+G增鲜剂0.1 kg,鸡油粉末8 kg,鸡汁粉末10 kg,鸡味香精粉0.2 kg,氨基酸粉末0.4 kg,胡萝卜粉0.2 kg,洋葱粉1 kg,大蒜粉0.2 kg,胡椒粉0.8 kg,混合辛香料粉末0.1 kg。

(四)猪肉复合汤料

猪肉复合汤料配方见表3-13。

表3－13　猪肉复合汤料配方(质量分数/%)

原料名	配方1	配方2	配方3
食盐	32.6	12.0	28.0
味精	10.0	14.0	15.0
幼砂糖	7.6	5.0	13.0
I＋G	1.0	0.5	1.5
酵母精粉	3.0	2.0	2.0
猪肉粉末	14.3	31.0	5.0
猪肉香精(粉末化)	3.0~5.0	3.0~5.0	5.0~7.0
水解蛋白粉			2.0
洋葱粉	2.1	1.5	3.0
白胡椒粉	2.4	1.5	1.0
胡萝卜粉		10.0	3.5
咖喱粉	3.1		0.5
生姜粉	1.9		1.0
五香粉		1.5	0.5
甘蓝粉		4.0	
变性淀粉	17~19	15~17	17~19

(五)牛肉复合汤料

牛肉复合汤料配方见表3－14。

表3－14　牛肉复合汤料配方(质量分数/%)

原料名	配方1	配方2	配方3	配方4
食盐	35.7	28.2	11.0	9.0
味精	10.3	15.0	5.0	2.0
砂糖	6.0	12.0	7.0	10.0
I＋G	0.3	0.5	0.2	
牛肉粉	15.7	5.0	27.0	23.0
牛肉香精(粉末化)	1.5	5.0	1.0	2.0
HVP粉	2.5	3.5	3.0	5.0
琥珀酸钠		0.3	0.5	

续表

原料名	配方1	配方2	配方3	配方4
牛油	2.5	3.0	2.0	1.5
八角粉	1.0	1.0	2.0	1.0
生姜粉	1.9	3.5		1.5
花椒粉		1.0	1.5	3.5
洋葱粉			3.5	18.0
胡椒粉	2.5	0.5		
番茄粉			8.5	
芹菜粉	1.9			
咖喱粉	3.2	1.5	5.0	2.0
生粉	15.0	20.0	22.8	21.5

另附西式牛肉汤精,生产方法参照西式鸡精生产方法,其配方为牛肉汁 10 kg,牛油 5 kg,氢化植物油 4 kg,明胶粉 1 kg,砂糖 10 kg,食盐 45 kg,味精 8 kg,肌苷酸和鸟苷酸 0.5 kg,氨基酸粉 10 kg,粉末牛肉香料 0.1 kg,洋葱粉末 2.5 kg,胡萝卜粉末 0.8 kg,大蒜粉末 0.5 kg,洋苏叶 0.04 kg,百里香 0.04 kg,胡椒粉 0.08 kg。

(六)海鲜复合汤料

海鲜味汤料,尤其是鳀鱼、扇贝类、鱿鱼类等海产品的提取物或粉末加工而成的复合调味料各具特色,广为消费者喜爱。在日本、欧美等国家和地区非常受欢迎。下面列举这类产品的几种配方,如表3-15～表3-20所示。

表3-15 海鲜复合汤料配方(质量分数/%)

原辅料	配比	原辅料	配比	原辅料	配比
虾仁粉	6.0	琥珀酸钠	0.4	生姜粉	2.0
鱿鱼粉	2.0	海鲜香精	0.8	生粉	19.5
柴鱼粉	2.0	鱼味香精	0.2	味精	17.0
酵母抽提物	2.0	蒜粉	3.5	幼砂糖	13.0
水解蛋白	1.5	海带粉	3.0	食盐	24.0
I+G	0.6	胡椒粉	2.5		

表 3 – 16　鲣鱼精粉清汤配方（质量分数/％）

原辅料	配比	原辅料	配比	原辅料	配比
8 号鲣鱼精粉	5.0	混合香辛料	5.5	味精	15.0
牛肉粉	5.0	水解蛋白	4.0	牛肉香油	5.0
洋葱粉	3.0	砂糖	12.5	食盐	45.0

表 3 – 17　西式鱼汤配方之一（质量分数/％）

原辅料	配比	原辅料	配比	原辅料	配比
食盐	22.0	鱼类抽提物	19.0	香辛料	1.0
味精	5.0	鲣鱼粉	6.0	玉米粉	8.0
葡萄糖	9.0	洋葱提取物	6.0	色拉油	1.0
扇贝精	9.0	番茄粉	14.0		

表 3 – 18　西式鱼汤配方之二（质量分数/％）

原辅料	配比	原辅料	配比	原辅料	配比
食盐	34.0	HAP 水解动物蛋白	3.0	谷氨酸单钠	17.0
砂糖	20.0	柠檬酸钠	1.5	丁二酸钠	0.5
乳糖	11.0	5′–核糖核苷酸钠	1.0	赋形剂（淀粉等）	2.0
木鱼粉末、木松鱼	10.0				

表 3 – 19　日式方便酱汤配方之一（质量分数/％）

原辅料	鲣鱼精粉	红酱粉	白酱粉	呈味核苷酸	海带提取物	扇贝粉	味精	砂糖
配比	7.3	40.4	18.4	0.1	5.2	22.0	2.9	3.7

表 3 – 20　日式方便酱汤配方之二（质量分数/％）

原辅料	配比	原辅料	配比	原辅料	配比
黄酱粉	60.0	蛤蜊粉	3.0	味精	5.0
白酱粉	10.0	海带汁粉	5.0	砂糖粉	5.0
I + G	0.2	姜粉	0.4	食盐	1.2
木鱼汁粉	10.0	蒜粉	0.2		

另附日式粉末清汤料配方:食盐 50 kg,味精 5 kg,I + G 增鲜剂 0.05 kg,麦精粉 5 kg,淡味酱油粉末 13 kg,海带汁粉 10 kg,木鱼汁粉 13 kg,松菌香料粉末 4 kg。

三、即食食品复合汤料

汤料的风味和品质优劣影响着方便面、速食河粉等即食食品质量和品质高低。通过多年的生产和消费实践,即食食品的汤料在品质及花色品种上明显提高和增长,形成了适合于不同地区人们消费口味的汤料系列产品。本节收集了近年来我国公开发表的多种汤料配方和食品研究者多年来在这方面的研究成果。汤料的质量取决于科学合理的配方和原辅材料的质量,特别是汤料中适量的香精香料,对突出产品天然风味起关键作用。因此,对肉香味的汤料,筛选适当的香精香料特别重要。实际上汤料的口味不可能千篇一律,不同民族或地区的消费人群对口味要求不一样。随着生产技术的进步,尤其是原辅材料的更新,应根据实际情况对汤料配方加以科学修改,不断提高汤料产品质量和开发出符合大众口味的高品质汤料。

(一)鲜鸡味方便面汤料

鲜鸡味方便面汤料配方如表 3 - 21、表 3 - 22 所示。

表 3 - 21 鲜鸡味方便面汤料配方之一(质量分数/%)

配料名	粉末鸡肉香精	水解蛋白粉	大蒜粉	生姜粉	胡椒粉	味精	I + G	幼砂糖	食盐
配比	2.4	3.5	3.0	2.0	1.5	13.4	0.2	19.5	54.5

表 3 - 22 鲜鸡味方便面调料配方之二(质量分数/%)

原辅料名	配比	原辅料名	配比	原辅料名	配比
粉末鸡肉香精	2.4	胡椒粉	1.5	味精	14.0
鸡肉膏	0.3	生姜粉	2.0	砂糖	10.5
水解蛋白粉	3.5	小茴香	0.3	食盐	62.5
I + G	0.2	大蒜粉	2.0	抗结剂	0.8

注 还要配通用的葱粉和香菜粉等,下同。

(二)鸡蛋味方便面汤料

鸡蛋味方便面汤料配方如表 3 – 23 所示。

表 3 – 23　鸡蛋味方便面汤料配方

原辅料名	配比	原辅料名	配比	原辅料名	配比
食盐	4.0	砂糖粉	0.9	虾米粉	1.0
味精	0.5	白胡椒粉	0.012	麻油	1.0
鸟苷酸	0.006	葱干	0.1		

(三)麻辣牛肉味方便面汤料

麻辣牛肉味方便面汤料配方如表 3 – 24、表 3 – 25 所示。

表 3 – 24　麻辣牛肉味方便面汤料配方之一(质量分数/%)

配料名	配比	配料名	配比	配料名	配比
牛肉粉	3.0	花椒粉	5.5	胡椒粉	0.5
牛肉香精粉	2.4	辣椒粉	3.0	味精	10.5
水解蛋白粉	3.0	八角粉	1.5	幼砂糖	12.0
I + G	0.1	生姜粉	0.5	食盐	58.0

表 3 – 25　麻辣牛肉味方便面调料配方之二(质量分数/%)

原辅料名	配比	原辅料名	配比	原辅料名	配比
牛肉粉	2.0	辣椒粉	3.2	砂糖	8.0
牛肉香精粉	2.4	八角粉	1.0	食盐	62.0
水解蛋白粉	3.0	桂皮粉	0.8	抗结剂	0.8
I + G	0.1	胡椒粉	0.7		
花椒粉	5.5	味精	10.5		

(四)三鲜味方便面汤料

三鲜味方便面汤料配方如表 3 – 26 所示。

表 3 - 26   三鲜方便面调料配方（质量分数/％）

原辅料名	配比	原辅料名	配比	原辅料名	配比
虾皮粉	3.0	蒜粉	1.2	葱香鸡油	0.6
虾味香精粉	1.5	姜粉	1.0	味精	16.0
鸡肉精粉	1.0	胡椒粉	0.8	砂糖	10.0
I + G	0.1	辣椒粉	0.5	食盐	58.0
HVP 粉	2.2	小茴香粉	0.3	抗结剂	0.8
酵母精粉	1.0	麦芽糊精	2.0		

（五）三鲜辣味方便面汤料

三鲜辣味方便面汤料配方如表 3 - 27、表 3 - 28 所示。

表 3 - 27   三鲜辣味方便面汤料配方之一（质量分数/％）

配料名	配比	配料名	配比	配料名	配比
虾味粉	1.3	I + G	0.1	味精	11.2
烤肉粉	1.5	酵母精粉	1.0	幼砂糖	9.0
海鲜味粉	1.3	辣椒粉	5.6	食盐	62.5
HVP	2.5	复合香辛料	4.0		

表 3 - 28   三鲜辣味方便面汤料配方之二（质量分数/％）

配料名	配比	配料名	配比	配料名	配比
牛肉精粉	2.0	HVP	1.5	胡椒粉	0.5
鸡肉精粉	1.5	蒜粉	2.5	五香粉	0.5
虾味精粉	1.5	香葱段	2.2	味精	12.0
酵母精粉	1.0	辣椒粉	4.2	幼砂糖	10.0
I + G	0.1	姜粉	0.5	食盐	60.0

（六）红烧牛肉味方便面汤料

红烧牛肉味方便面汤料配方如表 3 - 29、表 3 - 30 所示。

表 3 - 29　红烧牛肉味方便面汤料配方之一（质量分数/%）

配料名	配比	配料名	配比	配料名	配比
红烧牛肉精粉	3.0	大蒜粉	3.5	辣椒粉	5.8
HVP 粉	3.0	香葱段	3.0	味精	12.8
酵母精粉	1.0	胡椒粉	1.9	幼砂糖	10.3
I + G	0.1	八角粉	0.6	食盐	55.0

表 3 - 30　红烧牛肉味方便面汤料配方之二（质量分数/%）

原辅料名	配比	原辅料名	配比	原辅料名	配比
热反应牛肉香精粉	3.0	辣椒粉	3.0	味精	13.0
酵母精粉	1.0	花椒粉	2.5	砂糖	6.0
HVP 粉	3.0	蒜粉	1.8	食盐	60.4
I + G	0.1	胡椒粉	1.0	抗结剂	0.8
酱油粉	2.5	八角粉	0.6		
焦糖色	0.8	桂皮粉	0.5		

（七）红烧排骨方便面汤料

红烧排骨方便面汤料配方如表 3 - 31、表 3 - 32 所示。

表 3 - 31　红烧排骨方便面汤料配方之一（质量分数/%）

配料名	配比	配料名	配比	配料名	配比
排骨酱香料	2.5	焦糖粉	2.0	五香粉	1.0
HVP 粉	1.5	大蒜粉	2.5	味精	8.5
酵母精粉	1.0	辣椒粉	2.2	幼砂糖	15.7
I + G	0.1	大茴粉	0.5	食盐	62.5

表 3 - 32　红烧排骨方便面汤料配方之二（质量分数/%）

原辅料名	配比	原辅料名	配比	原辅料名	配比
热反应排骨香料	2.5	焦糖色	1.0	味精	11.5
HVP 粉	1.5	辣椒粉	2.2	砂糖	12.8
酵母精粉	1.0	花椒粉	2.0	食盐	62.5

续表

原辅料名	配比	原辅料名	配比	原辅料名	配比
I + G	0.1	八角粉	0.5	抗结剂	0.8
酱油粉	1.1	桂皮粉	0.5		

（八）五香炖肉方便面汤料

五香炖肉方便面汤料配方如表3-33所示。

表3-33　五香炖肉方便面汤料配方（质量分数/%）

原辅料名	配比	原辅料名	配比	原辅料名	配比
食盐	62.5	HVP粉	2.5	辣椒粉	0.3
味精	15.7	猪骨素	1.0	桂皮粉	0.1
砂糖	8.8	酵母浸膏粉	0.5	洋葱油	0.2
I + G	0.1	胡椒粉	1.5	葱香油脂	2.0
猪肉水解蛋白	3.5	小茴香粉	0.5	抗结剂	0.8

（九）猪肉味方便面汤料

猪肉味方便面汤料配方如表3-34所示。

表3-34　猪肉味方便面汤料配方

原辅料名	配比	原辅料名	配比	原辅料名	配比
猪肉提取粉（60号）	45	卷心菜粉（FW）	4	洋葱汁粉（100号）	2
动物蛋白水解物	5	白菜提取物粉（107号）	2		

（十）葱油方便面汤料

葱油方便面汤料配方如表3-35、表3-36所示。

表3-35　葱油方便面汤料配方之一（质量分数/%）

原辅料名	香葱油	香葱段	HVP粉	I + G	胡椒粉	味精	砂糖粉	食盐
配比	6.8	2.2	1.5	0.1	1.5	13.7	13.7	60.5

表 3-36　葱油方便面汤料配方之二

原辅料名	配比	原辅料名	配比	原辅料名	配比
食盐	4.4	砂糖粉	1.0	葱油	0.5
味精	1.0	白胡椒粉	0.02	抗氧化剂（BHA、BHT）	0.0001
鸟苷酸	0.015	葱干	0.1	柠檬酸	0.0001

（十一）香菇风味方便面汤料

香菇风味方便面汤料配方如表 3-37、表 3-38 所示。

表 3-37　香菇风味方便面汤料配方之一（质量分数/%）

原辅料名	香菇粉	洋葱粉	I+G	香葱段	大蒜粉	味精	幼砂糖	麻油	食盐
配比	8.5	3.0	0.1	2.4	0.5	12.0	10.0	8.0	55.5

表 3-38　香菇风味方便面调料配方之二（质量分数/%）

原辅料名	配比	原辅料名	配比	原辅料名	配比
香菇粉	8.5	洋葱粉	2.5	麻油	0.5
HVP 粉	1.5	胡椒粉	0.8	砂糖	8.8
I+G	0.1	大蒜粉	0.5	食盐	61.0
酱油粉	1.0	味精	14.0	抗结剂	0.8

（十二）大众化方便面汤料

大众化方便面汤料配方如表 3-39 所示。

表 3-39　大众化方便面汤料配方

原辅料名	配比	原辅料名	配比
化学调味料	6	颗粒糖	4.5
香辛料粉	1.5	食盐	30

（十三）几种日式方便面汤料

日式方便面汤料所用原料主要有粉末酱油、粉末酱、动物提取物（如肉、禽、鱼、贝类）、动植物蛋白质、酵母的水解物和蔬菜、海带、蘑菇等多种成分，配合香辛料、核苷酸类增鲜剂精制而成。品种的变化全在原料配比，产品味道和香气随不同的原料配比而变化。日式方便面汤料配方如表 3 - 40 ~ 表 3 - 43 所示。

1. 主要设备

烘干机,粉碎机,混合筛粉机,夹层锅,包装机。

2. 工艺流程

工艺流程见图 3 - 17。

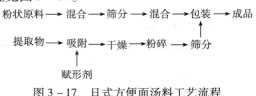

图 3 - 17　日式方便面汤料工艺流程

3. 操作要点

先将提取的香料或蛋白水解浓缩液等加入变性淀粉和胶类物质进行包埋、吸附,然后干燥、粉碎。

将粉状原料直接进行混合。各种原料的颗粒细度应相近,采用"等量稀释法"逐步混合。先加入量少、质重的原料,再加入等量、量大的原料,分次加入混合。

4. 质量标准

粉末均匀一致,无结块。水分 <6% 。

5. 注意事项

应注意以下几点:

①混合前,对于水分含量较高的原料应进行烘干处理。

②混合时间越长,越易达到均匀,但所需的混合时间由混合原料量的多少及使用设备来决定。

③密度较轻的粉末油脂,应先与密度大的原料进行研磨混合,然后再与其他原料混合。

表 3 - 40　日式鸡味方便面调料配方之一 (质量分数/%)

原辅料名	配比	原辅料名	配比	原辅料名	配比
热反应鸡味香精粉	2.5	大蒜粉	1.0	砂糖	9.0
调味鸡骨素粉	2.0	胡椒粉	0.5	食盐	60.0

原辅料名	配比	原辅料名	配比	原辅料名	配比
HVP 粉	3.0	胡萝卜粉	0.5	抗结剂	0.8
I + G	0.2	苹果酸	0.3		
粉末油脂	5.2	味精	15.0		

表3－41　日式方便面汤料配方之二（质量分数/%）

原辅料名	配比	原辅料名	配比	原辅料名	配比
鸡汁粉	8.0	大蒜粉	1.0	砂糖粉	7.0
HVP 粉	5.0	胡椒粉	0.5	葡萄糖	3.5
I + G	0.2	胡萝卜粉	0.5	食盐	50.0
粉末油脂	6.0	苹果酸	0.3		
香葱粉	3.0	味精	15.0		

表3－42　日式方便面汤料配方之三（质量分数/%）

原辅料名	配比	原辅料名	配比	原辅料名	配比
肉汁粉	4.0	酱油粉	20.0	咖喱粉	0.1
肉味香精粉	1.0	洋葱粉	7.5	粉末香油	1.0
HVP 粉	2.0	胡椒粉	0.5	味精	10.0
酵母粉	1.0	大蒜粉	0.3	葡萄糖	10.0
I + G	0.2	生姜粉	0.2	砂糖粉	2.0
琥珀酸钠	0.1	辣椒粉	0.1	食盐	40.0

表3－43　日式海鲜味方便面调料配方之四（质量分数/%）

原辅料名	配比	原辅料名	配比	原辅料名	配比
海鲜粉	5.0	酱油粉	3.0	粉末香油	2.0
肉汁粉	4.0	洋葱粉	7.5	味精	10.0
肉味香精粉	1.0	大蒜粉	0.3	葡萄糖	7.0
HVP 粉	2.0	胡椒粉	0.5	砂糖	5.0
I + G	0.2	生姜粉	0.2	食盐	50.0

续表

原辅料名	配比	原辅料名	配比	原辅料名	配比
琥珀酸钠	0.1	辣椒粉	0.1	抗结剂	0.8
酵母粉	1.2	咖喱粉	0.1		

第四节　鸡精、鸡粉、复合味精的生产

近年来,鸡精在调味品市场发展速度很快,作为新一代增鲜调味品以其诱人的香气和独特的风味迅速占领了调味品市场,受到广大消费者的喜爱。鸡精调味料就是以味精、食用盐、鸡肉/鸡骨的粉末或其浓缩抽提物、呈味核苷酸二钠及其他辅料为原料,添加或不添加香辛料和/或食用香料等增香剂经混合、干燥加工而成,具有鸡的鲜味和香味的复合调味料。《鸡精调味料》(SB/T 10371—2003)规定(质量分数):谷氨酸钠≥35.0%,呈味核苷酸二钠≥1.10%,干燥失重≤3.0%,氯化物(以NaCl计)≤40.0%,总氮(以N计)≥3.00%,其他氮(以N计)≥0.20%。

鸡粉调味料是以味精、食用盐、鸡肉/鸡骨的粉末或其浓缩抽提物及其他辅料等为原料,添加或不添加香辛料和/或食用香料等增香剂加工而成的,具有鸡的浓郁鲜味和鲜美滋味的复合调味料。"总氮"和"其他氮"是鸡粉中鸡肉鸡骨含量的重要指标,《鸡粉调味料》(SB/T 10415—2007)做出了分别不少于1.4 g/100 g和0.4 g/100 g的规定。总氮含量与鸡精调味料中"不少于3%"这一要求相比较低,但其他氮含量比鸡精标准中"不少于0.2%"的要求高。

长期以来,市场上鸡精和鸡粉两大类产品同时存在。鸡精产品更加注重鲜味,所以味精含量较高,鸡精类产品中超过95%的氮来自其配方中的味精,只有很少一部分氮来自其他原材料,包括动植物水解蛋白和天然鸡肉。事实上,普通味精含氮量很高,达到7.4%,鸡精含有相当数量的味精,因此含氮量也就较高。鸡粉则注重产品来自鸡肉的自然鲜香,因而鸡肉粉的使用量较高。鸡粉的含氮量较低就是因为很少含有味精,而天然鸡肉成分含量较高。

一、鸡精

鸡精从外观上可分为粉末鸡精和颗粒鸡精,下面着重介绍一下颗粒鸡精的生产。

(一)主要设备

粉碎机,混合机,烘干灭菌设备一套,造粒机一台。

(二)颗粒鸡精配方

碘盐粉剂 30 kg,白胡椒粉 0.2 kg,白砂糖粉 10 kg,鸡肉精油 0.5 kg,味精粉 20 kg,I + G 1 kg,鸡肉膏状香精 2 kg,淀粉 5 kg,麦芽糊精 9.3 kg,天然鸡肉粉 12 kg,蛋黄粉 10 kg。

(三)工艺流程

鸡精工艺流程见图 3 - 18。

```
部分原料 ──→ 粉碎 ──→ 过筛
                         │
                         ↓
原料处理 ──→ 灭菌 ──→ 称量 ──→ 混合 ──→ 造粒 ──→ 烘干 ──→ 包装 ──→ 颗粒
```

图 3 - 18　鸡精工艺流程

(四)操作要点

①先将配方中的胡椒、碘盐、砂糖、味精用粉碎机分别粉碎为 60 目的粉末,备用。

②将味精粉、I + G、白胡椒粉、淀粉、麦芽糊精、蛋黄粉、鸡肉粉、碘盐粉、砂糖粉投入混合机,拌和 15 min,至物料混合均匀即可,再投入鸡肉精油拌和 30 min。立即投入造粒机,选用 15 目的造粒筛网造粒,造好的颗粒马上投入烘房烘干,烘房温度控制在 70℃,烘干 4 h。烘干时采用地面送风设备,使烘房内的水蒸气迅速排出、湿度降低,烘干后推出烘房,立刻密封包装,以免吸潮。

③鸡精的包装以用内衬铝箔的塑料袋或密闭条件良好的镀锌桶包装较好,这两种包装能有效阻隔环境中的水分和空气的透入,有效保证成品在保质期内的质量。

(五)质量标准

水分≤6%,盐含量 <35%。

符合《鸡精调味料》(SB/T 10371—2003)标准。菌落总数≤10 000 cfu/g,大肠菌群≤90 MPN/100g,致病菌不得检出;砷(以 As 计)≤0.5 mg/kg,铅(以 Pb 计)≤1 mg/kg。

(六)注意事项

鸡精的鲜味饱满、浓厚且持久,具有炖煮鸡的风味,这些特点迎合了我国大众的饮食口味。为了使鸡精产品具有良好的风味,可加入鸡肉精油提供炖煮鸡的特征香气;加入膏状香精和热反应鸡粉,来弥补和强化鸡精的口味。鸡肉精油是以鸡脂肪为原料,加入氨基酸和还原糖进行美拉德反应而制备的具有浓郁的鸡肉特征香气的香精产品;鸡肉香精和热反应鸡粉是以鸡肉为原料,采用酶解技术和美拉德反应制备的具有鸡肉特征口味的香精。它们在鸡精中用量虽少,却对鸡精的整体风味起着关键的作用,既可补充鸡精中原有风味的不足,又能稳定和辅助鸡精中固有的风味。

(七)其他不同档次鸡精参考配方

各档次鸡精参考配方如表3-44所示。

表3-44 各档次鸡精配方/g

原料	低档配方	中档配方	高档配方	原料	低档配方	中档配方	高档配方
食盐	52	40	30	鸡骨素粉	2.0	3.0	5.0
砂糖	18	12	10	热反应鸡肉香精粉	0.5	1.0	2.5
味精	22	20	18	油溶性鸡肉香精	0.1	0.2	0.2
I+G	1.0	1.0	1.0	植物水解蛋白	2.0	2.0	2.0
姜粉	1.0	0.8	0.6	鸡肉水解蛋白	—	1.0	2.0
大蒜粉	0.5	0.4	0.4	蛋黄粉	—	5.0	10.0
白胡椒粉	0.4	0.4	0.4	酵母精粉	—	2	2.5
小茴香粉	0.3	0.2	0.2	麦芽糊精	5.0	7.0	9.0
香叶粉	—	0.01	0.005	淀粉	5.0	5.0	5.0
丁香粉	—	0.005	0.003	鸡油	—	1.0	2.0
芫荽粉	—	—	0.05	抗结剂	1.0	1.0	1.5
桂皮粉	—	—	0.001				

二、西式鸡精

(一)西式鸡精配方

鸡肉汁 10 kg,鸡油 3 kg,氢化植物油 6 kg,食盐 42 kg,砂糖 13 kg,乳糖 1 kg,明胶粉 1 kg,味精 10 kg,核苷酸 0.1 kg,酵母粉 6 kg,氨基酸粉末 5.2 kg,鸡味粉末香精 0.1 kg,洋葱粉末 1 kg,胡萝卜粉 0.5 kg,大蒜粉 0.2 kg,胡椒粉 0.8 kg,香辛料混合物 0.1 kg。

(二)生产工艺流程

西式鸡精生产工艺流程如图 3 – 19 所示。

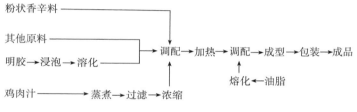

图 3 – 19　西式鸡精工艺流程

(三)操作要点

①将鸡肉汁放入锅中,然后加入蛋白质水解物、酵母或氨基酸,加热混合。

②将明胶用适量水浸泡一段时间,加热溶化后,边搅拌,边加入鸡肉汁锅中,再加入白糖、蔬菜粉末,混合均匀后停止加热。

③加入预先加热熔化好的动植物油脂、香辛料、食盐、粉末香精等,混合均匀。

④混合均匀后,进行成型为立方形或锭状,低温干燥后包装。一块重 4 g,可冲制 180 mL 汤。

(四)质量标准(质量分数)

水分≤14%,盐 40%~45%,总糖 8%~12%。为柔软块形,沸水一冲即化开。

(五)注意事项

①肉类物质、蛋白质水解物和酵母水解提取物等加工较复杂,请

参考有关内容。

②脱水蔬菜可直接购买,然后粉碎成蔬菜末。

三、鸡粉

鸡粉生产工艺可参照鸡精的生产,其配方如表 3 - 45 所示。

表 3 - 45 鸡肉粉系列配方(质量分数/%)

原料名	配方 1	配方 2	配方 3
食盐	52	48	45
味精	21	21	21
幼砂糖	18	18	18
纯鸡粉	2.0	3.0	5.0
植物水解蛋白	2.0	3.0	4.0
酵母精粉	1.0	1.5 ~ 2	2.5
I + G	1.0	1.0	1.5
复合香辛料	3.5	2.0 ~ 2.5	1.0 ~ 1.5
鸡肉粉精(2376B)	3 ~ 5	4.0 ~ 6.0	2.0 ~ 3.0
鸡肉香精(570.136)	0.5 ~ 1	0.5 ~ 1.0	1.0 ~ 1.5
鸡肉香精(double chicken)		0.5	1.0 ~ 1.5
纯鸡油	3.0	2 ~ 3	3.0
生粉	8 ~ 15	8 ~ 15	8 ~ 15
抗结剂	1.0	1.0	1.0

注 附典型鸡味香辛料配方:大蒜粉 25%,胡椒粉 12.5%,沙姜粉 25%,五香粉 12.5%,生粉 25%。

鸡粉主要质量指标:

(1)感官指标 具有明显的鸡鲜香味,呈均匀的粉末状,无外来杂质和结块现象。

(2)理化指标 水分含量≤5%。用 90℃ 开水冲泡 2 min 溶解,并有肉末沉淀。

(3)卫生指标 鸡粉应符合《鸡粉调味料》(SB/T 10415—2007)。

四、鸡味味精

鸡味味精配方如表 3 - 46 所示。

表 3 - 46 鸡味味精配方(质量分数/%)

原辅料名	配比	原辅料名	配比	原辅料名	配比
鸡蛋蛋白粉	3.8	谷氨酸钠	10.0	鲜辣粉	1.2
5'-鸟苷酸钠	0.15	洋葱粉	6.6	大蒜粉	0.1
5'-肌苷酸钠	0.15	胡椒粉	1.2	玉米淀粉	8.6
特鲜酱油	3.2	丁香粉	1.2	食盐	61.0
水解蛋白	2.0	生姜粉	0.8		

五、复合味精

(一)特鲜味精

又称复合增鲜味精,味精与呈味核苷酸之间的鲜味可协同增效,于味精中加入少量鸟苷酸、肌苷酸可显著提高味精的鲜味,市场上已有特鲜味精、强烈味精等此类商品供应。

1. 工艺流程

特鲜味精工艺流程如图 3 - 20 所示。

MSG → 预热 ┐
　　　　　　├→ 混合 → 搅拌 → 烘干 → 分筛 → 包装 → 成品
I+G → 溶解 ┘

图 3 - 20 特鲜味精工艺流程

2. 原料配比

谷氨酸一钠(MSG):5'-鸟苷酸二钠(GMP) = 98.5:1.5,也可采用 MSG:(I + G) = 98:2 的比例。增加 GMP 可以提高产品的鲜度,但增鲜效率会随 GMP 的增加而下降。由试验可知,在 GMP 用量大于 2% 时,增鲜效率随 GMP 用量增大反而降低,因此采用 GMP 的配比为 2% 左右比较合理。

3. 工艺操作

(1)原料选择　选用谷氨酸一钠≥99%,且结晶色泽洁白、透光率≥95%、晶体整齐。GMP 选用含量≥95% 的白色粉状体。

(2)原料处理　预热至 70℃,GMP 溶于 5 倍量热水中。

(3)混合搅拌　将 GMP 溶液倒入预热的 MSG 中,搅拌均匀。

(4)干燥筛选　将混合物在 60℃烘干,将粘连在一起的结晶粒分散成单粒,筛去碎粒,即得到晶体完整的特鲜味精。

4. 注意事项

①干燥温度高于 80℃会影响产品的亮度和白度,60℃干燥可制得白度与亮度较好的产品,所以烘干温度采用 60℃为宜。

②GMP 添加量小于 2% 时,白度及亮度均较好;大于 2% 时,白度及亮度均下降。因此从产品的外观质量角度考虑,宜采用小于 2% 的配比为佳。

③本工艺制备粉末式特鲜味精多采用机械混合,不仅使用设备投资少、操作简便,而且产品的白度、光泽和晶体形状与原结晶味精基本上相同,GMP 以约 159 μm 极薄的一层覆盖于 MSG 表面,使用时可获得均匀的鲜度。

(二)风味型特鲜味精

复合特鲜味精的作用主要是减少味精用量、提高鲜度和鲜味质量(略带肉味),但仍缺乏天然食品特有的鲜美风味。而风味型特鲜味精可提供动物食品的风味如鸡味、牛肉味等,如表 3 - 47 所示。

表 3 - 47　牛肉味精配方(质量分数/%)

原辅料名	配比	原辅料名	配比	原辅料名	配比
牛肉浸膏粉	4.40	芹菜粉	1.30	5'-肌苷酸钠	0.05
水解植物蛋白粉	44.0	辣椒粉	0.66	食糖	13.10
酵母膏粉	4.40	焦糖粉	1.44	牛脂	3.30
大蒜粉	7.20	谷氨酸钠	0.15	食盐	20.0

第五节 其他固体复合调味料的生产

一、复合香辛调味料

（一）复合香辛料粉生产工艺流程

我国常用粉体香辛料制造工艺流程见图3－21。

原料→分选→干燥→粉碎→筛分→香辛料粉末

图3－21 我国常用粉体香辛料制造工艺流程

日本常见粉体香辛料生产工艺流程见图3－22。

原料→选择→粉碎→杀菌→冷却（分离）→调和→充填→包装→制品

图3－22 日本常见粉体香辛料生产工艺流程

（二）复合香辛料粉生产操作要点

1.原料选择

选用干燥、固有香气良好且无霉变的原料。香辛料常因产地不同而导致香气成分及其含量产生差异，作为工业生产用料，供货产地力求稳定。

2.原料处理

香辛料在采集、干燥、贮运等过程中难免有尘土、草屑等杂质混入，有时还会有掺假情况。为确保用料的纯正，投料前需经识别除伪、去杂和筛选。筛选后若还达不到要求，再用水清洗，但洗后应低温干燥后再使用。

3.原料配比

香辛料种类繁多，配制复合调味料，仿佛中草药处方，应根据需要进行组合配伍。配料主要以使被调味食品适度增香、助味为依据，并在一定程度上能遮蔽被调味食品自身的异味。

下列香辛料能对数种异味（腥、膻、臭）起到遮蔽作用：花椒、芫荽、月桂叶、肉桂、多香果、小豆蔻、洋苏叶、肉豆蔻、丁香，可供配料参考。在原料短缺时,部分香辛料在主要成分上若相类似,可试行互相代用,例如小茴香与八角茴香,豆蔻与肉桂,丁香与多香果等。

4.粉碎

将已配伍好的香辛料先粗磨,再细磨,细度为 20~40 目。医药机械厂生产的钢齿式磨粉机具有耗能低、粉碎较为均匀、粉尘少、体积小等优点,较适于使用。

5.包装

将已粉碎的香辛料搅拌均匀后即可包装。可用聚乙烯复合塑料作为包装材料,每小袋装 5 g,每 10 小袋套一外袋,外袋上标明包装法则所规定的项目。

复合香辛料能产生多重风味,因品种繁多,香型完全,并具有较强的保健功能,是一种很有开发前景的制品。国家规定,混合香辛料调味中食用淀粉≤10%,食盐≤5%,各种香辛料总和≥85%;作为调味粉,其中不得添加食用色素,并要求口味清鲜,具有特征的调味作用。国际标准化组织(ISO)还规定,其含水量≤10%,粗纤维<15%,乙醚萃取不挥发性残渣<7.5%,精油≥0.4%,酸性溶解灰渣≤1%。

(三)复合香辛料粉原料的加工

1.辣椒粉的加工方法

(1)辣椒粉的常规加工方法 辣椒粉一般作为各种调味料的原料。辣椒粉的加工工艺简单,一般采摘立秋之后的红辣椒,采摘后放在自然条件下干燥,干燥后的含水量应≤6%。去蒂,然后用粉碎机粉碎,粉碎机筛网可设为 40 目或 60 目等。将干红辣椒皮粗碎,可以增强制品的色彩;将种子粉碎,可增强制品的辛辣味和芳香;将粉碎后的辣椒粉密封包装即为成品。成品为大红色,粉末均匀,细致。成品应避免吸湿。

若想降低辣椒粉的辣味,可加入山椒与陈皮同时磨碎使用,其他原料也可直接使用。此制品的辛辣味多为中等辛辣程度,辣椒粉的配合比例为 50%~60%。

(2)杀菌辣椒粉的加工 辣椒粉的各加工环节一般污染较严重,有的辣椒粉菌落总数达 $2×10^4$ 个/g。对辣椒粉直接干烤,方法虽简单,但灭菌率不是很高,故宜用湿灭菌法。湿灭菌法的优点在于辣椒粉的含水量也增加使菌体蛋白的含水量也增加,易为热力所凝固,而加速细菌的死亡。蛋白质含水量为 6% 时,凝固温度为 145℃,含水量为 25% 时只需 74~80℃蛋白质即可凝固。相关试验表明,辣椒粉(初始菌落总数为 238 339 个/g)经 100~110℃加热 2.5 h 灭菌,干热灭菌率为 89.3%;辣椒粉中加入 30% 的水,经 100~110℃加热 2.5 h 灭菌,灭菌率为 95.8%;辣椒粉中加入 30% 的水,经微波(100 g,500 W,20 min)灭菌,灭菌率为 99.9%。在辣椒粉制成成品前,根据生产条件,应采取适当的方法灭菌来降低成品中细菌含量,以延长辣椒粉的保存时间。据报道,用照射法也可对干辣椒粉进行杀菌。

2.胡椒粉的加工方法

胡椒有黑胡椒与白胡椒之分。黑胡椒又名黑川,白胡椒又名白川。通常制作胡椒粉是以干胡椒为原料,直接用万能粉碎机(小型的或大型的,视产量而定)粉碎,也可研磨成粉末,通过更换筛网得到 60 目或 80 目胡椒粉。粉碎应在干燥的环境中进行,以防产品吸湿。粉碎后的胡椒粉放置冷却 1~3 h,经人工或机械包装即为成品。

胡椒粉是家庭烹调常用调料,也是配制复合香辛料粉的常用原料。在烹调饮食中,取其辛辣味来调味,有健胃、增加食欲作用。用在面点、各色汤和某些炒菜中,并能解鱼、肉、鳖、蕈等食物毒。白胡椒粉的原料为优质白胡椒,可加入各种汤如胡辣汤、馄饨、饺子馅、面条及肉制品中。

3.八角茴香粉的加工方法

八角是一种天然调味香料,为使用方便、耐贮藏,可制成八角茴香调味粉来满足市场的需求。

(1)八角茴香的干制　八角茴香可用自然干制或烘干、盐炒、炒炭等方法加工。

(2)八角茴香粉的加工　自然干制的八角茴香用粉碎机粉碎,过80 目筛,包装成品。它可用来加工五香面、调味粉,是五香果仁、瓜子、五香豆腐干、茶鸡蛋及肉类加工的主要香辛料。

4.脱水香葱的加工方法

(1)生产工艺流程　生产工艺流程见图 3 - 23。

原料→清洗→切断→干燥→挑选→包装

图 3 - 23　脱水香葱生产工艺流程

(2)操作要点

①原料选择:选择新鲜青绿香葱,切去头部,去除枯尖或干枯霉烂的叶子。

②将香葱放在流动的含氯水中清洗干净,剔除不合要求的香葱。

③将切成长 5 mm 左右的葱段,置于流动含氯水(含 25 ~ 30 mg/L)中 2 ~ 3 min,放在篮中控干。

④放于不锈钢蒸汽烘干箱中干燥,烘干温度在 85℃左右,每次烘干时间约 90 min。

⑤人工挑选 2 次,异物探测器进行验杂,用双层塑料袋包装,再外套纸箱。检验要点:色泽应呈均匀一致的翠绿色,葱段呈管状有弹性,允许 0.2% 的葱白,含水量一般为 5%,不得混有杂质,消毒液残留量及干品的有关微生物数量应符合相关标准。

5.孜然粉

干孜然经粉碎机粉碎,过 60 目筛制成孜然粉。

孜然粉也是粉状复合调味料的常用配料,可用于配制各种具有新疆风味的食品烧烤调味料。如炸、烤羊肉串,撒在羊肉上,也可用于煸炒羊肉、牛肉,还可制作各种小吃,风味独特,芳香宜人,祛腥除膻。

6.花椒粉

原料为大红袍花椒或青稞麻椒。干花椒果皮经粉碎制成花椒粉。

花椒粉常用作粉状复合调味料的配料。它适用于制作白肉、麻辣豆腐等各种炒菜,也可用于制作肉食品、腊味品、腌制食品等。

(四)复合香辛料粉生产原料选用原则

1.选用香辛料的要点

(1)以芳香为主时　香辛料选用八角茴香、肉桂、小茴香、芫荽、小豆蔻、丁香、多香果、莳萝、肉豆蔻、芹菜、紫苏叶、罗勒、芥子等为佳。

（2）当要增进食欲时　选用辣味香辛料如姜、辣椒、胡椒、芥子、辣根、花椒等为主。

（3）要矫味、脱臭时　香辛料必须选用大蒜、月桂、葱类、紫苏叶、玫瑰、甘牛至、麝香草等。

（4）需要给食物着色时　香辛料选用姜黄、红辣椒、藏红花等。

（5）功能相同时，香辛料可相互替代使用，但主香成分具有显著特殊性的一些香辛料，如肉桂、小豆蔻、紫苏叶、芥子、芹菜、麝香草等，就不能用其他品种调换。

2. 使用香辛料的注意事项

根据实践经验得知，使用香辛料最重要的作用是对肉制品等增香、除臭、调味，人们归纳了香辛料的几个使用原则。

①香辛料在香气、口味上各有突出，使用时注意比例。

②葱类、大蒜、姜、胡椒等有消除肉类特殊腥臭味，增加肉香风味的作用。大蒜和葱类并用，效果最好，且以葱味略盖过蒜味为佳。

③肉豆蔻、小豆蔻、多香果等使用范围很广，但用量过大会有涩味和苦味产生。月桂叶、肉桂等也可产生苦味。

④月桂叶、紫苏叶、丁香、芥子、麝香草、莳萝等适量使用，可提高制品整体风味效果，而用量过大会有药味。

⑤多种香辛料混合使用时，特别是复合香辛料产品，要进行熟化工艺，以使各种风味融合、协调。

⑥香辛料混合使用也会产生协同、消杀作用。实践证明两种以上混合使用效果更好，但紫苏叶一般表现为消杀作用，与其他香辛料混用时要谨慎。

⑦香辛料的杀菌问题很重要，现已有经辐照杀菌的粉末香辛料产品销售，也可煮沸杀菌。对于共同使用的一些可酶解的食品成分或调味料，要高温灭酶。

3. 混合香辛料的配制

香辛料单一使用，香气和口味较为单调、生硬、不协调，因此多数情况下，多种香辛料共同使用效果较为理想。人们研发了专用的复合香辛调味料（混合香辛料），即将数种乃至数十种香辛料按一定比例混合，利用其特殊的混合香气。代表品种有中式五香粉、西餐用的咖喱粉、墨西哥的辣椒末和日式七味辣椒等。

（五）不同复合香辛料的生产

1. 咖喱粉

咖喱粉是印度的传统调味料，已有 2500 多年的历史，以姜黄、白胡椒、小茴香、八角、花椒、芫荽（香菜）子、桂皮、姜片、辣根、芹菜籽等20 多种香辛料混合研磨成粉状，各种风味统一，味香辣、色鲜黄的西式混合香料。此调味料主要用于制备咖喱牛肉干、咖喱肉片、咖喱鸡等肉制品。

咖喱粉中能混合 15～40 种香辛料粉末，咖喱粉的混合比例不固定，人们对其配方研究、调查归纳的结果发现：咖喱粉的配料中香味为主的占 40%；辣味为主的占 20%；色调为主的占 30%；另有 10% 的变化，由厂家自选，以便突出各自的特色。实际上，不断变换混合比例可调制出独具风格的各种咖喱粉。

以赋香为主的香辛料中常用小茴香、八角、肉桂、芫荽、肉豆蔻、小豆蔻、藏茴香、葫芦巴、丁香、香旱芹、莳萝等，且一定要同时使用 4种以上，达到 26% 以上。陈皮用量不宜超过 18%。葫芦巴在各香辛料中起着和味、协调的作用，尤其在强辣或中辣型高级咖喱粉中，它使多种香辛料的风味相互融合、协调。

以提供辣味为主的香辛料如生姜、辣椒、胡椒、芥末等，要同时使用两种，且达到 26% 以上。

姜黄是咖喱粉的特征色素，用量控制在 30% 以下。

实际上，咖喱粉产品趋于多样化，风味也发生了很大变化。但加入 50% 的芫荽，20% 的胡椒和 30% 的姜黄制成的咖喱粉更接近原型，它已不是一般咖喱风味菜肴中使用的产品。现在的咖喱粉分为辣、中辣、微辣几个种类，按高、中、低列为几个级别，高级的香味复杂、风味别致，低级的味辣、单纯。微辣低级咖喱的香辛料构成简单，人为地强化某种香辛料的味道，用它做成的咖喱风味菜肴，风味极大众化。

（1）主要设备 烘干设备,万能粉碎机,搅拌混合设备,万能磨碎机,包装机。

（2）生产工艺流程 工艺流程见图3-24。

（3）配方 咖喱粉的7种配方见表3-48。

各种原料→干燥→粉碎→配合→搅拌→焙干→熟化贮藏→筛分→包装→产品

图3-24 咖喱粉生产工艺流程

（4）操作要点 烘干时咖喱粉的水分含量在5%~6%,配方中的每种原料都应烘干,便于粉碎。

将所用原料分别干燥,然后用粉碎机粉碎成粉末,对油性较大的原料可进行磨碎,有些原料通过炒制可增加香味,粉碎后可炒一下,然后过60目或80目筛。筛分后,于搅拌混合机中混合粉料。由于各种原料的密度和使用量不相同,不易混合均匀,应采用等量稀释法进行逐步混合。然后放入密闭式锅中,在100℃以下的温度焙干以防贮藏过程中变质,焙干后冷却,放入熟化罐中,熟化大约6个月,使之产生浓郁的芳香。熟化后进行筛分、包装,即得成品。应使用防潮、防氧化密闭金属罐或玻璃瓶进行包装。为了尽量避免氧化,也可进行充氮包装。

（5）质量标准 黄褐色粉末,无结块现象,辛辣柔和带甜,水分<6%。

（6）注意事项 各种原料要分清,严格按配方进行称取,每种原料粉碎后都要清扫粉碎设备。咖喱粉的质量与参配原料质量有关,而粉碎、焙炒、熟化等工艺过程对产品也有很大影响,上述工艺应严格按要求实施。生产辛辣味的原料是辣椒、胡椒、生姜、芥末,呈色原料为姜黄、陈皮、藏红花等,而小茴香、芫荽、小豆蔻、肉豆蔻、多香果、丁香、枯茗等均为香气原料。根据这些特点,可自行调整配方。

表 3 - 48   咖喱粉的配方(质量分数/%)

原料名	类型 1	类型 2	类型 3	类型 4	类型 5	类型 6	类型 7	类型 8
芫荽	24	22	26	27	37	32	36	36
小豆蔻	12	12	12	5	5	—	—	—
枯茗	10	10	10	8	8	10	10	10
葫芦巴	10	4	10	4	4	10	10	10
辣椒	1	6	6	4	4	2	5	2
茴香	2	2	2	2	2	4	—	—
姜	—	7	7	4	4	—	5	2
丁香	4	2	2	2	2	—	—	—
多香果	—	—	—	4	4	—	4	4
胡椒(白)	5	5	—	4	—	10	—	5
胡椒(黑)	—	—	5	—	4	—	5	—
桂皮	—	—	—	4	4	—	—	—
芥子(黄)	—	—	—	—	—	—	5	3
肉豆蔻干皮	—	—	—	2	2	—	—	—
姜黄	32	30	20	30	20	32	20	28

注　1 印度型;2 印度型,辛辣(明色);3 印度型,辛辣(晴色);4 高级,辛辣适中(明色);5 高级,辛辣适中(晴色);6 中级,辛辣(晴色);7 中级,适中(明色);8 低级,适中(明色)。

2. 五香粉

五香粉由多种香辛料配制而成,常用于中国菜肴的烹制,在世界上也广为流传。常用八角茴香、花椒、肉桂、丁香、陈皮 5 种原料配制而成,香味突出、丰满、和谐。不同地区配方有所差异(见表 3 - 49)。

表 3 - 49   五香粉的配方(质量分数/%)

香辛料	配方 1	配方 2	配方 3	配方 4
花椒	18	25	50	—
桂皮	43	25	50	7
八角	20	25	50	52
茴香	8	25	—	—

香辛料	配方 1	配方 2	配方 3	配方 4
陈皮	6	—	150	—
干姜	5	—	—	17
阳春砂仁	—	—	100	—
白豆蔻	—	—	50	—
草果	—	—	75	—
山奈	—	—	—	10
甘草	—	—	—	7
白胡椒	—	—	—	3
备注	磨粉混合	磨粉混合	除豆蔻、砂仁外，均炒后磨粉混合	磨粉混合

在五香粉的基础上，研制出了麻辣粉、香辣粉和鲜辣粉等产品（见表 3-50），有的带有麻辣、甜等多种味道，有的还带鲜味。这些都具有芳香丰满的中国调料特征，在菜肴的烹调中被广泛使用。

表 3-50　香、麻、鲜混合香辛料配方（质量分数/%）

香辛料	辣椒	花椒	茴香	姜	肉桂	葱	蒜	干虾
香辣粉	89	0.5	2	4	0.5	4	—	—
麻辣粉	60	20	5	5	5	5	—	—
鲜辣粉	78	0.5	0.3	5	0.2	2	4	10

加工五香粉时是将所配各种香辛料粉碎、混合均匀而成，也有的先混合再粉碎，粉碎后过 60~80 目筛，包装即制成产品。

五香粉主要用于食品烹调和加工，可适用于蒸鸡、鸭、鱼肉，制作香肠、灌肠、腊肠、火腿、调制馅类和腌制各种五香酱菜及各种风味食品。

（1）主要生产设备　粉碎机，筛网，粉料包装机。

（2）生产工艺流程　生产工艺流程见图 3-25。

原料香辛料→粉碎→过筛→混合→计量包装→成品

图 3 - 25　五香粉生产工艺流程

（3）操作要点

①将各种原料香辛料分别用粉碎机粉碎,过 60～80 目筛网。

②按配方准确称量投料,混合拌匀。50 g 为一袋,采用塑料袋包装。用封口机封口,谨防吸湿。

（4）质量标准　均匀一致的棕色粉末,香味纯正,无杂质,无结块现象。菌落总数、大肠菌数应符合相关标准,致病菌不得检出。

（5）注意事项

①各种原料必须事先检验,无霉变,符合该原料的卫生指标。

②产品的水分含量要控制在 5% 以下。例如,发现产品水分超过标准,必须干燥后再分袋;若原料本身含水量超标,可先将原料烘干后再粉碎。

③生产时也可将原料先按配方称量后混合,再进行粉碎、过筛、分装,但无论是按哪一种工艺生产,都必须准确称量、复核,使产品风味一致。

④如产品卫生指标不合格,应采用微波杀菌干燥后再包装。

3. 七味辣椒

七味辣椒由花椒、辣椒、陈皮、芝麻、麻子等香辛料混合制成(见表 3 - 51),还可混入油菜籽、芥子、绿紫菜、紫苏籽等,但香辛料的种类和比例并不固定,通常以突出香气为主,是日本最流行的传统混合香辛调味料,主要用于肉汤、烤肉、汤类、火锅、腌菜等腌渍品的调味。

表 3 - 51　七味辣椒（kg）

香辛料	辣椒	花椒	陈皮	芝麻	麻子	油菜籽	芥子	紫菜	紫苏
配方 1	50	15	13	5	3	3	3	—	—
配方 2	50	15	15	5	4	3	3	2	2

4. 复合蒜粉调味料

（1）原料大蒜的质量要求　选用完好无损的成熟蒜瓣,蒜肉洁白、辛辣味强的蒜头为原料。

（2）生产工艺　将蒜头分成蒜瓣,浸泡去皮,用清水冲洗后,切成厚为 1.5～2 mm 的薄片,蒜片应厚薄均匀、平整。再次漂洗,以流动水冲去碎片、碎皮、表面黏液和表面糖分,用离心机离心 1～2 min 以脱去表面所附水分,以缩短烘干时间和提高烘干质量。于 65℃ 热空气下烘约 6 h,使蒜片所含水分降至 5% 左右。磨碎成 80～100 目蒜粉。于蒜粉中加入各种调味料,即可制成复合蒜粉调味料。所加调味料的品种及数量可按口味需要自行而定,举例如下:

①香辣复合蒜粉:大蒜粉 80% 左右,加入茴香粉、胡椒粉、葱粉及姜粉各适量混匀即成。

②辣味复合蒜粉:蒜粉 90%,加适量辣椒粉、姜粉及食盐混匀即成。

③鲜味复合蒜粉:蒜粉 90%,加葱粉、味精适量,或再添加虾粉等适量,混匀即成。

5. 复合姜粉调味料

（1）原辅料配方　去皮生姜 100 kg,鲜味粉 2 kg,味精 2 kg,食盐 8 kg,优质鲜酱油 8 kg,柠檬酸 0.2 kg。

（2）工艺操作　选用白露前的嫩姜,洗净,搓去外皮,冲洗干净,沥干水后移入腌制容器,每放一层姜洒一层盐。上层多放下层少放些,最后将鲜味粉、味精、柠檬酸等溶解在酱油中蘸在腌制的生姜上面。腌姜 7 d,每天翻拌 1～2 次。腌后切成姜片,晒干或烘干,粉碎即制成复合姜粉。

（3）复合姜粉特点　姜粉色澄黄细腻,具有鲜、甜、咸、辣调和之口感,味浓郁,并具有去腥、防腐、抗氧化等功能。

6. 复合辣椒粉

在晴天采收健康无损伤的红辣椒,清水洗净,于阳光下烤晒至辣椒通体光洁、美观、干燥。再将干辣椒去柄去籽（籽可榨油）,磨成粉末。按照下列配方可配制成各种复合辣椒调味粉:

（1）香辣复合辣椒粉（质量分数/%）　辣椒粉 90,茴香粉 1.5,花椒粉 0.5,姜粉 4,葱粉 4。

（2）鲜辣复合辣椒粉（质量分数/%） 辣椒粉80,虾粉10,姜粉5,蒜粉2,葱粉2,谷氨酸钠1。

（3）纯辣复合辣椒粉（质量分数/%） 辣椒粉95,姜粉4,食盐1。

7.炖肉料（十三香）

主要由香辛料花椒、八角、茴香、姜、肉桂、陈皮、丁香、砂仁、云木香、肉豆蔻、山奈、高良姜、白豆蔻等组成（见表3-52）,粉碎混匀即为粉状十三香,为中国传统肉制品混合调味料。

使用炖肉料对原料肉进行腌制时,用量为0.5%左右;炖制时可根据各地口味调整添加量,使用粉状料时在出锅前半小时再加（不粉碎时应早加）。

表3-52 炖肉料配方(kg)

香辛料	配方1	配方2	配方3	香辛料	配方1	配方2	配方3
八角	250	15	20	良姜	25	12	15
陈皮	230	60	12	甘草	30	5	15
茴香	90	15	35	豆蔻	10	8	5
桂皮	50	60	25	丁香	15	5	7
肉豆蔻	50	25	15	草豆蔻	20	0	5
山奈	35	15	15	姜	100	40	0
花椒	25	15	10	云木香	10	20	0
白芷	25	5	10	草果	10	0	0
砂仁	10	5	0				

8.香辣粉

香辣粉主要由洋葱粉、月桂叶粉、辣椒粉、丁香粉、白胡椒粉等配制而成,其配方如表3-53所示。

表3-53 香辣粉(沙司调味用)配方(质量比)

香辛料名	配比	香辛料名	配比	香辛料名	配比
洋葱粉	1.4	白胡椒粉	0.8	肉豆蔻粉	0.3
月桂叶粉	1.3	桂皮粉	0.7	蒜粉	0.3
辣椒粉	0.9	鼠尾草粉	0.5		
丁香粉	0.8	麝香草粉	0.5		

9. 烤肉辣粉

烤肉辣粉主要由红辣椒、陈皮、黑胡椒、肉豆蔻、月桂叶、丁香、桂皮配制而成,其配方如表 3 – 54 所示。

表 3 – 54　烤肉辣粉配方(质量分数/%)

香辛料	红辣椒粉	陈皮粉	黑胡椒粉	肉豆蔻粉	月桂叶粉	丁香粉	桂皮粉
配比	23.5	35.0	11.8	5.8	5.9	3.9	2.9

10. 孜然味调料

本品为粉状,主要用于炸、烤羊肉串,撒在羊肉上,也可用于煸炒羊肉、牛肉。

(1)所用设备　主要有锤式粉碎机,混合机,秤。

(2)配方　孜然粉 70 kg,姜粉 1 kg,洋葱粉 5 kg,水解植物蛋白粉 0.5 kg,香辛料粉(胡椒、肉豆蔻、肉桂、丁香、月桂等)5 kg,味精 1 kg,精盐 22 kg。

(3)生产工艺流程　生产工艺流程见图 3 – 26。

原料→称量→配料→混合→包装→成品

图 3 – 26　孜然味调料生产工艺流程

(4)操作要点　将原料分别按配方称量,倒入混料机中搅拌,并混合均匀便可。

(5)注意事项

①为了使原料混合均匀,最好使各原料的粒度接近,对于颗粒较大的原料要先进行粉碎而后再和各原料混合。

②精盐、酱油、豆瓣、豆豉组成的咸味要能满足菜肴的需要,咸度应使辣椒末、花椒末不至于产生空辣空麻,而是麻辣有味。

(6)质量标准　颗粒度均匀一致,无杂质,无结块现象,水分含量≤6%。

11. 胡辣汤调料

八角 2.58 kg,花椒 1.29 kg,丁香 0.16 kg,荜茇 0.16 kg,小茴香

0.18 kg,桂子 0.16 kg,良姜 0.2 kg,桂皮 0.2 kg,豆蔻 0.05 kg,陈皮
0.05 kg。

12. 食醋调味用混合香料(质量分数)

配方一:辣椒 24%,香菜 17%,姜 8.5%,黑胡椒 12%,众香子
18%,丁香 12%,芥菜 8.5%。

配方二:黑胡椒 15%,姜 12%,茴香籽 8%,肉桂 10%,肉豆蔻
8%,丁香 10%,月桂叶 20%,鼠尾草 5%,罗勒 5%,小豆蔻 5%。

13. 川味腊肉腌制粉

食盐 7.5 kg,白糖 1.5 kg,复合磷酸盐 0.38 kg,花椒粉 0.2 kg,桂
皮 0.09 kg,八角 0.03 kg,荜茇 0.09 kg,甘草 0.06 kg,辣椒粉 0.12
kg,硝酸钠 0.05 kg。

14. 八角茴香油调味粉

将八角用水蒸气蒸馏加工。制取的茴香油再与食品包埋剂(麦
芽糊精等)经过微胶囊包裹,干燥后即制成八角茴香油调味粉产品。

所用原料:茴香油、大豆分离蛋白、麦芽糊精、黄原胶及水。八角
成熟,无虫蛀、霉变,香辛味足。

微胶囊化茴香油制备工艺是:称取一定量的蛋白质和麦芽糊精,
溶于水,搅拌 30 min,然后加热搅拌至温度达 75℃左右,冷至室温,加
入茴香油,搅拌均匀,用分散器分散 1 min(12500 r/min),再进行均
质,得乳状液,然后进行喷雾干燥。

大豆分离蛋白或玉米醇溶蛋白与麦芽糊精混合作为茴香油喷雾
干燥的壁材能获得较高的效率(97%以上)和较高的得率(90%以
上)。壁材体系中的大豆分离蛋白的添加量增加会提高体系的乳化
稳定性和微胶囊化效率;在壁材体系中添加黄原胶能增加体系的乳
化稳定性,既有利于提高微胶囊化的效率,也有利于提高微胶囊化茴
香油的贮存稳定性。

注意:原料必须按质量要求验收,放置干燥通风处,防止霉变。
八角茴香油需用塑料桶盛装并密封,以防挥发和水分进入。

15. 官庄香辣块的生产

官庄香辣块是由辣椒、白芝麻、黄豆等原料加工而成的中档调味

料。其大体配方如下:辣椒50%～60%,黄豆15%,芝麻15%,优质酱油5%～10%,食盐5%～10%。

（1）原辅材料挑选及预处理

①选择优质辣椒:根据含水量不超过16%,杂质不超过1%,不成熟椒不超过1%,黄白椒不超过3%,破损椒不超过7%的要求,精心挑选,去除杂质和不合乎标准的劣质椒。

②加工辣椒粉:首先将符合标准的辣椒送入粉碎机,进行粗加工,粉碎机的罗底筛孔大小为6～8 mm,然后送入小钢磨进行磨粉,磨出的辣椒要求色泽正常,粗细均匀(50～60目),不带杂质,含水量不超过14%。

③选择优质白芝麻和黄豆:除去混在白芝麻和黄豆中的沙粒和小石子等杂质,拣出霉烂和虫蛀的芝麻及黄豆,取出夹带在原料中的黑豆和黑芝麻,以保证色泽纯正。

（2）操作要点

①熟制:炒熟黄豆注意掌握火候,保证黄豆的颜色为黄棕色,不变黑,炒出香味,可磨成50～60目的黄豆粉。

炒白芝麻时,将白芝麻炒至浅黄色有香味时为止,切忌炒过火变黑,然后碾成碎末。

②调制:将配比好的3种主要原料送至搅拌机,混合均匀,然后加入精制食盐、胡椒等调料,并用优质酱油调制成香辣椒湿料。

③成型:将调制好的香辣椒湿料称好重量,送入标准成型模具内,然后用压力机压制成45 mm×20 mm的香辣块。

④烘烤:将压制成型的香辣块送入隧道远红外烘烤炉烘烤,注意调节烤炉炉温和香辣块在烘炉中的运行速度,确保香辣块的色泽鲜艳,烘烤后的香辣块每块重约25 g。

⑤包装:经过烘烤的香辣块先用透明玻璃纸封装,然后按250 g和500 g两种规格分别装入特制的包装盒,入库保存。

官庄香辣块不仅保留了代县辣椒的特色,而且具有色泽鲜艳、香味扑鼻、辣味浓厚等特色,是宾馆、饭店和家庭烹调菜肴的优质调味料。

16.其他复合香辛料粉

（1）复合葱粉调味料　一般以葱白为原料,原料配比和加工方法与姜、蒜基本相同,除参阅有关资料外,还可根据需要另行制定配方,生产复合葱粉调味料的其他品种。

（2）美味椒盐　由花椒、芝麻、鸡精、味精、碘盐的粉状物配制而成。适用于腌渍、蘸食及油炸食品,风味独特。

（3）调馅料　由大料、茴香、花椒、胡椒、草果、干姜、白芷、桂皮、肉蔻、砂仁、白蔻、甘草、丁香、良姜等配制而成。本品可广泛用于调制各种荤素包子馅、饺子馅、饼馅,也可用于烧炒荤菜、凉拌菜、烧烤腌制各种肉制品及面食、汤类和风味小吃。

（4）炖鸡鲜　配料为花椒、八角茴香、肉蔻、豆蔻、丁香、胡椒、干姜、砂仁、桂皮、甘草、荜茇、陈皮、枸杞、大枣,用于炖制清汤鸡、清蒸鸡、红焖鸡、辣子鸡、烧鸡等禽肉类。

（5）烧烤料　原料有孜然、芝麻、辣椒、苏籽、味精、精盐。把孜然粉碎制成粉,芝麻焙干制成芝麻粉,苏籽制成粉,味精和精盐粉碎成细粉,各粉末按一定比例混合配制成烧烤料。本品适用于烧烤海鲜、鸡、鸭、鱼、牛、羊、火腿和其他飞禽的调味料。

（6）炖肉调料　配料为花椒、大料、茴香、香叶、肉桂、桂皮、丁香、姜、白芷、陈皮、山柰、山楂等。混合料可与大葱、食盐、酱油一起放入炖制排骨或砂锅肉中炖煮,也可做火锅底料。

（7）十四香炖肉料　配料为花椒、茴香、大料、香叶、桂皮、肉蔻、白蔻、丁香、良姜、陈皮、辣椒、干姜、木香、白芷。调料放入纱布,辅以食盐、酱油、味精等,可炖煮各种肉类菜肴。

二、酱粉

酱粉可用各种酱（如黄酱、面酱、蚕豆酱）为原料,添加增稠剂、保型剂、调味料等,经喷雾干燥而成。

（一）主要设备

调配罐,胶体磨,喷雾干燥机组。

(二)配方(质量分数)

酱 80%,糖 6%,β - 环状糊精 1% ~ 2%,麦精粉 10%,羧甲基淀粉钠 1% ~ 2%,水适量。

(三)生产工艺流程

酱粉生产工艺流程见图 3 - 27。

图 3 - 27　酱粉生产工艺流程

(四)操作要点

1. 糖酱溶合

将环状糊精用适量水溶化后加入酱中,边搅拌,边加入,搅拌 0.5 h 使反应充分。

2. 搅拌

将溶化好的羧甲基淀粉钠等增稠剂和糖液加入酱中,搅拌均匀,用胶体磨微细化。

3. 喷雾干燥

通过泵将酱料送入喷雾干燥塔,要求塔的进风温度为 135 ~ 140℃,出口温度 80 ~ 85℃。

(五)质量标准

水分 < 5%,盐 < 28%,总糖 ≤ 20%。

(六)注意事项

①若酱体黏稠度大,流动性差,可降低酱的配比,适量增加低黏度增稠剂的含量,如麦精粉,并控制好加水量。

②该工艺与方法也可将各种调味酱如蒜蓉辣酱、酸辣酱等加工成粉末。

③制作酱粉时,必须加入可溶性淀粉等赋形剂。加入量约为总固形物的 30%,并加入适量的水。

三、粉末酱油(酱油粉)

粉末酱油是粉末状的固体酱油,是以酱油直接喷雾干燥而成,风味与原有酱油无明显差别。其主要用于粉状调味料中,如汤料、汤精。方便面所需的汤料量非常多,因此该产品很有发展前途。

(一)主要设备

冷热缸,均质机,饮料泵,喷雾干燥设备,胶体磨,筛粉机,包装机。

(二)配方

高浓度酱油(无盐固形物含量 >20%)60% ~70% ,β - 环状糊精 0.5% ~10% ,糊精5% ,变性淀粉8% ~20% ,桃胶0.5% ~1.5% ,饴糖5% ~10% 。

(三)生产工艺流程

粉末酱油生产工艺流程见图3 - 28。

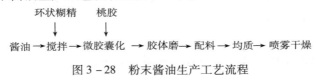

图3 - 28　粉末酱油生产工艺流程

(四)操作要点

1. 选料

酱油选用酱香味浓、颜色深的,无盐固形物含量越高越好,无盐固形物最好 >30% 。

2. 加热溶解 β - 环状糊精

将 β - 环状糊精均匀溶解在酱油里,静置一段时间,目的是使酱油风味封闭。加热溶解 β - 环状糊精,并高速搅拌,再慢速搅拌冷却,需几小时或1 d。

3. 微胶囊化

若酱油中固形物含量较低,需要进行真空浓缩。于酱油中加入溶化好的桃胶、糊精,搅拌均匀,静置2 h,然后通过胶体磨进行微胶囊化。

4. 均质、干燥

将所有原料加入配料罐,溶解,搅拌均匀,加热至 80℃ 左右,稍冷却,进行均质后,喷雾干燥。进风温度为 145 ~ 160℃,出风温度为 75 ~ 80℃。喷雾干燥可参照酱粉生产。

(五)质量标准

水分 < 4%,盐含量 35% ~ 45%,氮 2% ~ 4%,碳水化合物 20% ~ 30%,还原糖 6% ~ 9%,无盐固形物 ≥ 40%。

下面介绍制造酱油粉的两种喷雾干燥方法,即压力喷雾干燥法和离心喷雾干燥法。

(1)压力喷雾干燥法

①将过滤的空气由加热器加热到 130 ~ 160℃,由鼓风机送入干燥室,与此同时将约 60℃ 的酱油用高压喷成微细雾滴与热风迅速接触,酱油蒸发后的水汽,通过排风机由排风管排出。

②为防止在排风中混入部分极微细的酱油粉被排走,在后部喷雾干燥室排风管处设一集尘器,回收细微酱油粉。集尘器是由许多布袋组成的,以过滤细粉。

③压力喷雾酱油粉所使用的高压泵,在 7846.5 kPa 以上的压力下,将酱油通过微小的喷嘴锐孔射到干燥室内,喷嘴的孔径为 0.5 ~ 0.7 mm,喷头心具有螺旋状的沟纹,酱油经高压泵送到喷头心处,形成旋转式圆运动,通过锐孔以极高的速度喷射出去,与热风迅速接触而形成粉状,落至干燥室底部,然后过筛,即得成品。

(2)离心喷雾干燥法

①将经过滤的空气加热至 130 ~ 160℃,送入喷雾塔。

②把酱油放入喷雾室顶上的保温缸中,加热至大约 60℃,陆续由保温缸流到干燥室中的离心喷雾机转盘上,由于离心盘高速度旋转(7500 r/min,线速度达到 100 m/s),将料液迅速分散成雾点,与进入喷雾室的热空气瞬时接触,料液水分蒸发而变成粉末,落至干燥塔底部。

③进入干燥塔内的热空气靠加热器加热,在空气加热器上蒸汽表压力要维持在 588.4 ~ 686.5 kPa。热空气与料液接触后,排风温度

迅速降到 75~80℃,并保持这个幅度,排风相对湿度为 11% 左右。

④进料速度也可用来控制排风温度。粉经旋风分离器分离后,其余气体由排风机排出室外,将干燥后的酱油粉过筛,即得成品。

⑤酱油粉最好在相对湿度为 50% 左右、温度在 20℃ 左右的条件下进行包装,以免受潮。

质量标准:水分 12.30%,全氮 3.46%,氨基酸态氮 1.51%,糖分 19.00%,氯化物 44.45%。

四、风味小食品复合调味料

风味小食品如炸薯片、炸虾条、炸面包圈、米点心等主要以粮食为原料,米、面本身口味平淡,但制成的多种小食品却味美可口,有较强的诱惑力,主要原因是添加各种专用的小食品调味剂引起的。配料中有通常使用的食盐、味精、砂糖,还酌情添加了乳制品、香精、有机酸(苹果酸、柠檬酸、乳酸、酒石酸等)、增稠剂(乳糖、糊精等)及一种类似砂糖、低热量的圆润甜味剂(如阿斯巴甜,简称 ASP)。以下各例可配制成粉末或颗粒状调味料,用于相适应的小食品不会有吸湿反应,商品价值较高。

1.米点心专用复合调味料(见表 3-55)

表 3-55　米点心专用复合调味料配方(质量分数/%)

原辅料名	虾素	ASP	乳糖	苹果酸	味精	烘盐
配比	3	0.43	83.57	2	1	10

2.面包圈专用复合调味料(见表 3-56)

表 3-56　面包圈专用复合调味料配方(质量分数/%)

原辅料名	ASP	乳糖	味精	食盐
配比	0.5	98.25	0.25	1.0

3.炸杏仁米专用复合调味料（见表3-57）

表3-57　炸杏仁米专用复合调味料配方（质量分数/%）

原辅料名	牛肉粉	腊肉香精	熏肉粉	白胡椒粉	大蒜粉	圆葱粉	ASP	味精	食盐
配比	35	1	1.5	15	2.5	3.91	0.09	18	23

五、几种食品专用调味料

1.炸鸡粉专用复合调味料（见表3-58）

表3-58　炸鸡粉专用复合调味料（质量分数/%）

原辅料名	配比	原辅料名	配比	原辅料名	配比
食盐	10.0	大茴粉	6.5	草果粉	1.1
味精	9.9	小茴粉	1.1	砂仁粉	0.5
I+G	0.1	肉桂粉	6.5	丁香粉	1.1
葡萄糖	10.0	白芷粉	1.8	陈皮粉	0.5
水解蛋白粉	10.0	肉豆蔻粉	1.1	姜黄粉	1.5
花椒粉	1.8	砂姜粉	1.5	变性淀粉	35

2.香肠专用复合香辛料（见表3-59）

表3-59　香肠专用复合香辛料配方（质量分数/%）

原辅料名	胡椒粉	肉豆蔻粉	生姜粉	肉桂粉	丁香粉	月桂粉	甘牛至粉	洋葱粉	大蒜粉
配比	28.0	12.0	8.3	5.0	2.0	2.0	1.5	40.2	0.5

3.烧烤专用调味料

（1）烧猪肉风味固体调味料　原料配比见表3-60。

表3-60　烧猪肉风味固体调味料配方（质量分数/%）

原辅料名	配比	原辅料名	配比	原辅料名	配比
瘦猪肉（鲜）	21.8	水解蛋白粉	5.7	白胡椒粉	9.1
猪肉（鲜）	10.0	全蛋	6.1	切片洋葱（鲜）	12.5
猪肉汁粉	0.5	面包粉	6.1	食盐	1.5
牛肉（鲜）	12.5	特鲜味精	1.5	水	12.7

工艺操作过程为:先将猪肉熬油,然后将切片洋葱用猪油炒熟,最后将上述物料混合烧熟粉碎,即成烧猪肉风味料。

(2)烤牛肉风味固体调味料　原料配比见表3-61。

表3-61　烤牛肉风味固体调味料(质量分数/%)

原辅料名	配比	原辅料名	配比	原辅料名	配比
"烤牛肉"风味浸出物(粉末状)	14	大蒜粉	0.2	糊精	50
味精	4.25	黑胡椒粉	0.1	乳糖	10
氨基酸类调味料	2	芹菜粉	0.15	谷朊粉	10
核酸类调味料	0.4	咖喱粉	0.02	水	7.88
琥珀酸二钠	0.05	焦糖粉末	0.15		
洋葱粉	0.6	柠檬酸	0.2		

工艺操作过程为:将上述原料混合均匀放入加压锅内,以0.1 MPa蒸15 min,排汽出锅后粉碎,即成烤牛肉风味料。

第四章 半固态复合调味料的生产

半固态复合调味料是以两种或两种以上的调味品为主要原料，添加或不添加辅料，经过多个工序（包括加热、搅拌混合、填装、冷却等）加工而成的呈半固态的复合调味料。根据所加增稠剂量及黏稠度的不同，又可分为酱状复合调味料和膏状复合调味料。与传统调味料相比，半固态复合调味料口感自然，风味独特，并且使用方便，安全卫生。另外，在生产和使用过程中应该注意：由于半固态复合调味料水分、蛋白质、糖类等含量高，容易发生微生物繁殖、脂肪氧化酸败等；也可能出现褐变、黏稠度降低、油水分离等感官状态的变化而影响品质，这些因素需要在生产和贮藏过程中注意。

第一节 半固体复合调味料通用生产工艺

一、调制型半固体复合调味料的通用生产工艺

调制型复合调味料的通用生产工艺流程如图4-1所示。

辅料预处理→加热调配→调入香料→均一化处理→检验→灌装→封口→灭菌→冷却→成品

图4-1 调制型复合调味料生产工艺流程

不同风味的调制酱在生产工艺上有所不同，特别是在辅料预处理工序和灭菌工序。盐含量较高的调制酱，采用灌装前加热调配、趁热灌装封口的杀菌方式；而盐含量较低且营养丰富的调制酱，则一定要在灌装封口后再杀菌。

（一）常用辅料及其处理方法

1. 芝麻

除去杂质，放入清水中清洗后捞入筐内控去浮水，用微火进行炒

焙,要求香气充足,不得有焦苦味。

2. 花生仁

除去杂质后,用微火进行炒焙后去掉红衣,要求香气充足,无焦苦味。

3. 花椒

选用川花椒,用微火炒焙到熟,要求无焦煳味,然后用小钢磨破碎成粉即可。

4. 肉类及其制品

肉类及其制品包括猪肉、牛肉、鸡肉、兔肉、咸肉、香肠及火腿等,应选择新鲜且质量优良的肉制品。新鲜肉应洗净,若用干肉,则浸水发胀后洗净,然后蒸熟,再分成大小约 1 cm 的肉丁,最后加工成五香肉类。若用香肠,应将香肠洗净蒸熟,再切成薄片。若用火腿,应将火腿洗净,先切成大块蒸熟,然后去皮去骨,最后切成大小约 1 cm 的肉丁。

5. 虾米

将小虾用水淘洗,去掉皮骨及碎屑,再洒入少量水,让它吸水后变软备用。如果用大虾,则先切成小段,然后渐渐洒水使组织变软备用。

6. 果蔬

新鲜水果:如芒果、猕猴桃等要洗净后于烘箱中烘干表面水分,去皮后切成碎块或粒。小浆果类(蓝莓等)无须去皮。新鲜蔬菜如肉质根类蔬菜(如胡萝卜、紫薯等)蒸熟后捣碎成泥,叶茎类蔬菜蒸后打浆备用。

7. 菌菇

将双孢蘑菇、香菇、美味牛肝菌等菌菇类配料混合,捣碎,加水匀浆,加压加热沸腾熬制,冷却后过滤,得到食用菌辅料。

(二)配料

豆瓣酱磨碎后(有些产品直接用豆瓣酱)加入面酱、芝麻、花生、肉类、水产品、花椒粉、辣椒糊等及其他调味料,可以配制出各种不同的品种。可根据各地消费者的习惯及喜好来决定配制酱的风味特色。比如喜欢甜的可以多加些甜面酱及白糖;喜欢鲜味的可以多加些鲜味剂或味精;喜欢辣味浓的多加些辣椒糊;要麻辣的可多加些花椒粉及辣椒糊等。但必须注意的是当一个品种的配方确定以后,应严格掌握用料,而不可任意改变,否则不能保证产品质量稳定和一致。

香辛料油树脂是指通过用有机溶剂提取或超临界流体萃取等方法将辛香调料中香味成分提取出来的浓缩液,浓度约为原料的数十倍。其含有比较全面的辛香料有效成分,如精油、色素、树脂及一些非挥发性的油脂和多糖类化合物,具有辛香料的特征香味,香气和口味比较平衡。油树脂的香气更丰富,口感更丰满,具有抗菌、抗氧化等功能,能大幅提高香料植物中有效成分的利用率,可作为高品质的浓缩调味料替代传统香辛原料应用于复合调味料。这是香辛料发展中较先进的调味形式,作为新兴的食品原料,正为食品界广泛地认识和接受。

酵母抽提物作为一种具有复杂调味特性的天然调味料,被广泛应用于食品加工的各个领域。酵母抽提物是由酵母细胞中的水溶性成分制得的浓缩物,含有丰富的呈味氨基酸和呈味核苷酸,在制作过程中 B 族维生素、谷胱甘肽、微量元素等营养成分也一起从酵母细胞中提取出来,因而具有良好的调味特性和营养价值。独特而浓郁的鲜味和肉香味是其主要风味特征,将其添加到食品中能改善产品滋味,缓和酸味,去除苦味,屏蔽食品原料中的异味,使产品滋味醇厚柔和、香气浓郁持久。

米糠多糖是以脱脂米糠为主要原料,经高温高压辅助处理、热水浸提、离心、醇洗、浓缩、冻干等工艺精制而成。米糠中无氮浸出物主要为淀粉、纤维素和半纤维素,一部分半纤维素构成了水溶性米糠多糖。其不仅是一种优良的水溶性膳食纤维,更是一种高性能的乳化稳定剂,能乳化蛋白和脂肪形成稳定性,可以应用到调制型酱状复合调味料。

(三)成品加工

各种花色酱在配制过程中,都是从加热开始的,首先将油、佐料及不同辅料分层次地加入夹层锅内进行煸炒,这样可以通过加热使原辅料中存在的微生物和酶停止作用,以防止产品再发酵或发霉变质。煸炒灭菌温度为85℃以上,维持10~20 min,同时添加防腐剂苯甲酸钠0.1%或山梨酸钾0.01%。

花色酱中有肉类和水产品,不易分装均匀,因此装瓶时应先将肉类和水产品定量分装于瓶内,再将煸炒好的酱装瓶拌匀。

(四)包装

成品酱一般采用玻璃瓶包装,玻璃瓶容量一般为250~350 g。目前也有很多生产厂家采用塑料盒包装,以便于流水线生产。

玻璃瓶在清水中洗净,达到内外清洁透明的程度,倒置于箩筐中沥干,在蒸汽灭菌箱内直接蒸汽灭菌后,才可把经过热灭菌的酱品降温后装入瓶中。装瓶时酱品温度不得低于70℃,装瓶至瓶颈部,每瓶面层加入香油6.5 g,然后加盖旋紧。盖内垫一层蜡纸板或盖内注塑,以免香油渗出。最后瓶身粘贴商标,经装箱或扎包后即可出厂。

瓶装辣酱面层封口用的香油应加入0.1%的苯甲酸钠作为防腐剂。苯甲酸钠能溶于香油中,但要加热至80~85℃,以达到防止发霉变质的目的。

二、发酵型半固体复合调味料通用生产工艺

发酵型半固体复合调味料是指在外源微生物和内源酶的作用下,通过控制发酵条件,将原料中的大分子物质分解成小分子的呈味物质而制备的一类复合调味料。早在我国夏商时期,我国先民就懂得利用发酵来制备调味料,如酱油、醋、料酒等。这些调味料的风味主要是由酶和微生物共同作用产生,形成过程复杂,代谢产物种类丰富,因而具有独特的风味、醇厚的口感,且多数代谢产物还具有调节机体生理功能的作用。发酵型复合调味料因原料天然、风味独特、营养健康而深受广大消费者喜爱,是普通调味料不可比拟的。

发酵型复合调味料的生产工艺流程一般如图4-2所示。

辅料预处理→调配→发酵、成熟→灭菌处理→成品

图4-2 发酵型复合调味料生产工艺流程

不同风味的发酵复合调味料产品所用原料不同,其生产工艺也稍有差别,特别是在发酵工序上,工艺差别较大。其发酵方法按底物状态可分为固体发酵和液体发酵;按微生物应用方式可分为纯种发酵和混合发酵。

固体发酵是相对液体发酵而言,指在几乎没有游离水的培养基质上微生物的生长代谢过程。固体发酵培养基中的水分一般在40%～60%,含量较低,随着微生物代谢自由水的增加,若物料仍具有较好的固态特性,这类发酵也可称为半固体发酵。

第二节 蛋黄酱、色拉酱

一、蛋黄酱

(一)概述

蛋黄酱是西式调味沙司中一类有特色的调味料。蛋黄酱呈半固体形态,是由植物油、鸡蛋、盐、糖、香辛料、醋和乳化增稠剂等,通过胶体研磨机使油滴细微化分散在水中而制成的半液体状食品。蛋黄酱和色拉酱一般按油脂和蛋黄的使用量来区分:蛋黄酱油脂含量75%以上,蛋黄含量6%以上。

蛋黄酱是一种风味独特、营养丰富的调味品,其脂肪相和水相的比例与人造奶油相似。但蛋黄酱是一种水包油型(O/W)乳状液,从而区别于人造奶油。一般蛋黄酱中的含水量为10%～20%。

蛋黄酱是典型的西式调味酱,在西方国家极为流行。美国蛋黄酱分为家庭用和行业用两大类。家庭用主要用于自制色拉及涂抹在汉堡包、三明治、炸鱼、炸猪排上,还可以用来制作馅料、甜品和蘸料;行业用蛋黄酱主要用于当天加工食品、冷藏食品、冷冻食品、烘焙食品、软罐头食品及快餐食品。蛋黄酱在西餐中可用于以下几方面。

1. 可以直接调制各种冷菜

大多数冷菜都可以用蛋黄酱调味,有些则必须用蛋黄酱调味。例如,马乃司大虾、马乃司鱼的制作就很有代表性。

2.可以调制出其他沙司

以蛋黄酱作为主料,与其他配料及调味料进行拌和,就可以生产出其他沙司或味汁。例如,将洋葱、龙蒿切成细末,拌入蛋黄酱内,再加入番茄沙司、辣椒汁、白兰地调匀即做成了粉红色的鸡尾汁(cocktail dressing),其味肥润略带酸辣、微甜。适用各种鸡尾杯冷菜。如此类似制作方法还可调制出绿色的调味汁(verte)、玫瑰色的安德鲁斯汁(Andalouse dressing)、黄黑色莫斯科汁(Moscovite dressing)、白色的法国汁(french dressing)、黄中带绿的鞑靼汁(Tartar dressing)等,而这些沙司或调味汁,又可以用于拌制各式菜肴。

3.可用于配制热菜

蛋黄酱不但可以调制冷菜,还可以用来配制热菜。例如炸鱼,将鱼肉调味后拍上粉,加鸡蛋液,再滚沾面包粉炸成金黄色,上席时鱼旁配以蛋黄酱蘸食用。

(二)蛋黄酱生产原料

生产蛋黄酱的原料有植物油、食醋、蛋品、调味料、香辛料、乳化剂、增稠剂、防腐剂等,如表4-1所示。

表4-1 蛋黄酱和色拉酱常用的原料

种类	名 称
植物油	棉籽油、玉米胚芽油、大豆油、葵花籽油、橄榄油、菜籽油、红花籽油
食醋	白醋、冰醋酸、果醋、米醋、调味醋
蛋品	鲜蛋、冰蛋黄、蛋黄粉
调味料	食盐、味精、砂糖、琥珀酸钠、呈味核苷酸
香辛料	胡椒、辣椒、姜、蒜、洋葱、柠檬油、芹菜籽油、肉豆蔻油、牛至、罗勒、龙蒿、洋苏叶、迷迭香等
乳化剂	卵磷脂、单甘油脂肪酸酯、蔗糖脂肪酸酯
增稠剂	黄原胶、瓜尔豆胶、刺槐豆胶、明胶、藻酸丙二醇酯、变性淀粉、果胶
防腐剂	山梨酸钾、苯甲酸钠

因为蛋黄酱凝固点较低,所以必须使用植物油。植物油要求用无色或浅色,硬脂酸含量不超过0.125%。最好选用植物性色拉油,如净化棉籽油、红花籽油、生菜油、玉米油和葵花籽油等,以防产品低温贮藏时发生固化,产生结晶,破坏乳状液的稳定性而影响产品质

量。最常用的是精制豆油,最好的是橄榄油。

食醋要求使用醋酸浓度在 35～45 g/L 之间的白醋,用柠檬酸代替亦可。醋在蛋黄酱中有双重作用:一是可抑制微生物的生长,起防腐作用,以提高产品的存储能力和延长货架期。二是可作为风味剂来提高产品的风味。

蛋黄或全蛋的主要作用是乳化,其中起乳化作用的物质是卵磷脂。卵磷脂以一种空间完整的保护膜包围油滴,保护膜具有弹性,在达到破裂的程度之前都是可变形的。蛋黄中的类脂物质对于产品的稳定性、风味和颜色起着关键作用;如果用全蛋,蛋清在蛋黄酱制造过程中可与酸凝结而形成胶体结构。鸡蛋一定要选择新鲜的,外观无霉点、无黑点、无斑点、无粪迹,蛋壳完整、表面呈粉状、色泽鲜明、气味正常、相互轻磕有清脆的"咔咔"声、摇晃时无动荡响声、手感沉甸甸的鸡蛋。灯光下透视蛋壳无斑,气室很小不移动,蛋白浓厚澄清,蛋黄居中或稍偏,无胚胎,无发育现象。有条件最好选取养鸡场出产的 10 d 内的鲜鸡蛋或保鲜冷藏 20 d 内的鲜鸡蛋。

除用蛋黄作为乳化剂外,柠檬酸甘油单酸酯、柠檬酸甘油二酸酯、乳酸甘油单酸酯、乳酸甘油二酸酯与卵磷脂复配使用,也能使脂肪呈细微分布,并可改善蛋黄酱类产品的黏稠度和稳定性。选用的乳化剂和增稠剂必须是耐酸的,乳化剂不可全部代替蛋黄,其用量为原料总量的 0.5% 左右。

砂糖和盐起调味作用,在一定程度上还有防腐和稳定产品质量的作用。砂糖和盐要求无色细腻。

香辛料要求质量上乘、纯正。香辛料主要用于增加产品风味,常用的有芥末、胡椒、味精等。其中芥末是一种非常有用的乳化剂,可与蛋黄结合产生很强的乳化效果。

(三)蛋黄酱生产工艺

生产蛋黄酱的工艺有交替法、间歇法和连续法。用交替法生产时,先将乳化剂分散于一部分水中,然后交替地加入少量油和剩余的水及醋,最后把得到的初级乳状液进行均质。用连续生产方法时,先把水相与乳化剂混合均匀,然后在剧烈搅拌下逐渐将油乳化到混合物中。连续生产是在真空乳化机中进行的,一边抽真空,一边加油和醋,同时进行搅拌乳化。交替法操作简单,所得产品质量也较好,下面重点对其进行介绍。

1.生产设备

蛋黄酱主要生产设备有搅拌机、胶体磨、均质机、真空乳化机、灌装机、洗瓶机、烘干箱等。使用均质机时,均质压力不能太高,一般为 8～10 MPa。

2.蛋黄酱交替法生产工艺流程

蛋黄酱生产工艺流程如图 4-3 所示。

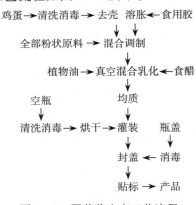

图 4-3 蛋黄酱生产工艺流程

3.工艺流程说明及操作注意事项

鲜鸡蛋先用清水洗净,用消毒水浸泡几分钟,捞出控干,打蛋去壳。将食用胶用 20～30 倍的水提前浸泡、溶胀。将少量的原辅料用水溶化,除植物油、醋以外,全部倒入搅拌机中,开启搅拌,使其充分混合均匀。边搅拌边缓慢加入植物油,当油量加至 2/3 时,将醋缓慢加入,再将剩余的油加入,直至搅成黏稠的糊糊状。为了得到组织细腻的蛋黄酱,用胶体磨进行均质,胶体磨转速控制在 3600 r/min 左右。将均质后的蛋黄酱装于洗净烘干的玻璃瓶或铝箔塑料袋中,封口后即为成品。在操作中要注意以下几点:

①如果直接用从冷库中取出的冰鲜蛋,则蛋黄中卵磷脂不能发

挥良好的乳化作用。一般以 16 ~ 18℃ 条件下贮存的蛋品较好,如温度超过 30℃,蛋黄粒子硬结,会降低蛋黄酱质量。由于蛋黄酱生产一般不能杀菌,所以在制作过程中应注意生产车间设备、用具的卫生,进行严格的清洗、杀菌。蛋黄酱的制作应使用新鲜蛋黄。蛋黄不仅是形成蛋黄酱的水包油型(O/W)乳浊液所不可缺少的成分,对蛋黄酱颜色也起着重要作用。因此,蛋黄加入量不能低于 2.7%,全蛋液不得低于 6%。

②常用的香辛料有蒜粉、芥末、胡椒等。芥末既可以改善产品的风味,又可以与蛋黄结合产生很强的乳化效果。这些粉末易结块,使用时应将其研磨成细粉,越细乳化效果越好,否则味道不均匀。

应将香辛料和蛋黄混合。香辛料一般不溶于水,而蛋黄是一种乳化剂,二者混合后会形成均一的液态。

为了增加产品的稠度,可酌情添加适量的胶,如黄原胶、瓜尔豆胶、刺槐豆胶、果胶和明胶等。

③凡油溶性的乳化剂、抗氧化剂,如单甘油脂肪酸酯,先用少量油加热溶解,待完全溶开后,冷却至室温,再加入搅拌锅中。

④将蔗糖溶于醋中。因为蔗糖在油中的溶解度很低,所以要先将蔗糖溶于醋中。

⑤油应在搅拌下缓缓加入,这样有利于乳状液的形成。随着油的加入,混合液黏度增大,应调整搅拌速度,使加入的油滴尽快分散。

⑥胶体磨处理是必不可少的,它进一步增加了乳化效果,使制品质地更加均匀;另外由于调味料有一定的粒度,可用胶体磨将其磨细。否则,由于可见有色粒子,影响制品外观及味道的均一性。

⑦乳化好的蛋黄酱可在 45℃ 下杀菌 8 ~ 24 h,但温度不能超过 55℃。在 60℃ 温度下,一般蛋黄酱都会凝固。

⑧蛋黄酱中含有大量醋,抑制了微生物繁殖,因而在常温下也可放置 1 ~ 2 周。如果向其中加少量乳酸菌,贮藏期可延长至 1 个月。

蛋黄酱适宜保存在 5 ~ 8℃ 的环境中,不可冷冻,也不可置于高温处。温度为 35 ~ 40℃ 时,蛋黄酱容易脱油而散,冷冻后解冻也会使之稀疏分层;存放的器皿要用油纸或保鲜纸密封,以防止表面水分散逸,引起表层裂缝而脱油;取用时应使用无油器具,以避免脱油。

(四)蛋黄酱生产实例

1. 传统生产方法

参考配方:蛋黄 500 g,精制生菜油 2500 mL,食盐 55 g,芥末酱 12 g,白胡椒面 6 g,白糖 120 g,醋精(30%)30 mL,味精 6 g,维生素 E 4 g,凉开水 300 mL。

将新鲜鸡蛋洗净,杀菌后取出蛋黄放在容器内。把烧熟又晾凉的豆油,少量多次、缓慢地加入蛋黄内。顺着一个方向,用筷子搅拌,使蛋黄逐渐黏稠膨胀起来。最后加入盐、糖、味精、醋等调味料,搅拌均匀即成。

2. 现代生产方法

参考配方(质量分数):植物油75%~80%,食醋9.4%~10.8%,蛋黄或全蛋液 8% ~ 15%,糖 1.5% ~ 2.5%,盐 1.5%,香辛料0.6%~1.2%,植物油 79.2%,蛋黄粉 2.5%,脱脂奶酪 1.0%,食盐1.0%,砂糖 1.0%,苏打 0.03%,芥末粉 0.63%,水 50%。

将蛋黄粉、芥末、砂糖、食盐和香辛料等固体物料一起干磨,然后加入约 1/3 的醋,在激烈搅拌下缓慢加入植物油,使其形成一个很黏的"核心",最后加入剩余的醋和水,搅拌均匀形成酱状即可。

3. 其他生产方法

徐志祥等人开发了蒜油蛋黄酱,在蛋黄酱中加入少量大蒜油。大蒜油不仅有调味作用,还具有降血脂、抑制血小板聚集、减少冠状动脉硬化、抗癌、防癌等多种药理作用,其中所含硫化物对因摄取脂肪而引起的胆固醇增加有抑制作用。

陈茂彬开发了降胆固醇功能性蛋黄酱。蛋黄酱主要成分蛋黄中胆固醇含量较高,这对于喜食蛋黄酱的高胆固醇、高血脂患者来说,不仅不利于消化,还会升高血清胆固醇含量。添加植物甾醇酯和天然维生素 E 的蛋黄酱产品,能够抑制人体对胆固醇的吸收。在蛋黄酱中添加质量分数为 2.5% 的植物甾醇油酸酯(PSO)和 0.5% 的天然维生素 E,可制成功能性蛋黄酱。功能性蛋黄酱的最佳配方为:专用色拉油(含 PSO 3.5%,维生素 E 0.7%)74%,鸡蛋黄 14%,食醋 9%。

国别不同,地域差别,风俗习惯有异,原料之间的比例皆有自己的特殊配方。在我国西式厨房中,目前比较流行的比例(质量分数)为:植物油60%,水12%,蛋黄22%,盐2%,白糖2%,芥末粉1.4%,白醋0.6%。

另外,还有其他一些配方也很常用。

(1)蛋黄酱的一般配方(质量分数)　色拉油75%,食醋9.8%,蛋黄9.2%,食盐2%,糖2.4%,香辛料1.2%,味精0.4%。

(2)低脂肪、高黏度配方(质量分数)　蛋黄25%,植物油55%,芥末1.0%,食盐2.0%,柠檬原汁12%,α-交联淀粉5%。

成品特点:黄色,比较黏稠,具有柠檬特有的清香,酸味柔和、口感细滑,适宜做糕点夹芯。

(3)高蛋白、高黏度配方(质量分数)　蛋黄16%,植物油56%,脱脂乳粉18%,柠檬原汁10%。

成品特点:淡黄色,质地均匀,表面光滑,酸味柔和,口感滑爽,有乳制品的芳香,适宜做糕点等表面涂布。

(4)其他配方(质量分数)　连喜军等经研究得到蛋黄酱的最佳配方为植物油70%,蛋黄14%,食醋11%,食盐1.5%,砂糖1.5%,味精0.5%,香辛料1.5%。

其他蛋黄酱配方见表4-2~表4-4。

表4-2　蛋黄酱配方之一(质量分数/%)

原辅料名	配比	原辅料名	配比	原辅料名	配比
大豆色拉油	75.0	砂糖	3.0	白胡椒粉	0.1
白醋	10	食盐	1.9	味精	0.4
蛋黄	9.0	芥末粉	0.4	复合香辛料	0.2

表4-3　蛋黄酱配方之二(质量分数/%)

原辅料名	配比	原辅料名	配比	原辅料名	配比
色拉油	70.0	食盐	1.5	红辣椒粉	1.0
白醋	12.5	芥末粉	0.3	复合香辛料	0.5
蛋黄	7.0	白胡椒	0.2	味精	0.5
砂糖	2.0	洋葱汁	4.0	柠檬酸钠	0.5

表4-4　蛋黄酱配方之三(质量分数/%)

原辅料名	配比	原辅料名	配比	原辅料名	配比
色拉油	63.0	砂糖	3.5	味精	0.5
白醋	9.8	食盐	1.5	复合香辛料	0.2
冰醋酸	0.4	芥末	0.5	复合乳化剂	0.15
全蛋	9.0	白胡椒	0.2	山梨酸钾	0.05
水	11.0	耐酸 CMC	0.2		

二、色拉酱

(一)色拉酱概述

　　色拉酱是西式调味沙司中一类有特色的调味料,也是由植物油、鸡蛋、盐、糖、香辛料、醋和乳化增稠剂等,通过胶体研磨机使油滴细微化分散在水中而制成的半液体状食品。色拉酱油脂含量最低为50%和蛋黄含量为3.5%以上。一般色拉酱的含水量为20%~35%。

　　在国外,色拉酱的品种很多且富于变化。乳状液的外观以乳白色者居多,也有些使用了红辣椒和番茄酱等原料,因而外观为橙红色。风味比较典型的是法式色拉酱和意大利型色拉酱。法式色拉酱所用香料比较简单,使用的香辛料以胡椒、洋葱、大蒜、芥末等为主,刺激味较浓,为了得到清爽感,所用醋的种类和配比是非常重要的。意大利型色拉酱能闻到蒜的气味以及洋苏叶、牛至、迷迭香和甘牛至等香辛料的芳草香气。另外,一些色拉酱还加入调味汁、稀奶油、浓缩果汁及各种调味料、香料。此外,脂肪含量为50%的色拉酱和类似色拉酱的产品必须加入增稠剂。

　　色拉酱在许多国家都有生产,特别在欧美、日本等国家,色拉酱已渗入每个家庭,成为日常生活中不可缺少的调味品。目前国外色拉酱品种较多,有些产品中还加入醋渍蔬菜,如酸黄瓜、醋渍洋葱等,制成适用于油炸海产品的沙司。有的国家已研制生产出耐热性和耐冷冻性色拉酱。随着世界上需求低热量食品人数的增加,无油型和低油脂色拉酱也相继在市场上出现。在我国,色拉酱的消费主要集中在大中城市,其产品主要依赖进口,近几年也有一些厂家开始生产和销售色拉酱系列产品。

　　色拉酱常用于色拉的制作。将色拉酱拌到土豆、豌豆、甜椒、胡萝卜、黄瓜及火腿丁等菜肴中，即可配成具有西方风味的色拉冷盘。色拉是英语"Salad"的音译，广东、香港称为"沙律"，它泛指一切凉拌菜，是用各种凉透了的熟料，或是可以直接入口的生料加工成较小的形状，再加入调味品或是浇上各种冷沙司或冷调味汁拌制而成的。色拉的选料很广，从各种蔬菜、水果到各种海鲜、禽蛋类和肉类均可使用。色拉酱是调制色拉的经典沙司之一。例如，调制土豆色拉（potato salads）、火腿西红柿色拉（ham & tamato salads）、什锦色拉（assorted salads）、华尔道夫色拉（Waldorf salads）、意大利色拉（Italian salads）、厨师色拉（chef's salads）、加利福尼亚色拉（California salads）等。

（二）色拉酱生产工艺

　　生产色拉酱的生产设备和工艺流程与蛋黄酱基本相同。

　　色拉酱生产工艺流程见图4-4。

色拉油、辣椒油、白糖、白醋、精盐、味精
↓
鲜鸡蛋 → 选蛋 → 洗蛋 → 杀菌 → 烘干 → 打蛋 → 过滤 → 初次乳化 → 二次乳化 → 灌装 → 脱气 → 封盖 → 成品

图4-4　色拉酱生产工艺流程

（三）色拉酱操作要点

1. 杀菌、烘干

　　将洗净的鸡蛋放入有效氯含量为0.02%的水溶液中，杀菌10~15 min，取出后用水冲洗干净，于60℃恒温箱中烘干蛋壳表面水分，时间为2~3 min。

2. 打蛋、过滤

　　利用打蛋机将蛋打成均匀的蛋液，蛋液经20目不锈钢网过滤，以滤去可能存在的碎蛋壳。

3. 初次乳化

　　按配方要求的量，先将蛋液加入食品搅拌机中，开动搅拌，按白糖、精盐、味精先后顺序加入蛋液中，再将大豆色拉油、辣椒油和白醋按先后顺序加入,进行初次乳化,乳化温度为 15～20℃,乳化时间为 10～20 min,得到粗乳状液。

4.二次乳化、灌装

将粗乳状液利用胶体磨进行二次乳化,温度为 15～20℃,时间 2～3 min,乳化后及时进行灌装。

5.脱气、封盖

灌装后利用脱气机进行脱气,时间为 10～15 min,然后立即进行封盖,封盖后即为成品。

(四)生产实例

色拉酱是高脂肪、高热量食品。过多地摄取高脂肪、高热量食品,不利于人体健康,传统色拉酱被视作为肥胖者的敌人。有营养学家认为,21 世纪将是不含脂肪的饮食时代。在这一潮流下,不少厂家采用油脂代用品来生产低热量色拉酱。

1.低脂色拉酱生产工艺流程说明

将配方中的水根据实际情况分成两份,一部分用来浸泡胶类物质,用量为胶体重量的 30～50 倍,另一部分用于溶化蛋黄粉、香辛料等粉体物料。将复合乳化剂、蔗糖、食盐等干物料混合均匀,取少部分油与混合粉一同搅拌,混合粉与油的比例为 1:2。将溶有调味料等粉状物质的水溶液和胶液加入上述油和复合乳化剂的混合物中,边搅拌边加入鸡蛋液。用真空混合机边脱气边搅拌,并同时加入剩余的油质和食醋进行预乳化。将混合料液打入胶体磨中进行细磨均质,或用均质机在 9.8 MPa 压力下均质。工艺的其他部分同蛋黄酱。

2.一般色拉调料

原料配方如下:蛋黄 10%,植物油 70%,芥末 1.5%,食盐 2.5%,食用白醋(含醋酸 6%)16%。

成品特点:淡黄色,较稀,可流动,口感细腻、滑爽,有较明显的酸味。

3.鲜辣色拉调味酱

原料配方如下:鲜鸡蛋液 150 g,大豆色拉油 650 g,辣椒油 100 g,白醋 60 g,白糖 30 g,精盐 7 g,味精 3 g。

4.低胆固醇色拉酱

近年来,传统沙拉酱均采用鸡蛋,而鸡蛋蛋黄中的高胆固醇含量对人体健康所带来的影响也越来越引起人们的广泛关注。并且在作坊式制作中由于鸡蛋的清洗不彻底,造成沙门氏菌对人体的感染事件也屡屡发生。鸡蛋新鲜程度对沙拉酱品质也有一定影响。因此采用蛋黄代替品制成的无蛋沙拉酱成为市场的新产品,无蛋沙拉酱专用粉也如雨后春笋般出现。在这种专用粉中变性淀粉为主要成分。孙慧敏建立了制备羟丙基糯米淀粉的工艺,发现糯米淀粉经过羟丙基化后,糊液性质得到了明显的改善。羟丙基化使糯米淀粉糊化温度降低、黏度增大,但耐酸、耐盐及抗剪切性无明显提高。经过三偏磷酸钠交联后,糊液的耐酸、耐盐以及抗剪切性都有一定的提高,且随着交联度(结合磷含量)的增加而增大。糯米变性淀粉色拉酱配方:预糊化交联羟丙基糯米淀粉(A)16 g,预糊化辛烯基琥珀酸糯米淀粉酯(B)14 g,水 160 g,白醋 20 g,白糖 30 g,食盐 9 g,色拉油 350 g。

第三节　以动物性原料为基料的调味酱

以动物性原料为基料的调味酱是指以动物性原料为基料,添加或不添加辅料,经过多个工序(包括加热、搅拌混合、填装、冷却等)加工而成的调味料。它是目前市场上肉味香精的主要来源,包括鸡肉味、猪肉味、牛肉味、鱼肉味、虾肉味等。这些肉味调味酱根据用途不同,可以分为肉味香精和方便面酱、火锅底料酱等。它们主要在加工食品方面可用于方便面、调味汁(酱)、肉制品等。在餐饮业中可用于制作高档面汤、馄饨汤、火锅底汤、炒菜高汤、馅料等。

一、肉味香精
(一)通用生产工艺

肉在加热过程中产生的挥发性香味物质是由肉内各种组织成分间发生的一系列复杂变化形成的,肉类的挥发性香气物质被分析出并报道的有 1 000 多种成分,这些成分主要由吡嗪类化合物、硫化物、内酯化合物和呋喃化合物构成。肉制品的特有风味是由脂肪组织决定的,如果把脂肪从各种肉中除去,则肉加热后的香味就是一样的。制备鸡、鸭、牛、猪等肉味香精可利用前体物质,主要是含硫氨基酸和糖类为依托,通过加热反应形成。目前通过热反应技术和调香技术相结合生产肉味香精仍然是肉味香精生产技术的主流。

鸡肉、猪肉、牛肉、鱼肉、虾肉等动物蛋白在蛋白酶的作用下分解成肽、氨基酸等香味前体物质(水解动物蛋白 HAP),与水解植物蛋白 HVP、酵母精、各种单体氨基酸、还原糖和香辛料等经过美拉德反应,生成香味浓郁、逼真的肉味香精,再用香料调和,其香味强度大大提高。

肉味香精的传统生产工艺流程如图 4 - 5 所示。

```
                        蛋白酶      氨基酸、还原糖、HVP
                          ↓            ↓
肉类蛋白→切粒→高压蒸煮→打浆→胶体研磨→酶解→酶解物→热反应
→加入香料调香→浓缩→膏状肉味香精
```

图 4 - 5　肉味香精的传统生产工艺流程

由于肉味的特征香味来自其脂肪成分,因此在新的肉味香精生产工艺中加入了肉类脂肪氧化物。新的生产工艺流程如图 4 - 6 所示。

```
                        蛋白酶      氨基酸、还原糖、HVP等
                          ↓            ↓
肉类蛋白→切粒→高压蒸煮→打浆→胶体研磨→酶解→酶解物→热反应→加入香料调香
→浓缩→膏状肉味香精                        ↑            ↑
                              脂肪→氧化→脂肪氧化物
```

图 4 - 6　肉味香精新的生产工艺流程

美拉德反应的条件是影响肉味香精风味的主要因素。影响美拉德反应的因素主要有温度、时间、水分活度、水分含量、pH 值和反应物组成等。

1. 温度

温度升高有助于反应进行,产生更多的香味物质,不同温度下还可产生不同的香气。

2. 水分活度

美拉德反应的最佳水分活度为 0.65 ~ 0.75,水分活度小于 0.30 或大于 0.75 时美拉德反应很缓慢。

3. pH 值

美拉德反应形成颜色的 pH 值大于 7.0,吡嗪形成的 pH 值大于 5.0,加热产生肉香味的 pH 值在 5.0 ~ 5.5 之间。

4. 反应物组成

氨基酸和还原糖的种类不同,香气成分也不同。

(二)生产实例

1. 牛肉风味香精

(1)原料配方　水 637.4 g、牛肉脂 448.0 g、植物水解蛋白 496.0 g、L - 半胱氨酸盐酸盐 14.1 g、盐酸维生素 B_1 14.1 g、乳糖 8.0 g、DL - 丙氨酸 8.0 g、牛肉萃取物 128.0 g、水 360.0 g、核糖 15.0 g、葡萄糖 8.0 g、β - 丙氨酸 7.0 g、半胱氨酸盐酸盐 15.0 g、谷氨酸 5.0 g、甘氨酸 5.0 g。

(2)生产工艺　将水 637.4 g、牛肉脂 448.0 g、植物水解蛋白 496.0 g、L - 半胱氨酸盐酸盐 14.1 g、盐酸维生素 B_1 14.1 g、乳糖 8.0 g、DL - 丙氨酸 8.0 g、牛肉萃取物 128.0 g 混合后,在 105℃回流 4 h,冷却至 70℃分出油相,过滤弃去固形物即可得到具有牛肉香气的香味料;如将水 360.0 g、核糖 15.0 g、葡萄糖 8.0 g、β - 丙氨酸 7.0 g、半胱氨酸盐酸盐 15.0 g、谷氨酸 5.0 g、甘氨酸 5.0 g 在 130℃的油浴中加热回流 2 h。反应结束后冷却至室温,移至密闭容器内放置 2 d,再用碱中和至 pH 值为 6.6 ~ 6.8,即可得到具有浓厚牛肉香气的褐色香味物质。

2. 烧烤风味猪肉香精

(1)原料配方(见表 4 - 5)

表 4 - 5　猪肉香精的配方

配料	用量/g	配料	用量/g	配料	用量/g
猪肉酶解液	50	猪油	7	丙氨酸	1
甘氨酸	2	I + G	0.8	猪骨油	5
葡萄糖	6	食盐	5	味精	6
植物水解蛋白	20	豆蔻	0.1	丁香粉	0.02
酵母抽提物	8	肉桂粉	0.3		

（2）生产工艺　将表 4 - 5 中的配料混合后于 120℃ 回流 40 min 后降温,适当补加烟熏剂即得到具有烧烤风味的猪肉香精。

3.糖醋排骨风味香精

（1）原料配方　以排骨汤热反应香精配方为基础,制备糖醋排骨风味香精。其配方为:龙门米醋 9.30 g、蔗糖 7.30 g、葡萄糖 5.00 g、木糖 1.00 g、酵母膏 0.90 g、猪骨油 7.20 g、植物水解蛋白液（HVP 液）1.35 g、呈味核苷酸二钠 0.16 g、硫胺素（维生素 B$_1$）0.27 g、半胱氨酸 0.73 g、谷氨酸 0.73 g、精氨酸 0.73 g、脯氨酸 0.73 g、番茄酱 3.50 g、花椒油 1.00 g、红烧酱油 2.30 g、料酒 3.00 g、香辛料复合包添加量为香精整体质量的 0.10%、猪骨泥酶解液 18.75 g、猪肉酶解液 18.75 g。

（2）生产工艺　将猪肉切成边长 2 cm 左右的肉块,进绞肉机绞成肉馅,按每克猪肉馅加入 2 mL 水混匀,加热搅拌,待达到 50℃ 时,加入 0.2% 动物蛋白酶(即动物蛋白酶质量占肉馅质量的百分数,下同)酶解 3 h,酶解结束后,迅速升温至 90℃,维持 10 min 灭酶活,得到猪肉酶解液。

将猪棒骨放进碎骨机粉碎(颗粒直径为 74 ~ 150 μm),按每 2 g 碎骨加入 1 g 冰混匀,磨碎得到骨泥。按照每克骨泥加入 1 mL 水混合均匀,加热搅拌,待达到 50℃ 时,加入 0.2% 动物蛋白酶(即动物蛋白酶占骨泥质量的百分数,下同)进行酶解,酶解 3 h。酶解结束后,迅速升温至 90℃,维持 10 min 灭酶活,得到猪骨泥酶解液。

原料在 0.11 ~ 0.12 MPa、121 ~ 123℃、15 min 条件下,进行热反

应,即得风味香精。

二、方便面酱包

汤料是方便面的重要组成部分,决定着方便面的风味类型。方便面的名称大多以汤料的风味命名,如牛肉面、鸡肉面突出的是牛肉风味、鸡肉风味。

方便面复合调味料分为四种:粉包、油包(液体)、酱包(膏状)、软罐头。粉包的生产可参见第三章。这里主要介绍酱包的生产。

(一)原辅料

调味酱包所选用的酿造酱,一般为甜面酱或豆瓣酱,要求色泽正常,黏稠适度,无杂质、无异味,水分含量小于16%。酿造酱的加入,能够赋予酱包汤料红褐色泽、酱香风味和一定的稠度。

动物性原料是高档酱包的主要风味来源。常用的原料为猪、鸡、牛、羊的肌肉组织、骨骼和脂肪。生产最好选择新鲜的原料,大批量生产也可采用经检疫的冷冻包装肉品。肉类原料的使用,使调味酱包具备了该原料特有的肉香味道,增加了煮泡面汤口感的丰富性和浓厚性。在酱包的生产中,畜禽类原料采用浓缩汤汁、肉粒、肉馅、固体或液体油脂等多种方式加入。无论何种方式,其物料颗粒的大小都要求能够满足自动酱体包装机正常生产的需要。

香辛料的选用,依照肉类原料的特性而定。牛肉酱包主要使用桂皮、胡椒、多香果、丁香等;猪肉和鸡肉酱包主要使用月桂、肉蔻、洋葱、山柰等;羊肉酱包多使用八角、洋苏叶、胡椒等;海鲜酱包则使用香菜、胡椒、豆蔻等。葱、姜、蒜、辣椒在酱包生产中是使用率较高的香辛料,多以生鲜的原料形式加入。香辛料的质量要求是无霉变,颗粒饱满,香味纯正。

生产酱包用到的煎炸油为熔点较高的植物油,花生油、氢化油、棕榈油是最常用的油。通常采用将几种油配制成熔点适宜的调和油使用。采用熔点较高的油,能防止在炒酱过程中酱体黏附于锅底造成焦煳,影响酱体质量。使用油脂的目的是其具有溶解多种风味物质的功能,可保持汤料的风味,并使口感圆润。

其他的生产原辅料的种类和质量要求与固体汤料基本相同。

(二)生产工艺

1. 工艺流程

方便酱包的生产一般是先在煮酱锅内将煎炸用油进行预热,脱去腥味,再加入经过预处理的各种原辅料,进行炒酱。炒酱工作完成后,迅速冷却、调香,再经计量、包装等工序后成为调味酱包。其生产工艺流程,如图4-7所示。

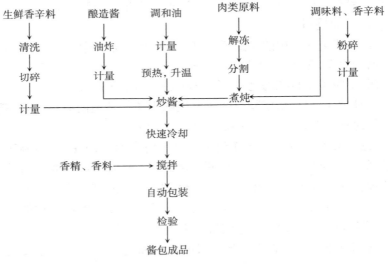

图4-7 方便调味酱包生产工艺流程

2. 操作要点

(1)原料预处理 动物的肉、骨、脂肪经微波解冻后,先分选清洗干净。肉、脂肪最好用切角机或刀切成直径约0.4 cm的颗粒状。也可以先将肉切成条状,放入绞肉机中绞成馅。这样易使肉类汁液榨出,且颗粒形状不规则,不利于采用自动包装机包装。原料骨头斩成小块或小于5 cm的小段。

将生鲜香辛料剥皮,清洗。将葱切成8~10 cm的葱段,姜、蒜要用斩拌机斩成直径为0.15 cm以下的碎末。其他香辛料分成两部分,一部分用来煮炖原料,按配方配好,用纱布包住;另一部分在炒酱时加入,需经粉碎机粉碎成能够通过60目筛的粉末,备用。

(2)炖煮肉类原料　将肉、骨原料放入不锈钢夹层锅中添加洁净的冷水,开启搅拌装置,使原料在水中均匀分散,然后通入蒸汽加热。沸腾后撇去表面的浮沫,加入葱段、姜片和煮炖用的香辛料包。投料完毕后,改用微沸状态炖煮2.5~3 h,至风味物质基本溶出。采用过滤装置,将肉粒、骨块滤出。余下的肉汤经过浓缩后,得到浓缩肉汤,在炒酱时加入。

将动物脂肪放入加有少量清水的锅中,大火加热至沸腾,改用文火,不断翻炒,至水分耗干。进一步炼制,直至油渣为浅黄色出锅,用40目筛过滤,得精炼动物油。

(3)炒酱　将煎炸油加入煮酱锅内,开蒸汽,以0.3~0.5 MPa的压力,将油预热升温至130~150℃。先倒入葱、姜、蒜、辣椒,炸干水分后,加入甜面酱、豆瓣酱进行油炸。油与酱的体积比要大于1:1,防止酱体粘锅底。油炸时要不停地加以搅拌,直至产生特有的酱香风味。炸好的酱体色泽由红褐色变成棕褐色,由半流体变成膏状。停止加热,除去表面多余的煎炸油,依次加入浓缩肉、骨汤、肉末、酱油、砂糖、食盐以及其他香辛料。先加0.5 MPa蒸汽压力煮沸10 min,再改用0.25 MPa蒸汽压力保持微沸状态1~1.5 h。至酱体浓缩至相当黏稠,停止加热,继续搅拌,加入味精、I+G等鲜味剂。待鲜味剂充分溶解后,在夹层内泵入冷水将酱体迅速冷却至40℃。加入肉类香精进行调香,当物料冷却到20~30℃时出料。

(4)包装　将冷却好的酱体输送至自动酱体包装机料斗内,自动酱体包装机将酱体分装成每袋重10~15 g,包装材料一般用透明的尼龙/CPE复合膜。包装后要经耐压试验,检查封口是否良好,然后装箱、入库。

(三)生产实例

1.羊肉酱风味汤料

(1)原料　羊肉,符合《鲜、冻胴体羊肉》(GB 9961—2008)标准的鲜、冻胴体羊肉;色拉油、棕榈油、香油、食盐、酱油、白砂糖、白胡椒粉、辣椒面、花椒、八角符合国标要求；大葱、姜应新鲜、风味正常、无腐烂变质；增稠剂、抗氧化剂、防腐剂应符合《食品安全国家标准　食品添加剂使用标准》(GB 2760—2014)。

(2)配方　羊肉 100 kg、色拉油 20 kg、棕榈油 20 kg、羊油 10 kg、香油 2 kg、鲜葱 3.2 kg、鲜姜 1.6 kg、辣椒面 1.0 kg、胡椒面 0.5 kg、白砂糖 2.5 kg、食盐 2.5 kg、八角 0.16 kg、羊骨汤 60 kg、酱油 25 kg、味精 0.5 kg、山梨酸钾 0.05 kg、异维生素 C—Na 0.05 kg,卡拉胶 0.24 kg,成品酱合计150 ~ 160 kg。

(3)工艺流程　羊肉酱风味汤料的工艺流程见图 4 - 8。

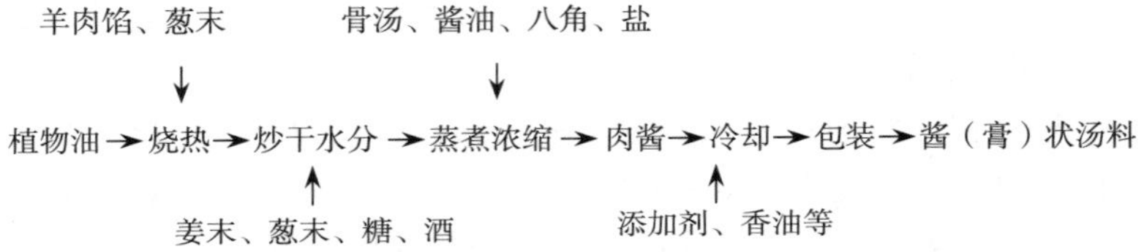

羊肉馅、葱末　　　骨汤、酱油、八角、盐

植物油 → 烧热 → 炒干水分 → 蒸煮浓缩 → 肉酱 → 冷却 → 包装 → 酱(膏)状汤料

姜末、葱末、糖、酒　　　　添加剂、香油等

图 4 - 8　羊肉酱汤料生产工艺流程

(4)操作要点　酱(膏)状汤料的制作：取肉重 1/10 的植物油,置于锅中,烧热后,放入绞碎的羊肉馅、葱末、煸炒,控制好火候,炒至羊肉馅失掉水分变干；加葱末、姜末、料酒、糖翻炒；加足羊骨汤、八角、酱油、食盐,大火煮沸 10 min,然后用文火煮制 1 h,肉烂成肉酱,将八角拣出弃去。另取肉重 3/10 的植物油,烧热,加葱末、姜末炒香,加入肉酱中。再取肉重 1/10 的羊油,烧热,加辣椒末,炒香,加入肉酱中。煮制结束前 10 min,依次加入添加剂、胡椒面、味精、香油,翻搅均匀,将酱体迅速冷却至室温后进行包装。

2.牛肉炸酱汤料制作

(1)牛肉炸酱的配方　制 100 kg 牛肉炸酱成品所需原料配方如下：牛肉 25 kg、牛油 6 kg、棕榈油 5 kg、砂糖 12 kg、味精 8 kg、番茄酱 20 kg、甜面酱 30 kg、水 20 kg、精盐 2.5 kg、酱油 6 kg、料酒 0.8 kg、葱 1.0 kg、姜 1.5 kg、蒜 2.0 kg、花椒粉 0.3 kg、胡椒粉 0.3 kg、辣椒粉 0.3 kg、大料粉 0.3 kg、肉蔻 0.05 kg、山楂片 0.1 kg、砂仁 0.05 kg、桂皮粉 2.1 kg、丁香 0.02 kg、山梨酸钾 0.03 kg。

（2）操作要点

①预处理：将葱、蒜剥皮、清洗，葱切成约 10 cm 长的葱段；蒜用刀垛成蒜蓉；姜清洗干净后切成薄片状与砂仁、肉蔻、山楂片一起用纱布包住，捆扎结实后制成调料包。胡椒、花椒、大料、桂皮、丁香最好以粉状加入，这样可以增加成品汤料的风味。适量的香辛料可去除牛肉特有的不良风味，但不宜过多。

②油炸：甜面酱在 180℃ 左右的高温下用精炼棕榈油进行油炸。油炸时，除了加强搅拌外，棕榈油的添加量一定要大，因为如果棕榈油量较少而甜面酱相对较多，很容易粘连锅底而焦糊。炸好的面酱静置后，可除去上面游离的多余棕榈油，以避免油脂含量过高。炸制好的甜面酱的色泽已由原来的红褐色变成棕褐色，由半流体变成膏体。

③制馅：将新鲜牛肉用绞肉机制成肉馅，肉粒直径约为 0.4 cm。酱体包装机的出料口约在 1.0 cm，如果肉粒太大会引起堵塞。肉粒的存在可提供咀嚼感，使人感到"货真价实"。在购买牛肉时最好选用中肋部分，做到肥瘦搭配，适量的牛油存在可增加成品的牛肉风味，当然也可添加适量牛油，或由棕榈油代替。

④炖煮：将牛肉馅放入不锈钢锅中加入冷水，然后进行搅拌使牛肉颗粒均匀分散在水中，再加热升温。如果先加热升温，再加入牛肉就会造成蛋白质因受热变性凝固，牛肉馅中的牛肉颗粒收缩粘连而形成大的团块，这时无论怎样搅拌也很难形成大小均一的牛肉团块。沸腾后要撇去表面的血污，去除异味。然后加入已准备好的葱段、酱油、料酒；按配方加入花椒粉、大料粉、辣椒粉、胡椒粉、丁香粉和调料包。投料完毕后，以微沸状态炖煮 2.5~3 h，逐渐溶出风味物质。如果有牛排骨加入汤中与牛肉一起炖煮风味会更好。

⑤过滤：将葱段和调料包从锅中捞起，用笊篱或滤眼较大的滤布进行过滤，把牛肉颗粒分离出来。

⑥油炸：为了提高产品的保藏性和食用安全性，将煮熟的牛肉颗粒在油温为 140~150℃ 的精炼棕榈油中油炸 70~80 s，进行脱水和杀菌。

⑦混合与浓缩杀菌:向滤液即汤中按配方加入蒜蓉、味精、精制食盐、番茄酱、炸制好的面酱、砂糖和山梨酸钾,同时加入经油炸的牛肉颗粒;然后边搅拌边以中火加热,在排除水分增加酱体浓度的同时进行杀菌,经过1~1.5 h浓缩杀菌,酱体已相当黏稠,停止加热。为了美观,向酱体表面的油中添加适量油溶性的辣椒红素,使油脂呈橙红色,这样可使成品酱体在加水复原时,水面上漂浮一些艳丽的油花,引人食欲。

⑧冷却与包装:将酱体冷却至室温或稍高,即可用酱体自动包装机进行分装,每袋重约15 g。包装后要经过耐压试验,检查封口是否良好,然后才能装箱。

成品牛肉炸酱呈棕褐色,含有适量橙红的油脂,用手摸可感觉到牛肉粒的存在。加水复原时,液面上漂浮着一些美观的橙红色油花,具有牛肉炸酱特有的综合香气,口感丰富,风味独特,可食到牛肉颗粒。如再配以蔬菜包,即可谓色、香、味俱佳。

加入味精、香油,翻搅均匀,将酱体迅速冷却至室温后进行包装。

3. 低能量方便面酱包制作

(1)低能量方便面酱的配方 成品所需原料配方如下:葱3 g、姜1 g、蒜1 g、糖2 g、盐1 g、肉末4 g、酱油2 g、黄油3 g、味精0.3 g、甜面酱5 g、干黄酱5 g、五香粉0.4 g、淀粉2 g、麦芽糊精2 g、棕榈油11 g和猪肉香精0.3 g。

(2)方便面酱包的生产工艺流程 方便面酱包工艺流程见图4-9。

棕榈油→生鲜香料(葱、姜、蒜等)→肉末→炒制→香辛料(酱油、黄油、味精、五香粉、盐、糖)→加酱→炒制→淀粉、麦芽糊精→熬煮→(冷却70~80℃)加猪肉香精→搅拌→检验→成品

图4-9 方便面酱包的生产工艺流程

(3)操作要点

①原料预处理:将生鲜香辛料(葱、姜、蒜)剥皮、清洗,将葱、姜、蒜用刀切成0.15 cm以下的碎末。将肉用刀切成0.15 cm以下的肉末。

按照基础配方称取原料如下：葱 3 g、姜 1 g、蒜 1 g、糖 2 g、盐 1 g、肉末 4 g、酱油 2 g、黄油 3 g、味精 0.3 g、甜面酱 5 g、干黄酱 5 g、五香粉 0.4 g、淀粉 2 g、麦芽糊精 2 g、棕榈油 11 g 和猪肉香精 0.3 g。淀粉和麦芽糊精溶解在 100 mL 的食用水中待用。

②炒酱：将称量好的棕榈油加入烧热的炒酱锅中，将油温升至 130～150℃，先倒入葱、姜、蒜，炸干水分后，加入肉末，待肉末五成熟的时候加入已称量好的盐、糖、酱油、黄油、味精、五香粉，再加入干黄酱和甜面酱炒制。将淀粉以及麦芽糊精溶解在 100 mL 的食用水中，加入炒锅中，炒酱时要不停地搅拌，直至产生特有的酱香风味。炒好后的酱体色泽由红褐色变为棕褐色，由半流体变为膏状。停止加热，除去表面多余的煎炸油。然后加热煮沸至酱体浓缩至相当黏稠，停止加热，继续搅拌。

③调香：将酱体迅速冷却至 70～80℃，加入猪肉香精进行调香。继续搅拌直到猪肉香精完全溶解在酱体里，出锅。

三、各式肉类复合调味酱
（一）牛肉香辣酱
牛肉香辣酱为深褐色，有光泽，具有牛肉和其他原料的复合香味。其味鲜、香辣、味感醇厚，口感细腻，回味无穷。营养丰富，含有蛋白质、糖类及脂类，是开胃、调理食欲、解腻助消化的佐餐佳品。

1. 原料配方
植物油 12 kg、食盐 1.5 kg、熟牛肉 15～20 kg、增鲜剂 0.01 kg、辣椒 1 kg、黄酱 13 kg、芝麻 1 kg、面酱 5 kg、糊精 15 kg、芝麻酱 7 kg、味精 0.15 kg、分子蒸馏单硬脂酸甘油酯 0.5 kg、植物水解蛋白粉 1 kg、辣椒红色素 0.5 kg、葱 0.25 kg、蒜和姜各 0.4 kg，保鲜剂 0.05 kg。

2. 生产工艺流程
牛肉香辣酱生产工艺流程见图 4-10。

3. 操作要点
（1）炖牛肉　香料捣碎，用纱布包好，与牛肉等其他调味料一起煮沸，要求每 100 kg 鲜牛肉加水 300 kg，煮至六七成熟后，加入 4 kg

牛肉→炖熟→称量→绞碎

炝锅→入料→熬制→配料→出锅→灌装→封口→杀菌→贴标→成品

图 4-10　牛肉香辣酱生产工艺流程

食盐,小火炖 2 h 即可。香料配比如下:葱 5 kg(切段),姜 2 kg(切丝),肉豆蔻 200 g,丁香 200 g,香叶 200 g,小豆蔻 200 g,花椒 200 g,八角 400 g,桂皮 400 g,小茴香 200 g,砂仁 200 g。

(2)炒酱　将油入锅烧热后,加入葱和姜,出味后加入辣椒,然后将黄酱、面酱、芝麻酱和糊精加入,进行熬制。

(3)配料　分别将辅料用少量水溶化,在熬制后期加入,如保鲜剂、单甘酯、盐、味精可直接加入,同时加入绞碎的牛肉和部分牛肉汤。快出锅时加入蒜泥、芝麻和辣椒红色素。应注意的一点是,保鲜剂应用温水化开后,在开锅前加入,一定要混合均匀,否则达不到防霉的作用,另外也可加入少量抗氧化剂,使产品货架期更长。

(4)灌装　瓶子洗净后,控干,利用 80~100℃的温度将瓶烘干,然后进行灌装。酱体温度在 85℃以上时趁热灌装,可不必进行杀菌,低于 80℃灌装,应在水中煮沸杀菌 40 min。

(二)竹笋兔肉香辣酱

1. 原料配方

炒制酱料 35%,兔肉 30%,食盐 2%,味精 0.75%,香辛料 0.75%。

2. 工艺流程

竹笋兔肉香辣酱生产工艺流程见图 4-11。

竹笋、植物油→加热→爆炒→炒制酱

兔肉→切丁→腌制→搅拌→均质→灌装→成品→封口

图 4-11　竹笋兔肉香辣酱生产工艺流程

3. 操作要点

(1)预处理　选用新鲜、肉质娇嫩的兔肉,剔除淋巴,去除污物、污血,并用温水洗净,剔除多余脂肪组织,切成 1.5 cm×3.0 cm 的长条,放在腌渍液中腌渍 24 h。每 1 kg 兔肉用腌渍液配方:食盐 25 g、味精 0.1 g、料酒 10 g、白糖 10 g、生抽酱油 15 g、花椒粉 5 g、辣椒粉 2 g、姜末 5 g、饮用水 50 g;腌渍好的兔肉用斩拌机斩成 0.3~0.5 cm 见方的小块。按重量比 1:5,将备好的腌渍兔肉丁投入沸水中煮制 30 min,并加入葱、姜、蒜煮制(生姜 2%、大葱 1%、大蒜 3%)。

（2）竹笋预处理　竹笋洗净后去外壳及箨叶,然后去除笋衣,切除笋底部的粗老部分。清洗干净,放入 0.1% 柠檬酸中处理脱涩 10 min,再放入 0.2% $CaCl_2$ 溶液中煮沸 30 min,以保脆护色;经保脆护色处理的竹笋立即用流动饮用水冲洗,直至笋的中心完全冷却为止,并将其切成 0.5~0.8 cm 见方的小块。

（3）辣椒油的制备　将适量植物油在炒锅中烧热后盛放在不锈钢容器中,加入几片生姜,待温度稍微下降之后,将适量干辣椒面撒入热油中即可。

（4）炒制　先加入植物油,然后投入葱、姜、蒜进行炒香,再用煮兔肉的原汤把豆瓣酱倒入热油锅中炒制,随后放入竹笋继续进行炒制,整个炒制过程控制在 12~13 min。

（5）熬制　取用一定量炒制后的竹笋酱料,加入些许水后,再将兔肉丁处理后的口蘑、食盐、味精以及香辛料加入其中,边加热边搅拌,保持微沸,熬制 10~15 min。迅速加入调配好的淀粉浆,继续加热和搅拌直到熬至终点。最后加入适量刚做的热辣椒红油,即可制得竹笋兔肉辣酱。

（三）复合型麻辣牛肉酱

1.原料配方

配方 1:牛肉 10 kg、鲜辣椒 20 kg、花生 2 kg、芝麻 2 kg、鲜生姜 2 kg、食盐 4 kg、冰糖 2 kg、甜面酱 10 kg、味精 1 kg、花椒粉 1 kg、白酒 1 kg、色拉油 12 kg、苯甲酸钠 33.5 g。

配方 2:牛肉 10 kg、鲜辣椒 10 kg、花生 1 kg、芝麻 1 kg、核桃仁 1 kg、瓜子仁 1 kg、鲜生姜 2 kg、食盐 3.4 kg、大豆粉 2 kg、麸皮 2 kg、冰糖 1.7 kg、甜面酱 10 kg、味精 0.8 kg、花椒粉 0.8 kg、白酒 0.8 kg、色拉油 10 kg、苯甲酸钠 28.75 g。

2. 生产工艺流程

复合型麻辣牛肉酱生产工艺流程见图 4 - 12。

辅料处理

色拉油 → 加热至六成熟（加入牛肉丁）→ 翻炒至牛肉熟 → 中火 → 搅拌

→ 混合均匀 → 煮酱 → 翻搅 → 灌装 → 杀菌 → 检验 → 成品

图 4 - 12　复合型麻辣牛肉酱生产工艺流程

3. 操作要点

（1）原辅料选择　芝麻选用成熟、饱满、白色、干燥清爽、皮薄多油的当年新芝麻；花生选用成熟、饱满的优质花生米炒熟或市售五香花生米；瓜子选用炒熟的葵花籽；核桃仁要求干净、无虫、干燥、无变质；大豆粉是将干黄豆用粉碎机粉碎后所得；牛肉选用经过卫生检验合格的牛前肩或后臀肉；辣椒选用无虫、无霉变的优质鲜红椒，也可用辣椒粉。

（2）原辅料处理　原辅料处理如下所述。

①牛肉：将选好的牛肉去除脂肪、筋腱、淋巴、淤血后洗净，将其切成 1 cm^3 的小丁。

②芝麻：把芝麻用微火炒至香气充足，注意不要炒焦，以防失去特有的香味。

③花生：将花生加入辅料炒制成五香花生米（或直接购买市售五香花生米），去皮，用刀斩碎（1/4 ~ 1/6 粒）或用料理机轻微粉碎，不宜过碎，否则吃的时候尝不到完全的花生香味，且无咀嚼的快感。

④瓜子：将炒熟的葵花籽去壳留仁。

⑤核桃仁：用烘箱或文火炒出香味，去皮。炒的时候一定要掌握方法，防止核桃仁皮焦化，影响产品外观，然后用刀切碎（和花生要求相同）。

⑥辣椒：鲜辣椒用料理机打酱或用刀切碎，无鲜辣椒季节可采用干辣椒粉（5∶1）。

⑦花椒、花椒焙干，打成粉末；生姜去皮，洗净，剁碎或用干姜粉。

（3）烧油、加料　将上述各种原辅料准备好，然后点火烧油，将色拉油倒入夹层锅内,油烧至六成熟时,把牛肉倒入锅内翻炒,待牛肉变色炒熟后,将剩余原辅料按一定的顺序加入锅内,首先加入辣椒,以充分吸油,产生辣椒特有的香气,且产生亮红的颜色,随后加入大豆粉、面酱、麸皮、大麦粉,然后将花生、瓜子、核桃仁、芝麻及各种调味料依次加入锅内,白酒、味精、冰糖(用水稍溶化)最后加入。

(4)煮酱　在煮酱过程中每加入一种料,都应不断翻拌,使各种原辅料充分混合均匀,防止煳锅底,料加完后,用小火在不断搅动中再煮制 25 ~ 30 min。

(5)灌装　煮好的酱应趁热装入预先灭菌的四旋瓶内,用灌装机时应注意尽量不要让料粘在瓶口,以防污染,装量应控制在(250 ±5) g 为宜。装完后应立即旋紧瓶盖。

(6)杀菌　杀菌分两种情况。若灌装时肉酱本身温度在95℃以上,可以认为自身灭菌。此时瓶中心温度不低于85℃。若瓶中心温度较低,应在密封后置于沸水杀菌池内 15 min,灭菌后瓶子应尽快冷却至45℃以下。

(7)检验　杀菌后,应检查是否存在有裂缝的瓶子,瓶盖是否封严(不得有油渗出),合格后贴标、包装入库即为成品。

(四)牛骨糊营养酱

1. 原料配方(质量分数)

牛骨糊20%、宜宾芽菜23%、甜面酱20.5%、郫县豆瓣18%、食盐4%、食用油3%、熟芝麻仁 0.5%、熟核桃仁 0.5%、熟花生仁0.5%、白砂糖0.3%、酱油1%、大蒜2%、黄原胶0.2%、姜粉0.5%、山奈 0.5%、八角 0.5%、水5%。

2. 生产工艺流程

牛骨糊营养酱生产工艺流程如图4 - 13。

芽菜碎粒及其他辅料

原料牛骨→清洗→冷冻→粗碎→细碎→粗磨→细磨→牛骨糊→调配→熬制→装瓶(袋)→计量→封盖(口)→杀菌→冷却→检验→成品

图4 - 13　牛骨糊营养酱生产工艺流程

3. 操作要点

（1）原辅料处理　郫县豆瓣应打细后在油锅中炒香,宜宾芽菜利用清水洗净后切成 2～3 mm 长的碎粒。

（2）牛骨糊制备　选用新鲜健康的牛骨,带肉率以骨料质量计不超过 5% ,否则会影响骨糊机的寿命。将选好的牛骨利用清水洗净后,利用骨糊机进行破碎,要求最终通过细磨达到小于 100 目的颗粒。

（3）调配、熬制　将上述经过处理的各种原辅料按照配方比例添加到夹层锅中,然后在夹层锅中加入 5% 的水煮沸（文火）15 min 左右,待酱浓味香时停止加热,进行包装和杀菌。应注意的是,在熬制过程中水不要加得过多,否则熬制时间过长,香辛味散发较多,影响产品香味。熬制时需经常翻动,以防锅底部烧焦。

（4）包装、杀菌　将熬制好的酱趁热按成品要求进行包装（装瓶或装袋）,然后进行高温杀菌。杀菌公式为:15 min—50 min—15 min/115℃ ,杀菌后用反压水进行冷却。

（5）恒温保藏　将冷却后的产品在 37℃ 的恒温下保藏 7 d 不胀袋,即可作为成品。

（五）鲜味杂酱

1. 原料配方

猪肉丁（腿肉、夹花肉、剔骨肉、肥膘之比为 4∶11∶3∶5）100 kg、豆瓣酱 70 kg、青葱（未油炸）20 kg、精盐 7 kg、蒜头（未油炸）2 kg、味精 0.5 kg、白砂糖 20 kg、胡椒粉 1 kg、酱油 3 kg、老姜 10 kg。

2. 生产工艺流程

鲜味杂酱生产工艺流程见图 4－14。

原料处理→制酱→装罐→杀菌→冷却→贴标→成品

图 4－14　鲜味杂酱生产工艺流程

3. 操作要点

（1）原料处理　将猪肉洗净沥干水分后切成 0.6～0.8 cm 的肉丁（也可用绞肉机进行加工）;青葱切去缘叶,清洗沥干后打碎,在140℃ 油温中油炸 3～5 min,炸至浅黄色捞出沥干油,脱水率为

50% ~55%;蒜头去外膜,用清水洗净沥干,打碎后于140℃油炸1.5~2 min,脱水率为40% ~45%;豆酱去杂质后绞细备用;酱油用纱布过滤备用;白砂糖用粉碎机粉碎成60~80目糖粉备用。

（2）制酱　将猪肉丁放入干净的铁锅中加热,并不断翻动,使猪肉丁在高温下产生微弱的焦香味,立即加入豆瓣酱、青葱、蒜头、味精、老姜、酱油进行搅拌,然后加入胡椒粉。加入糖粉后继续加热至锅内肉酱的色泽变为暗红色为止。

（3）装罐、杀菌　将上述杂酱冷却至70℃左右,装入指定的容器内,并进行密封杀菌,杀菌公式为10 min—20 min—10 min/110℃,然后冷却至40℃左右。

（4）贴标　将经过杀菌冷却后的罐装杂酱的罐头外表擦拭干净,并贴上标签即为成品。

（六）胡萝卜骨酱

1.原料配方（质量分数）

胡萝卜酱10%、骨糊30%、淀粉6%、蔗糖10%、食盐0.1%,其余为水。

2.生产工艺流程

胡萝卜骨酱生产工艺流程见图4-15。

鲜骨 ➔ 清洗 ➔ 预煮 ➔ 高压蒸煮 ➔ 冷却 ➔ 绞碎 ➔ 乳化 ➔ 鲜骨糊

胡萝卜➔去皮➔清洗➔切碎➔软化➔打浆➔乳化➔蔬菜酱➔调配➔灌装➔杀菌➔冷却➔成品

图4-15　胡萝卜骨酱生产工艺流程

3.操作要点

（1）骨糊制备

①预煮:骨头中存在动物屠宰时的残血及浮油,有异味,通过预煮能够除去。预煮的适宜条件为温度100℃、时间15 min。

②高压蒸煮:将骨头和水按2:1的比例放入高压锅中进行蒸煮,同时加入适量的料酒。高压蒸煮的条件为压力0.13~0.15 MPa,时间2.5 h。

③冷却:将高压蒸煮后的骨汤置于冷藏冰箱(0~5℃)中迅速冷

却,并除去表层浮油,以避免较多的固体油脂使制品太腻。

④绞碎:利用绞肉机将经过上述处理的骨头初步进行粉碎,使其能通过 35 目筛。

⑤乳化:将粉碎好的骨头和除去浮油的骨汤混合,加入 0.3% 的单甘酯,加热至30℃,用乳化机乳化20 min,颗粒平均粒径为110 μm,以获得细腻的口感。加入乳化剂是为了使骨酱中的固体油脂分散均匀,并赋予制品良好的状态。

(2)胡萝卜骨酱的生产

①胡萝卜选择:选取表面光滑、无病虫害的红色胡萝卜为原料,用刀切去两端。

②去皮:将经过上述处理后的胡萝卜放入 1% ~ 2% 的 NaOH 溶液中,在 95 ~ 100℃的温度下处理 1 ~ 2 min,以去掉胡萝卜的表皮。

③切块、软化:将去皮后的胡萝卜在切片机中切成 2 ~ 3 mm 的薄片,浸入盛有 0.01% 柠檬酸和 0.15% 维生素 C 的夹层锅中,于 95℃蒸煮 2 min,使组织软化。

④打浆:按胡萝卜∶水 = 1∶1(质量比)混合后送入打浆机中,经过打浆使胡萝卜的粒度达到 500 μm 左右。

(3)调配、乳化、灌装、杀菌 按照配方的比例在胡萝卜酱中加入骨糊、蔗糖、食盐、淀粉等辅料,利用高压剪切分散乳化机处理 15 ~ 20 min,使粒度达到 40 ~ 45 μm。定量灌装,灌装后立即进行杀菌,杀菌公式为:5 min—15 min—10 min/121℃。杀菌结束后经过冷却、检验合格者即为成品。

(七)多味鲜骨酱

1. 原料配方(质量分数)

香花辣椒酱 15%、鲜骨泥酱 15%、甜面酱 25%、花生仁 10%、牛肉丁 10%,水和香辛料等适量。

2. 生产工艺流程

多味鲜骨酱生产工艺流程见图 4 - 16。

花生仁，牛肉，葱、蒜、姜泥、
香辛料过油，甜面酱或豆瓣酱

香花辣椒 → 腌制 → 破碎 → 香花辣酱 　　→ 混合 → 熟酱胶 → 调味 → 灭菌 → 冷却

南阳鲜黄牛骨 → 鲜黄牛骨泥 → 精制 → 　→ 包装 → 成品

→ 富钙骨酱 → 混合 → 蒸煮

图 4 - 16　多味鲜骨酱生产工艺流程

3. 操作要点

（1）原辅料处理

①鲜骨泥酱：将新鲜黄牛骨用专门的成套设备破碎、粗磨、细磨成鲜骨泥，再以食盐、香辛料等精心调味后熟化制酱，即制成不同风味的鲜骨泥酱。

②辣椒酱：新鲜香花辣椒去蒂去柄、洗涤、沥干后入缸腌制（以15%的食盐分层进行腌制）。六个月后辣椒开封启用，临用时用打浆机制成辣椒酱。

③花生仁：用恒温电烤箱烤至有香味后取出，冷却、去红衣、破碎（每颗花生仁破碎为 1/10 ~ 1/16 粒大小）即可。

④芝麻：白芝麻筛选除杂后，利用电烤箱烤出香味，冷却后备用。

⑤牛肉丁：新鲜牛肉去除脂肪与筋膜，洗除污血，加食盐及香辛料腌制（牛肉事先切成约 1 kg 的小块）10 h 以上，沥干盐卤后切丁（约5 mm 见方），再用花生油炸至表皮发硬，沥油后备用。

（2）配料、煮酱　将上述处理好的各种原辅料按照配方要求进行称量，做好记录并依次存放。然后按照工艺要求依次将各种原辅料投入夹层锅中，开启搅拌机和蒸汽开关，5 ~ 10 min（随季节而异）后酱料沸腾，维持此温度搅拌加热 20 min，关闭蒸汽停止加热，添加味精等并继续搅拌 5 ~ 10 min，停止搅拌，趁热出锅，送灌装车间。

（3）灌装、真空封盖　出锅酱料按产品规格定量（200 g）灌装入四旋瓶内，酱料表面可加入 15 g 调味油（花生油等事先用香辛料调味处理）封口，加盖后用真空封盖机进行封盖。

（4）杀菌　封盖后瓶按生产批次转入杀菌锅内，常压蒸汽杀菌15 min，出锅冷却。杀菌冷却后及时擦瓶，产品抽检合格后贴标入库即为成品。

（八）芽菜肉酱

1. 原料

猪去皮前夹肉、碎米芽菜、甜面酱、胡椒、味精、大蒜、老姜、大葱、酱。

2. 生产工艺流程

芽菜肉酱生产工艺流程见图4-17。

原料选择→备料→菜油加热→加入姜、蒜、大葱炒制→加入肉馅炒制→肉馅炒散→加入料酒炒制→加入芽菜炒制→加入调味品炒制→成品→冷却→灭菌→包装

图4-17　芽菜肉酱生产工艺流程

3. 操作要点

（1）调味品初加工　蒜蓉准备：选用采购合格的大蒜，去皮后经绞制成蒜蓉，备用。姜蓉准备：选用采购合格的新鲜生姜，冲洗干净，经绞制成姜蓉，备用。原辅料必须按照备料要求准备，要求颗粒小、均匀细腻。

（2）猪肉初加工　选用采购合格的猪肉，冲洗干净后用绞肉机搅成肉馅。

（3）芽菜初加工　芽菜直接用清水淘洗一次后沥水备用。

（4）炒制　将菜油加热至200℃以上，然后降温到150℃左右，加入猪肉馅和料酒，将肉馅全部炒散，加入姜、蒜炒制，炒至锅内原料的水分挥发，加入酱油，将酱油和肉馅混合均匀。再加入淘洗一次后的芽菜炒制，保持油温150~180℃，炒制2~3 min，待锅内原料的水分进一步挥发，同时芽菜的香气散发出来，猪肉微微吐油，加剩下的调味品拌匀即可。

（5）冷却包装　将成品取出冷却，冷透心后装袋，冰箱冷冻保藏。

（九）牛蒡香菇保健肉酱

1. 原料

牛蒡∶香菇用量比为4∶1（总量为40%），猪肉用量为10%，豆瓣酱用量为20%，干辣椒用量为4%。

2. 生产工艺流程

牛蒡香菇保健肉酱生产工艺流程见图 4 – 18。

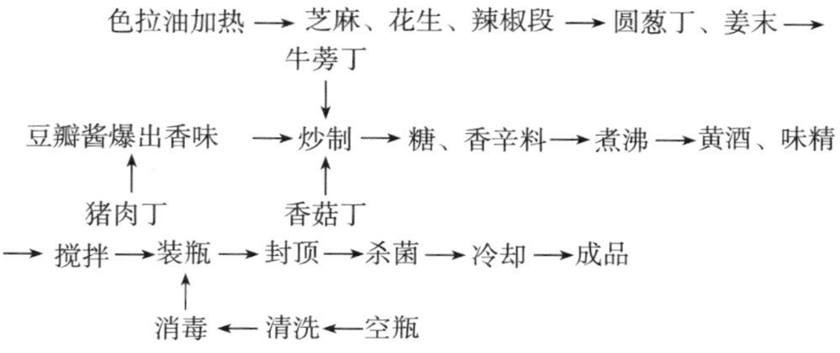

色拉油加热 → 芝麻、花生、辣椒段 → 圆葱丁、姜末 →

牛蒡丁

豆瓣酱爆出香味 → 炒制 → 糖、香辛料 → 煮沸 → 黄酒、味精

猪肉丁 香菇丁

→ 搅拌 → 装瓶 → 封顶 → 杀菌 → 冷却 → 成品

消毒 ← 清洗 ← 空瓶

图 4 – 18 牛蒡香菇保健肉酱生产工艺流程

3. 操作要点

(1)原料准备 选择无病斑、机械伤、糠心且粗细均匀新鲜的牛蒡作为原料,清洗表面的泥沙。牛蒡去皮,注意不留毛眼,修去斑疤,切成 15 cm 的段,立刻投入护色液中,护色 30 min。护色液为 0.5% 柠檬酸,0.5% 抗坏血酸,0.5% $CaCl_2$。$CaCl_2$ 的加入能增强护色效果及牛蒡的脆性。配制 18% 的食盐水,同时加入 0.5% 的异抗坏血酸钠,将牛蒡段腌制 5 d。清水脱盐,去除多余的水分,将牛蒡切成 5 mm 小丁。锅内加色拉油,油温升至 160℃,将牛蒡丁下入锅内,炸制 5 min,捞出,备用。

选择菇形圆整,菌盖下卷,菌柄短粗鲜嫩,菌肉肥厚,菌褶白色整齐,大小均匀的香菇作为原料,用小刀将菌柄末端的泥除去,削掉香菇根,放入 1% 的食盐水中浸泡 10 min,然后用清水洗净,切成 5 mm 的小丁,放入 3% 的大料水中,浸泡 2 h,捞出,沥干水。锅内加色拉油,油温升至 160℃时,将香菇丁下入锅内,炸制金黄色,捞出,备用。

(2)炒制 将色拉油倒入锅中,加热,待油温升至 140℃时,加入熟芝麻、熟花生快速翻炒。当油温再次升至 140℃时,加入辣椒段炸出香味,继而加入圆葱丁、姜末爆出味,加入豆瓣酱,炒出酱香味道,加入猪肉丁,炒制 5 min 左右后加入炸好的牛蒡丁、香菇丁,加入白糖、花椒粉、小茴香粉,煮沸 10 min,起锅前加入黄酒、味精。注意干辣椒炒制时间不要过长,以免产生焦煳等不良的气味;炒酱的过程中掌握炒制程度,油温低炒制时间短,酱体香味不够丰满;油温高炒制时间过长,会使酱变焦,味苦,影响成品的颜色和味道。

（3）装瓶、杀菌　将上述调味好的酱体趁热加入已经消毒好的四旋玻璃瓶中,装入九分满。每罐净重 150 g,用红油封口,预封,移入蒸汽排气箱常压排气 15 ~ 20 min,中心温度达到 85℃即可。立即密封瓶盖,于 115℃杀菌 20 min,杀菌结束后,分段冷却至 30 ~ 35℃,即为成品。

（十）豆豉复合风味牛肉酱

1. 原料配方

羰氨基料 7.50%、秘制香辛料 0.80%、辣椒粉 1.50%、花椒粉 0.60%、食用油 25.00%、豆豉 50.00%、牛肉 9.00%、花生 4.00%、食盐 1.00%、味精 0.40%、白芝麻 0.20%。

2. 生产工艺流程

豆豉复合风味牛肉酱生产工艺流程见图 4 - 19。

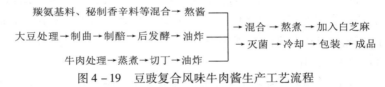

图 4 - 19　豆豉复合风味牛肉酱生产工艺流程

3. 操作要点

（1）大豆的浸泡及蒸煮　选择颗粒均匀饱满的东北乌皮青仁豆,洗净后按照料水比 1∶3 的比例在 35℃水温下浸泡 4 h,沥干水分后再 121℃高压干蒸 25 min,冷却至常温待制曲。

（2）制曲　待大豆冷却至 30.0℃左右开始制曲,加入 4.20%的总状毛霉（以原料大豆为参考）,在湿度为 85%、温度为 25℃条件下制曲。24 h 后翻曲一次使制曲均匀,制曲 65 h 后毛霉菌丝开始转为灰色即可下架。

（3）发酵　下架后的豆豉加入 9.00%食盐、4.00%白酒、1.00%酵母菌,均匀混合后装入已灭菌干燥的陶瓷罐中,封面用盐封,外层用水封,期间时刻注意陶瓷罐的密封性,在30℃条件下发酵54 d后豆豉发酵完成。

(4)牛肉的制备　用清水浸泡牛肉1 h,以去除牛肉中的血污和其他杂质,剔除淋巴和筋。将牛肉冷水下锅,加入姜片预煮以达到脱膻的目的。煮制后捞出牛肉切成5 cm左右的牛肉丁,油炸至牛肉含水量为25%备用。

(5)熬酱　熬酱的过程在电炒锅中进行。热锅倒入菜籽油,调至大火。依次放入羰氨基料、秘制香辛料粉、辣椒粉、花椒粉、食盐,小火熬酱30 min,使各种辅料充分混匀,风味生成。然后加入预先处理过的豆豉、牛肉、花生混匀,继续熬制10 min,并注意不断翻搅使各种辅料与原料充分混匀及避免糊锅,起锅时加入味精和白芝麻。

(6)装瓶、杀菌　玻璃罐清洗后用开水浸泡15 min,沥干水备用。玻璃罐盖用75%酒精消毒,玻璃罐消毒后应及时使用,防止二次污染。炒制好的酱趁热装入已经消毒的玻璃罐中,每罐净重为185 g,加入红油进行封顶,顶隙留3～5 mm,装好后用封口油封口,暂不封紧,迅速将玻璃罐放入水浴锅中加热至85℃并趁热封紧瓶盖。将玻璃罐没入水浴锅中90℃杀菌10 min后取出,采用分段式冷却的方法冷却至40℃左右即可。

(十一)浓缩型复合牛肉面汤料(半固态)

1. 原料配方

煮肉浓缩原汤100份、精炼牛油18～25份、基础调味料18～21份、调味香精0.04～0.06份、味精4～5份、I+G 0.8～1份、鸡精1.8～2份、食盐40～45份、苯甲酸钠0.02～0.05份、二丁基羟基甲苯0.01～0.03份、日落黄0.004～0.006份。其中基础调味料的组分质量配比是:八角3～7份、花椒15～18份、生姜10～15份、草果3～5份、胡椒6～9份。

2. 生产工艺

浓缩型复合牛肉面汤料生产工艺流程见图4-20。

图 4 - 20   浓缩型复合牛肉面汤料生产工艺流程

3. 操作要点

（1）煮肉骨浓缩原汤   煮汤调料按下述质量配比称取：八角 8 ~ 10，花椒 20 ~ 25，胡椒 10 ~ 15，姜片 25 ~ 30，肉桂 8 ~ 10，丁香 3 ~ 5，食盐 100 ~ 120，混合均匀。

将高原鲜牛肉、富含骨髓的鲜牛大骨洗净入煮锅，按鲜牛肉：鲜牛大骨：水 = 2：1：10 的重量比例煮肉骨，在即将沸煮时段，撇去血沫，沸煮 3 ~ 3.5 h。加入煮汤调料 0.2 ~ 0.25 份，再煮 1 ~ 1.5 h；捞去肉骨，将汤汁过滤去除煮汤调料与肉骨等渣料后，入真空低温浓缩器，按 10：（1.9 ~ 2.1）比例浓缩处理，制得煮肉骨浓缩原汤。

（2）萃取香辛料   基础调味料按下述质量配比称取：八角 3 ~ 7 份、花椒 15 ~ 18 份、生姜 10 ~ 15 份、草果 3 ~ 5 份、胡椒 6 ~ 9 份，混合均匀。取煮肉骨浓缩原汤 100 份、基础调味料 18 ~ 21 份；煮肉骨浓缩原汤作为萃取基液，将基础调味料投入煮肉骨浓缩原汤搅拌均匀，置入微波炉萃取 3 ~ 5 min，制得萃取香辛料。

（3）配料混料   原料按下述质量配比称取：精炼牛油 18 ~ 25 份、调味香精 0.04 ~ 0.06 份、味精 4 ~ 5 份、I + G 0.8 ~ 1 份、鸡精 1.8 ~ 2 份、食盐 40 ~ 45 份、苯甲酸钠 0.02 ~ 0.05 份、二丁基羟基甲苯 0.01 ~ 0.03 份、日落黄 0.004 ~ 0.006 份。将精炼牛油放入蒸发搅拌锅，油温保持在 50℃ 左右，待油料充分溶化后，加入二丁基羟基甲苯搅拌均匀。控制蒸发搅拌锅内物料温度 60 ~ 85℃，将萃取香辛料、调味香精、味精、I + G 和鸡精放入锅内，搅拌均匀后，加入苯甲酸钠、日落黄继续充分搅拌；加入食盐，去火，搅拌，温度降至 40℃ 左右时自然冷却凝结成酱状，即制成浓缩型复合牛肉面汤料。

第四节　以蔬菜为基料的调味酱

一些具有独特风味的蔬菜经常被作为制作复合调味酱的基料，在这里统称为以蔬菜为基料的调味酱。它主要是以花生酱、豆酱和甜面酱等为基础原料，辅以各种香辛料及蔬菜、食用菌、酵母抽提物等辅料，经提取、过滤处理，或通过磨浆、榨汁处理，然后进行加热调配、过胶体磨等均一化处理，灌装、封口等工序精制加工而成。根据加工工艺不同，又可分为调制型和发酵型。

一、调制型蔬菜基调味酱

（一）富顺香辣酱

富顺香辣酱俗称"豆花蘸水"，起源于清朝道光年间，距今已有100多年的历史。最初是作为富顺特色食品"豆花"的蘸水而流传于民间，经过几代传人在配方和制作工艺上多年的完善、丰富和发展，现已成为一种风味独特、应用广泛的调味佳品。

1. 原料配方

干辣椒 100 kg、芝麻 10 kg、植物油 100 kg、花椒 5 kg、酱油 100 kg、胡椒 10 kg、味精 2.5 kg、冰糖 5 kg、香料 0.5 kg、食盐 2 kg。

2. 生产工艺流程

富顺香辣酱生产工艺流程见图 4－21。

原料处理→混合搅拌→加热→灌装→杀菌→成品

图 4－21　富顺香辣酱生产工艺流程

3. 操作要点

（1）芝麻处理　将芝麻除杂水洗后，文火焙炒至微黄色，冷却后捣碎。

（2）花椒和胡椒处理　花椒文火焙炒至出特殊香味，冷却后粉碎。胡椒除杂后粉碎。

（3）香料粉制备　各种香料混合，稍加烘烤，冷却后粉碎成粉。

（4）酱油杀菌　酱油中加入 5% 的冰糖,加热至 85℃ 以上,保温 15 min 冷却备用。

（5）植物油熬制　菜籽油中加入 13% 大料、4% 八角、2% 花椒,缓慢加热至 180℃,自然冷却。

（6）辣椒糊制备　将 2 倍辣椒的水煮沸后,加入食盐,倒入辣椒中,加盖焖 5 ~ 10 min,立即粉碎成黏稠状的辣椒糊。

（7）混合搅拌　将酱油入锅,温度达 60 ~ 80℃ 之间时,加入味精、辣椒糊、芝麻、胡椒粉、香料粉和植物油,充分混合均匀。

（8）灌装　将上述充分混合均匀的酱体进行灌装、包装后,采用沸水进行杀菌,经过冷却后即为成品。

（二）榨菜香辣酱

榨菜香辣酱色泽鲜艳,具有榨菜的独特风味。其味鲜,香辣,味感醇厚,口感细腻,滋味绵甜。其营养丰富,含有多种氨基酸、维生素、蛋白质、糖类及脂类,是开胃、调理食欲、解腻助消化的佐餐佳品,经久耐藏,深受消费者的欢迎。

1. 原料配方

榨菜 19 kg、辣椒粉 2.5 kg、芝麻 1 kg、特级豆瓣酱 1.5 kg、花生 0.5 kg、酱油 2 kg、白糖 1.5 kg、葱 0.5 kg、姜 0.5 kg、蒜 0.8 kg、花椒粉 0.6 kg、五香粉 0.05 kg、味精 0.3 kg、菜油 3 kg、香油 1 kg、食盐 3.5 kg、黄酒 1 kg、山梨酸钾 0.25 kg,焦糖色素适量。

2. 生产工艺流程

榨菜香辣酱生产工艺流程见图 4 - 22。

原料处理 → 配料 → 搅拌 → 加热 → 装瓶 → 成品

图 4 - 22　榨菜香辣酱生产工艺流程

3. 操作要点

（1）制榨菜浆泥　选用去净菜皮和老筋、无黑斑烂点、无泥沙杂质的榨菜,并用切丝机切成丝状,加入 7 kg 水,进行湿粉碎,制成榨菜浆泥,倒入配料缸中。

（2）辣香料的准备　将菜油烧熟,浇到辣椒粉中拌匀,把芝麻、花生焙炒到八九成熟,分别磨成芝麻酱、花生酱,同时也将葱、姜、蒜粉碎成浆泥状,备用。

（3）配料　按配方把白糖、食盐、芝麻酱、花生酱、花椒粉、拌好菜油的辣椒粉、五香粉、葱泥、姜泥、酱油、豆瓣酱,以及 2 kg 水加到配料缸中,利用搅拌机将其搅拌均匀,然后送入夹层锅中。

（4）加热　将上述的混合料边搅拌边加热到80℃,保持 10 min 后停止加热,然后立即加入蒜泥、黄酒、味精、山梨酸钾,加 4 kg 水,搅拌均匀。根据色泽情况,边搅拌,边加入少量焦糖色素。直至呈红棕色后,立即装瓶。

（5）油封　装瓶后加入内容物量2%的香油,油封保存。

（三）海带花生营养调味酱

1. 原料配方（质量分数）

海带全浆30%、花生原酱40%、食盐5%、琼脂1.5%、BHT 0.1% ~ 0.2%、其他调味料适量。

2. 生产工艺流程

海带花生营养调味酱生产工艺流程见图 4 - 23。

干海带 → 浸泡 → 切碎 → 护绿 → 漂洗 → 高温蒸煮 → 打浆

花生仁 → 清洗 → 烘烤 → 冷却 → 脱红衣 → 粗磨 → 细磨 → 花生酱 → 混合调配

→ 装罐 → 杀菌 → 冷却 → 成品

图 4 - 23　海带花生营养调味酱生产工艺流程

3. 操作要点

（1）海带全浆的制备

①原料选择:选择符合国家一二级标准的干海带,水分含量20%以下,无霉烂变质现象。

②浸泡:清洗除去泥沙杂质,在尽可能短的时间内完成浸泡。试验证明,干海带充分吸水的最小极限用水量接近干海带的 4 倍,在常温下充分吸水胀发的时间为 3 ~ 3.5 h。

③护绿:采用柠檬酸调节 pH 值为 5.0,利用 200 mg/L 氯化锌溶液煮沸 10 min 进行护绿处理。

④高温蒸煮:目的是软化海带组织,蒸煮条件为:温度100℃、时

间 90 min,蒸煮可使制品口感润滑,呈味均匀。

⑤打浆:将上述经过高温处理后的海带送入打浆机中进行打浆处理。打浆机筛孔的孔径为 0.6 mm 左右,如果达不到要求会使制品的口感较差。

(2)花生酱的制备

①花生仁:要求用无霉变、无虫蛀的成熟颗粒,以降低黄曲霉毒素的污染。

②烘烤:根据含水量的高低选择烘烤时间和温度,使花生仁的含水量降至 0.5% 左右。烘烤温度一般为 140 ~ 160℃,时间为 30 ~ 40 min。烘烤过程中温度不宜过高,以防烤焦或引起油脂分解。一般烤成中间色,制成的酱味道较好。

③脱红衣:脱去花生红衣和胚芽,以防酱体出现苦涩味。

④磨浆:先进行粗磨,然后用胶体磨进行精磨,研磨的细度在 25 μm 左右,以使酱体具有较好的口感。

(3)调配、灌装、杀菌 将上述经过处理的各种原辅料按照配方的比例进行调配,充分混合均匀,然后进行装罐和杀菌,杀菌方式为: 15 min—20 min—15 min/121℃,杀菌结束后经过冷却、检验合格者即为成品。

(四)新型剁椒口味复合调味酱

1. 原料配方

辣椒:食用油为 3∶1(g/g),鸡精:味精为 2∶1(g/g),酸辣椒:小米椒为 1.63∶1(g/g)。

2. 工艺流程

新型剁椒口味复合调味酱生产工艺流程见图 4 – 24。

选料→预处理→切碎→原料初步加工→按一定比例加入配料→加热熬制→放入调料及食品添加剂→灌装→灭菌→压膜→贴标→成品

图 4 – 24 新型剁椒口味复合调味酱生产工艺流程

3. 操作要点

(1)原料预处理 酸辣椒洗净,去蒂,放入水池中冲水至微咸味,再沥干水分,用食品斩拌机切成直径 3 mm 块状。小米椒放入水池中冲水至微咸味,再沥干水分,用食品斩拌机切成直径 2 mm 块状。大蒜头去蒂、去皮、洗净、沥干,用食品斩拌机切成直径 3 mm 块状。生姜洗净、沥干,用食品斩拌机切成直径 3 mm 块状。

(2)加工熬制　处理好的原料、辅料按照比例混合、按顺序加热制作。锅烧热后加入色拉油,依次放入原料和调料,翻炒均匀,控制加热时间和加热温度。

(3)灌装　加工完即刻装罐,减少微生物污染机会,控制酱料表面油层高度 2~3 mm,填充不可太满,留一定空隙以备真空排气。

(4)灭菌　因本产品为蔬菜酱,为了保持产品的口感,不采用高温高压灭菌,以微波灭菌和食品添加剂来增加产品保质期。

(五)四川麻婆豆腐调味酱

1. 原料配方

郫县豆瓣:辣椒粉:花椒粉:豆豉:姜:酱油:味精:胡椒粉 = 15:7:3:14:3:10:3:0.75。

2. 生产工艺流程

四川麻婆豆腐调味酱生产工艺流程见图 4-25。

郫县豆瓣 → 打浆 → 热油搅拌 → 配料 → 均质 → 装瓶 → 杀菌 → 冷却 → 成品

（辅料 进入 配料）

图 4-25　四川麻婆豆腐调味酱生产工艺流程

3. 操作要点

(1)原料处理　对于采用的各种辅料要进行适当的处理。辣椒、花椒、胡椒要分别进行干燥和粉碎。姜要先用清水洗净,然后捣成泥状。

(2)郫县豆瓣打浆　将郫县豆瓣打成泥状。将一定量 150℃的热油缓慢地倒入豆瓣中,不断搅拌以使其充分混合均匀。

(3)配料　按照配方要求的比例,将打浆后的豆瓣和经过处理的各种辅料充分混合均匀。

(4)均质　将充分混合均匀的酱料送入胶体磨中进行均质处理。

(5)装瓶、杀菌　将经过均质的酱料装入事先经过杀菌处理的玻璃瓶中,上盖 5 mm 厚的芝麻油作封面油,然后进行杀菌处理,温度为 121℃,时间 5～10 min。杀菌结束后经过冷却即为成品。

(六)猴头菇蛋黄酱

食用菌营养丰富,被认为是最理想的蛋白质和营养组合来源,且味道鲜美,含有丰富的呈味物质,具有独特的风味,还有一定保健功能,因而可作为很好的复合调味料的基料。

1. 原料配方(质量分数)

鲜猴头菇 12.6%、蛋黄粉 5.0%、调味料 12.0%、调香料 7.0%、CMC—Na 1.9%、品质改良剂 1.5%、水 60%。

2. 生产工艺流程

猴头菇蛋黄酱生产工艺流程见图 4-26。

原辅料选择及处理→混合研磨→灭菌→灌装→冷却→成品

图 4-26 猴头菇蛋黄酱生产工艺流程

3. 操作要点

(1)原料选择及清洗 选择无病虫害、无腐烂变质的猴头菇,在清水中清洗干净。

(2)猴头菇护色处理 鲜菇易氧化褐变。为了能得到色泽优良的产品,需用 0.2% 的柠檬酸溶液先进行护色处理。处理方法:新鲜猴头菇洗净后用 0.2% 的柠檬酸溶液浸泡 10 min,再用 0.2% 的柠檬酸溶液煮沸 5 min,然后利用 2% 的盐水漂洗干净。

(3)猴头菇硬化处理 产品要求籽实体悬浮于酱组织中,需将护色处理后的猴头菇籽实体剪下,进行硬化处理才能达到预期的效果。目前使用较广的硬化液主要是 0.15%～0.2% 的 $CaCl_2$ 溶液。

(4)辅料调制 剪下籽实体后的菌柄和菇脚用捣碎机捣碎,CMC—Na 加适量清水膨润 6 h 以上备用。其余辅料按要求调制后备用。

(5)混合研磨 将原辅料依次加入胶体磨中进行碾磨,同时加入绞碎的猴头菇菌柄和菇脚,混合碾磨至呈乳酱,最后加入 CMC—Na 和猴头菇籽实体混合均匀即可。

（6）灭菌　混合后的猴头菇酱送入夹层锅,搅拌加热至 80~85℃ 后保温 10 min 灭菌。

（7）灌装　灭菌后的产品立即趁热灌装入 100~250 g 不同规格 的玻璃瓶中,真空旋盖密封。经过冷却再逐一检验后塑封即为成品。

（七）风味蘑菇酱

1.原料配方

大豆酱 230 g、大蒜 10 g、鲜蘑菇 20 g、葱 5 g、植物油 30 g、味精 3 g、白糖 5 g。

2.生产工艺流程

风味蘑菇酱生产工艺流程见图 4-27。

鲜蘑菇、蒜、葱 → 预处理 → 磨碎
　　　　　　　　　　　　　↓
大豆酱、植物油 → 炒制 → 煮沸 → 搅匀 → 装瓶 → 封盖 → 杀菌 → 包装 → 冷却 → 成品

图 4-27　风味蘑菇酱生产工艺流程

3.操作要点

（1）原料要求　大豆酱:酱体红褐色,味道鲜美醇厚,无其他异 味;鲜蘑菇:新鲜蘑菇(野生鲜蘑菇更佳),无腐败、无霉烂;大蒜:新 鲜,无霉烂;味精:符合《谷氨酸钠(味精)》(GB/T 8967—2007)标准; 植物油:无杂物、无异味。

（2）鲜蘑菇处理　将鲜蘑菇去除根部杂质,利用清水洗净后晾 晒,放入开水中焯一下,然后用粗磨磨成小块。晾晒不可太干,以不 易破碎为好。

（3）风味酱的加工

①大豆酱的炒制:植物油加热至 200℃ 左右,加入大豆酱煸炒,待 炒出浓郁的酱香味时加入磨好的鲜蘑菇块。酱的炒制是制作加工的 关键,酱炒得轻,香味不够丰满;炒得重,会使酱变焦、味苦,影响成品 的颜色和滋味。

②煮沸:将上述炒制的大豆酱蒸沸并加入味精,然后冷却至 80℃ 左右后搅拌均匀即可进行装瓶和封口,这样既能抑制细菌生长又能 为下一步杀菌做准备。

③封盖:采用四旋玻璃瓶进行灌装,净重 200 g,灌装后添加适量的芝麻油作面油,再用真空蒸汽灌装机进行封口。

④杀菌:将灌装好的酱放入真空封罐机中进行杀菌,要求品温控制在 90℃,时间为 15 min。产品杀菌后经过冷却即为成品。

(八)芝麻酱卤汁

1.原料配方

芝麻酱 100 g、盐 6 g、糖 1.5 g、芝麻油 6 g、味精 0.3 g。

2.操作要点

先将芝麻酱 100 g,用冷开水搅成稀糊状,加入盐 6 g、糖 1.5 g、芝麻油 6 g、味精 0.3 g,调拌均匀即成。其味香、咸、甜,适用于夏季调拌荤素冷菜。

(九)甜面酱卤汁

1.原料配方

甜面酱 500 g、酱油 100 g、面粉 100 g、白糖 200 g、清水 500 g、芝麻油 100 g。

2.操作要点

先将甜酱面 500 g 放入钵内,加酱油 100 g、面粉 100 g、白糖 200 g、清水 500 g,搅拌均匀后,用筛箩滤去渣质。锅放火上,放入芝麻油 100 g 烧热后,加入过滤的甜酱,边煮边搅,待煮开后成糊状,加入芝麻油 100 g 搅匀即成。具有甜鲜酱香而带咸的味道,适用于烤制一类冷荤菜肴。

(十)芥末卤汁

1.原料配方

芥末粉 500 g,醋 400 g,水 400 g,芝麻油 150 g,白糖 100 g。

2.操作要点

先用芥末粉 500 g 加醋和温开水各 400 g,芝麻油 150 g,白糖 100 g,搅匀成糊状。将调好的芥末粉,放在略有温度的炉台上,静置 30 min 左右,待发出香味时即可,味辣而鲜香。如急需使用可放笼中稍蒸片刻也可。适用于夏季调拌冷菜。

二、发酵型蔬菜基调味酱

(一)贵州辣椒酱

本品是以新鲜、色泽鲜红、无虫害、无霉烂、肉质厚实,加工后所得产品皮肉不分离的红辣椒为原料,经科学加工而成。

1. 原料配方

鲜辣椒 100 kg、白酒 5 kg、食盐 12 kg、保鲜剂 50 kg、白糖 8 kg、姜和蒜各 2.5 kg、味精 0.75 kg。

2. 生产工艺流程

贵州辣椒酱生产工艺流程见图 4-28。

红辣椒→挑选→清洗→风干→粉碎→加调料→搅拌→密封→常温发酵→包装→成品

图 4-28 贵州辣椒酱生产工艺流程

3. 操作要点

(1)原料挑选及清洗 该产品是用生料进行微生物发酵的产品,所用原料要求新鲜。清水清洗,同时将设备清洗干净。

(2)风干、粉碎 将清洗后的原料风干,粉碎机粉碎。大蒜、生姜清洗后,风干、绞碎备用。

(3)加调料、搅拌 将粉碎的辣椒、蒜泥、姜蓉倒入搅拌锅中,加入其他辅料搅拌均匀。

(4)常温发酵 将搅匀的辣椒糊装入坛子,密封好后进行常温发酵。发酵所用的坛子应先用清洗液洗涤干净,再进行消毒(可用75%的酒精)后才能使用,否则会因微生物引起产品腐烂,同时坛子要密封,否则发酵时会引起酸败。

(二)蘑菇面酱

1. 原料配方

蘑菇下脚料(次菇、碎菇、菇脚、菇屑等)30 kg、面粉 100 kg、食盐 3.5 kg、五香粉 0.2 kg、糖精 0.1 kg、柠檬酸 0.3 kg、苯甲酸钠 0.3 kg、水 30 kg。

2. 生产工艺流程

蘑菇面酱生产工艺流程见图 4 – 29。

和面→制曲→制蘑菇液→制酱酪→制面酱→成品

图 4 – 29　蘑菇面酱生产工艺流程

3. 操作要点

（1）和面　用面粉 100 kg，加水 30 kg，拌和均匀，使其成细长条形或蚕豆大的颗粒，然后放入煎锅内进行蒸煮。其标准是面糕呈玉色、不粘牙、有甜味，冷却至 25℃时接种。

（2）制曲　将面糕接种后，及时放入曲池或曲盘中进行培养，培养温度为 38～42℃，成熟后即为面糕曲。

（3）制蘑菇液　将蘑菇下脚料去除杂质、泥沙，加入一定量的食盐，煮沸 30 min 后冷却，再过滤备用。

（4）制酱酪　把面糕曲送入发酵缸内，用经过消毒的棒耙平，自然升温，并从面层缓慢注入 14°Bé 的菇汁及温水，用量为面糕的 100%，同时将面层压实，加入酱胶，缸口盖严保温发酵。发酵时温度维持在 53～55℃，2 d 后搅拌 1 次，以后每天搅拌 1 次，4～5 d 后已糖化，8～10 d 即为成熟的酱酪。

（5）制面酱　将成熟的酱酪磨细过筛，同时通入蒸汽，升温到 60～70℃，再加入 300 mL 溶解的五香粉、糖精、柠檬酸，最后加入苯甲酸钠，搅拌均匀即成蘑菇面酱。

（三）草菇姜味辣酱

1. 原料配方

基本配料：草菇 10 kg、辣椒 50 kg、生姜 25 kg、大蒜 5 kg，下列辅料分别占上述基本配料的质量分数为白糖 1.2%、氯化钙 0.05%、精盐 13%、白酒 1%、豆豉 3%、亚硫酸钠 0.1%、苯甲酸钠 0.05%。

2. 生产工艺流程

草菇姜味辣酱生产工艺流程如图 4 – 30 所示。

各种原辅料处理→拌匀→装瓶（坛）→密封发酵→包装→成品

图 4 – 30　草菇姜味辣酱生产工艺流程

3. 操作要点

(1)草菇的处理　若用鲜草菇,除杂后用5%的沸腾盐水煮8 min左右,捞出冷却,把草菇切成黄豆粒般大小的菇丁备用;若用干品则需浸泡1~2 h,用5%沸腾盐水煮至熟透,捞出、冷却,切成黄豆粒般大小的菇丁备用。

(2)辣椒的处理　选用晴天采收的无病、无霉烂、不变质、自然成熟、色泽红艳的牛角椒,洗净晾干表面水分,然后剪去辣椒柄,剁成大米粒般大小备用。如果清洗前将辣椒柄剪去,清水会进入辣椒内部,使制成的产品香气减弱,而且味淡。

(3)生姜处理　选取新鲜、肥壮的黄心嫩姜,剔去碎、坏姜,洗净并晾干表面水分,剁成豆豉般大小备用。

(4)大蒜的处理　把大蒜头分瓣,剥去外衣,洗净、晾干表面水分,制成泥状备用。

(5)混合　将各种主料、辅料、添加剂按原料配方比例充分混合均匀。

(6)装坛　将上述混合好的各种原料置于坛中,压实、密封。

(7)发酵　将坛置于通风干燥阴凉处,让酱醅在坛中自然发酵,每天要检查坛子的密封情况,一般自然发酵8~12 d酱醅即成熟,可打开检查成品质量,经过检验合格即可进行包装作为成品出售。

原料装坛时一定要压紧、压实、压平,目的是驱除坛内的空气,营造厌氧发酵条件。发酵过程不可随意打开坛口,以免氧气进入,若酱长时间暴露在空气中,会发生或促进氧化变色,使酱品变黑。同时在有氧存在的条件下,会出现有害微生物如丁酸菌、有害酵母菌、腐败细菌的活动,这些有害微生物不但消耗制品中的营养成分,还会生成吲哚,产生臭气,使产品发黏、变软,从而降低酱的品质,乃至失去食用价值。

(四)发酵型风味金针菇酱

1. 原料配方

(1)成曲制备的配方　生大豆∶面粉∶曲精 = 250∶100∶1。

(2)酱醅发酵的配方　金针菇∶成曲∶食盐∶生姜 = 13∶8∶2.5∶1。

（3）原酱调配炒制配方

自制五香粉：八角：茴香：花椒：桂皮：干姜 = 4：1.6：3.6：8.6：1。

增香调味料：食用植物油：自制五香粉：白砂糖：食盐：炒芝麻：辣椒粉：黄酒：味精：芝麻油 = 180：5.2：42：60：68：52：16：1：86。

原酱调配炒制时的比例：原酱：增香调味料 = 4：1。

2. 生产工艺流程

发酵型风味金针菇酱生产工艺流程见图 4 - 31。

精选大豆→清洗、浸泡→蒸煮→拌和→摊晾→接入市售种曲、加入面粉→恒温培养→成曲→醅料混合→装缸→恒温发酵→原酱→炒酱→装瓶→加盖→排气密封→杀菌→冷却→贴标→成品

图 4 - 31　发酵型风味金针菇酱生产工艺流程

3. 操作要点

（1）原料选择　面粉为标准级；种曲为 3.042 米曲霉曲精；金针菇柄长 8 cm 以上，菌盖直径 1.2 cm 左右，无开伞、无病虫害的菇体，弃菇柄基部。

（2）原辅料处理　制作风味金针菇酱的金针菇发酵前要进行盐水漂洗、护色处理与烫漂杀菌，钝化酶的活性，防止褐变，同时把菇体细胞杀死，使之丧失选择透过性，增大物质交换速度，缩短腌制与酱制时间，增加菇体韧性。具体做法如下：将选好的金针菇浸入 0.3% ～ 0.5% 的低浓度盐水溶液中，漂洗干净，倒入含 0.04% 柠檬酸的沸水中，煮沸 2 min 后再浸入 2% 的盐溶液中待用。

（3）蒸煮　大豆应于常温下浸泡 10 ～ 12 h，以达到软而不烂，用手搓挤豆粒感觉不到有硬心为宜。大豆采用高压锅蒸煮，时间为 15 min 左右。

（4）拌面与接种　用经过消毒的用具和工具进行。待拌和的料温降至 30 ～ 32℃ 时，按比例接种并充分拌和均匀，同时要控制好温度、湿度，防止污染。培养 1 ～ 2 d，成曲呈嫩黄绿色即可。

（5）酱醅发酵　成曲加入盐水、金针菇和姜末后,再加入相当于醅料质量9%的食盐,在40℃下恒温培养,每日翻拌一次,保证发酵均匀。于10 d左右将含盐量补至12%,45℃下继续发酵6~7 d后即可进行炒制。

（6）炒制与调味　将发酵好的原酱与调味料准备好后,按加热油、加白糖、辣椒粉,加原酱、料酒、花椒粉、五香粉、炒芝麻粉的顺序依次入锅,翻炒20 min后加入味精。

（7）装瓶　所用的瓶及瓶盖要经过灭菌处理。装料不可太满,封口处加10 mL芝麻油,扣上瓶盖,加热排气10 min,然后密封,并于70~80℃常压水煮30 min。

（8）冷却、验收　将上述经过杀菌的样品冷却、检验后,即可贴标、装箱作为成品。

（五）发酵型韩国泡菜调味酱

1. 原料配方（质量配比）

苹果5~10份、梨5~10份、金钩子5~10份、洋葱5~10份、去叶芹菜1份、韭菜1份、蒜5~15份、生姜1~5份、辣椒粉3~10份、糯米糊或面粉糊1~5份、鱼露1~3份、盐3份、白糖1~3份和味精1~3份

2. 生产工艺流程

发酵型韩国泡菜调味酱生产工艺流程见图4-32。

备料→调制→发酵→灌装→封口→灭菌→冷却→成品

图4-32　发酵型韩国泡菜调味酱生产工艺流程

3. 操作要点

（1）备料　将苹果、梨洗净,去皮去核,榨汁备用;金钩子捣碎成糊状备用;洋葱去皮,洗净,捣碎成糊状备用;芹菜去叶,和韭菜洗净后切成1~4 cm小段备用;蒜、生姜去皮,捣碎成糊状备用;干辣椒粉碎后过20目筛成辣椒粉备用;糯米粉或面粉与水按质量比1:9的比例调成糊状备用。

（2）调制　将以上经处理后备用的原料于容器中混合均匀,然后

加入称取好的鱼露和味精混合均匀,再添加适量的直投式乳酸菌粉,混合均匀即得调味酱。所述直投式乳酸菌的添加量为发酵型韩国泡菜调味酱总质量的 0.02%,乳酸菌菌粉活菌数 ≥10^{10}cfu/g,购自四川省微生物资源平台菌种保藏中心,保藏编号为 SICC1,为耐低温乳酸菌。

(3)发酵　将混合均匀的调味酱置于5℃左右的环境中发酵6 d,得到发酵型韩国泡菜调味酱。

(4)储存　将调好的酱放入一个小口容器(如缸、罐)中,用双层纱布扎口,放在室内通风处,即可食用,且越存风味越好。

(六)新型功能性海带豆酱

1.原料配方

大豆(打碎后的颗粒状,下同):海带粉(干粉末,下同)=2:1(质量比)、5%的纳豆菌粉。

2.生产工艺流程

新型功能性海带豆酱生产工艺流程见图4-33。

备料→称量混合→蒸煮灭菌→接种→发酵→冷却→成品

图4-33　新型功能性海带豆酱生产工艺流程

3.操作要点

(1)备料　选取颗粒饱满完整的大豆浸泡 12 h 后用搅碎机打碎;新鲜的海带洗净,放入烘干箱中烘干、粉碎,过 60 目筛,海带粉备用。

(2)称量混合与灭菌将以上经处理后备用的大豆:海带粉按质量比2:1混合,加入5倍体积水(即水:大豆海带混合物=5:1),121℃灭菌 20 min,即得灭菌后的原料。

(3)发酵　将混合均匀的原料接入质量分数为 2% 的纳豆菌粉,放入 42℃ 的恒温培养箱中发酵 48 h。

(4)冷却储存　将发酵好的酱放入一个小口容器(如缸、罐)中,用双层纱布扎口,放在室内通风处备用。

（七）茶树菇风味复合发酵调味品

1. 原料

茶树菇 100 份、纤维素酶 0.15 份、木瓜蛋白酶 0.15 份、大豆 10 份、麸皮 10 份、豆粕 10 份。

2. 生产工艺流程

茶树菇风味复合发酵调味品生产工艺流程见图 4 - 34。

茶树菇→加水浸泡（料水比 1∶20）→机械粉碎→蒸煮→加酶水解→灭酶活→过滤→茶树菇水解液→喷雾干燥（茶树菇粉）

大豆→浸泡→蒸煮→拌面→制曲（加曲精）→加盐水（14.5°Bé）前期发酵→加盐水（24°Bé）后期发酵→灭菌

茶树菇粉、豆酱→调配→成品

图 4 - 34　茶树菇风味复合发酵调味品生产工艺流程

3. 操作要点

（1）茶树菇处理　将菇柄或菇梗切成长约 2 cm 的小块，按一定的料水比（1∶20）进行机械粉碎，直至肉眼看不到有块状物为止，然后加热蒸煮 30 min 左右，置于室温下冷却。然后进行酶解，条件为纤维素酶∶木瓜蛋白酶（0.15%）＝ 1∶1，水解温度 60℃，水解时间240 min。

（2）种曲制备　原料配比为麸皮 80 份，豆粕 20 份，水 90 ~ 95 份。将豆饼粉碎后，用 3.5 目筛子过 2 次，再与麸皮拌和，按比例加水，拌匀，堆积 1 h。置 100 ~ 150 kPa 压力下蒸煮 1 h，出锅，过筛。熟料水分 52% ~ 54%。曲料迅速降温至 38 ~ 40℃，按接种量 0.1% ~ 0.2% 接入三角瓶种曲，拌匀。拌入种曲的曲料装曲盒，每盒约装曲料 250 g，厚度为 1 ~ 1.2 cm。盒上覆盖灭菌干纱布，移入种曲室培养。种曲室室温 28 ~ 30℃，干湿球差 1℃。为便于保温，曲盒入室培养初期为直立式堆码，入室培养 15 ~ 16 h 后，品温升至 33 ~ 35℃时，进行倒盒，使上下品温一致。

（3）制酱　将大豆在室温下浸泡 18 h，在 0.1 MPa 下蒸煮60 min，拌面，冷却至 40℃ 左右，接入 0.5% 的曲精，拌和均匀，在 30℃ 下制曲

4 d,加 150% 的 14.5°Bé 的食盐水,于 42℃ 下发酵 20 d,再加适量的 24°Bé 的食盐水置于室温下发酵 10d。

(4)调配　把豆酱和茶树菇粉分别按 10:1、10:2、10:5 的比例进行配比,即得。

(八)富硒纳豆豆酱

1.原料配方

富硒糙米甜酒酿酒糟 100~300 份、富硒大豆制作豆浆的新鲜豆渣 100~300 份、纳豆芽孢杆菌 20%。

2.生产工艺流程

富硒纳豆豆酱生产工艺流程见图 4-35。

纳豆芽孢杆菌母种制备→种子菌种制备→生产菌种制备→富硒纳豆豆酱发酵→调配→灌装→杀菌→成品

图 4-35　富硒纳豆豆酱生产工艺流程

3.操作要点

(1)纳豆芽孢杆菌驯化　从权威菌种鉴定与保藏机构购买优良的纳豆菌株,经过富硒糙米甜酒酿制备过程残留的新鲜酒糟和富硒大豆豆浆制备过程残留的新鲜豆渣混合物的适应性筛选,获得无须外加生物素、纳豆激酶产量高的纳豆芽孢杆菌菌株作为生产用的母种,长期保存。

(2)纳豆原种制作　将新鲜饱满大豆充分洗净后,加入 3 倍量的水浸泡 8~14 h 后,倒掉水放进底部铺设双层纱布的蒸笼内蒸到大豆用手捏碎的程度,大豆铺设厚度 2~6 cm,蒸煮用时 60~180 min,冷却到 35~45℃;保存的母种先在改进的纳豆杆菌液体培养基中活化,摇床振荡培养,当液体菌种活菌数达到 1.0×10^9 时,接种到上述蒸熟冷却的大豆上,接种量为 10%,拌匀,盖上双层纱布,在高洁净度的保温室内好氧发酵 24~36 h,分装到带通气塞的无菌的广口瓶中备用。

(3)纳豆生产种制作　将新鲜饱满大豆 1 份,充分洗净后,加入 3 倍量的水浸泡一夜后倒掉水;取富硒糙米甜酒酿制作剩余的酒糟 1 份、富硒大豆豆浆制作残余的新鲜豆渣 1 份,混合后放进底部铺设双层纱布的蒸笼内蒸到大豆用手捏碎的程度备用;混合料铺设厚度 2 ~ 6 cm,蒸煮用时 60 ~ 180 min,冷却到 35 ~ 45℃;分层接种步骤二制备的纳豆芽孢杆菌原种,接种量为 20%,在发酵容器的底部,中部和最上层强化接种量;料层总厚度控制在 2 ~ 6 cm。

（4）富硒纳豆豆酱发酵 取富硒糙米甜酒酿酒糟 100 ~ 300 份、富硒大豆制作豆浆的新鲜豆渣 100 ~ 300 份,混合均匀后铺设在底部铺设两层纱布的蒸笼中,料层总厚度控制在 2 ~ 6 cm,高温蒸煮 60 ~ 120 min 后,冷却至不烫手,料温在 30 ~ 35℃,制成富硒纳豆豆酱发酵原料;再分层接种步骤三制备的纳豆芽孢杆菌生产种,接种量为发酵原料的重量的 20%,在发酵容器的底部,中部和最上层强化接种量,料层总厚度控制在 2 ~ 6 cm;最后盖上两层纱布,放在 35 ~ 45℃高洁净度培养室内发酵 48 ~ 72 h 后停止发酵。

（5）富硒纳豆豆酱成品调配 取步骤四富硒纳豆豆酱发酵产物 100 份,拌入 5 ~ 15 份生姜细末、5 ~ 15 份蒜末、0.5 ~ 2.5 份食盐、3 ~ 6 份辣椒粉进行搅拌调味得到富含纳豆激酶的纳豆酱,密封冷藏后熟,制成富含纳豆激酶和有机硒纳豆豆酱产品。

（九）半固态酱油型调味料

1. 原料配方

发酵大豆酶解物 20% ~ 30%、酶水解植物蛋白调味液 20% ~ 35%、焦糖色 1%、食盐 8% ~ 10%、增稠剂 0.2% ~ 0.4%、山梨酸钾 0.03%、苯甲酸钠 0.03%、味精 5% ~ 10% 和水 10% ~ 20%。

2. 生产工艺流程

半固态酱油型调味料生产工艺流程见图 4 – 36。

大豆→清洗→浸泡→沥干→破碎→蒸煮→冷却→接种→制曲→发酵→酶解→调配→杀菌→成品

图 4 – 36 半固态酱油型调味料生产工艺流程

3. 操作要点

（1）酶解物的制备 将发酵好的大豆用复合酶进行酶解后得到酶解物;复合酶是由蛋白酶、纤维素酶和果胶酶混合配制而成。

（2）酱油的调配　将酶解物 20%～30%、酶水解植物蛋白调味液 20%～35%、焦糖色 1%、食盐 8%～10%、增稠剂 0.2%～0.4%、山梨酸钾 0.03%、苯甲酸钠 0.03%、味精 5%～10% 和水 10%～20% 混合调配成黏稠的半固态酱油。

第五节　火锅调料

火锅调料是指与火锅涮食方式配套的专用复合调味料，一般作为蘸酱对涮熟的食品着味。我国地域宽广，各地的饮食习惯也不相同。反映在火锅调料上，表现为配料和风味各具特色。四川火锅调料以辛辣味为主，口感浓厚丰满；北方火锅调料辣中带甜，兼有鲜香；南方火锅调料麻辣甜鲜，香气浓郁，柔滑细腻。

传统的火锅调料多是凭经验人工调配，具有很大的局限性，影响了产品配方和风味的统一，并且费时费力。现代快节奏、高效率的生活方式，对于火锅调料配方和生产工艺的标准化有着十分迫切的需要。

一、原辅料

火锅调料的基础原料是各种酿造和调制酱类，主要有辣椒酱、花生酱、芝麻酱、豆瓣酱、甜面酱、肉酱等。新鲜辣椒加盐腌制成熟，磨成酱状即为辣椒酱。花生酱、芝麻酱则需先将原料焙炒出香气，再研磨成酱状。发酵酱类选择的原则是符合质量要求，风味稳定成熟。肉酱的加工方法是，将原料清洗、切分、去骨沥干，按比例加水，经由胶体磨磨成酱。

香辛料是生产火锅调料的重要原料，常用的品种有辣椒、花椒、茴香、八角、大蒜、丁香、芫荽、胡椒、生姜、山奈等，干香辛料经过洗涤烘干以后，磨成粉末状备用；生鲜的香辛料如姜、蒜等可取其汁液或提取物，在加工过程中加入。

酱油、醋、黄酒、腐乳汁、鱼露等液体调味品，在火锅调料中，能起到调色、调味、增香的作用。增稠剂能够赋予火锅调料适宜的黏稠度,使火锅调料保持均匀稳定的状态。味精、I＋G、琥珀酸钠是生产火锅调料常用的增鲜剂。其他常用的辅料有砂糖、防腐剂、天然调味品等。

二、生产工艺

(一)生产工艺流程

火锅调料的生产工艺,是按照一定顺序加入各种原辅料,加热熬制一段时间,使各种调味品的风味充分协调,并达到理想的酱体状态,经过冷却、杀菌即得成品。其生产工艺流程如图4－37所示。

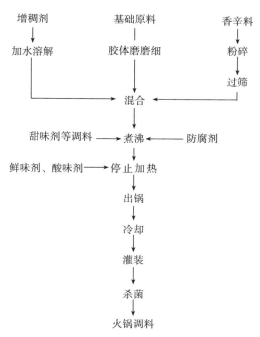

图4－37 火锅调料生产工艺流程

(二)操作要点

1.原料预处理

为保障火锅调料的酱体均匀一致,口感细腻,所用原料需经过一定的预处理:各种酱要经过胶体磨磨细后备用;香辛料一般先粉碎,再过 60~80 目筛;动植物原料在加工成酱状后,也要通过胶体磨,进一步细化。

2. 酱体熬制

在带有搅拌装置的夹层锅内加入配料质量 1.2 倍左右的水,加热至沸。开动搅拌器,加入经过磨细的发酵酱类和预先溶化好的增稠剂,继续搅拌,依次均匀加入香辛料粉末、甜味剂、动植物提取物、酱油等液体调味品、防腐剂。加热至沸,并不断翻拌均匀,至香气宜人时,保持稳定沸腾 30 min,注意防止锅内结焦和物料溅出锅外。

当酱体达到满意的黏稠度后,停止加热。继续搅拌,加入增鲜剂和对高温较敏感的其他辅料。搅拌至完全溶化或混合均匀时,即可停止搅拌,出锅。每锅操作时间为 1.5 h 左右。

3. 出锅冷却

加工成熟的火锅调料趁热出锅,盛于消毒过的不锈钢容器中。及时安全地运送至室内空气洁净的包装储藏室内,容器口覆盖纱盖,防止灰尘进入。待酱体冷却至 56~60℃,即可包装。

4. 包装、杀菌

火锅调料可用酱体灌装机定量灌入塑料杯或玻璃瓶中,及时封盖。包装好的产品在 100℃沸水中杀菌 20~30 min,即为成品。

三、生产实例

(一)一种瓶装川味火锅调料的制法

1. 原辅料及其质量要求

牛油:新鲜,无杂质、无酸败。牛油能保持原汤温度,增加卤汁香味。郫县豆瓣:油润红亮,辣味较重,香甜适口,无霉变。郫县豆瓣能使汤汁色泽红亮,产生醇和辣味和咸鲜之味。大蒜:无霉变、无发芽。姜:选择无霉变、无腐烂的老姜。食盐符合《食用盐》(GB 5461—2016)标准。味精符合《谷氨酸钠(味精)》(GB 8967—2007)标准。香辛料:无霉变,具有该香辛料正常香味。其余原辅料:符合相应国家标准。

2.生产工艺流程

瓶装川味火锅调料工艺流程见图4-38。

牛油煎熬→炒料→混合(加入干辣椒粉、味精、黄酒等)→装瓶→封口→杀菌→冷却→包装→入库

图4-38 瓶装川味火锅调料生产工艺流程

3.操作要点

(1)原料验收 原辅料应符合质量要求。

(2)牛油的煎熬 控制牛油煎熬温度,首先要将牛油用旺火熬至200~220℃,再将油自然冷却到120~140℃。煎熬温度低不易除去牛油中的杂味,而温度过高会影响后续的炒料工序,导致物料炒焦,影响色泽、口味。

(3)炒料 炒料是制作火锅调味料的关键所在,料炒得好坏直接关系到熬制出来的调料是否具有四川独特的麻、辣、鲜、香风味。待油冷却到120~140℃,先将豆瓣、姜、蒜入锅炒之,炒出香味,并且油呈红色。再放入少量豆豉适当炒之,再将香料适当炒之,立即起锅。

炒料时应注意豆瓣老嫩:豆瓣嫩了,食之有生豆瓣味;豆瓣炒老了,色黑,味苦,汤汁风味不佳。

(4)辣椒烘干与粉碎 辣椒烘烤温度80℃,烘至辣椒香味浓郁。取出自然冷却后再用粉碎机粉碎,其粉碎粒度在1.5~2.5 mm之间。注意不能烘焦,否则影响色泽、味道。

(5)混合 将炒出来的料趁热与辣椒及其他辅料一同进行拌和调味,混合均匀。调味品香料搭配中,以芳香性的为主,辛辣味的为辅,但香料不可加得太多,香料太多则汤汁发苦,有一股药味,所烫食物有苦味。

(6)装罐、封口 采用四旋玻璃瓶进行装瓶,以半自动真空封罐机进行封口。

(7)杀菌冷却 杀菌公式:15′—40′—反压冷却(0.12 MPa)/121℃。

4. 产品质量标准

（1）感官指标　色泽：呈橘红色，有光泽。香味：具有火锅底料特有的芳香。滋味：该调味料熬制的火锅麻辣。形态：固体，可见牛油。

（2）理化卫生指标　氨基酸态氮≥0.20%；总酸（以乳酸计）≤2.0%；砷（以 As 计，mg/kg）≤0.5；铅（以 Pb 计，mg/kg）≤1.0，黄曲霉素 B（μg/kg）≤5.0；致病菌不得检出。

5. 注意事项

火锅调料常用香料有：甘菘、丁香、八角、小茴香、辣椒、草果、砂仁、灵草等。成都和重庆人称甘菘为香草，其香味浓郁，一只火锅用量不宜超过 5 g，否则香气"腻人"；丁香用量一般为 1~2 g，小茴香用量一般为 10~20 g，草果用量一般为 3~5 g，砂仁用量一般为 3 g，灵草用量一般不宜超过 5 g。

（二）江南火锅调料的制作

1. 原辅料配方

（1）麻辣型火锅调料的配方（质量分数）　腐乳汁 7.5%、豆酱 7.5%、芝麻酱 2.5%、茴香粉 1.0%、山奈粉 0.1%、韭菜糊 6%、辣椒粉 3%、丁香 0.6%、白胡椒 1.0%、花椒 0.6%、大蒜 3%、鲜生姜 3%、黄酒 8%、酱油 5%、蔗糖 8%、盐 1.5%、辣椒油 4%、味精 5%、I + G 0.3%、醋精 0.3%、苯甲酸钠 0.1%、山梨酸钾 0.05%、黄原胶 0.05%。

（2）海鲜型火锅调料的配方（质量分数）　腐乳汁 7.5%、豆酱 2.5%、芝麻酱 5.0%、茴香粉 1.0%、山奈粉 0.1%、大蒜 3%、鲜生姜 5%、鲞酱 5.0%、开洋（腌制晒干后的虾仁干）酱 7.5%、黄酒 10%、酱油 2%、蔗糖 8%、盐 1.5%、辣椒油 4%、味精 5%、I + G 0.3%、醋精 0.8%、苯甲酸钠 0.1%、山梨酸钾 0.05%、海味素（一种鱿鱼膏）2.5%、黄原胶 0.05%。

市售食品级原料：丁香、白胡椒、花椒、鲜大蒜、鲜生姜用粉碎机粉碎，打成粉末。

鲞、开洋先用水洗净，去骨去皮，沥干，然后以 1∶5 的比例经胶体磨细化成鲞酱、开洋酱备用。

2. 生产工艺流程

江南火锅调料生产工艺流程见图 4 - 39。

```
                      香辛料→粉碎  增稠剂
                             ↓      ↓
基础原料→胶体磨细化→混      合→煮沸→停止加热(加入其他辅料)
                             →出锅→冷却→灌装→杀菌→成品
```

图 4 - 39　江南火锅调料生产工艺流程

3. 操作要点

将基础原料、香辛料经过胶体磨细化处理,加到沸水中,同时开动搅拌器不断搅拌,再依次加入预先溶解好的增稠剂、调味料及苯甲酸钠,当锅内沸腾均匀,香气宜人时,应注意防止结焦及喷溅出锅外,煮沸 8 ~ 10 min 时,在充分搅拌均匀的情况下停止加热,并立即加入鲜味剂和山梨酸钾,继续搅拌数分钟。

加工成熟的火锅调料趁热出锅,待冷却到 56 ~ 60℃,装入 100 g 塑料杯或 230 g 玻璃瓶中,封盖,再经沸水杀菌 20 min,即为成品。产品保质期达 6 个月以上。

(三)无渣型鸡汁复合调味料清油火锅底料

1. 原辅料配方

豆瓣用量 26.7%、复合香辛料用量 3.5%、菜籽油 20%、糍粑辣椒 12%、食用盐 13%、姜 5%、花椒 5%、蒜 5%、醪糟 5%、白糖 3%、白酒 1%、酵母抽提物 0.8%。

2. 生产工艺流程

无渣型鸡汁复合调味料清油火锅底料生产工艺流程见图 4 - 40。

```
        植物油、香辛料  增稠剂
               ↓        ↓
鸡架→酶解→浓缩→炒制→停止加热(加入其他辅料)→出锅→冷却→灌装→杀菌→成品
```

图 4 - 40　无渣型鸡汁复合调味料清油火锅底料生产工艺流程

3. 操作方法

(1)鸡汁复合料　鸡架应进行清洗、细磨、热处理等预处理,然后水解,再进行酶解。工艺条件为:水解温度 130℃、酶解温度 60℃、谷氨酸钠添加量 15%、底物浓度 15%、酶解 pH 值 8.0。

（2）炒制　将原辅料按一定的配比,采用自动炒锅炒制。炒制工艺条件为:炒制时间 48 min、炒制温度 130℃。

（3）灌装　炒制好后的清油无渣型火锅底料和鸡汁复合料混合,用全自动灌装机进行灌装。

（四）火锅调料生产其他配方

（1）配方一　腐乳汁 0.728 kg、辣椒酱 2.38 kg、芫荽 0.264 kg、鱼露 0.992 kg、大蒜 0.132 kg、甜面酱 0.792 kg、花生酱 1.984 kg、芝麻酱 0.264 kg、花椒 0.092 kg、菜油 0.40 kg、辣酱油 0.728 kg、砂糖 0.132 kg、味精 0.066 kg、八角 0.066 kg、甜蜜素 0.002 kg、苯甲酸钠 0.005 kg、山梨酸钾 0.0005 kg、水 0.9705 kg。

（2）配方二　腐乳汁 0.75 kg、花生酱 1.25 kg、芝麻酱 0.25 kg、豆酱 0.75 kg、八角 0.1 kg、山奈 0.01 kg、韭菜 0.6 kg、辣椒粉 0.3 kg、白胡椒 0.1 kg、丁香 0.06 kg、花椒 0.06 kg、大蒜 0.3 kg、生姜 0.3 kg、黄酒 0.8 kg、酱油 0.5 kg、砂糖 0.8 kg、盐 0.15 kg、辣椒油 0.4 kg、味精 0.5 kg、I＋G 0.03 kg、醋精 0.08 kg、黄原胶 0.005 kg、苯甲酸钠 0.01 kg、山梨酸钾 0.005 kg。

（3）配方三　豆酱 10 kg、花生酱 0.6 kg、辣椒酱 2.6 kg、胡椒 0.08 kg、味精 0.16 kg、I＋G 0.02 kg、蒜泥 0.6 kg、砂糖 0.2 kg、芝麻油 0.08 kg、黄酒 0.4 kg、生姜 0.24 kg、花椒 0.07 kg。

（4）配方四　植物油 13.5～16.5 份、榨辣椒 95～105 份、生姜末 4.5～5.5 份、大蒜末 4.5～5.5 份、鸡精 8～10 份、花椒粉 1.8～2.2 份、胡椒粉 0.45～0.55 份。

（5）配方五　花生酱 22%、腐乳 20.6%、植物油 4%、白砂糖 3.9%、食盐 3.1%、味精 3.1%、甜面酱 2.8%、玉米粉 1.4%、白芝麻 0.86%、变性淀粉 0.28%、陈皮粉 0.05%、大茴香粉 0.05%、山梨酸钾 0.05%、水 37.81%。

（6）配方六　海鲜型风味火锅蘸酱:豆瓣芝麻酱腐乳混合酱 37.31%、小龙虾下脚料水解浓缩液 36.30%、白砂糖 9.08%、香辛料

0.17%、盐 1.01%、味精 1.01%、料酒 4.03%、植物油 8.07%、葱 1.01%、姜 1.01%、蒜 1.01%。每千克做好的酱料中添加黄原胶 1 g/kg、茶多酚 0.1 g/kg、尼泊金乙酯 0.25 g/kg。

（7）配方七　糍粑辣椒和红油豆瓣按质量比为1∶3混合,并以糍粑辣椒和红油豆瓣的质量为 100% 计,其他成分添加量为:菜籽油 55%,姜葱蒜与洋葱 27%,白糖 8%,味精 4%,辣椒粉 5%,花椒粉 2.5%,十三香 4%。黄原胶 0.3%,单甘酯 0.25%,清水 20%。

第六节　其他半固体复合调味料

一、海鲜风味复合调味酱

海鲜含有丰富的蛋白质及较多的油脂,滋味鲜美,是具有独特风味的食物材料,也经常作为基料制备复合调味料。

（一）蟹酱

1.原料配方

蟹浆水解液 100 份、食盐 13 份、白糖 10 份、豆豉 8 份,葱、姜、蒜各 10 份,味精 5 份,复合增稠剂 4 份。

2.生产工艺流程

海鲜风味复合调味酱生产工艺流程见图 4－41。

低值蟹→预处理→捣碎→绞碎→称量→加水→调节 pH 值→加木瓜蛋白酶→恒温水解→升温杀酶→离心→中上层浆液真空浓缩→添加辅料搅拌→均质→装罐→排气→杀菌→洗涤、擦干→保温检验→贴标、塑封→装箱→成品

图 4－41　海鲜风味复合调味酱生产工艺流程

3.操作要点

（1）原料预处理　将购入的低值蟹用清水洗净、剥壳、去腮,再用清水洗除泥沙、污物、杂质等。

（2）捣碎、绞碎　先用刀或破碎机把蟹破碎或捣碎成小块,再用绞肉机绞两次,使其壳肉尽可能成浆状。

（3）加水、调 pH 值　由于考虑到后续工序还需进行浓缩,所以加水量选用 1∶1,并且用稀盐酸调节 pH 值至 7 左右(一般搅碎的蟹肉 pH 值在 8 左右)。

（4）升温、加木瓜蛋白酶　先将蟹浆加热到 70℃,恒温后再添加定量(0.3%)的木瓜蛋白酶进行恒温水解,时间为 4 h。

（5）离心、真空浓缩　水解一定时间后,升温至 100℃灭酶 20 min,趁热用沉降式离心机进行离心(3500 r/min),时间为 15 min 左右,将中、上层浆液收集起来,先常温浓缩至浓度为 50% 左右,再用蒸发器真空浓缩(70℃左右),最终浓缩至 75% 左右,冷却或冷藏备用。

（6）添加辅料、搅拌、均质　将复合增稠剂溶解均匀后加入浓缩的蟹浆液,搅拌均匀,再加入其他辅料搅拌,最后用胶体磨进行均质处理。

（7）装罐　每瓶装 180 g,罐顶必须留有间隙,以防加热杀菌时内容物膨胀,引起罐盖变形,甚至造成脱盖、破瓶。

（8）排气、杀菌　排气时应注意排气温度和时间的控制,通入蒸汽加热 30 ~ 50 min,至中心温度达到 85℃左右,随后马上封口,并且移入杀菌锅,采用 30 min—60 min—30 min/118℃ 的杀菌公式杀菌后冷却。

（9）洗涤　冷却后的罐头用稀洗涤精水将外表洗净,并擦干。

（10）保温检验　随机抽取样品放置在 37 ~ 40℃的恒温箱中,7 d 后检验是否有胀罐、长霉或其他变质现象,经过检验合格者即为成品。

（二）鱼酱

鱼酱是一种烹饪汤菜、火锅及豆腐的高级佐料,放入 1 ~ 2 勺烹调,鱼香味浓郁,可增进食欲,使烹饪的肥肉油而不腻。

1. 原料配方

小鲜鱼 100 kg、米酒 40 kg、盐 25 kg、红辣椒 500 kg、生姜 5 kg、花椒和茴香适量。

2. 生产工艺流程

鱼酱生产工艺流程见图 4 - 42。

小鱼 → 腌制
　　　　↓
鲜辣椒 → 晾干 → 剁碎 → 配料 → 密封陈化 → 成品

图 4 - 42　鱼酱生产工艺流程

3. 操作要点

(1)小鱼腌制　先将小活鱼用清水喂养 1 d,使其排泄干净,然后按鱼重的 25% 加入食盐,按鱼重的 40% 加入米酒,米酒的酒精体积分数应为 35%,放入坛内浸渍 20 d 以上。

(2)辣椒、生姜的处理　将去蒂洗净、晾干水分的鲜红辣椒、生姜分别剁为碎块。

(3)配料　将剁碎后的辣椒、生姜碎块放入盆中,加入适量盐、米酒及少量花椒、茴香,把坛内的鱼和汁倒入盆中,与辣椒碎块拌匀,装入坛内盖好,将坛沿水密封,2 个月即可食用。

(三)海虾黄灯笼辣椒酱

1. 原料(按质量配比)

黄灯笼辣椒 2 份、蒜头 0.1 份、白萝卜 0.1 份、小海虾 8 份、蔗糖 0.2 份、食盐 0.2 份、鸡精、香油、柠檬酸、维生素 C—Na、白酒、醋、姜、花椒。

2. 工艺流程

海虾黄灯笼辣椒酱生产工艺流程见图 4 - 43。

小海虾、黄灯笼辣椒 → 腌制 → 混合 → 煮酱 → 装瓶 → 成品

图 4 - 43　海虾黄灯笼辣椒酱生产工艺流程

3. 操作要点

(1)腌制　将除柄、去蒂、洗净沥干的黄灯笼辣椒和洗净沥干的小海虾按 8∶2 的比例破碎、混合均匀,再加入食盐,按 1 层辣椒 1 层食盐地腌制在缸内,最后用食盐平封于表层,食盐量为 20%,腌制缸一定要密封,避免辣椒和空气接触变质。腌制 20 d 后即可。

(2)泡菜的制作　蒜头去皮,白萝卜去蒂洗净沥干备用,在凉开水中加入适量的蔗糖、食盐、姜、辣椒和白酒,然后加入蒜头及白萝卜,密封好,泡制 7 d。食盐的量控制在 10%。

（3）配料、入锅、煮酱 蔗糖、鸡精、食盐、柠檬酸和维生素C—Na先用水溶解过滤后,与辣椒酱及破碎好的蒜头、白萝卜搅拌均匀,然后倒入夹层锅中,加热至沸,倒入白酒、醋及香油等,搅拌均匀后停止加热。

（4）保温 将煮好的酱倒入具有保温功能的缓冲罐中,该罐应设有搅拌器,避免灌装时香油与辣椒酱分离。

（5）灌装 将缓冲罐中的酱品,按规定重量装入杀菌后的四旋玻璃瓶中,保持灌装温度≥85℃。将封口后的玻璃瓶放入两道清水清洗干净,并用无纺布擦拭干净,以免辣椒酱沾在玻璃瓶上引起发霉。

（6）包装 将灌装好的辣椒酱放置于库房10 d左右,经检验无胀瓶和漏瓶的产品再进行包装。

（四）发酵型龙虾调味料

1. 原料配方

龙虾酶解液1 kg、葡萄糖10 g、乳糖10 g、乙酸钠5 g、柠檬酸三铵2.0 g、磷酸氢二钾2.0 g、$MnSO_4 \cdot H_2O$ 0.25 g、$MgSO_4 \cdot 7H_2O$ 0.6 g。

2. 生产工艺流程

发酵型龙虾调味料生产工艺流程见图4－44。

龙虾下脚料→洗净→加水热煮捣碎→冷却→预煮液→调pH值→酶解→酶解液→乳杆菌发酵→氨基酸营养发酵液→加入香辛料提取液调配→液态调味料→调配→灌装→杀菌→成品

图4－44 发酵型龙虾调味料生产工艺流程

3. 操作要点

（1）预煮液制备 将去除杂质的龙虾下脚料即不合规格的次品虾仁、虾头、虾鳌、虾尾洗净、捣碎后加入1倍重量的水,搅拌加热到95℃保持40 min,再用组织捣碎机以8000 r/min捣碎10 min,再加入0.5倍重量的水,加热到95℃保持30 min杀菌,冷却到55℃制成预煮液。

（2）酶解液制备 用质量浓度10%盐酸调预煮液pH值至6.4,将诺维信Protamex复合蛋白酶按预煮液量1000 AU/mL添加至预煮液中,55℃搅拌酶解 6 h,再升温至 95℃保持 20 min,冷却至 40℃,经 80 目筛过滤得到龙虾酶解液。

（3）复合氨基酸营养发酵液制备　取龙虾酶解液 1 kg、葡萄糖 10 g、乳糖 10 g、乙酸钠 5 g、柠檬酸三铵 2.0 g、磷酸氢二钾 2.0 g、 $MnSO_4 \cdot H_2O$ 0.25 g、 $MgSO_4 \cdot 7H_2O$ 0.6 g,混合后于 115℃灭菌 15 min,冷却至 42℃,按混合物质量的 0.25%加入丹麦科汉森公司的直投式瑞士乳杆菌（F-DVS-LH-B02）,在 40℃下发酵 4 h,得到液体种子发酵剂。

（4）香辛料辅助香料制备　根据龙虾调味料自有特色,先通过预试验结合生产经验确定粉状香辛料的重量百分比,再取 1 份食用油倒入油锅加热到 140℃,在食用油中先加入食用油重量的 32.0%的姜泥炸出微香,再加入食用油重量的 32.0%葱泥、32.0%蒜泥及 30.0%辣椒粉炸、煎 3 min,产生辣椒特有的香气,迅速降温至 100℃,最后加入食用油重量的 46.0%料酒、14.0%食用盐,再分别加入油重的 80%粉状香辛料,加水 2 份熬煮均匀得辅助香料。

（5）调配杀菌　取制备的辅助香料,加入其重量的 4 倍的复合氨基酸营养发酵液混匀,熬煮 30 min,再加入辅助香料质量 8 倍的复合氨基酸营养发酵液,小火煮制 10 min,经 80 目筛过滤,得到香辛料复合氨基酸营养混合液;取制备的香辛料复合氨基酸营养混合液,加入其质量的 2.40%白砂糖、1.50%麻油、0.20%单甘油酯、0.20%蔗糖酯、0.0003%富硒酵母、0.20%瓜尔豆胶、8.0%的变性淀粉充分混匀,调成酱状,在 70℃,20 MPa 下均质两次,灌装后在 95℃保持 30 min 杀菌,即得酱状龙虾调味料。

二、水果风味复合调味酱

（一）保健型西瓜酱

1. 原料配方

西瓜酱体 50 kg、白砂糖 10 kg、白葡糖浆 15 kg、黄原胶 0.4 kg、魔芋精粉 0.4 kg、柠檬酸 0.3 kg。

2. 生产工艺流程

保健型西瓜酱生产工艺流程见图 4 - 45。

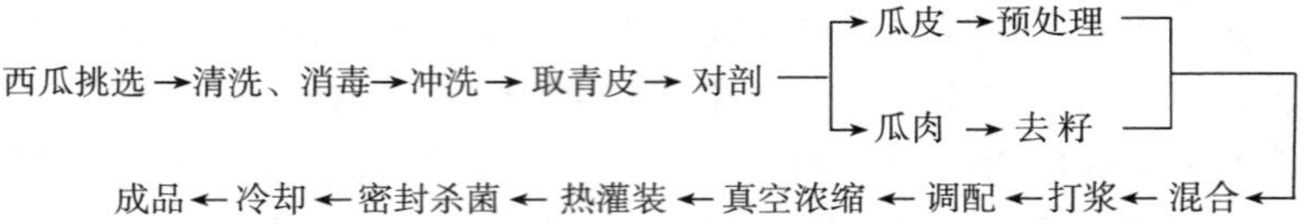

西瓜挑选 → 清洗、消毒 → 冲洗 → 取青皮 → 对剖 ┬→ 瓜皮 → 预处理 ┐
　　　　　　　　　　　　　　　　　　　　　　└→ 瓜肉 → 去籽 ┘
成品 ← 冷却 ← 密封杀菌 ← 热灌装 ← 真空浓缩 ← 调配 ← 打浆 ← 混合 ←

图 4 - 45　保健型西瓜酱生产工艺流程

3. 操作要点

(1)西瓜的选择　选用皮稍厚的良种新鲜西瓜,成熟适度,无腐烂、霉烂、机械伤、病虫害和干疤,瓜肉结构松紧适度,呈均匀一致的鲜红色,汁多籽少,无粗纤维。

(2)清洗、消毒　将挑选好的西瓜洗去表皮的泥沙,浸没于 0.03% 的高锰酸钾水溶液中消毒 5 min。

(3)冲洗、取青皮　利用清水冲洗掉西瓜表皮的消毒液,用专用西瓜刨皮刀人工削去西瓜的青皮。

(4)瓜皮预处理　将经去青皮、瓜肉并洗净后的瓜皮放入 0.1% 氯化钠和 0.2% 的亚硫酸氢钠溶液中浸泡 12 h。

(5)去籽　利用西瓜去籽机除掉西瓜瓤中的瓜籽。

(6)打浆　将处理好的西瓜皮用打浆机破碎成浆,瓜皮块大小为 2 ~ 4 mm,然后加入适量去籽后的西瓜瓤肉,继续打至瓤肉破碎并与瓜皮块混合均匀。

(7)调配　按如下比例进行调配:西瓜酱体 50 kg、白砂糖 10 kg、白葡糖浆 15 kg、黄原胶 0.4 kg、魔芋精粉 0.4 kg、柠檬酸 0.3 kg。魔芋精粉要提前放入 50℃ 的热水中,使其成为无色、无味、透明的糊状后再用。

(8)真空浓缩　将西瓜酱体投入不锈钢浓缩锅内,添加一半量的白砂糖和 10 kg 果葡糖浆搅拌均匀,缓慢打开蒸汽阀加热 10 ~ 20 min,浓缩至固形物含量达 50% 时,再将剩余的白砂糖与果葡糖浆一并加入,浓缩至临近终点(可溶性固形物约 60%)时依次缓慢加入黄原胶与魔芋精粉溶液,待可溶性固形物含量达 65% 时即可加入柠檬酸,搅拌均匀后迅速升温到 90～95℃,保温 5 min 以达到杀菌的目的。

(9)灌装　空罐彻底刷洗消毒后,将浓缩好的西瓜酱出锅,利用酱体灌装机趁热装罐,时间一般不超过 30 min。装罐时严防西瓜酱污染罐口和外壁。

(10)密封、杀菌、冷却　采用半自动真空旋盖机将装好西瓜酱的玻璃瓶密封,然后置于常压沸水中杀菌 10 min,再分段冷却,冷却后的产品经检验合格者即为成品。

(二)复合西瓜皮酱

1.原料配方

西瓜果皮 40 kg、胡萝卜 6 kg、枸杞 2.5 kg、白砂糖 55 kg、淀粉糖浆 5 kg、琼脂 400 g、柠檬香精 45 mL、柠檬酸 300 g。

2.生产工艺流程

复合西瓜皮酱生产工艺流程见图 4－46。

西瓜→清洗→切瓜→去瓤→绞碎→配料→加热→浓缩→装罐→杀菌→冷却→
入库→成品

图 4－46　复合西瓜皮酱生产工艺流程

3.操作要点

(1)选料　选用新鲜、八九成熟的西瓜,要求果肉脆嫩,皮厚 1.5 cm 以上,无病虫害。胡萝卜选用红皮或橘红色皮均可。选择颜色鲜艳、籽粒饱满、均匀一致的枸杞。

(2)原料处理　清洗、刨皮:先用清水将附着在西瓜表皮的杂质清洗干净,然后刨去青皮,青皮应该削除干净,以免影响产品的色泽,瓜柄处的硬质皮也应切净。将胡萝卜的外皮用水果刀刮掉或用热碱液去皮,再用清水洗净。

切瓜去瓤:用刀将瓜切成 6～8 块,将瓜瓤削净。削下的瓜瓤用来制作西瓜汁等。然后将西瓜果皮在清水中冲洗一遍。另外也可从瓜瓤中取出黑色瓜籽,洗净后用沸水烫 2 min,晾干装罐备用。

破碎、打浆:利用绞肉机绞碎西瓜皮,使其呈颗粒状,并立即加热浓缩。西瓜皮处理和绞碎必须迅速进行,谨防积压引起变酸腐败。胡萝卜和枸杞采用同样的方法进行破碎处理,然后通过热蒸汽软化,送入打浆机中进行打浆。

(3)配料 绞碎的西瓜果皮 40 kg、胡萝卜 6 kg、枸杞 2.5 kg、白砂糖 55 kg、淀粉糖浆 5 kg、琼脂 400 g、柠檬香精 45 mL、柠檬酸 300 g。琼脂液按干琼脂∶水 = 1∶1 左右配制,经蒸汽加热溶化,再经离心机过滤后备用。

(4)加热浓缩 按规定的配比,将白砂糖配制成浓度为 65% ~ 70% 的糖液。取一半西瓜果皮浆和胡萝卜浆置入真空浓缩锅中加热软化 15 ~ 20 min。然后一次投入余下的糖液及淀粉糖浆,同时把剩余的所有原料浆体放入锅内,再浓缩 15 ~ 20 min。浓缩时,真空度在 80 kPa 以上,当可溶性固形物达 65% 以上时将琼脂液倒入锅中,继续浓缩 5 ~ 10 min,至可溶性固形物达 68% 以上时,关闭真空泵,解除真空,加热煮沸后,立即添加柠檬酸和香精,搅拌均匀后即可出锅装罐。

(5)装罐密封 预先刷洗空罐和罐盖,并进行相应的灭菌处理。出锅后的酱体应迅速趁热装罐。装罐时要严防酱体污染罐身及罐口,装罐后立即加盖密封,此时罐内酱体温度不得低于 85℃,并混加西瓜籽 20 ~ 30 粒。

(6)杀菌冷却 对于净重为 230 g 或 320 g 的旋口玻璃罐,杀菌公式为∶10 min—15 min/100℃,杀菌结束后,需分阶段在冷却槽中降温冷却至 38℃。若采用 500 g 以上大罐包装,除延长杀菌时间外,可加 0.05% ~ 0.1% 的苯甲酸钠以增强保质效果。

(7)擦罐、入库 擦干罐体上的水分,暂存仓库,待检验合格后,贴标即为成品。

(三)低糖型三瓜酱

1.原料配方

南瓜浆 60 kg、冬瓜浆 35 kg、苦瓜浆 5 kg、白砂糖 40 kg、柠檬酸 0.3 ~ 0.35 kg、增稠剂 0.5 kg。

2.生产工艺流程

低糖型三瓜酱生产工艺流程见图 4 - 47。

苦瓜、冬瓜、南瓜→清洗、去皮、去瓤和籽→切成小块→热烫→打浆→混合→微磨→调配→均质→真空浓缩→杀菌→灌装→杀菌→冷却→成品

图 4 - 47　低糖型三瓜酱生产工艺流程

3. 操作要点

（1）前处理　分别将南瓜、冬瓜、苦瓜用清水洗净,然后去皮（苦瓜不需要去皮）、去瓤和籽,用刀切成小块,然后分别放入 $90 \sim 95 \text{℃}$ 的热水中烫漂 $2 \sim 3 \text{ min}$,然后进入打浆工序。

（2）打浆及微磨　分别将经过前处理的南瓜、冬瓜、苦瓜小块用打浆机打成粗浆,按配方中的比例将 3 种瓜的粗浆混合,再通过胶体磨磨成细腻的浆液。

（3）调配　按照配方将蔗糖（留下适量蔗糖与增稠剂调和）加入混合瓜浆中,充分搅拌使物料完全溶解。

（4）均质　对调配好的瓜浆以 40 MPa 的压力在均质机中均质,使瓜肉纤维组织更加细腻,有利于成品质量的提高和风味的稳定。

（5）浓缩及杀菌　为保持产品营养成分及风味,采用低温真空浓缩,浓缩条件为: $60 \sim 70 \text{℃}$, $0.08 \sim 0.09 \text{ MPa}$,浓缩后浆液中可溶性固形物含量达到 $40\% \sim 45\%$。

为了便于水分蒸发和减少蔗糖转化为还原糖的量,增稠剂和柠檬酸在浓缩接近终点时加入,预先将余下的蔗糖与增稠剂以 $3:1$ 的质量比混合,用少量 $50 \sim 60 \text{℃}$ 的温水溶解调匀,柠檬酸预先用少量温水溶解,当浆液浓缩至可溶性固形物含量为 40% 左右时将上述物料加入。继续浓缩至可溶性固形物含量达到要求（ $68\% \sim 75\%$ ）,关闭真空泵,解除真空。迅速将酱体加热到 95℃ 进行杀菌,完成后立即进入灌装工序。

（6）灌装及杀菌　预先将四旋玻璃瓶及瓶盖用蒸汽或沸水杀菌,保持酱体温度在 85℃ 以上进行装瓶,并稍留顶隙,通过真空封罐机进行密封,真空度应为 $29 \sim 30 \text{ kPa}$。随后置于常压沸水中杀菌 10 min,完成后逐级冷却至 37℃ 左右,擦干罐外水分,即得成品。

(四)低糖芦荟苹果酱

1. 原料配方

芦荟叶肉 30 kg、苹果 70 kg、白砂糖 40 kg、柠檬酸 0.3 ~ 0.5 kg、增稠剂 0.5 kg。

2. 生产工艺流程

低糖芦荟苹果酱生产工艺流程见图 4 - 48。

芦荟→清洗→去皮→热烫、护色→打浆

苹果→清洗→去皮、去心→护色→预煮→混合→微磨→调配→打浆→均质

→真空浓缩及杀菌→灌装→杀菌→冷却→成品

图 4 - 48　低糖芦荟苹果酱生产工艺流程

3. 操作要点

(1)前处理　芦荟用流动水洗净后去皮,随即投入 90 ~ 95℃的热水中烫漂 3 ~ 5 min,以破坏氧化酶活性,热烫后放入 0.2% 的抗坏血酸溶液中处理,然后进入打浆工序。苹果用流动水洗净后去皮、去心,用 0.02% 亚硫酸钠或 0.2% 柠檬酸溶液护色,然后放于沸水中预煮 1 ~ 2 min,进入打浆工序。

(2)打浆及微磨　分别将经过处理的芦荟和苹果用打浆机打成粗浆,按配方比例将芦荟浆和苹果粗浆混合,再通过胶体磨磨成细腻的浆液。

(3)调配　按照配方将蔗糖(留下适量蔗糖与增稠剂调和)加入芦荟苹果浆,充分搅拌使物料完全溶解。

(4)均质　将调配好的果浆于 40 MPa 的压力下在均质机中进行均质,使果肉纤维组织更加细腻,有利于成品质量的提高和风味的稳定。

(5)浓缩及杀菌　为保持产品营养成分及风味,采用低温真空浓缩,浓缩条件为:60 ~ 70℃,0.08 ~ 0.09 MPa,浓缩终点为可溶性固形物含量 40% ~ 45%。

为了便于水分蒸发和减少蔗糖转化为还原糖,增稠剂和柠檬酸在浓缩接近终点时加入。预先将余下的蔗糖与增稠剂(海藻酸钠、黄

原胶、CMC—Na)以 3∶1 的质量比混匀,用少量 50~60℃ 的温水溶解调匀,柠檬酸用少量温水溶解。当浆液浓缩至可溶性固形物达到 40% 左右时将上述物料加入。继续浓缩至可溶性固形物达到要求时,关闭真空泵,解除真空,迅速将酱体加热到 95℃ 进行杀菌,完成后立即进入灌装工序。

(6)灌装与杀菌　预先将四旋玻璃瓶及瓶盖用蒸汽或沸水杀菌,保持酱体温度在 85℃ 以上装瓶,并稍留顶隙,用真空封罐机封盖,真空度为 29~30 MPa。置于 100℃ 沸水中杀菌 10 min,冷却至 40℃ 左右,擦干罐外水分,即得成品。

(五)西瓜辣豆酱

1. 原料配方

大豆 10 kg、面粉 3~4 kg、西瓜(带皮)30~40 kg、食盐 1 kg、干辣椒 0.1 kg、花椒 0.1 kg、八角 0.1 kg、姜 0.5 kg、五香粉 0.2 kg、酱油 1~1.5 kg。

2. 生产工艺流程

西瓜辣豆酱生产工艺流程见图 4-49。

面粉→蒸熟　　　　　西瓜瓤、辣椒丝、姜片等
　　　　↓　　　　　　　　　↓
大豆→浸泡→煮制→拌粉→发酵→晾晒→调酱→晒酱→储存→成品

图 4-49　西瓜辣豆酱生产工艺流程

3. 操作要点

(1)煮豆、蒸粉　将大豆用水冲洗干净后用 30℃ 温水浸泡 2 h 左右,再将适量的葱丝、姜片、花椒、八角包入纱布袋中,与泡好的大豆一起放入锅中加水煮制。先用急火煮沸,后用小火煮软,煮 1~2 h,待豆心不硬,用手很容易捏碎时即可捞出冷却,然后控去部分水分。

面粉放在笼屉内蒸 30 min 左右使部分淀粉糊化,这个过程称为蒸粉。蒸粉也可与煮豆同锅进行,即上面蒸粉,下面煮豆。

(2)拌粉　煮好的大豆与蒸好的面粉稍冷之后即可拌制混合,最后要使每个豆粒上都粘上一层面粉,且不相互黏结成团,如黏结成团可拌入适量干面粉。

（3）发酵 拌粉后的大豆摊在干净的平盘中（如瓷盘、蒸盘），厚度约2 cm，上面罩上白纸或报纸，于30～35℃的环境下进行自然发酵。5～7 d后平盘长满白毛、绿毛，此时发酵已经成熟，所得产品即为霉豆。

（4）调酱 西瓜洗净晾干后切分取瓤，放入大盆中，捣碎成泥；干辣椒用温水泡后切成细丝放入并搅拌均匀；再加入晒好的霉豆搅匀，最后加入食盐、酱油、姜丝等充分混匀。必要时可用凉开水调节其稀稠度。调好后，利用双层纱布将盆口扎紧，进行晒酱。

（5）晒酱 在晴天，每天将酱盆放在阳光下曝晒，晚上打开纱布搅酱。10～15 d后酱的颜色由黄色转为棕红色，风味香浓，稠度适中即可停止晒酱。

（6）储存 晒好的酱放入一个小口容器（如缸、罐）中，用双层纱布扎口，放在室内通风处，隔天搅一搅，约20 d后即可食用，且越存风味越好。

（六）果蔬发酵复合调味料

1.原料配方
原料按照以下质量配比添加。

水果50%～70%，蔬菜10%～20%，菌菇8%～15%，冰糖5%～15%。

果蔬发酵汁20%～35%，橙子5%～20%，胡萝卜10%～25%，药食同源食材5%～15%，沙拉酱10%～15%，千岛酱1%～5%。

2.生产工艺流程
果蔬发酵复合调味料生产工艺流程见图4－50。

图4－50 果蔬发酵复合调味料生产工艺流程

3.操作要点
（1）果蔬原料预处理

①非发酵用果蔬原料：新鲜水果，如芒果、猕猴桃等，洗净后于

15~25℃烘箱中烘干表面水分,去皮后切成碎块或粒。小浆果类(蓝莓等)无须去皮。肉质根类新鲜蔬菜,如胡萝卜、紫薯等,蒸熟后捣碎成泥;叶茎类蔬菜,蒸后打浆备用。药食同源食材,多种食材混合均匀,蒸熟后捣碎成泥。

②发酵用果蔬原料:将水果、蔬菜、菇洗净后于15~25℃烘箱中烘干表面水分(无须去皮),将水果切成0.5~1 cm的薄片或碎块;蔬菜切成4~7 cm段状(菠菜、芦笋等)或碎块;猴头菇菌类对开分为两半。

(2)果蔬发酵汁的制备　按照水果、菌菇、蔬菜、青柠片的顺序从下至上码放整齐,每一层次中间用冰糖层隔开,密封于发酵罐中。发酵汁原料的配比,按以下质量百分比(%)配制:水果50%~70%、蔬菜10%~20%、菌菇8%~15%、冰糖5%~15%。根据时令性的限制水果为苹果、梨子、猕猴桃、橙子、哈密瓜、樱桃、荔枝、草莓、葡萄、菠萝等水果中的3~10种;蔬菜为菠菜、黄瓜、番茄、芋头、芦笋、胡萝卜、青椒、冬笋等中的3~5种;菌菇为猴头菇、花菇、松茸、杏鲍菇等中的1~3种。在密闭容器中进行发酵,温度25~37℃,自然发酵1~3个月。当酒精含量达到3%~7%时,停止发酵。用纱布滤除发酵罐中残留的果蔬渣滓,得到发酵汁。

(3)真空浓缩发酵汁　浓缩温度30~45℃,真空度(8~10)×10 Pa、蒸汽压力(5~7)×10 MPa,使可溶固形物含量达到50~65°BX。

(4)不同系列调味料的复配

①玩趣参伴侣——儿童型(橘色):按以下质量百分比(%)进行调味配制:果蔬发酵汁20%~35%、橙子5%~20%、胡萝卜10%~25%、药食同源食材5%~15%、沙拉酱10%~15%、千岛酱1%~5%。

其中,根据季节不同橙子可替换为黄桃、阳桃、香蕉、菠萝、芒果、枇杷中的一种或几种。蔬菜可替换为南瓜、红薯、玉米粒中至少一种。药食同源食材为山药、山楂、杏仁、橄榄、枸杞、莲子、赤小豆、薏仁中的3~5种。

②青春参伴侣——青少年型(绿色):按以下质量百分比(%)进

行调味配制:果蔬发酵汁 20% ~35%、猕猴桃 5% ~20%、菠菜 10% ~25%、药食同源食材 5% ~15%、芝麻酱 10% ~15%、沙茶酱 1% ~5%。

其中,猕猴桃可替换为哈密瓜、葡萄中的一种或几种;蔬菜可替换为黄瓜、豌豆、笋、西兰花、菱白、角瓜中至少一种。药食同源食材为山药、山楂、杏仁、橄榄、莲子、赤小豆、槐花、薏仁、枸杞子中的 3 ~ 5 种。

③浪漫参伴侣——中年型(红色):按以下质量百分比(%)进行调味配制:果蔬发酵汁 20% ~30%、樱桃 5% ~15%、番茄 5% ~15%、药食同源食材 10% ~20%、辣根膏 10% ~15%、蒜蓉酱 5% ~10%、沙茶酱 1% ~10%。

其中,樱桃可替换为火龙果、荔枝、草莓、西柚、葡萄、哈密瓜、圣女果中的一种或几种。蔬菜可替换为胡萝卜、红薯中的 1 ~2 种。药食同源食材为山药、山楂、杏仁、橄榄、莲子、赤小豆、槐花、黑芝麻、薏仁、枸杞子中的 3 ~5 种。

④活力参伴侣——老年型(紫色):按以下质量百分比(%)进行调味配制:果蔬发酵汁 25% ~35%、蓝莓 5% ~20%、紫薯 5% ~15%、药食同源食材 10% ~25%、辣根膏 5% ~10%。

其中,猕猴桃可替换为哈密瓜、葡萄中的一种或几种;蔬菜可替换为黄瓜、豌豆、笋、西兰花、菱白、角瓜中至少一种;药食同源食材为山药、山楂、杏仁、橄榄、莲子、赤小豆、槐花、薏仁、枸杞子中的 3 ~5 种。

⑤浪漫参伴侣——中年型(红色):按以下质量百分比(%)进行调味配制:果蔬发酵汁 20% ~30%、樱桃 5% ~15%、番茄 5% ~15%、药食同源食材 10% ~20%、辣根膏 10% ~15%、蒜蓉酱 5% ~10%、沙茶酱 1% ~10%。

其中,樱桃可替换为火龙果、荔枝、草莓、西柚、葡萄、哈密瓜、圣女果中的一种或几种。蔬菜可替换为胡萝卜、红薯中的 1 ~2 种;药食同源食材为山药、山楂、杏仁、橄榄、莲子、赤小豆、槐花、黑芝麻、薏仁、枸杞子中的 3 ~5 种。

超微粉碎:将配好的调味料混合均匀,成品度达到 20 ~ 50 μm,酱体细腻、稳定。

装罐、杀菌:将粉碎好的调味料装入玻璃罐中,在 120℃ 下杀菌 15 ~ 30 min。

(七)保健型复合橘皮酱

1. 原料

蚕豆酱曲 100 kg、橘皮浓缩物(可溶性固形物 60%)20 kg、植物油 4.8 kg、香料 1.2 kg 和白酒 4.8 kg、食盐 34.8 kg。

其中,蚕豆酱曲:蚕豆 100 kg,面粉 30 kg,种曲 0.3 kg。

2. 生产工艺流程

保健型复合橘皮酱生产工艺流程见图 4 - 51。

柑橘皮→蒸煮→浸渍→浓缩
　　　　　　　　　　　　　↓
蚕豆→浸泡→蒸料→冷却→接种制曲→制醅发酵→酱醪→混合
→后熟→调配→灭菌→检验→成品

图 4 - 51　保健型复合橘皮酱生产工艺流程

3. 操作要点

(1)橘皮清洗　清洗主要是去除橘皮表面的灰尘、微生物和残留的农药,剔除腐烂变质的果皮,以确保产品的质量。

(2)橘皮切丝　将洁净的橘皮切成长约 30 mm、宽 1 ~ 3 mm 的细丝。

(3)蒸沸浸渍浓缩　用 20% 的盐水将橘皮丝煮沸,煮沸后在盐水中浸渍一天,再在夹层锅中浓缩至可溶性固形物达 60% 便出锅备用。

(4)蚕豆去皮胀发　将蚕豆用脱皮机去皮、洗涤、除杂,投放清水中浸泡至断面无白心即可,体积增加 2 ~ 2.5 倍,质量增加约 2 倍。

(5)蒸料制曲　将蚕豆移入蒸锅蒸熟,按 30% 的比例加入面粉混合,并加入 0.3% 的种曲,移入曲室培养,通风制曲时间为 48 h 左右。

(6)酱醅发酵　将曲块移入发酵缸,并与橘皮浓缩物按 5∶1 混合均匀。按每 100 kg 混合物加入 4 kg 植物油、1 kg 香料和 4 kg 白酒,摊平稍压实,待升温至 40℃ 左右,按每 100 kg 酱醅配用预热至 65℃ 的

15Bx 的盐水 140 kg 喷洒到酱醅上,然后用盐铺撒一层并将发酵缸密封。待缸内温度 45℃左右,发酵约 10 d,酱醅成熟。发酵成熟后,按每 100 kg 补加食盐 8 kg 和水 10 kg,充分混合均匀,再 45℃保温发酵 4～5 d 即可。

(7)杀菌包装制成品　将制得的酱品加热至 120℃杀菌 20 min,包装后即得成品。

三、其他各类风味复合调味酱

通过组合不同原料可以生产风味各异的复合调味酱,下面列举几种工艺以供参考。

1.纯天然辣味复合酱
纯天然辣味复合酱生产工艺流程如图 4-52 所示。

韭菜花→粉碎→加盐发酵→韭菜花酱　芝麻酱

鲜辣椒→粉碎→加盐发酵→辣椒酱→混合均匀→油泼→装瓶后熟→成品

图 4-52　纯天然辣味复合酱生产工艺流程

2.黑麦仁香菇营养酱
本产品以黑小麦和香菇为原料酿制而成,兼容了黑小麦和香菇的多种营养物质,具有丰富的营养,并具有食疗保健作用。这种产品操作工艺简单,技术容易掌握,且不需要特殊设备,很适合中小酿造企业因地制宜加以选用。其生产工艺流程如图 4-53 所示。

香菇→浸泡→磨细→香菇醪

小麦→去杂→脱皮→浸泡→蒸料→冷却→制曲→制醅发酵→酱醪→混合→磨细→调配→灭菌→检验→成品

图 4-53　黑麦仁香菇营养酱生产工艺流程

3.复合型保健橘皮酱
本产品是以柑橘皮和蚕豆为主要原料,将橘皮进行处理和加工,并将蚕豆处理、发酵后制成的一种具有典型橘皮风味的保健型复合调味料。其生产工艺流程如图 4-54 所示。

柑橘皮→清洗→切丝→蒸煮→浸渍→浓缩物

蚕豆→去皮→浸泡→蒸料→接种制曲→酱醅发酵→后熟→杀菌→包装→成品

图4-54　复合型保健橘皮酱生产工艺流程

4.扇贝酱

扇贝酱生产工艺流程如图4-55所示。

新鲜扇贝边→预煮→漂洗→沥水→接种→前发酵→后发酵→调味装瓶→杀菌→成品

煮汁→加酶水解→精制过滤→调味装瓶→原汁调味料→煮沸杀菌

图4-55　扇贝酱生产工艺流程

5.平菇风味芝麻酱

平菇风味芝麻酱是利用平菇下脚料与大豆、芝麻等酿制而成的一种酱状调味料,因色泽酱红且有光泽、味美辣甜且有浓郁的平菇风味而备受消费者喜爱。其生产工艺流程如图4-56所示。

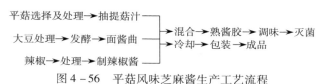

平菇选择及处理→抽提菇汁┐
大豆处理→发酵→面酱曲├→混合→熟酱胶→调味→灭菌
辣椒→处理→制辣椒酱┘　　→冷却→包装→成品

图4-56　平菇风味芝麻酱生产工艺流程

6.蒲公英蚕豆辣酱

蒲公英蚕豆辣酱生产工艺流程如图4-57所示。

蒲公英→烫漂→打成糊状

蚕豆→浸泡去皮→涨发→蒸熟→制曲→酱醅发酵→混合→杀菌→成品

鲜干辣椒→制酱

图4-57　蒲公英蚕豆辣酱生产工艺流程

7.西瓜豆瓣酱

①制曲生产工艺流程见图4-58。

大豆→去杂、清洗→浸泡→蒸煮→淋干→拌入面粉→摊晾→制曲→成曲

图4-58　西瓜豆瓣酱制曲生产工艺流程

②制酱生产工艺流程见图4-59。

西瓜→切半→挖瓤→切块→加辅料拌匀→保温发酵→装瓶→成品

图4-59　西瓜豆瓣酱制酱生产工艺流程

8. 海带豆瓣辣酱

海带豆瓣辣酱生产工艺流程如图4-60所示。

黄豆→挑拣→清洗→蒸熟→冷却

海带→清洗→挑拣→切分→研磨→蒸煮灭菌→冷却→按比例混合
→接菌种制曲→调味→装瓶→发酵→真空封口→灭菌→冷却→成品

图4-60　海带豆瓣辣酱生产工艺流程

9. 绿豆酱

绿豆酱是以绿豆、大豆和面粉为主要原料经过发酵加工而成的一种半固体发酵调味料。其生产工艺流程如图4-61所示。

黄豆→洗净→浸泡→蒸熟→冷却　种曲

绿豆→洗净→浸泡→蒸熟→冷却→混合→接种→曲盘培养→绿豆曲→入发酵罐
→自然升温→第一次加盐水→酱醅保温发酵→第二次加盐及盐水→翻酱→成品

图4-61　绿豆酱生产工艺流程

10. 复合动植物蛋白风味酱

本产品是以文蛤和大豆为原料生产的一种调味酱。其生产工艺流程如图4-62所示。

文蛤→热烫→取肉→打浆

大豆→清洗→浸泡→蒸煮→冷却→混合→接种→制酱曲→制酱醅→固态无盐发酵
→成熟酱醅→酱醪→浸醪→调配（香辛液、蒜蓉辣酱）→包装→灭菌→成品

图4-62　复合动植物蛋白风味酱生产工艺流程

11. 蘑菇麻辣酱

蘑菇麻辣酱生产工艺流程如图4-63所示。

原料处理→杀青→沥水→粉碎→胶体磨研磨→加辅料→调色→加增稠剂→分装
封口→灭菌→包装→成品

图4-63　蘑菇麻辣酱生产工艺流程

12. 辣根调味酱

辣根系十字花科,多年生作物,具有芳香气味,是主要的香料之

一。其肉质根广泛用于日本料理、家常凉菜和饭店海鲜的调味,也可用于肉类罐头中。辣根调味酱的生产工艺如图4-64所示。

①乳油提取生产工艺流程见图4-64。

辣根原料→挑选→清洗→去皮→蒸馏→分离→乳油
（蒸馏上方：肉质部磨酱）

图4-64 辣根调味酱乳油提取生产工艺流程

②辣根调味酱生产工艺见图4-65。

辣根肉质部→清洗→切碎→调配→搅拌→精磨→配料→均质→灌装→杀菌→检验→入库→成品

图4-65 辣根调味酱生产工艺流程

13.方便面用麻辣酱

方便面用麻辣酱生产工艺流程如图4-66所示。

蒲公英→烫漂→打成糊状
蚕豆→浸泡去皮→涨发→蒸熟→制曲→酱醅发酵→混合→杀菌→成品
鲜干辣椒→制酱

图4-66 方便面用麻辣酱生产工艺流程

14.五味辣酱

五味辣酱以番茄为主要原料,再配以各种调味料加工而成。甜、酸、辣、麻、香各味俱全,风味独特,制作简单,食用方便。其生产工艺流程如图4-67所示。

辣椒酱
鲜番茄→榨汁→混合→煮沸→调味→溶解→冷却→调酸→灌装→成品

图4-67 五味辣酱生产工艺流程

15.青胡椒酱

青胡椒酱生产工艺流程如图4-68所示。

芝麻粉、花椒粉、食盐、味精、姜、蒜、水等

原料（青胡椒）→清洗、去杂→选果→打浆→灌装→排气→封盖→杀菌→成品

图 4 - 68　青胡椒酱生产工艺流程

16. 番茄蒜蓉酱

番茄蒜蓉酱生产工艺流程如图 4 - 69 所示。

大蒜→去皮、切蒂→酸烫钝化酶→打浆

番茄→热烫去皮→打浆→熬制→冷却→混合→灌装→脱气→压盖→杀菌→成品

图 4 - 69　番茄蒜蓉酱生产工艺流程

17. 山楂蒜蓉酱

山楂蒜蓉酱生产工艺流程如图 4 - 70 所示。

大蒜→去皮、切蒂→微波加热→打浆

山楂→清洗→加热软化→打浆→熬制→冷却→混合→灌装→脱气→杀菌→冷却→成品

图 4 - 70　山楂蒜蓉酱生产工艺流程

18. 速食鲜辣酱

速食鲜辣酱以豆、面酱为主要原料,配以其他调味料加工而成。其特点是先酸后辣,香味浓郁,既有酱香味,又有其他调料的复合香味,是一种风味独特的复合型调味酱。本品食用方便,便于携带,是居家和旅游必备的佳品。其生产工艺流程如图 4 - 71 所示。

干辣椒　　　　　豆酱、面酱

香油→加热→冷却→过滤→加热→加热搅拌→加入调味料→加热搅拌→过胶体磨→灌装→成品

图 4 - 71　速食鲜辣酱生产工艺流程

19. 蒜蓉辣酱

蒜蓉辣酱主要以豆酱、甜面酱、蒜瓣为原料,配以其他调味料加工而成。此产品色泽酱黄,蒜香味浓,可口开胃,食用方便,便于携带。其生产工艺流程如图 4 - 72 所示。

植物油→加热→冷却

辣椒干→洗涤→切丝→浸渍→加热→冷却→过滤→加热搅拌→加蒜蓉搅拌→加香油→搅拌冷却→分装→成品

图4-72 蒜蓉辣酱生产工艺流程

20.风味大蒜辣椒酱

这种产品香气浓郁,诱人食欲,味美可口,且不添加任何防腐剂,不经杀菌,营养损失少,口味天然,是一种健康的调味副食品。其生产工艺流程如图4-73所示。

大蒜→挑选→去皮→清洗→晾干水分→破碎

辣椒→挑选→除梗→清洗→晾干水分→破碎→混合→调味→装瓶→成品→存放→加盖

豆豉→去灰屑

图4-73 风味大蒜辣椒酱生产工艺流程

21.蒜蓉西瓜酱

蒜蓉西瓜酱生产工艺流程如图4-74所示。

西瓜→去外皮取瓤→清洗→打浆→软化

大蒜→去蒂去皮→清洗→烫漂→打浆→浓缩→灌装→密封→冷却→贴标→装箱

图4-74 蒜蓉西瓜酱生产工艺流程

22.蒜蓉辣椒酱

辣椒及其制品作为一种开胃食品特别受消费者喜好。蒜蓉辣椒酱具有色泽鲜艳。风味香醇、保质期长的优点。开瓶后保质期可达20d以上。其生产工艺流程如图4-75所示。

鲜辣椒→去蒂→清洗→腌制→磨酱

蒜→去皮→去蒂→清洗→腌制→磨酱→配料→搅拌→均质→灌装→成品→封口

图4-75 蒜蓉辣椒酱生产工艺流程

23.特制蒜蓉辣酱

特制蒜蓉辣酱生产工艺流程如图4-76所示。

食用油加热→辣椒糊→洋葱、鲜姜→加热至沸腾→加面酱、黄酱、蒜泥、番茄酱、胡萝卜泥、白糖→加热→搅拌→停止加热→味精→柠檬酸→分装→成品

图4-76 特制蒜蓉辣酱生产工艺流程

24.香菇大蒜调味酱

香菇大蒜调味酱工艺流程如图4-77所示。

大蒜→去皮→清洗→预煮(香菇经清洗、预煮,姜经清洗、去皮)→破碎→混合调配(加入蜂蜜、食糖、柠檬酸、CMC、色素等)→磨细→装罐→密封→杀菌→冷却→检验→成品

图4-77 香菇大蒜调味酱生产工艺流程

第五章　液态复合调味料的生产

　　液态复合调味料是以两种或两种以上的调味品为主要原料,添加或不添加其他辅料,加工而成的一种呈液体状态的复合调味料。液态复合调味料可分为水溶性、油溶性等,主要有鸡汁调味料、糟卤、烧烤汁、复合调味油以及其他液态复合调味料。

　　液态复合调味料的原料主要分为浸提液和基础调味料。浸提液主要包括香辛料浸提液和动物、海鲜浸提浓缩液;基础调味料主要包括酱油、食醋、料酒等。无论浸提液还是基础调味料,从基本味上都可分为咸味料、甜味料、鲜味料、酸味料、辣味料、香味料等。食盐、酱油是咸味料的代表,咸味是各种调味料的基础,能去腥解腻、提鲜、突出香气;蔗糖、葡萄糖是甜味料的代表,蔗糖能增加调味料的醇厚感、圆润感,葡萄糖能使调味料更加清新、爽口;味精、核苷酸是鲜味料的代表,鲜味是调味料的灵魂,能使人感觉愉悦;食醋是酸味料的代表,能促进食欲,解腥去膻,融合甜味;辣椒、芥末是辣味料的代表,能刺激味觉,加强后感;香辛料、酒类是香味料的代表,香味是调味料的核心,能去除异味、增加芳香。各种调味料性能鲜明、作用各异,掌握好各自的配比及添加顺序,才能使调味料风味协调平衡,互相映衬,相得益彰。液态复合调味料口感醇厚,味美天然,而且调味功能和品种多样化,使用方便,可大大简化调味饭菜的流程,节约烹制时间,使家务劳动社会化,因而受到广大消费者的欢迎。

第一节　液态复合调味料通用生产工艺

　　液态复合调味料的原料因产品用途不同具有很大区别,凉拌类汁状复合调味料常用的原料有香辛料、醋、番茄酱、砂糖、香菇、蒜等;烹炒类汁状复合调味料常用的原料有葱、香辛料、酱油等。其中,常用的香辛料有姜、花椒、八角、桂皮、豆蔻、山奈、小茴香、丁香、莳萝籽、草果等。

动植物原料的提取液是一大类液态复合调味料的基础原料,汁状复合调味料的主要呈味特色,往往由动植物提取液的风味来决定,其他调味料的加入起辅助调香和调味的作用。此外,油脂、甜味剂、鲜味剂、稳定剂、增稠剂、色素等也是较为常用的原料。

一、复合调味汁

复合调味汁通过将动植物提取液或酿造法制造的酱油、醋辅以香辛料和其他调味料经过加工调配、萃取、抽提、浸出、增稠及加热灭菌等工序制成。

复合调味汁主要生产工艺流程如图5-1所示。

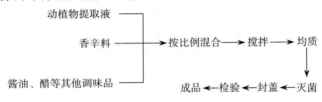

图5-1　复合调味汁通用生产工艺流程

(一)香辛料的预处理

1.原料选择

产地影响着香辛料原料中香气成分的含量。因此,要保持进货产地稳定,须选择新鲜、干燥、无霉变、有良好的固有香气的原料。每批原料进来后,要先经过品尝和化验,确保原料质量稳定。

常用的香辛料有以下几种。

(1)姜　姜是中国最常用的香辛料之一,又称生姜。按根茎皮色和芽色可分为白姜、黄姜和红爪姜三种。白姜外皮色白而光滑,肉黄色,辣味强,有香味,水分少,耐贮藏。黄姜皮色淡黄,肉质致密且呈鲜黄色,芽不带红,辣味强。红爪姜皮为淡黄色,芽为淡红色,肉呈蜡黄色,纤维少,辣味强,品质佳。

姜含有精油、辣味化合物、脂肪油、树脂、淀粉、戊聚糖、蛋白质、纤维素、蜡、有色物质和微量矿物质等。姜能融合其他香辛料的香味,能给出其他香辛料所不能的新鲜感,在加热过程中显出独特的辛辣味,新鲜或干姜粉几乎可给所有肉类调味,是必不可少的辅料,可用于制作各种调味料,如咖喱粉、辣椒粉、酱、酱油等。

(2)葱 葱是百合科多年生草本植物,不但是可口的蔬菜和香辛调味料,而且有很好的保健作用,其全身(叶、茎、花、实、根及葱汁等)都可入药。大葱作为一种常见的香辛料,生食时具有独特的辣味和刺激性,但辣味较平和,不强烈。把大葱在烹调油中炸制,能散发出特殊的葱香风味物质,其主要成分是二正丙基二硫化物和甲基正丙基二硫化物,它们能刺激胃液的分泌,增进食欲。葱可增强复合调味汁整体的风味和香气,还具有遮蔽鱼、肉腥味的作用。

(3)大蒜 大蒜又名葫蒜,为百合科植物大蒜的鳞茎,多年生草本植物。目前大蒜大体上分为紫皮蒜和白皮蒜两大类。大蒜富含维生素、氨基酸、蛋白质、大蒜素和碳水化合物,具有较高的药用价值和营养价值。

大蒜用于调料,可调制多种复合味,去邪味,并能矫正滋味增加香气,与其他香辛料混合有增香效果。大蒜用于牛、羊肉和水产品烹制中,具有突出的去腥解腻功能;大蒜制成蒜泥,在制作汤类、佐料汁、特色菜肴和沙司中也是不可少的调料。将大蒜分别与葱、姜、酒、酱油、食盐、味精和香油等调料混合烹制,能形成多种类型的复合美味,如香辣味、鱼香味、蒜香味、鲜美味等,可极大地开拓及丰富烹饪味型。

(4)花椒 花椒的主要辣味成分是花椒素,也是酰胺类化合物,还伴有少量的异硫氰酸烯丙酯。花椒果、枝、叶、杆均有香味,果皮味香辣,除直接用作调味品外,还可制成咖喱粉、五香粉。花椒营养成分高,每100 g花椒(甘肃)可食部分中含水分11.9 g、蛋白质6.7 g、脂肪9.7 g、碳水化合物36.2 g、胡萝卜素0.29 g、钙751 mg、磷108 mg、铁8.7 mg,还含有维生素B_1、维生素B_2、烟酸等;花椒挥发油中含柠檬烯、枯醇、甾醇、爱草脑、佛手柑内酯等。

花椒是调制其他复合调味料的常用原料,具有防止油脂酸败氧化,增添醇香,去腥增鲜作用。用花椒榨油,出油率达25%以上,具有浓厚的香味,是极好的食疗用油。

花椒吸湿性强,应存放在干燥、通风的地方,不可受潮。花椒受潮后会产生白膜和变味,这种花椒是不能使用的。花椒是以麻辣为特征的,在粉碎时花椒会迅速分解而损失其麻辣味,所以花椒要以整粒存储,用时即时粉碎。

(5)八角 八角为我国的特产香辛料和中药,属木兰科,又名大料、唛角、大茴香、八角茴香。其干燥成熟果实含有芳香油5%~8%、脂肪油约22%以及蛋白质、树脂等。

八角由种子和籽荚组成,种子的风味和香气的丰满程度要比籽荚差。八角的香气与茴香类似,为强烈的甜辛香,味道也与小茴香相似,为口感愉悦的甜的茴香芳香味。与小茴香相比,八角香气较粗糙,缺少些许非常细腻的酒样香气。

八角主要用于调配作料,包括肉食品的作料(如牛肉、猪肉和家禽)、蛋和豆制品的作料、腌制品作料、汤料等。八角是中国有名的五香粉的主要成分之一。

(6)桂皮 桂皮是一类热带常绿植物已剥离的树皮(即桂树的树皮干燥物),有时也称肉桂、川桂、玉桂等。四种树能提供桂皮的原料,它们均属樟科植物,分别是兹兰尼樟、肉桂、洛伦索樟和缅甸樟,主要产于斯里兰卡、马达加斯加、印度、中国和印度尼西亚。

桂皮归于甜口调味类,有强烈的肉桂醛香气和微甜辛辣味,略苦。桂皮是肉料主要成分之一,对原料中的不良气味有一定的脱臭、抑臭作用,用于炖肉、烧鱼,可增加芳香性,味美适口。

(7)豆蔻 豆蔻又名圆豆蔻、波蔻。豆蔻的香气特异、芬芳,有甜的辛辣气,有些许樟脑样清凉气息。豆蔻的主要成分为α-龙脑、α-樟脑及挥发油等。具有理气宽中、开胃消食、化湿止呕和解酒毒的功能。豆蔻可用于的食品有肉制品、肉制品调味料、奶制品、蔬菜类调味品、饮料调味品、腌制品调味料、咖喱粉、面食品风味料和汤料等。

山奈、小茴香、丁香、莳萝籽、草果等香辛料也常用于汁状复合调味料生产,具体可参照有关介绍香辛料的书籍,这里不一一介绍。

2．原料去杂、洗涤和干燥

香辛料在加工和贮藏运输过程中,会沾染许多杂质,如灰尘、土块、草屑等,所以首先要进行识别和筛选,除去较大的杂质。对于灰尘和细菌等不易除去的杂质,则通过对筛选后的原料进行洗涤来除去,洗涤后除去多余的水,将原料均匀铺于烘盘内,放入烘箱,在60℃温度下烘干。

3．配料

根据产品的用途和调配的原则,设计产品配方。按照配方称取不同原料,进行混合。

葱、姜、蒜等生鲜香辛料的汁液,采用切碎、搅打后,直接压榨取汁的方法得到。八角、桂皮、肉蔻、丁香的处理方法依据产品的状态而定。如果是较为黏稠的汁液,香辛料经过粉碎后,在煮制过程中直接加入。如果成品为黏度小、流动性好的液体,如凉拌调味醋、调味香汁等,香辛料不用粉碎,而是按配方称重配好后,包成香料包,在煮制时加入,煮制完毕再捞出。

(二)动植物提取液的制备

动植物提取液主要有动物的肉汁、骨浆、水产品浸出液(浆)、蔬菜和水果的榨汁(浆),同时也包括葱、生姜、蒜等香辛料的榨汁。动物提取液原料源于各种畜肉,包括牛肉、猪肉、鸡肉及其骨架类;水产品原料包括新鲜的鱼类、贝类、虾、蟹类等资源;植物原料源于蔬菜和水果,包括菇类、海藻类、苹果、柠檬等。

1．动植物提取液的主要特点

(1)强化和改善味道　谷氨酸钠、肌苷酸、鸟苷酸等单一成分调味品提供的鲜味宽度窄且单纯。动植物提取液包括猪、牛、鸡的肉汁、骨浆、鱼汁、葱头汁或蒜汁等,它提供的不仅有谷氨酸、核酸类的肌苷酸、鸟苷酸的鲜味,还包括多种氨基酸、有机酸,未完全分解的肽链以及糖类物质的复杂味感。通过使用不同种类的提取物,可以向食物提供多种动植物来源的特定成分所表达的味道,强化味道的表现力,满足各类消费者对味道的不同要求。其次,动植物提取物能使较单纯的味道变得复杂化,不仅能拓宽味道,还能使刺激性强的味变得较为缓和,这是味精等化学成分单一的调味品很难做到的。

（2）产生后味和厚味 使用味精等成分单一的鲜味剂鲜味来得快,但一般不大产生后味和厚味。产生后味和厚味这类效果的主要是肉汁。后味是指当食物已经离开舌和口腔之后仍保留在嘴里（舌头上）的味;厚味是指来自动植物脂肪、氨基羧基反应生成的某些成分以及肽链等对人的一种味觉效应,它能使人得到味觉上的满足感。动植物提取液的显味效果优于味精等成分单一的化学鲜味剂,所表达的味道更自然,更容易被消费者接受。

（3）赋香效果 能够提供某些较强的有诱发食欲作用的香气,或者以某种香气掩盖某些不好的气味,多以香气见长,如葱汁、蒜汁、柠檬汁等。

2. 动物提取液的种类

（1）畜肉提取液 动物提取液中主要成分为氨基酸类。牛肉、猪肉、羊肉的生肉中所含氨基酸类型非常相似,一般含有牛磺酸、鹅肌肽、肌肽和丙氨酸较多,含缬氨酸、酪氨酸、苏氨酸和苯丙氨酸较少。加热浸提处理过程使氨基酸和肽发生分解,导致加热前后氨基酸组成发生变化。生肉中含量较多的牛磺酸、鹅肌肽、肌肽及丙氨酸等在加热过程中分解率分别为:牛肉69%,猪肉72%,羊肉45%,其他重要成分如谷氨酸、甘氨酸、赖氨酸、色氨酸、半胱氨酸、甲硫氨酸、异亮氨酸等的分解更为明显。氨基酸受热分解产生香气成分,影响浸出物的香气。氨基酸类型对风味也有着较大的影响。

畜肉提取液中的有机碱中有肌酸、肌酸酐、次黄嘌呤。在畜肉生肉中肌酸含量分别为:猪肉0.37%、羊肉0.36%、鸡肉0.4%～0.5%;肌酸在猪肉的外里脊肉中较多,在后腿和前腿次之,而在鸡胸脯的白肉中最多。在动物提取液中最强的助鲜成分之一是肌苷酸,它由宰后僵直筋肉中的ATP生成,因肉的鲜度、屠宰条件、贮藏方法和肉部位的不同而有所不同。猪肉的心肌中含量最多,鸡肉的胸脯肉中最多。

畜肉中碳水化合物主要以肝糖原的形式存在,牛肉中为35.3

mg/100 g,猪肉为 27.8 mg/100 g,肝糖原有 70% 为结合型,30% 为游离型。畜肉成熟时肝糖分解生成乳酸,随时间的推移而增加。宰后的牛肉乳酸含量由 0.04% ~0.07% 增至 0.3% ~0.4%,还有醋酸、丙酸、琥珀酸、柠檬酸、丁酸和葡糖酸等。

畜肉提取液中香气成分还包括受美拉德反应而产生的挥发性物质,特别是含硫化合物是形成肉香味的成分。牛肉提取液的特征香气成分是呋喃酮,其前体是核糖 – 5 – 磷酸和吡咯烷酮羧酸或牛磺酸。牛脂加热生成 C_2 ~ C_5 的饱和醛类、丁烯醛、丙酮、丁酮、乙二醛、丙炔醛等,还有 C_{10}、C_{12}、C_{18} 的 β – 内脂及 C_{10} 和 C_{12} 的 γ – 内脂等。瘦猪肉和牛肉的香气成分相似,但加热后生成的羰基化合物不同,各有特征香气成分。由脂肪部分产生的大量低沸点化合物有醇类 8 种、丁醛等羰基化合物 10 种、丙硫醇等含硫化合物 2 种、酯类 3 种,还有戊酸等酸类 6 种。羊肉提取液与牛肉、猪肉具有相同的香气,但脂肪加热后有羊肉的香气。加热而生成的物质以羰基化合物为主体,羰基化合物包括 C_2 ~ C_{10} 饱和醛类、C_5 ~ C_{10} 的 2 – 链烷酮及 2 – 甲基环戊酮等。

(2)禽肉提取液 在禽类中一般只用鸡制作提取液,鸡肉游离氨基酸成分中含有鹅肌肽甚多,而含牛磺酸较少,此外,含有较多谷氨酸、谷氨酰胺和谷胱甘肽。与畜肉相比,鸡肉含有较多的肌酸,达到 0.4% ~0.5%,特别是在鸡脯上的白肉中最多;在鸡骨的热水提取液中含黄嘌呤最多,然后依次为次黄嘌呤、胞嘧啶、鸟嘌呤、腺嘧啶。

鸡汤特征由挥发性的香味成分决定。挥发性成分包括含氮化合物、含硫化合物、羰基化合物,其中羰基化合物是构成鸡香味的特征成分。脂质的作用主要是溶解和保留香味成分。

使用鸡浸出物与其他材料搭配,使饭菜整体的香味呈现柔和协调的风味。鸡提取液的香味主要受使用部位(如肉、骨髓、皮、脂肪等)、加热处理的方法和添加的香辛料、蔬菜等的种类的影响。一般使用老鸡的肉和鸡骨作为浓味汤的原料时,浸出物的风味最好。中国菜谱中制作鸡骨浓味汤的方法是直接水煮,并添加葱和生姜等。欧洲方法多半是先将鸡骨在高温炉中焙烧产生焦香味道,然后煮出生鲜感较差的汤,而汤中添加葱、胡萝卜、芹菜等。日本已经用鸡肉做鲜汤。

(3)水产类提取液 水产类提取液的含氮量是判定风味强弱的指标。鱼类同脊椎动物所含氨基酸类型大不相同。鱼类中除白色鱼肉部分外,一般含组氨酸较多。水产动物中一般都含有牛磺酸、肌肽、鹅肌肽等。海产动物含有较多三甲胺草胺酸,但河鱼中几乎没有。鱼类约含有谷氨酸 10~50 mg/100 g。

在乌贼、章鱼、鲍鱼软体类、甲壳类虾和蟹、棘皮动物海胆等无脊椎动物中,特征氨基酸类型主要是甜味强的甘氨酸、丙氨酸和脯氨酸等。贝类、乌贼、章鱼等软体动物谷氨酸含量达 100~300 mg/100 g。乌贼、章鱼、虾等无脊椎动物一般都含有呈甜味的甜菜碱,以虾类中含量最多。鱼类和无脊椎动物所含核苷酸显然不同,鱼类中含 5'-肌苷酸 0.1%~0.3%,而无脊椎动物几乎不含 5'-肌苷酸,却含有 5'-鸟苷酸甚多。有机酸是海产品的特征成分,乳酸是鱼肉中主要的有机酸,且不同的部位含量相差较大。应特别注意的是贝类中以含有琥珀酸为主要标志。鱼贝类体内最常见的糖类是糖原和黏多糖,也有单糖和二糖。

3. 动物类提取液的制备方法

根据原料的种类和成分,以及提取液的用途等,可分别采取物理性提取法、化学性提取法、酶法提取法这 3 种提取法。其中,最常见的就是物理提取法,也就是热水提取法。

(1)以肉和骨为原料

①原料预处理:将所选用的原料清洗干净后,根据不同原料特征,选用不同的机械破碎或绞碎,磨浆或打浆,将原料预处理成膏状或泥状。

②调配升温:在带夹套的调配缸内加入 0.8~1.2 倍预处理原料重量的水,同时加入少量食用级有机酸调节 pH 值至 4.0~5.0,以防微生物的污染。然后边搅拌边加热至 40~55℃,利用新鲜肉质内的消化酶系作用,促进原料蛋白质的初步分解,同时也可以根据具体情况加入适量的复合蛋白酶共同作用,作用时间可控制在 1~5 h。一般

是温度(压力)越高,从原料中提取得到的固形物越多,然而对肉来说却未必如此。加热时间同固形物的提取率是成正比的,随着加热时间的延长,固形物的提取量提高。加热时间的选择要看原料的状况并要考虑提取效率,并不是越长越好。当必须用较长时间加热的时候,采用加热 2 次法,即当第 1 次加热进行到一定程度之后,将原料过滤一下,再进行第 2 次加热,这样做可以提高提取的效率。提取时的加水量一般为原料重量的 1 ~ 2 倍。

③抽提:将液温迅速升至 100℃左右,视原料不同,也可进行高温压力抽提,一般抽提时间可控制在 20 ~ 60 min。

④分离:加热提取固形物基本结束后,用过滤装置将剩下的骨肉残渣同提取液分开。在使用过滤装置之前,可以先用孔径为 50 目左右的筛选装置筛一下再过滤;有的则是在煮汤的釜里直接放入笊篱式煮汤筐,把肉或骨头放在金属筐里面煮,煮完之后把筐子提上来就可以实现骨肉残渣同液体的第一次分离。

通过采用离心过滤分离,除去不溶性残渣,残渣可进一步酶解或酸解生产水解蛋白。如果残渣蛋白质含量低、灰分含量高,可经干燥后作为饲料添加剂,滤液经碟式离心分离机除去油脂后,得到精制抽出液。

(2)以骨头为原料 最常见的是鸡骨或猪骨汤,以及将鸡、猪骨混在一起制得的混合型骨汤。同与肉质为原料的浆或膏状物相比,骨汤中的氨基酸成分少,高分子成分较多,鲜味较弱,但仍具有特定的风味,能提高食物显味的厚度。

熬骨汤采用常压或加压方法进行。常压加热一般需要 2 ~ 6 h;以 49.1 kPa 左右的低压加热时,30 min 左右即可结束。这种加热条件适合于工业化大生产成本较低的一般产品,因而售价也较低。若配合使用鱼或其他水产品及蔬菜汁、酵母精、鲜味剂等,可以制成味道浓厚的骨汤。压力升高或延长煮汤时间对提高出品率有一定益处,但可能会降低风味和显味力。

4.植物类提取液的制备

蔬菜提取液的原料多选择有特殊风味的蔬菜,像有丙烯基化合物特殊臭味的洋葱、大蒜为代表的葱蒜类,以及特殊香气很强的芹菜和莴苣,还有胡萝卜、白菜、萝卜、菠菜等蔬菜类,马铃薯更多的是用于调整食品的质地。

蔬菜提取液的香味是浸出操作的目标之一。蔬菜浸出物中的氨基酸像动物浸出物一样对风味有影响,但由于含量较低,对整体风味的影响不像动物浸出物那样重要。蔬菜中一般含谷氨酸、天冬氨酸、缬氨酸、丙氨酸和脯氨酸较多,而瓜类和葱类中丝氨酸、脯氨酸、丙氨酸较多。人们使用蔬菜浸出物的目的也不是要求赋予蔬菜味,更多的是利用蔬菜的特征香气,烘托食品的主香,突出风味,协调和丰富口感。

葱里所含二硫化物受热产生有甜味的正丙基硫醇,其甜味约为砂糖的 50 倍;一些蔬菜含有机酸和单宁物质,会给蔬菜提取液带来涩感。有时,这些特殊的风味是调味需要的,有时又是绝对不能出现的。根据不同的需要,选择不同的原料生产不同的产品。

因蔬菜种类不同,蔬菜类提取汁生产方法也会有所差别。从提取方式看有热水煮沸提取法、溶剂提取法、水蒸气提取法和压榨提取法。从总体上看,热水煮沸的提取方式较为普遍,生产成本较低;溶剂提取的方式适合制取油树脂;水蒸气提取的方式主要是制取香味油脂;压榨提取法常用于制取菜汁。

(1)蔬菜类

①根茎类蔬菜的提取方法:根茎类蔬菜的预处理过程一般可分为清洗、去皮、热烫、打浆等几个工序。蔬菜去皮一般不适合采用碱法,而是采用 3% 左右的复合磷酸盐在 80~90℃ 处理 3~5 min 的方法。该方法去皮效果好,对蔬菜内部无腐蚀作用,不会破坏蔬菜组织结构,也不会影响外部形状和颜色,可以减少蔬菜在去皮过程中营养成分的损失。热烫软化的目的是钝化多酚氧化酶、过氧化物酶等有害酶系,防止变色和使胡萝卜素、维生素 C 等营养成分被破坏,另外蔬菜组织的软化有利于打浆和有效成分的溶出和抽提。

②绿色叶菜类蔬菜提取方法:这类蔬菜的预处理过程一般包括挑选、清洗、护色、榨汁和脱气等过程。护色一般采用在碱性水溶液

浸泡(如0.5%左右 Na_2CO_3)20~30 min,然后在 pH 值9~10 的溶液中,95~100℃热烫 2~3 min 的方法,达到护色保绿和钝化酶的目的。榨汁一般采用螺杆榨汁机榨汁,最后离心去渣可以得到绿色的提取汁。

(2)水果类　水果类一般直接榨取汁液。

(三)调配

按照配方将原料汁液和各种辅料搅拌混匀。在混合过程中,为使盐、糖等调味料迅速充分溶解,可辅以适当的加热。黏稠调味汁的生产,往往需要在调配后,加热煮沸,边煮边搅拌,使各种味道充分熟成。

在凉拌类调味汁的制造过程中,一般先将香辛料用纱布包好,在水中煮沸 10 min,灭菌后捞出。将香料包浸泡于酱油或醋中 7~10 d,使香辛料风味充分溶出,又避免了加热对风味的破坏。灭菌则采用瞬时灭菌的方法。

(四)均质

煮汁过程完成后,在汤汁中加入预先用温水充分胀润的增稠剂,搅拌均匀。搅匀后的料液,经过带有回流管的胶体磨,边磨边回流,使料液各组分充分磨细、均质。采用均质工艺保证了复合调味汁在保质期内的均一稳定,减轻了油水和固液分离现象的发生。

(五)灌装、灭菌

经均质处理的调味液,灌入玻璃瓶或耐高温软包装袋中,在沸水中进行灭菌。灭菌条件根据产品的质量而定,150 g 包装调味汁的灭菌条件为100℃,加热 10~15 min。灭菌后的产品经过保温、检验合格后,作为成品入库。

二、复合香辛料调味油

复合调味油的生产加工方法,一般说来有两种,一种是直接生产法,将调味原料与食用植物油一起熬制,用植物油将其调味原料的营养成分和香味浸渍出来,直接制成某种风味调味油。另一种方法是勾兑法,将选定的调味料采用水蒸气蒸馏法、溶剂萃取法或 CO_2 超临界萃取法,将含有的精油萃取出来,然后按一定的比例与食用植物油勾兑制成某种风味的调味油。这两种方法都有各自的优缺点。前者工艺简单,操作方便,投资少、见效快;缺点是资源浪费较大,产品质量不易控制。后者能较为完全地将调味品中的有效成分提取干净,精油提取率高,产品质量好;缺点是投资较大,操作难度大。因此在生产调味油的过程中可根据实际情况选择一种适宜的方法。

(一)生产工艺流程

复合香辛料调味油生产工艺流程见图5 - 2。

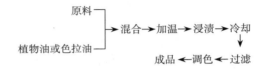

图5 - 2　复合香辛料调味油生产工艺流程

(二)操作要点

1. 原料选择

香辛料调味油所用原料主要为香辛料与食用植物油。香辛料的选择如前所述;食用植物油应选用精炼色拉油,按原料不同有大豆色拉油、菜籽色拉油等。

2. 原料预处理

已经干燥的香辛料可直接进行浸提,对于新鲜的原料要经过一定前处理。鲜葱(蒜)加2%的食盐水溶液,绞磨后静置4 ~ 8 h。老姜加3%的食盐水溶液,绞磨后备用。植物油要经过250℃处理5s脱臭后,作为浸提用油。

3. 浸提

浸提方法采用逆向复式浸提,即原料的流向与溶剂油的流向相反。对于辣椒、花椒等在一定温度作用下产生香味的香辛料,宜采用高温浸提,浸提油温100 ~ 120℃,原料与油的质量比为2∶1,1 h浸提1次,重复2 ~ 3次。对于含有烯、醛类芳香物质,高温易破坏其香味的香辛料,宜采用室温浸提,浸提油温25 ~ 30℃,原料与油的质量比

1∶1,12 h 浸提 1 次,重复 5~6 次。

4. 冷却过滤

将溶有香辛精油的油溶液,冷却至 40~50℃。滤去油溶液中不溶性杂质,进一步冷却至室温。对于室温浸提的香辛料油,直接过滤即可。

5. 调配

用 Forder 比色法测出浸提油的生味成分含量,再用浸提油兑成基础调味油,将不同原料浸提出的基础调味油,用不同配比配成各种复合调味油。

第二节　凉拌、蘸食、卤汁类调味汁

一、凉拌类调味汁

(一)生姜调味汁

生姜作为调味料,多采用原姜或粗姜粉,而在烹饪过程中呈姜香味的姜油物质基本上挥发掉了,留下的仅仅是姜辣素,因此,市场上需要加工出快捷、简便,能保持原姜风味的调味品。由于生姜中含大量淀粉、纤维素,使加工处理困难,而且产品稳定性差,外观及口感都很难达到高品质的要求。利用姜油树脂为原汁生产调味品,生产过程简化,产品杂质少,姜味浓郁,品质优良。

1. 配方

食盐 13 kg、味精 0.5 kg、砂糖 2 kg、姜油树脂 0.1~0.2 kg、吐温 80 乳化剂 0.15 kg、水 84 kg、增稠剂 0.1~0.5 kg。

2. 生姜调味汁生产工艺流程

生姜调味汁生产工艺流程见图 5－3。

原料→溶化→煮沸→过滤→乳化剂姜油树脂混合

成品←杀菌←封口←灌装←均质←加热

图 5－3　生姜调味汁生产工艺流程

3. 操作要点

（1）煮沸　按配方加入食盐、砂糖、味精和水混合溶解后，加热煮沸 2 min。

（2）过滤　用 80～100 目滤布过滤去杂质和沉淀物。

（3）混合　将姜油树脂及乳化剂加入过滤液中，混合均匀，待温度降到 65℃时，均质。

（4）均质　可用胶体磨进行均质，或用均质机在 25～30 MPa 的压力下均质。

（5）杀菌　将成品在沸水中杀菌 10 min。

（二）低盐榨菜调味汁

1. 原料配方

青菜头 94.5%、食盐 5.0%、味精 0.5%、蔗糖 1.0%。

2. 低盐榨菜调味汁生产生产工艺

低盐榨菜调味汁生产工艺流程见图 5-4。

青菜头→预处理→加盐预脱水→配料混合→入容器腌制→固液分离→卤汁→粗滤→超滤→真空浓缩→调配→包装→杀菌→调味汁成品

图 5-4　低盐榨菜调味汁生产工艺流程

3. 操作要点

（1）低盐榨菜腌制　新鲜青菜头，修剪清洗干净后，切片并称量，加入 5% 的食盐进行预脱水处理，脱水 18～24 h 后，加入辅料，正式装坛腌制。

（2）卤汁超滤　外压式有机膜，膜参数为：孔径 0.22 μm，处理量为 20～30 L/h，$\Delta P < 0.1$ MPa。取粗滤后的卤汁，在室温下进行超滤。

（3）真空浓缩　在适宜的浓缩度下，选择适宜的温度和真空度对透过液进行浓缩。

（4）调配　在浓缩后的卤汁中加入味精和糖使调味汁的滋味更符合人们的感官偏好。

（5）杀菌　采用巴氏杀菌，在合适的温度及时间进行水浴保温杀菌，即得成品。

成品具有浓郁的榨菜香味及少许的酱香味,是凉拌菜、面条等的良好调味品。

(三)怪味汁

怪味汁适合浇拌煮熟的鸡肉、猪肉等,也可以拌面、拌脆嫩的蔬菜,风味独特,有咸、甜、辣、麻、酸、鲜、香味等,各味俱全,因此被人们称为怪味。

1. 配方

酱油50 g、芝麻酱20 g、米醋20 g、辣椒油25 g(用油炸干红辣椒而得)、白糖25 g、花椒1 g、葱末15 g、蒜泥15 g、芝麻25 g、香油30 g、味精2.5 g、姜末15 g。

2. 怪味汁生产工艺流程

怪味汁生产工艺流程见图5-5。

麻油、酱油 → 搅拌 → 加调味料 → 加热溶解 → 加香辛料
                                              ↓
装袋 ← 灭菌 ← 乳化

图5-5 怪味汁生产工艺流程

3. 操作要点

(1)调匀 将酱油加入麻酱内,边加边搅,调配均匀,成米汤样的稀稠状。

(2)加调味料 加入白糖,加热溶解,待白糖完全溶解时加入葱、姜末及蒜泥,停止加热,搅拌均匀。

(3)加香辛料 将花椒炒热,粉碎成面与辣椒油、香油、味精一起加入上述半成品调味液中。

(4)灭菌灌装 将芝麻炒熟粉碎成末,最后加入,搅拌均匀,过胶体磨,灭菌,灌装。

4. 注意事项

①可根据各地习惯和口味来调配,不能一味突出而压过其他味。
②怪味汁属凉菜汁,可拌凉面及脆嫩蔬菜,因此灭菌要彻底。

(四)西式泡菜汁

西式泡菜汁风味独特,能解酒、解腻。将用沸水焯过的蔬菜浸泡

在此汁中 15 ~ 25 h 便可食用。与传统泡菜相比,其泡的时间短,制作简单,食用方便,兼有酸、甜、辛辣味,爽口开胃,诱人食欲,深受广大消费者欢迎。

1. 配方

干辣椒 5 kg、丁香 3 kg、香叶 1 kg、胡椒粒 1 kg、糖 300 kg、盐 12 kg、醋 50 kg。

2. 西式泡菜汁生产工艺流程

西式泡菜汁生产工艺流程见图 5 – 6。

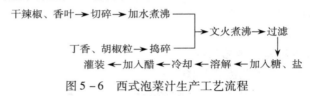

图 5 – 6 西式泡菜汁生产工艺流程

3. 操作要点

(1)原料煮沸 干辣椒、香叶切碎,加入适量水煮沸。煮 15 min 左右,再将丁香、胡椒粒捣碎与干辣椒一起煮沸,文火煮 30 min 左右。

(2)滤液调味 煮后的辛香汁过滤,将糖、盐加入滤液中溶解。再将滤渣加入适量水煮沸,过滤,两次滤液混合。

(3)冷却灌装 将滤液冷却至室温,加入食用醋,拌匀,灌装。

4. 注意事项

①干辣椒要切碎,不可整煮。丁香、胡椒粒要捣碎,否则香味不易全部浸出。

②滤汁要冷却至室温后再加入醋,以防温度过高醋酸挥发。

(五)法式调味汁

法国菜在世界上占有突出的地位,它征服了各国的美食家,被公认为西餐的代表。就调味汁来讲,在法国就多达百种以上。法式调味汁讲究味道的细微差别,还兼顾色泽的不同,调味汁做得尽善尽美,使食用者回味无穷,津津乐道。

1. 配方

配方一:沙拉油 7 kg、白醋 2.5 kg、食盐 60 g、味精 40 g、白胡椒粉

10 g、芥末 10 g、洋葱汁 250 g、柠檬汁 350 g。

配方二:沙拉油 4 kg、米醋 2 kg、水 3 kg、食盐 0.4 kg、白糖 0.5 kg、洋葱汁 9 g、味精 20 g、白胡椒粉 15 g、芥末 3 g、大蒜 2 g、生姜 1 g、小豆蔻 0.5 g、香叶 0.5 g。

2. 法式调味汁生产工艺流程

法式调味汁生产工艺流程见图 5-7。

调味料混合 ⟶ 加沙拉油 ⟶ 搅拌 ⟶ 灌装

图 5-7　法式调味汁生产工艺流程

3. 操作要点

(1)混合　将各种调味料(除沙拉油)一同加入贮料罐内,并快速搅匀,约 5 min,使其充分混合均匀。

(2)加沙拉油　将油缓慢加入上述调味料中,边加边搅拌,朝一个方向搅拌。加油速度越慢越好,直至搅成黏稠状为止,灌装,即为成品。

二、蘸食类调味汁

(一)甜酸汁

甜酸汁以番茄为主要原料,配以各种调味料,经科学处理、调配而成,是做鱼、做菜的好调料,用于蘸食春卷、排叉等别有风味。

1. 配方

番茄酱 50 kg,白糖 50 kg,食盐 5 kg,葱、姜、蒜各 5 kg,增稠剂 3 ~ 5 kg,食醋适量,色素少量。

2. 甜酸汁生产工艺流程

甜酸汁生产工艺流程见图 5-8。

图 5-8　甜酸汁生产工艺流程

3.操作要点

（1）煮沸　葱、姜、蒜捣碎,用适量水煮沸,约煮 30 min 停火。

（2）过滤　将上述调味汁用一层纱布（或豆包布）过滤（或捞出）,滤渣不要,滤液备用。

（3）混合　番茄酱、白糖、食盐一同加入滤液中,文火加热至沸腾,边加热边搅拌,停火后加入增稠剂,搅拌片刻。

（4）磨浆　将混合后的调味汁经过胶体磨,使其充分溶解,混合均匀。

（5）调酸　在磨浆后的调味汁中加入食醋,使 pH 值达到 3 为止,搅拌均匀后灌装。

4.注意事项

①在加热调味汁过程中要不停搅拌,切勿粘锅。

②调酸时可根据当地口味调配。

③酸度不高时可添加少许防腐剂,酸度较高一般不必添加。

（二）烧烤汁

烧烤汁是以食盐、糖、味精、焦糖色和其他调味料为主要原料,辅以各种配料和食品添加剂制成的用于烧烤肉类、鱼类时腌制和烧烤后涂抹、蘸食所用的复合调味料。烧烤汁含有多种成分,除含多种氨基酸、糖类、有机酸,还含复杂香料成分,具有咸、甜、鲜、香、熏味。烧烤汁能增加和改善菜肴的口味,改变菜肴色泽,除去肉类中的腥膻等异味,增添浓郁的芳香味,刺激人们的食欲。

1.配方

食盐 20 kg、酱油 20 kg、料酒 10 kg、味精 1 kg、饴糖 20 kg、增稠剂 0.2 kg、焦糖色 1 kg、大料 0.25 kg、桂皮 0.5 kg、花椒 0.15 kg、豆蔻 0.05 kg、山奈 0.5 kg、小茴香 0.15 kg、丁香 0.1 kg、姜 1.5 kg、葱 2 kg、蒜 0.5 kg、水 15～10 kg。

2.烧烤汁生产工艺流程

烧烤汁生产工艺流程见图 5-9。

3.操作要点

（1）香辛料提取　选择无污染、无霉变的完整原料,去除杂质,分

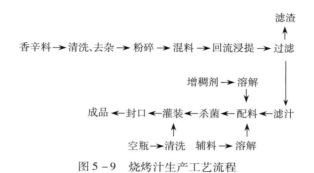

图 5-9　烧烤汁生产工艺流程

别进行粉碎。按配方中的配比混合后,放入浸提罐中,加入 60℃ 的热水 100 kg 浸泡 4 h。然后煮 30 min,过滤,定容滤汁至 100 L。滤渣进行 2 次煮提,滤汁用于下批新的原料的浸泡。

（2）配料　增稠剂提前用水浸泡溶解。其余原料用 10 kg 左右的水溶开,过滤,加入配料缸中。混合搅拌均匀。

（3）杀菌　将料液煮沸杀菌,保温 5 min,也可采用超高温灭菌 130℃,2~3 s。

（4）灌装　保持料液在 70℃ 以上进行灌装。

4. 注意事项

配方中的增稠剂和焦糖色用量根据成品稠度和颜色要求进行增减,也可在配方中加入些蛋白水解液或增鲜剂。

三、卤汁类调味汁

卤汁是一类专业用于肉、鱼、豆腐、排骨等卤制的液体调味品,也可用于卤制熟食的调味。卤汁包括红卤和白卤。红卤,加糖色,对卤制的食品有着色作用（如卤牛肉咖啡色、卤肥肠金黄色等）;白卤,不加糖色,卤制食品呈无色或者本色（如白卤鸡、白卤牛肚、猪肚等）。卤汁味咸鲜,具有浓郁的五香味。

（一）五香汁

五香汁属冷菜汁,是制作卤味的汤汁,最适合烧煮牛、羊肉及鸡、鸭等,具浓郁的五香味,可以除去牛、羊肉的腥膻味。

1. 配方

酱油 10 kg,白糖 2.5 kg,料酒 1.5 kg,食盐 5 kg,葱、姜各 2 kg,花椒、八角、小茴香各 0.25 kg,桂皮 0.1 kg,糖色适量,鸡骨架 5 kg。

2. 五香汁生产工艺流程

五香汁生产工艺流程见图 5 – 10。

鸡骨架 → 煮沸 → 加香辛料 → 加调味料 → 文火煮沸

成品 ← 灌装 ← 灭菌 ← 糖色 ← 过滤

图 5 – 10　五香汁生产工艺流程

3. 操作要点

(1)鸡骨架煮沸　将鸡骨架放入锅内,加入 150 kg 水,烧开后撇去浮沫。

(2)加香辛料　将花椒、八角、小茴香、桂皮一起倒入鸡汤内,约煮 10 min 后,再加入食盐、料酒、白糖、葱、姜,用文火煮沸 2 h。

(3)出成品　停火后将鸡骨架捞出(可再利用),再将汤过滤,最后加入酱油、糖色,灭菌后灌装。

4. 注意事项

①鸡骨架汤中的白沫及油都要撇去。

②五香汁可反复使用,在每次酱完食品后要把汁内浮油撇净,冷藏。

③要酱制鸡、鸭、猪肉或牛肉等,须先将其放入开水中煮透,捞出洗去血沫,煮或油炸至七八成熟后,再放入卤汁内烧开,撇去浮沫,小火煮烂,捞出晾凉,酱制鸡鸭还应抹上香油,以免皮干裂。

(二)广式卤汁

1. 配方

八角 25 g,桂皮 15 g,小茴香 15～25 g,甘草 10 g,山奈 10 g,甘菘 3～5 g,花椒 20 g,砂仁 10 g,草豆蔻 5 g,草果 15 g,罗汉果 50 g,丁香 5～15 g,香叶 20 g,生姜 100 g,大葱 150 g,料酒 100 g,食醋 10 g,酱油 500 g,冰糖 350～500 g,味精 15 g,精盐 350～500 g,油炸蒜瓣 50 g,蛤蚧一对,油炸带子 50 g,牛肉 500 g,鲜骨汤 5000 g,精炼油 50 g,九江

花雕 500 mL,红星二锅头 500 mL,生抽、老抽各 500 mL,纱布袋 2 个。

2. 操作要点

①将八角、桂皮、小茴香、罗汉果、甘草、山柰、甘菘、花椒、砂仁、草豆蔻、香叶、草果、丁香等分成两份,分别装入宽松的纱布袋中并用细绳扎紧袋口;姜洗净拍破;葱连根须洗净挽结。

②锅置火上,掺入鲜汤 5000 g,放入姜葱,调入精盐、味精、冰糖、料酒、食醋、生抽、老抽,再放入香料包、剩余料,烧沸后改用小火慢慢地熬至香味四溢时,即成新鲜卤水。

(三)三合油卤汁(又称麻酱油)

1. 配方

芝麻油 100 g、酱油 500 g、醋 15 g、味精 0.6 g。

2. 操作要点

①将原料调和均匀即成,分次使用。

②其味咸、香、鲜,微酸,适用于拌白切肉、白斩鸡等,如再加入白糖少许,则可做烧鸭卤汁。

(四)椒麻卤汁

1. 原料配方

椒麻泥 9 g,酱油 500 g,芝麻油 100 g,味精 1.5 g,辣椒粉 9 g,葱、姜各 6 g。

2. 操作要点

将花椒洗净去杂质炒香碾碎,取 15 g 花椒粉与葱 50 g 剁成椒麻泥,然后可根据各自的口味习惯兑汁。一般 9 g 的椒麻泥加入酱油 500 g,芝麻油 100 g,味精 1.5 g,辣椒粉 9 g,葱、姜各 6 g(切末炒香),调和均匀后即成椒麻卤汁。其适用于浇拌煮熟的鸡肉、猪肉,如"椒麻鸡""椒麻白肉"等。

(五)怪味卤汁

1. 原料配方

酱油 500 g,芝麻酱、醋、辣油、芝麻油各 150 g,白糖、花椒末、葱花、蒜泥各 50 g,芝麻粉(芝麻炒熟碾碎)100 g。

2. **操作要点**

先用少许酱油把芝麻酱搅开呈稀糊状,再加入醋、辣椒油、白糖、花椒末(花椒炒香碾成细末)、葱花、蒜泥、芝麻粉及芝麻油调拌均匀即成。其具有辣味、咸味、麻味、酸味、香味等混合的味道。适用于浇拌白煮一类的冷荤菜肴。

(六)红油卤汁

1. **原料配方**

红油150 g、白酱油500 g、味精0.6 g、葱花50 g。

2. **操作要点**

先用水将100 g干辣椒泡软,切成细末。芝麻油500 g放小火上烧热,加入处理好的干辣椒炸浸片刻,见油色变红,滤去渣质即成红油。将红油、白酱油、葱花、味精混合,调拌均匀。红油卤汁具有辣、咸、鲜、香的效果,适用于浇拌煮熟的鸡、鱼和新鲜的蔬菜。

(七)糖醋卤汁

1. **原料配方**

白糖50 g、精盐3 g、醋65 g、味精0.3 g、少许葱、姜。

2. **操作要点**

将葱、姜切碎末,和其他原料一切投入锅中,放火上熔化均匀即成。糖醋卤汁味酸甜而香,适用于油爆虾、烹刀鱼等,也可以调拌其他蔬菜。

(八)红、白卤汁

1. **原料配方**

白卤汁:八角、丁香、甘草、花椒各3 g,葱姜各1.5 g,盐150 g,白糖15 g,味精3 g,水2500 g。

红卤汁:八角、丁香、甘草、花椒各3 g,葱姜各1.5 g,盐100 g,白糖15 g,味精3 g,酱油150 g,水2500 g。

2. **操作要点**

将八角、丁香、甘草、花椒各3 g,葱、姜各1.5 g装入纱布袋中。锅中放入清水2500 g烧开后放入香料袋加盐150 g、白糖15 g,再以小火炖煮30 min,加入味精3 g即成白卤汁。其味香鲜,适用于卤制冷荤。红卤汁是减去食盐 50 g,加入酱油 150 g,制法与白卤汁相同。

第三节　烹调类调味汁

一、鸡汁调味料

鸡汁调味料是以磨碎的鸡肉/鸡骨或其浓缩抽提物及其他辅料等为原料,添加或不添加香辛料和/或食用香料等增香剂,加工而成的,具有鸡的浓郁鲜味和香味的汁状复合调味料。

鸡汁调味料的主要原辅料包括鸡肉、食用盐和食品添加剂。目前市场上鸡汁调味料的种类很多,其配方也略有差别。

(一)配方

配方一:食盐 15 kg、味精粉(99%)10 ~ 12 kg、肉香粉 2 kg、白砂糖 5 kg、柠檬酸 0.4 kg、淀粉 2 kg、I + G 0.5 kg、特效增香配料 0.6 ~ 0.8 kg、麦芽糊精 5 kg、鸡肉香粉 10 kg、水 49 kg、黄原胶 0.3 kg、β – 胡萝卜素少许。

配方二:食盐 14 kg、味精粉(99%)12 kg、肉香粉 1 kg、白砂糖 5 kg、柠檬酸 0.4 kg、淀粉 2 kg、I + G 0.6 kg、特效增香配料 0.6 kg、鸡肉香粉 8 kg、黄原胶 0.2 kg、水 56.2 kg、β – 胡萝卜素少许。

配方三:水 50 ~ 58 份、味精 9 ~ 13 份、食用盐 10 ~ 15 份、纯鸡肉粉 5 ~ 10 份、浓缩鸡肉汤 5 ~ 10 份、鲜鸡油 25 份、变性淀粉 12 份、浓缩鸡肉粉 12 份、香辛料 0.52 份、呈味核苷酸二钠 0.1 ~ 0.5 份、黄原胶 0.1 ~ 0.5 份。

(二)鸡汁调味料生产工艺流程

鸡汁调味料生产工艺流程见图 5 – 11。

(三)操作要点

1. 前处理

原料需用 65 ~ 75℃温水冲洗,去除油污、杂质,然后切成薄片。

2. 煮熟

原料与水以 1∶1 配比,将所用香辛料用纱布包好放入原料和水

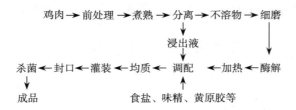

图 5 - 11　鸡汁调味料生产工艺流程

的混合物中煮熟,并保持沸腾 1 h。

3. **分离**

把锅倾斜,使物料通过 120 目的振动筛,浸出料液用贮料缸接收,筛网上的不溶部分接收于另一贮料桶。

4. **细磨**

将不溶部分放到磨浆机处边加水边磨,控制固形物含量为 15%,接着用胶体磨细磨。

5. **酶解**

调节 pH 值至 6.8 ~ 7.5,保温 35 ~ 37℃,加入 0.5% 的中性蛋白酶与 0.5% 的胰蛋白酶,在不断搅拌的过程中酶解 4 ~ 6 h,然后加热到 65 ~ 70℃钝化酶。

6. **调配**

加入食盐、味精、黄原胶等进行充分调配。

7. **杀菌**

121℃保温杀菌 10 min。

二、腐乳扣肉汁

腐乳扣肉汁以精油、腐乳、黄酒为主要原料,再配以各种调味剂调配而成。该产品色泽酱红、食用方便,可使肉肥而不腻,肉烂味香。

(一)配方

酱油 20 kg,腐乳 25 kg,黄酒 10 kg,白糖 10 kg,味精 1 g,葱、姜、蒜各 8 kg,大料末 8 kg,香油、增稠剂各适量,红曲色素少量。

（二）腐乳扣肉汁生产工艺流程

腐乳扣肉汁生产工艺流程见图 5 – 12。

酱油、腐乳、白糖 ➡ 加热搅拌 ➡ 各种调味品 ➡ 加热搅拌

成品 ⬅ 灌装 ⬅ 磨浆 ⬅ 增稠

图 5 – 12　腐乳扣肉汁生产工艺流程

（三）操作要点

1．加热搅拌

将酱油、腐乳、白糖一同注入锅内，边加热边搅拌至均匀。

2．加调味料

将葱、姜、蒜捣碎，大料粉碎，经加工后的调味料加入上述调味汁中。

3．混合加热

调味汁与调味料混合后继续加热至微沸，加热中要不断搅拌。

4．增稠

将适量增稠剂加入上述半成品中，边加热边搅拌至沸腾。停止加热后再加入香油、味精，用食用色素调好颜色。

5．磨浆

将调配好的腐乳扣肉汁经过一次胶体磨，使其混合均匀、细腻，即为成品。

（四）注意事项

①调味汁在加热时要不停搅拌，以防粘锅。

②大料要粉碎成大料粉，葱、姜、蒜要捣碎成泥状。

第四节　酱油调味汁

一、红烧型酱油调味汁

红烧型酱油调味汁适用于红烧猪肉、鱼、鸡等的调味。

(一)原料配方

酱油 100 kg,香菇 0.1 kg,白糖、料酒、食盐各 3 kg,味精 0.2 kg,酱色 3 kg,香辛料 0.2 kg,水适量。

(二)红烧型酱油调味汁生产工艺流程

红烧型酱油调味汁生产工艺流程见图 5-13。

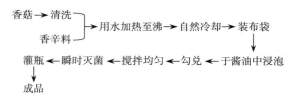

图 5-13　红烧型酱油调味汁生产工艺流程

(三)操作要点

1. 加热灭菌

将香菇清洗后与各种香辛料加适量水放于夹层锅,加热至沸 10 min,以达到浸出与消灭香辛料中杂菌的目的。待其自然冷却后,装入布袋中。

2. 浸出

将装入布袋中的香辛料放于灭菌后的酱油中,在浸泡罐中浸泡 7~10 d,使香辛料中成分充分浸出。

3. 勾兑

将所有原料按比例调配并搅拌均匀。

4. 瞬时灭菌

所得红烧型酱油调味汁经瞬时灭菌器灭菌后即可灌瓶(空瓶清洗、干燥灭菌后备用)。

二、五香酱油调味汁

(一)原料配方

辣椒 20 kg、黑胡椒 5 kg、白胡椒 5 kg、大茴香 1 kg、丁香 1 kg、花椒 1 kg、桂皮 1 kg、生姜 5 kg、大蒜 5 kg、发酵酱油 440 kg。

(二)五香酱油调味汁生产生产工艺流程

五香酱油调味汁生产生产工艺流程见图5-14。

原料 → 粉碎 → 浸泡 → 蒸煮 → 粗滤 → 离心

成品 ← 板框过滤 ←

图5-14 五香酱油调味汁生产工艺流程

(三)操作要点

1.粉碎

将辣椒、黑胡椒、白胡椒、大茴香、丁香、花椒、桂皮、生姜、大蒜进行粉碎,粒度为5目。

2.浸泡

将粉碎好的香辛料加入440 kg发酵酱油浸泡48 h,添加的香辛料的总量与发酵酱油的重量比例为1:10。

3.蒸煮

开启搅拌,温度升至≥95℃,加热40 min。

4.振动筛过滤(粗滤)

筛网为2层,第一层10目,第二层40目,分别收集过滤得到的滤渣和滤液。

5.离心

将步骤4振动筛过滤收集得到的滤渣转入离心机进行离心,离心机内装1层200目滤布。

6.板框过滤

将步骤4振动筛过滤得到的滤液和步骤5离心后得到的滤液一起泵入板框过滤机进行过滤,板框过滤机装2层200目滤布。放出滤液,即得成品。

三、低盐风味酱油调味汁

(一)原料配方

酿造酱油30~40份、海鲜汁10~20份、食醋5~10份、大蒜6~9份、生姜6~9份、葱白6~9份。

(二)低盐风味酱油调味汁生产工艺流程

低盐风味酱油调味汁生产工艺流程见图 5 - 15。

原料→预处理→物料混合→成品混合→杀菌包装→成品

图 5 - 15 低盐风味酱油调味汁生产工艺流程

(三)操作要点

1. 葱姜蒜的处理

将大蒜和生姜去皮,并将葱白外层去掉,将其清洗干净,将大蒜、生姜和葱白切碎后进行捣碎处理,并研磨,得到葱姜蒜混合浆液。

2. 香辛料的处理

在锅中放入适量的水,并将水煮沸,水煮沸后将八角、花椒和香叶加入其中熬煮,待水的颜色不再发生变化后,将八角、花椒和香叶捞出,并继续蒸煮锅中剩余的水分进行浓缩处理,得到香辛料液浓缩汁。

3. 物料混合及过滤

将酿造酱油、海鲜汁和食醋混合均匀,加入葱、姜蒜混合浆液,并不断搅拌,进行浸泡处理。然后过滤,除去沉渣。

4. 成品混合

在混合汁中加入味精和白糖,并搅拌均匀,得到酱油调味汁。

5. 杀菌包装

将得到酱油调味汁进行杀菌处理,并对其进行分装保存。

四、海参肽风味酱油调味汁

(一)原料配方

海参肽 3%、牡蛎肽 1%、扇贝肽 1%、海带提取液 3%、味淋 1%、赤藓糖醇 1%、酿造酱油 90%。

(二)海参肽风味酱油调味汁生产工艺流程

海参肽风味酱油调味汁生产工艺流程见图 5 - 16。

原料→预处理→混合调配→杀菌包装→成品

图 5 - 16 海参肽风味酱油调味汁生产工艺流程

（三）操作要点

1. 原料预处理

精选海参、牡蛎、扇贝、海带分别经剔除杂质、清洗后煮熟。将煮熟的海参加入 2~5 倍的纯净水均质乳化制成海参泥，加入蛋白酶进行酶解，过滤澄清备用。

2. 混合调配

将脱盐后的海参肽、牡蛎肽、扇贝肽、海带提取液、味淋、赤藓糖醇和酿造酱油混合均质后过滤澄清。

3. 灭菌包装

将澄清的混合物加热灭菌，装瓶包装。

五、鳗鱼酱油

（一）原料配方

鳗鱼碎肉 80%~90%、98%（体积分数）乙醇溶液 8%~12%、1.0%~3.0% 的还原糖、碱性蛋白酶 0.3%~0.7%、风味蛋白酶 0.8%~1.2%、食盐 17%~19%（W/V）、4~8 倍体积的原酱油。

（二）鳗鱼酱油生产工艺流程

鳗鱼酱油生产工艺流程见图 5-17。

原料 → 粉碎 → 加热 → 冷却 → 酶解 ↓

成品 ← 杀菌 ← 加热 ← 调配 ← 浓缩 ←

图 5-17　鳗鱼酱油生产工艺流程

（三）操作要点

1. 原料处理

鳗鱼去头去内脏，清水洗净后沥干，过绞肉机，得到鳗鱼碎肉。

2. 美拉德反应

往鳗鱼碎肉中加入其质量 8%~12% 的 98%（V/V）乙醇溶液和 1.0%~3.0% 的还原糖，搅拌均匀，然后在 80~90℃ 下保温搅拌 20~40 min 发生美拉德反应，获得鳗鱼美拉德反应产物。

3. 酶解

加入鳗鱼美拉德反应产物质量 0.5 ~ 1.5 倍的水,添加碱性蛋白酶和风味蛋白酶,在 50 ~ 60℃下水解 3 ~ 4 h,然后灭酶,离心分离弃除上层油状物和下层沉淀物,得到的上清液为鳗鱼酶解液;以鳗鱼美拉德反应产物的质量为计算基准,碱性蛋白酶的加入量占 0.3% ~ 0.7%,风味蛋白酶的加入量占 0.8% ~ 1.2%。

4. 浓缩

将鳗鱼酶解液浓缩,加入食盐至鳗鱼浓缩液中,食盐含量为 17% ~ 19%(W/V)。

5. 调配

往含盐鳗鱼浓缩液中加入 4 ~ 8 倍体积的原酱油,于 85 ~ 95℃下搅拌 45 ~ 60 min,结束加热后自然冷却至室温,常温密封静置 7 ~ 14 d;然后过滤,收集透过液,即得成品。

六、炸烤汁

炸烤汁以酱油为主要原料,实际上就是一种具有特殊风味的酱油。

(一)配方

配方一:酱油 12 kg、料酒 3.6 kg、白糖 3 kg、水果泥 0.5 kg、蔬菜泥 0.2 kg、洋葱 0.1 kg、生姜粉 40 g、辣椒粉 20 g、猪肉香料粉 50 g、水解植物蛋白 0.1 kg、淀粉适量、色素少量。

配方二:酱油 10 kg,白糖 5.5 kg,食盐 0.4 kg,水解植物蛋白 0.1 kg,番茄泥 0.8 kg,洋葱 0.2 kg,大蒜汁 0.1 kg,生姜粉 60 g,辣椒 40 g,淀粉、增香剂各适量。

配方三:黄酱 10 kg,白糖 3.5 kg,料酒 2 kg,食醋 0.8 kg,食盐 0.2 kg,洋葱 0.1 kg,生姜粉 10 g,辣椒 40 g,肉味香料 30 g,增香剂、增稠剂各适量。

(二)炸烤汁生产工艺流程

炸烤汁生产工艺流程见图 5 - 18。

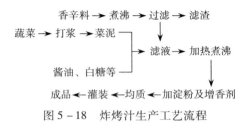

图 5 - 18 炸烤汁生产工艺流程

(三)操作要点

1. 煮沸过滤

在辣椒与生姜中加入适量水加热至微沸,约煮 30 min,停火、过滤,滤液备用。

2. 打浆

在蔬菜中加入适量水煮沸打浆,蔬菜泥备用。大蒜打浆,蒜汁备用。

3. 混合

将酱油、白糖、蔬菜泥、大蒜汁混合搅拌均匀,加入香辛料滤液,加热搅拌。加入水解蛋白,用文火加热至沸腾停火,不断搅拌,使其混合均匀。然后加入淀粉,用文火加热至微沸,再加入增香剂、肉味香精,搅拌均匀。

4. 均质

将调配的炸烤汁经均质后灌装,即得成品。

(四)注意事项

①香辛料的煮制及调味汁加工过程均需采用文火。

②加工过程要不停地搅拌,使各种原料混合均匀。

③增香剂的加入量为 0.01 ~ 0.15 g/kg。

④香辛料中,若是辣椒粉、生姜粉,煮沸后不用过滤;若不是粉,煮沸后用勺捞出即可。

第五节　酸性调味汁

酸性调味汁是以酿造食醋为主体,与冰乙酸(食品级)、食品添加剂等混合配制而成的一种酸性调味液,在《食品安全国家标准　食醋》(GB 2719—2018)实施之前,称为配制食醋,目前划分到酸性调味汁门类,不再称为食醋。

在酿造食醋中添加各种辅料可配制成不同系列的风味酸性调味汁,如海鲜醋、五香醋、姜汁醋、甜醋,分别是在酿造食醋成品中添加了鱼露、虾粉、五香液、姜汁、砂糖等而成。其中,添加料并未参与醋酸发酵过程。

姜汁醋

(一)配方

醋 100 kg、白糖 3.5 kg、鲜姜 6 kg、食盐 1 kg。

(二)姜汁醋生产工艺流程

姜汁醋生产工艺流程见图 5 - 19。

鲜姜 → 清洗 → 绞碎 → 混合 → 浸泡 → 过滤
成品 ← 灌瓶 ← 灭菌 ←

图 5 - 19　姜汁醋生产工艺流程

(三)操作要点

1. 鲜姜清洗

将鲜姜用水冲洗,用刷子刷净凸凹不平之处,去掉腐烂部分,再用水反复冲洗干净。

2. 搅碎

将清洗后的鲜姜,控制水分,用绞碎机绞碎。

3. 混合浸泡

将称重好的鲜姜泥、白糖、盐及灭菌后的醋放于密闭储存罐中,搅拌均匀,浸泡 7 ~ 10 d,然后将姜渣用滤布过滤。

4. 灭菌装瓶

姜汁醋经瞬时灭菌器灭菌,即可灌瓶,空瓶必须事前清洗、干燥灭菌。

(四)注意事项

①选择总酸在 4.5 g/100 mL 以上的醋,要求澄清透明、红褐色、味道纯正,符合相应标准。

②密闭储存罐用前要清洗干净,浸泡过程中不要与外界空气接触,以免污染杂菌,影响产品质量。

第六节　虾油、蚝油、鱼露等

一、复合虾油调味汁

虾油为沿海城市的传统海产调味品,以虾为原料经盐渍、发酵、滤制而成。虾油味道鲜美,通常用于烹饪菜肴、凉拌菜或腌渍咸菜,可增加菜肴的鲜美滋味,在凉拌菜或腌渍咸菜中使用不仅可以提升鲜美度,而且使菜肴具有爽脆的特点,深受人们的喜爱。

(一)原料配方

虾油50%、食盐2%、味精10%、酵母抽提物0.5%、变性淀粉1%、干贝素0.05%、白砂糖8%、焦糖色素0.5%。

(二)复合虾油调味汁生产工艺流程

复合虾油调味汁生产工艺流程见图5-20。

原料验收→调配杀菌→过筛→成品

图5-20　复合虾油调味汁生产工艺流程

(三)操作要点

1.调配杀菌

按照设计的配方将原料混合均匀后置于恒温水浴锅内升温至93~95℃,加热搅拌1 h,生成风味及产生物理特性的同时对物料进行杀菌。

2.过筛

将物料过60目标准筛,去除可能存在的异物和未溶解的物料。

3. 灌装

将上述过滤的成品灌装,即得成品。

二、虾头汁

虾头汁是一种滋味鲜美的调味品,色泽呈肉粉色,体态黏稠,虾味浓郁,是加工虾仁的下脚料综合利用的产物。其由虾头、虾皮经煮汁、酶解、调配而成,是一种大众化的烹调用品。

(一)配方

虾头煮汁 60 kg、虾头水解液 40 kg、白糖 10 ~ 15 kg、食盐 20 kg、味精 0.1 ~ 0.5 kg、淀粉 1.5 ~ 2 kg、增稠剂 0.5 ~ 0.6 kg、白醋 0.5 kg、黄酒 1 kg、防腐剂 0.1 kg、虾味香精适量。

(二)虾头汁生产工艺流程

虾头汁生产工艺流程见图 5 - 21。

(三)操作要点

1. 制备虾头煮汁

虾头、虾皮称重,加 2.5 倍的水,破碎,放入夹层锅,煮沸 1.5 ~ 2 h,用 120 目筛网过滤,滤液即为虾头煮汁。

2. 制备虾头水解液

虾头煮汁后的滤渣加入 2 倍的水,用 3.7% 的食用盐酸调节 pH 值至 7.0 左右,按虾头渣重的 0.2% 加入复合蛋白酶,在 50℃ 下水解 3 ~ 4 h,然后加热至沸,使酶失活,用 120 目筛绢布过滤,滤液即为虾头水解液。

3. 混合调配

将虾头煮汁、虾头水解液、白糖、食盐、淀粉、增稠剂按配方称重,混合、搅拌均匀,加热至沸,稍冷却后加入味精、虾味香精、防腐剂、白醋、黄酒,搅拌均匀即可。

4. 均质

调配好的虾头汁经胶体磨进行均质处理,使其组织均匀。

5. 灭菌

将均质后的虾头汁加热到 85 ~ 90℃,保温 20 ~ 30 min,达到灭菌

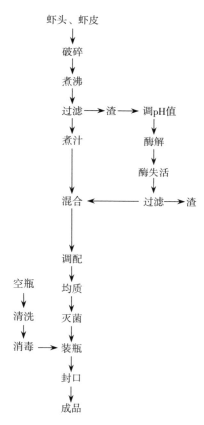

图 5-21　虾头汁生产工艺流程

的目的。

6. 装瓶

用灌装机将虾头汁装于预先经过清洗、消毒、干燥的玻璃瓶内，压盖，贴标，即得成品。

(四)注意事项

①虾头煮汁及水解液现用现制,如用不完可在汁液中加入 10%~15% 食盐,暂时保存,但不宜久放,以免变质。配制时重新计算食盐使用量,总用盐量应包括加入汁液中的数量。

②酶解时应严格控制温度,若温度太高,易使酶失活,不能充分发挥蛋白酶的作用,影响酶解效果。

三、海鲜汁

海鲜汁是一种类似蚝油的调味品,是用海带、淡菜等海产品经科学方法处理、调配而成。口味以鲜为主、甜咸适中,体态浓稠,香气淡雅。

(一)配方

淡菜煮汁 20%、淡菜水解液 10%、调味酱油 40%、白糖 20%、食盐 6% ~ 8%、味精 0.3% ~ 0.5%、淀粉 12%、增稠剂 0.3% ~ 0.4%、白醋 0.5%、黄酒 1%、防腐剂 0.1%、增香剂适量。

(二)海鲜汁生产工艺流程

海鲜汁生产工艺流程见图 5 – 22。

(三)操作要点

1. 制备调味酱油

将海带称重,放入蒸锅中蒸 30 ~ 40 min,拿出清洗干净,称重、切碎,放入打浆机中加入蒸后海带重 6 倍的水,打浆(筛网直径 0.6 mm)。将浆液放入夹层锅中,加碳酸钠调节 pH 值为 8 ~ 8.5,煮沸 2 h。经120 目绢布过滤,用白醋中和 pH 值至 7.0,再加入适量黄酒,浓缩至原料重的 10 倍,加入浓缩汁重 10% 的食盐、5% 的酱油,搅拌混合均匀,即为调味酱油。

2. 制备淡菜煮汁

淡菜干称重,漂洗 2 ~ 3 次,加水浸泡 1 h,换水以去掉不良气味。加入原料重 8 倍的水,煮沸 3 h,用 120 目绢布过滤,滤液重为原料的 3 倍,加入滤液重 10% 的食盐,即为淡菜煮汁。

3. 制淡菜水解液

将煮汁后的淡菜用绞肉机绞碎、称重,加入菜重 0.5 倍的水、0.6 倍的 20% 盐酸溶液,在盐酸水解罐中水解 10 ~ 12 h,冷却至 40℃ 左右。用碳酸钠中和 pH 值 6.4 左右,加热至沸,过滤。滤液即为淡菜水解液。

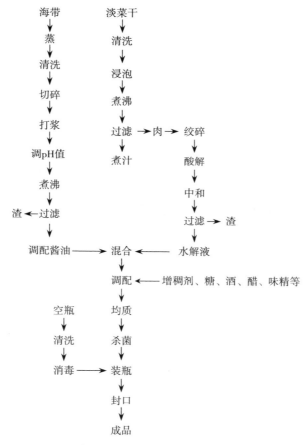

图 5 - 22　海鲜汁生产工艺流程

4. 混合调配

将淡菜煮汁、淡菜水解液、调味酱油、食盐、增香剂、增稠剂、淀粉按配方称重,混合搅拌均匀。白糖称重后加入少量水,熬糖色。混合汁加热至沸后与糖色混合、搅匀,最后加入味精、白糖、黄酒、防腐剂,搅拌均匀即可。

5. 均质

将配制好的海鲜汁经胶体磨进行均质处理,达到组织均匀的目的。

6. 灭菌

均质后的海鲜汁加热至 85~90℃,保温 20~30 min。

7. 装瓶

用灌装机将海鲜汁装于预先经过清洗消毒、干燥的玻璃瓶内,压盖、贴标,即为成品。

(四)注意事项

①煮海带汁时,表面的浮沫应去掉,以减少腥味。

②增稠剂溶解较困难,配制时应先用少量煮汁溶化后再加入,否则易产生颗粒。

③所选用的淀粉以含支链淀粉多者为佳,加热搅拌后可形成稳定的黏稠胶体溶液。

④生产过程中应注意环境、器具的清洁卫生,避免染菌。

四、蚝油

蚝油是一种天然风味的高级调味品,是粤菜传统调味料之一,蚝油具有天然的牡蛎风味,味道鲜美,气味芬芳,营养丰富,色泽红亮鲜艳。其适用于烹制各种肉类、蔬菜,调拌各种面食,可直接佐餐食用。例如:各种凉拌菜、面条卤、涮海鲜、吃水饺等;可做烧、烤、炸的调汁;做炒、煎、蒸的调味品。

(一)配方(以质量分数计)

配方 1:浓缩蚝汁 5%、浓缩毛蛤汁 1%、调味液 25%~30%、水解液 15%、白糖 20%~25%、酱油 5%、味精 0.3%~0.5%、增鲜剂 0.25%~0.05%、食盐 7%~10%、变性淀粉 1%~3%、增稠剂 0.2%~0.5%、增香剂 0.00625%~0.0125%、黄酒 10%、白醋 0.5%、防腐剂 0.1%,其余为水。

配方 2:浓缩蚝汁 25%、白糖 4%~6%、食盐 5%~8%、变性淀粉 3%~4%、味精 1.2%~1.5%、增稠剂 0.3%~0.4%、焦糖色 0.25%~0.5%、防腐剂 0.1%,其余为水。

配方 3:白糖 5%~10%、食盐 7%~9%、变性淀粉 4.5%~5%、

味精 1% ~ 1.5%、增稠剂 0.15% ~ 0.2%、焦糖色 0.5% ~ 1%、酱油 20% ~ 22%、水解植物蛋白 1% ~ 1.5%、蚝油香精 0.1% ~ 0.15%、虾味香精 0.01%,其余为水。

配方4:生蚝提取物 60 ~ 80 份、橄榄油 30 ~ 50 份、蒜泥 3 ~ 10 份、蒜油 1 ~ 5 份、糖 10 ~ 20 份、精盐 5 ~ 10 份、酱油 20 ~ 30 份、纯净水 20 ~ 30 份。

(二)蚝油生产工艺流程

蚝油生产工艺流程见图 5 – 23。

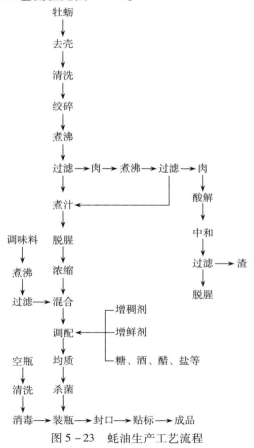

图 5 – 23　蚝油生产工艺流程

(三)操作要点

1. 原料

采用鲜活的牡蛎或毛蛤。

2. 去壳

其用沸水焯一下,使牡蛎或毛蛤的韧带收缩,两壳张开,去掉壳,或晾凉后去壳。

3. 清洗

将牡蛎肉或毛蛤肉放入容器内,加入肉重 1.5~2 倍的清水,缓慢搅拌,洗除附着于蚝肉或毛蛤肉身上的泥沙及黏液,除去碎壳,捞起控干。

4. 绞碎

将清洗干净的蚝肉或毛蛤肉放入绞肉机或钢磨中绞碎。

5. 煮沸

把绞碎的蚝肉或毛蛤肉称重,放入夹层锅中煮沸,使其保持微沸状态 2.5~3 h,用 60~80 目筛网过滤。过滤后的蚝肉或毛蛤肉再加 5 倍的水继续煮沸 1.5~2 h,过滤,将两次煮汁合并。

6. 脱腥

在煮汁中加入汁重 0.5%~1% 的活性炭,煮沸 20~30 min,去除腥味,过滤,去掉活性炭。

7. 浓缩

浓缩后的煮汁用夹层锅或真空浓缩锅浓缩至水分含量低于 65%,即为浓缩蚝汁或毛蛤汁。为利于保存,防止腐败变质,加入浓缩汁重 15% 左右的食盐,备用。使用时用水稀释,按配方调配。

8. 酸解

将煮汁后的蚝肉或毛蛤肉称重,加入肉重 0.5 倍的水,0.6 倍的 20% 食用盐酸,在水解罐中 100℃ 水解 8~12 h。水解后在 40℃ 左右用碳酸钠中和至 pH 值 5 左右,加热至沸,过滤,滤液即为水解液。在水解液中加入 0.5%~1% 的活性炭,煮沸 10~20 min,补足失去的水分,过滤。

9. **制调味液（煮沸、过滤）**

将八角、姜、桂皮等调味料放入水中,加热煮沸 1.5～2 h,过滤。

10. **混合、调配**

将浓缩汁、水解液、白糖、食盐、增鲜剂、增稠剂等分别按配方称重,混合搅拌,加热至沸,最后加入黄酒、白醋、味精、香精,搅拌均匀。

11. **均质**

用胶体磨将调配好的蚝油进行均质处理,使蚝油分子颗粒变小,分布均匀,否则易沉淀分层。

12. **杀菌**

将均质后的蚝油加热至 85～90℃,保持 20～30 min,达到杀菌的目的。

13. **装瓶**

灭菌后的蚝油装入预先经过清洗、消毒、干燥的玻璃瓶内,压盖封口,贴标,即为成品。

(四)注意事项

①增稠剂溶解较困难,调配时可先用少量水或调味液溶化再加入。

②该产品可分两段生产,即沿海地区可专门生产纯浓缩蚝汁,供给内地各厂生产蚝油,各调配厂可根据当地的口味、消费水平选择配方进行调配。

③水解罐应能耐强酸,避免酸腐蚀。

④蚝油为稀糊状,营养丰富,易导致微生物污染。在生产过程中应注意环境、器具的清洁卫生。

五、斑点叉尾鮰鱼露

(一)原料配方

鮰鱼下脚料 40 g,中性蛋白酶、碱性蛋白酶各 2%,风味酶 1.5%,水 80 g。

(二)生产工艺流程

生产工艺流程见图 5 - 24。

斑点叉尾鮰下脚料→蒸煮→冷却→粉碎→酶解→灭酶→除腥臭→护色→过滤→
灌装→杀菌→成品

图 5-24　斑点叉尾鮰鱼露生产工艺流程

(三)操作要点

1.原料预处理

将新鲜斑点叉尾鮰下脚料漂洗、整理、粉碎,蒸煮 30 min,冷却至
室温。

2.酶解

向预处理鱼下脚料中依次加入 2% 中性蛋白酶、2% 碱性蛋白酶、
1.5% 风味酶,分别调 pH 值为 7,间隔 1 h,置 45℃ 恒温水浴锅中。

3.灭酶

用柠檬酸调水解液 pH 值至 4.2~4.5,在 85℃ 维持 30 min。

4.除腥臭

向酶解产物中加入 0.1% 活性干酵母粉,置 35℃ 恒温水浴锅中
1 h。

5.护色

将除腥臭产品中加入 10% 食盐和 1% 维生素 C 混合液,置 40℃
恒温水浴锅中 30 min。

6.杀菌

将产品抽滤罐装,置 80℃ 水浴锅中持续 30 min,即为成品。

第七节　汤汁类及其他

一、浓缩靓汤调味料(汤汁类)

1.原料配方

浓缩鸡骨汤 100 份、浓缩猪骨汤 30 份、浓缩火腿膏 20 份、盐 25
份、味精 8 份、肉味香料 5 份、干贝素 2 份。

2.浓缩靓汤调味料(汤汁类)生产生产工艺

浓缩靓汤调味料(汤汁类)生产工艺流程见图5－25。

图5－25　浓缩靓汤调味料(汤汁类)生产工艺流程

3.操作要点

(1)浓缩猪骨汤煮制　按质量份数计,先将300份的水投入提取罐,并加热至80℃以上;或者直接将80℃以上的300份的热水加入提取罐。将猪骨100份、2份的盐、1.5份的食用中草药香料加入提取罐中,开口煮沸,大火沸煮60 min,改小火沸煮180 min;提取罐封盖,升温至120℃,保温3 h。排料,分离汤、油、骨肉渣;骨汤送85℃以下真空浓缩,使其固含量≥25%。

(2)浓缩鸡骨汤煮制　按质量份数计,先将300份的水投入提取罐,并加热至80℃以上;或者直接将80℃以上的300份的热水加入提取罐。将猪骨100份、2份的盐、1.5份的食用中草药香料加入提取罐中,开口煮沸,大火沸煮60 min,改小火沸煮180min;提取罐封盖,升温至120℃,保温4 h。排料,分离汤、油、骨肉渣;骨汤送85℃以下真空浓缩,使其固含量≥25%。

(3)火腿萃取　先将水投入提取罐,并加热至80℃以上或直接向提取罐中加入80℃以上的热水,加入中式发酵火腿100份、食品用中草药香料0~1份、盐1~2份;提取罐开口煮沸,大火沸煮10~20 min后,改小火沸煮40~180 min;提取罐封盖升温至105~120℃;排料,分离汤、油、肉渣;取汤在85℃以下真空浓缩至固形物≥25%或密度1.1~1.2 g/mL。

(4)调配　浓缩鸡骨汤100份,加温至60℃,加入浓缩猪骨汤30份、浓缩火腿膏20份、盐25份、味精8份、肉味香料5份、干贝素0.5~2份,搅拌使之溶化,骨汤、火腿萃取液按比例混合,均质乳化后,灌装得成品。

二、糟卤

糟卤是以稻米为原料制成黄酒糟,添加适量香料进行陈酿,制成香糟;然后萃取糟汁,添加黄酒、食盐等,经配制后过滤而成的汁液。

(一)桂花香糟汁

1. 原料配方

香糟(白糟)500 g、绍酒 2000 g、桂花酱 50 g、精盐 150 g、白糖 250 g、味精 15 g。

2. 桂花香糟汁生产工艺流程

桂花香糟汁生产工艺流程见图 5 - 26。

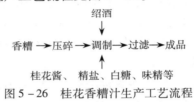

图 5 - 26　桂花香糟汁生产工艺流程

3. 操作要点

(1)压碎　将香糟敲碎或切成薄片,以便香糟中的呈香物质析出来。

(2)调制　先倒入绍酒,再加入桂花酱、精盐、白糖、味精,调成稀糊。

(3)过滤　将调制好的稀糊装入一纱布袋中悬吊起来,过滤出来的清汁即为糟卤。

4. 注意事项

①调制糟卤离不开香糟,香糟的好坏直接影响香糟卤的质量。选用香糟时,要以色泽暗黄,呈泥团状,湿润而不黏糊,具有扑鼻的糟香味为首选。

②制作香糟卤时,要注意清洁卫生,卤汁中应避免混入生水或其他杂质,否则糟卤容易变质。

③糟卤调好后,不能加热煮,否则糟卤会变质发酸,难以长期保存。

(二)蔬香糟汁

1.原料配方

糟卤 400 g、黄酒 200 g、香料汁 600 g、香芹 30 g、香菜 35 g、洋葱 50 g、红椒 25 g、胡萝卜 15 g。

其中香料汁配方为:水 2.5 kg,葱段 80 g,姜片 75 g,八角、花椒、香叶各 3 g,白豆蔻 2 g,小茴香、丁香各 3 g,精盐 30 g。

2.蔬香糟汁生产工艺流程

蔬香糟汁生产工艺流程见图 5 – 27。

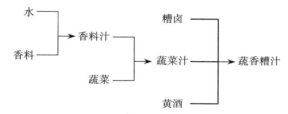

图 5 – 27　蔬香糟汁生产工艺流程

3.操作要点

(1)香料汁的制备　先将水和香料混合在一起,用小火慢慢熬制 30 min,过滤去除残渣。取香料汁并冷却备用。

(2)蔬菜汁的制备　按配方准确称取各种蔬菜和香料汁,放在一起混合搅打,然后过滤去除残渣后制得蔬菜汁。

(3)配方　准确称取适量的蔬菜汁,加入称量好的黄酒、糟卤并充分混合。最后根据要求加入盐、糖等调料调味。

三、复合香辛料调味油

(一)基本流程

1.原料选择

香辛料调味油所用原料主要为香辛料与食用植物油。食用植物油应选用精炼色拉油,按原料不同有大豆色拉油、菜籽色拉油等,均可使用。

2.原料预处理

已经干燥的香辛料可直接进行浸提,对于新鲜的原料要经过一定前处理。鲜葱(蒜)加2%的食盐水溶液,绞磨后静置4～8 h。老姜加3%的食盐水溶液,绞磨后备用。植物油要经过250℃处理5 s脱臭后,作为浸提用油。

3. 浸提

浸提方法采用逆向复式浸提,即原料的流向与溶剂油的流向相反。对于需通过一定温度作用产生香味的香辛料,如辣椒、花椒等,宜采用高温浸提,浸提油温100～120℃,原料与油的质量比为2∶1,1 h浸提1次,重复2～3次。

对于含有烯、醛类芳香物质,高温易破坏其香味的香辛料,宜采用室温浸提。浸提油温25～30℃,原料与油的质量比1∶1,12 h浸提1次,重复5～6次。

4. 冷却过滤

将溶有香辛精油的油溶液,冷却至40～50℃。滤去油溶液中不溶性杂质,进一步冷却至室温。对于室温浸提的香辛料油,直接过滤即可。

5. 调配

用Forder比色法测出浸提油的生味成分含量,再用浸提油兑成基础调味油。将不同原料浸提出的基础调味油,用不同配比配成各种复合调味油。

(二)花椒复合调味油

1. 配方

红花椒挥发油和青花椒麻味物质按照(0.5 ～ 1)∶(0.5 ～ 1.5)调配。

2. 花椒复合调味油生产工艺流程

花椒复合调味油生产工艺流程见图5－28。

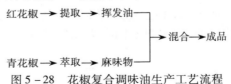

图5－28　花椒复合调味油生产工艺流程

3. 操作要点

(1)备料　将青花椒与红花椒分别晒干、去籽、去除枝叶之后备用。

(2)红花椒挥发油提取　将红花椒粉碎成 45 ~ 55 目,加入浓度为 85% ~ 95% 的食用酒精,加热至 75 ~ 80℃,回流提取 3 ~ 5 h 后过滤得红花椒挥发油。

(3)青花椒麻味物质提取　将青花椒粉碎成 35 ~ 45 目,置于超临界 CO_2 萃取装置中萃取 1.5 ~ 3 h,然后将萃取混合物置于分离器中,分离得到气态 CO_2 及花椒麻味物质。

(4)混合制油　将红花椒挥发油和青花椒麻味物质按照(0.5 ~ 1):(0.5 ~ 1.5)的比例混合得到花椒复合调味油。

(三)复合香辛调味油

1. 配方

色拉油:茴香:葱:蒜:花椒按 1:0.03:0.08:0.06:0.02 的质量比配料。

2. 复合香辛调味油生产工艺流程

复合香辛调味油生产工艺流程见图 5 - 29。

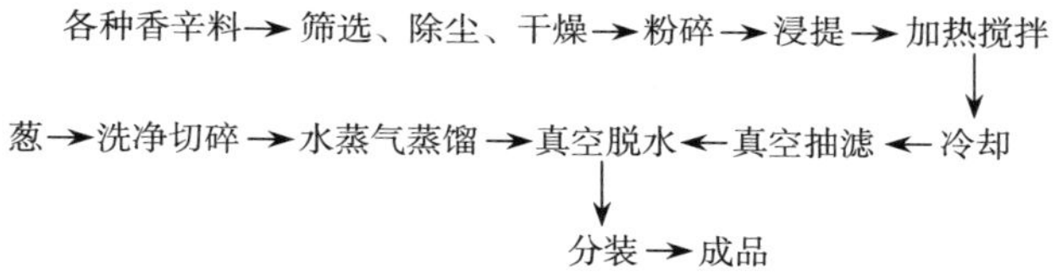

各种香辛料→筛选、除尘、干燥→粉碎→浸提→加热搅拌

葱→洗净切碎→水蒸气蒸馏→真空脱水←真空抽滤←冷却

分装→成品

图 5 - 29　复合香辛调味油生产工艺流程

3. 操作要点

(1)香辛料的处理　所用的香辛料先筛选除尘,然后干燥粉碎过 40 目筛。生姜去皮、去掉伤烂部分;葱去掉根须及枯叶,分别经水洗、切碎,并在恒温干燥箱中稍干燥后备用。

(2)香辛料的提取浸提　按比例称取香辛料:大茴香 15 g、肉桂 8 g、甘草 6 g、小茴香 3 g、花椒 3 g、肉豆蔻 2 g、白芷 1 g、山柰 2 g、丁香 1 g、葱 40 g、生姜 15 g。浸提采用油浸法,先将 1000 g 大豆色拉油置于浸提锅中,加热到浸提温度 90℃,再放入香辛料(除葱)。不断搅拌,浸提 60 min。减压抽滤得半成品。

(3)葱的提取(水蒸气蒸馏)　取一定量的葱,水蒸气加热后收集蒸馏物。

(4)真空脱水　为了不使风味成分损失,延长货架寿命及保持产品外观澄清透明,可采用低温度 50℃左右,真空度 93325.4 Pa(700 mmHg)以上,脱水时间 10 ~ 20 h。

(5)分装　可采用玻璃瓶或符合 GB 1004 的 PET/铝箔(Al)/聚丙烯(PP)复合膜进行灌装。每袋/瓶 150 mL ± 5 mL。

(四)香辣调味油

香辣调味油是调味品中应用较多的品种。

1. 配方

辣椒 50 kg,食用油 100 kg,姜、葱、豆豉各 10 kg,白糖 2 kg,食盐 5 kg,味精 2 kg。

2. 香辣调味油生产工艺流程

香辣调味油生产工艺流程见图 5 - 30。

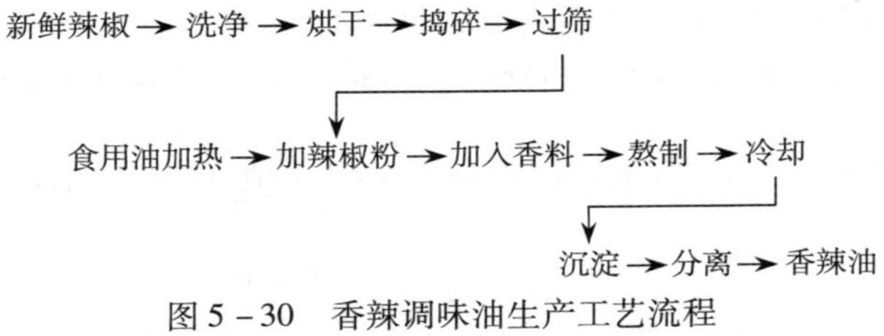

新鲜辣椒 → 洗净 → 烘干 → 捣碎 → 过筛

食用油加热 → 加辣椒粉 → 加入香料 → 熬制 → 冷却

沉淀 → 分离 → 香辣油

图 5 - 30　香辣调味油生产工艺流程

3. 操作要点

(1)原料　选取辣味重、成熟度好、无霉烂的新鲜辣椒用水洗净,去掉辣椒柄,送入仓式烘干机内进行干燥,干燥时应采用低温大风量,分段干燥的方法进行。

(2)熬制　食用植物油可选用普通二级菜籽油,在铁锅内将其加热到无小泡,油温大约为 70℃,加入辣椒粉,加入其他原料,继续加热至油温达到 110 ~ 120℃,便停止加热。

(3)分离　将辣油冷却至室温,用不锈钢细筛将固形物过滤掉,并转入缸中沉淀,取其清液,即得方便实用的香辣调味油产品。

(五)肉香味调味油

1.配方

色拉油 100 kg,辣椒粉、大蒜、生姜各 10 kg,肉味香精 1 kg。

2.肉香味调味油生产工艺流程

肉香味调味油生产工艺流程见图 5－31。

色拉油加热 ━━→ 加入胡椒粉 ━━→ 加入姜、蒜 ━━→ 熬制 ━━→

冷却 ━━→ 过滤 ━━→ 油层 ━━→ 肉香味调味油

↑

香精

图 5－31　肉香味调味油生产工艺流程

3.操作要点

(1)原料　选取优质干辣椒粉,新鲜的大蒜和姜。

(2)熬制　加热温度 80℃ 左右时加入干辣椒粉等,搅拌加热到 120℃ 左右停止。

(3)过滤　冷却后,八层纱布过滤。

(六)菌菇调味油

菌菇类含有相当数量的核苷酸类的 5'－腺苷酸、5'－鸟苷酸和 5'－尿苷酸,主要鲜味成分还有谷氨酸。由于谷氨酸和 5'－鸟苷酸、5'－腺苷酸之间具有显著的鲜味相乘效果,使菇类具有强烈的增鲜作用,而成为传统烹调的"鲜味剂"。

1.菌类调味油生产基本流程

(1)原料处理　当确定制作某种风味的食用菌调味油后可选取它的整株,也可以用它在制作其他食品后的下脚料,比如碎料、菌柄及其他剩余原料。进行认真清理和淘洗,彻底清除杂质和泥沙及腐烂变质的部分。因食用菌大多含有很大的水分,因此必须进行干燥处理,干燥时可选用箱式静态干燥机进行干燥,干燥温度不宜太高。干燥后水分含量在 40% 以下即可,切忌干燥过度。

(2)浸渍　浸渍的目的是将菌中的营养成分和风味物质提出来。多数生产厂家都采用植物油浸渍的方法来生产食用菌风味调味油,方法简单,营养成分和风味物质损失更少。当然也可采用诸如溶剂萃取方法来提出菌中的风味物质。

用植物油浸渍宜选用大豆色拉油作为浸渍油。将色拉油在锅中加热到 120℃ 左右，放入经干燥和稍微破碎的固形物，继续加热 10 min，在此期间应不断地搅拌并尽可能在减压条件下进行。

（3）冷却过滤　浸渍完毕后将固形物捞起冷却至室温后，用板框式过滤机过滤，将所有固形物全部去除即得到食用菌调味油。

2. 蘑菇油

（1）配方　鲜蘑菇、色拉油各 1 kg，精盐 0.01 kg，花椒 20 颗，味精 0.01 kg，桂皮少许。

（2）蘑菇油生产工艺流程

蘑菇油生产工艺流程见图 5－32。

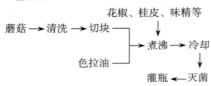

图 5－32　蘑菇油生产工艺流程

（3）操作要点　把蘑菇脚和老皮削掉洗净，滤干水分，切成小块用精盐少许码一会儿。色拉油倒锅内，用旺火把油烧至九成热时把蘑菇块放入，然后马上改为小火，慢慢炸至蘑菇变色卷边时起锅。趁热放入花椒、桂皮、味精等调料搅拌均匀，然后捞出蘑菇、花椒、桂皮。

（七）复合海鲜调味油

利用植物油浸提海产品可获得海鲜调味油。用海产品制作海鲜风味油一般说来对原料无特殊要求，只要不是腐烂变质的都可以用。但为了保证调味油海鲜味的浓郁，还是宜选用那些海鲜味特别浓郁的物料，如对虾头、蛤仔、贻贝及一些鱼类。下面介绍一下海鲜调味油制作的基本流程。

1. 原料处理

将所有原料清洗干净，除去内脏、鳞甲等，如果体积太小，整只洗净即可。将整理完毕的原料用离心机将表面水分离，然后用粉碎机将其加工成浆状。

2. 熬制

因为海产品自身带有一定脂肪,应先将其进行加热熬制,将动物油脂熬制出来,熬制可用普通铁锅土灶来完成。将食用植物油加热到150℃,然后将海产品缓缓加入锅中搅拌并保持温度30 min,这期间应不停地搅拌并加入适量的生姜、胡椒和葱,一方面去除腥味,另一方面可使油味更鲜美。

3. 冷却和过滤

熬制完毕后冷却到室温,用板框式过滤机去掉所有固形物,液体便是海味调味油。

(八)其他复合调味油

1. 彩色复合调味油

将经烘熟处理后的白果与紫苏混合,再经榨取提炼制得白果紫苏油备用。然后与芝麻油、香菜籽油和油溶性辣椒红色素进行混合配比,各原料的质量百分比为:白果紫苏油10%～20%、芝麻油80%～90%、香菜籽油0.5%～3%、辣椒色素0.5%～1%。

2. 香茅风味复合调味红油

将油倒入锅内,慢速搅拌加热到130～150℃,加入葱、姜、蒜炸制到金黄色捞出;然后加入处理后的辣椒在108～115℃下进行熬制,熬去辣椒中的水分;开启中速搅拌,将混合好的香辛料加入110～130℃的油中进行熬制;添加干香茅草和紫苏继续进行熬制,熬制至油体透亮时将混合物进行过滤,滤去滤渣得调味油粗品;将调味油粗品经分离机分离,得到香茅风味浓郁的调味红油。

3. 多味复合调味油

葱油1%～3%、香油0.5%～2.5%、辣椒油1%～3.5%、花椒油1.5%～4.5%、鸡油0.5%～1.5%、麻油0.1%～1.5%、香菜油0.5%～2%、香芹油0.5%～2%、十三香油0.5%～2%、八角1.5%～5.5%。

4. 香辛复合调味油

配方1:植物油90%～98%、橘皮提取液1%～5%、八角茴香提取液0.2%～2%、花椒提取液0.1%～1%、肉桂提取液0.1%～1%、胡椒提取液 0.1% ~ 1%、香味复合添加剂 0.05% ~ 0.5%。

配方 2：花椒 8 ~ 12 份、辣椒 4 ~ 9 份、孜然 5 ~ 10 份、大蒜 4 ~ 8 份、葱 5 ~ 10 份、肉桂 3 ~ 7 份、草果 4 ~ 9 份、食用玫瑰花瓣 8 ~ 15 份、香菇 6 ~ 12 份、橘皮 3 ~ 6 份、植物油 90 ~ 100 份。

5. 砂仁调味油

大豆色拉油 200 ~ 500 mL、砂仁 30 ~ 60 g、花椒 4 ~ 6 g、干辣椒 2 ~ 5 g、八角 4 ~ 6 g、肉桂 4 ~ 7 g、大茴 3 ~ 7 g、草果 4 ~ 6 g、陈皮 4 ~ 6 g、香叶 4 ~ 6 g、香菇 4 ~ 6 g、丁香 2 ~ 5 g、白芷 2 ~ 5 g、山柰 2 ~ 5 g、桂皮 4 ~ 6 g。

6. 酱卤风味复合调味油

色拉油 40 ~ 60 份、菜籽油 30 ~ 50 份、大葱 5 ~ 10 份、生姜 25 份、砂仁 0.51 份、甘草 0.51 份、山柰 0.51 份、八角 0.51 份、陈皮 0.7 ~ 1.5 份、草果 0.7 ~ 1.5 份、白芷 0.7 ~ 1.5 份、良姜 0.7 ~ 1.5 份、芝麻油 5 ~ 10 份、肉桂油树脂 0.2 ~ 0.5 份、丁香油树脂 0.1 ~ 0.3 份、八角油树脂 0.1 ~ 0.3 份、孜然油树脂 0.2 ~ 0.5 份、胡椒油树脂 0.1 ~ 0.3 份。

7. 多味复合调味油配方

食用油：大豆油 2 ~ 5 份、玉米油、芝麻油、菜籽油、花生油、茶油各 1 ~ 2 份、葵花籽油 1 ~ 3 份、紫苏油、亚麻籽油各 1 ~ 2 份，猪油、羊油、牛油和橄榄油各 1 ~ 3 份，香辛料。

香辛料：花椒、大料、肉桂、小茴、陈皮、草果和白芷各 0.1 ~ 0.3 份；丁香和荜茇各 0.01 ~ 0.03 份；玉果、豆蔻、良姜、山柰、砂仁、干姜和草豆蔻各 0.05 ~ 0.2 份；红蔻、白蔻、栀子和攀枝花干芯各 0.05 ~ 0.3 份；黄芪、香叶、甘草、当归和辛夷各 0.03 ~ 0.2 份；山楂和百里香各 0.5 ~ 2 份；干辣椒 0.01 ~ 0.1 份。

其他调味料及辅料：鲜姜和大葱各 0.5 ~ 1 份、食用盐 0.5 ~ 1 份、白砂糖 0.2 ~ 0.5 份、谷氨酸钠 0.05 份。

第六章　复合调味料生产设备

第一节　原料清杂设备

一、分选机

复合调味料的各种原料中可能混入杂草、树叶、泥沙和铁钉等杂质,对此可用分选机进行分选,常用的分选机可根据物料的大小不同、相对密度不同和色彩不同进行分选。分选机的工作原理有风力分选、振动分选、磁铁分选和比色分选等。原料由进料器加入,经传感器进行比色分析,不合格产品由推出器排出。

二、永磁滚筒

永磁滚筒主要适用于粉状、颗粒状、小块状物料的除铁质杂质。永磁滚筒中物料从上进料斗投入,通过旋转的永磁滚筒,铁质被吸后,转到下面,由金属杂质出口排出;物料由进料斗下落,碰撞永磁滚筒后直接落下由物料出口排出。它的除铁质效率很高(达 98% 以上),但需动力,结构较复杂。还有一种叫"永磁溜筒",筒内有一块与水平夹角成 55°~60° 的永久磁铁板,物料落在板上后下溜至出口排出,铁质则被吸在板表面上。在工作过程中,操作者需定时掀开清理铁质。这种设备很实用,价格便宜,无须经常维修,不用电。

三、自衡振动筛

这是一台可除尘、除杂(草、木屑、碎砖块、谷稗、糠等)、除细沙土,且能按原料粒径大小分级的设备。它由以下 6 个部分组成。

（一）喂料机构

喂料机构的作用是保证物料能均匀连续供给第一层筛面,进料量可调节。调节原理是:进料斗内物料施于压力门的压力大于重锤产生的力矩时,活门被顶开,物料流下;改变重锤在螺杆上的位置,以改变其产生力矩大小,可调节其流量大小。

（二）筛体

一般为 3 层筛面,第 1 层筛面筛出粮食等原料中的大杂质;第 2 层筛面继续筛出比原料粒度大的杂质;第 3 层筛面筛掉比原料粒度小的杂质,然后由右下出料口排出。

（三）自衡振动器

自衡振动器是由电机带动,既能使筛体做往复运动,又能使振动平衡。

（四）吸尘机构

吸尘机构是通过前吸风道、后吸风管清除粮食的灰尘和各种轻质杂物。

（五）减振器

减振器是用来抑制筛体产生超振幅运动的,一般为弹簧式。

（六）清理机构

在第 2 层筛面下边安装许多橡皮球,它随筛面一起振动,主要作用是对最下面细筛网进行清扫,防止网眼堵塞口。

四、相对密度去石机

相对密度去石机可以去除粒径和粮食等原料相仿的"并肩"石块。它的除石原理是,原料通过倾斜振动的去石板,根据物料相对密度不同,原料顺坡运动滚流到出料口。相对密度较原料大的沙子等块状物,在去石板上逆坡向上被筛出,通过出石门排出。

五、生姜脱皮机

鲜姜高效脱皮对提高姜制品质量、降低生产成本具有重要意义。清洗后的鲜姜用强酸性化学脱皮液浸泡 5 ~ 10 min,再放置 10 ~ 20

min;然后把姜放入生姜脱皮机中,经机械尼龙滚刷和压力水冲洗,即可去除姜皮。其再经漂洗、中和、漂洗即为净姜。机械脱皮面积可达90%~95%,人工脱皮面积仅为70%;机械脱皮总损耗≤10%,人工脱皮总损耗≥20%;机械脱皮碎块率35%,人工脱皮碎块率为15%~20%;机械脱皮生产率为1000 kg/(人·日·班),人工脱皮生产率为50~60 kg/(人·日·班)。

第二节 原料粉碎设备

常用的粉碎设备有锤式粉碎机、辊式粉碎机、齿式粉碎机、冲击式粉碎机、冷冻粉碎机和超声波粉碎机等。这些粉碎机可进行原料的粗粉碎、细粉碎和微粉碎操作。选择粉碎机时要考虑原料的硬度、脆性、大小、油脂含量及产品的粒度或细度等。硬脆性原料如多数的香辛料类,适于用锤式粉碎机进行粉碎操作。

一、锤式粉碎机

锤式粉碎机的结构主要由机壳、锤片、筛网等组成。在机壳内镶有锯齿形冲击板。主轴上有钢质圆盘(或方盘),盘上装有许多可拆换的锤刀,锤刀可以自由摆动。锤刀下方装有筛网。其工作原理如下:当圆盘随主轴高速(一般为800~2500 r/min)旋转时,锤刀借离心力的作用而张开,并将从上方料斗加入的物料击碎,物料在悬空的状态下就可被锤的冲击力所破碎,然后物料被抛至冲击板上,再次被粉碎,此外物料在机内还受到挤压和研磨的作用。被粉碎的物料通过机壳下方的筛网孔排出。锤刀遇到过硬的物块可以摆动让开,以免损坏机器。

(一)机壳

机壳由上下两部分组成,上部机壳壳顶设有加料口,机壳内壁衬有铸铁衬板和由高锰钢制成的破碎衬板。物料由进料口加入后,被快速旋转的锤片猛烈冲击,并被抛向破碎衬板进行破碎,达到要求粒度后从缝隙中卸出。未达到要求的物料继续破碎。

(二)筛网

筛网具有不同的规格,筛网规格对产品的颗粒大小及粉碎机的生产能力有很大的影响,锤式粉碎机筛孔直径一般为 1.5 mm,中心距为 2.5 ~ 3.5 mm。为避免物料堵塞筛孔,物料含水量不得超过 15%。锤刀与筛网的径向间隙是可以调节的,一般为 5 ~ 10 mm。

(三)锤刀

锤刀又称锤子或锤片,铰接在与主轴固接的圆盘或三角盘上,圆盘或三角盘由轴套分隔定位。以上零件组合成为转子组件,在主轴驱动下旋转。当有坚硬的不能破碎的物料时,锤片能够绕悬挂轴销回转让开,避免机器损伤。

锤刀的形状较多,基本形式有 8 种。常用的锤刀有矩形、带角矩形和斧形 3 种。矩形锤刀的尺寸通常为 40 mm × (125 ~ 180) mm × (6 ~ 7) mm。因锤刀工作时与物料产生冲击,故易磨损,一般寿命 200 ~ 500 h。锤刀末端的圆周速度一般为 25 ~ 55 m/s。速度越高,产品颗粒就越小,锤刀头部的打击面磨损很快,所以多采用高碳钢或锰钢材料。当锤刀一角被磨损后,可以调换使用。锤刀应严格准确对称安装,以保证主轴具有动平衡的性能,以免产生附加的惯性力损伤机器。

锤刀的形状需视破碎的物料而定,棱角多,粉碎力强,耐磨性差;尖角适合于粉碎纤维性物料;环形锤刀在粉碎时,工作棱角经常变换,因此磨损均匀。

锤式粉碎机的优点是结构简单、紧凑,能粉碎各种不同性质的物料,粉碎度大,生产能力高,运转可靠。其缺点是机械磨损比较大。

二、爪式粉碎机

爪式粉碎机主要由进料斗、动齿盘转子、定齿盘、圆环形筛网、主轴、出粉管等组成,可用于粉碎谷物、果品和蔬菜等。

定齿盘安装在机盖上,机盖用铰链与机壳连接。齿盘有两圈定齿,齿的断面呈扁矩形。动齿盘装在主轴上,随主轴一同旋转,其上有三圈齿,横截面是圆形或扁矩形。工作时,动齿盘上的齿在定齿盘齿的圆形轨迹线间运动。当物料由装在机盖中心的入料管轴向喂入时,受到动、定齿和筛片的冲击、碰撞、摩擦及挤压作用而被粉碎。同时受到动齿盘高速旋转形成的风压及扁齿与筛网的挤压作用,使符合成品粒度的粉粒体通过筛网排出机外。动齿的线速度为 80 ~ 85 m/s,动、定齿之间间隙为 3.5 mm 左右。该机的特点是结构简单、生产率较高、耗能较低,但通用性小。

三、绞肉机

绞肉机广泛应用于香肠、火腿、鱼丸、鱼酱等的肉料加工,还可混合切碎蔬菜和配料等。

(一)结构

图 6 – 1 为一种绞肉机结构。不同机型的结构有所差别,但基本部分和工作原理是一致的,其主要工作构件有螺旋供料器、隔板和切刀。

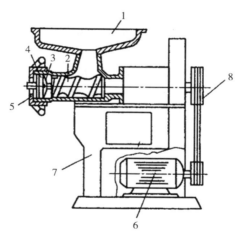

图 6 – 1　绞肉机
1—料斗　2—螺旋供料器　3—十字切刀　4—隔板
5—紧固螺帽　6—电动机　7—机身　8—传动系统

螺旋供料器 2 的螺距向着出料口方向(即从右向左)逐渐减小,而其内径向着出料口逐渐增大(即为变节距螺旋)。由于供料器的这种结构特点,当其旋转时,就对物料产生了一定的压力。这个力将物料从进料口逐渐加压,迫使肉料进入隔板孔眼以便切割。在螺旋供料器 2 的末端有一个四方形的突出块,其上装有十字切刀 3。切刀的每个刀刃与有许多孔眼的隔板 4 紧贴,刀口顺着切刀转向安装,当螺旋转动时,带动十字切刀 3 紧贴着隔板 4 旋转进行切割。隔板 4 由螺帽 5 压紧,以防隔板沿轴向移动。

隔板有几种不同的规格,通常粗绞时隔板孔眼用 $\Phi(8\sim10)$ mm,细绞时孔眼用 $\Phi(3\sim5)$ mm。隔板为厚 $\Phi(10\sim12)$ mm 的圆盘,材料为普通钢板。

粗绞时,螺旋转速可比细绞时快些,但转速最高不能超过 400 r/min,因为隔板上的孔眼总面积一定,即排料量一定,当供料螺旋转速太快时,会使物料在切刀附近堵塞,造成负荷增加,对电动机不利。另外,在使用时刀口要锋利,使用一段刀口变钝时,应调换新刀或修磨,否则将影响切割效率,甚至使有些物料不是切碎后从隔板孔眼中排出,而是由挤压、磨碎后成浆状排出,直接影响成品质量。

(二)工作过程

机器启动正常后,将块状物料加入料斗 1 内,在重力作用下落到变节距推送螺旋内。由于螺旋本身的结构特点,当螺旋旋转时螺旋槽容积向出料口渐小,肉料前方阻力增加,后方由于轴向推力作用,迫使肉料变形而进入隔板孔眼,这时旋转的切刀紧贴隔板把进入孔眼中的肉料切断。被切断的肉料由于后面肉料的推挤,从隔板孔眼中排出。

(三)设计、安装、使用应注意的问题

绞肉机螺旋与机壳之间的间隙有一定要求。因螺旋在机壳里旋转,要防止其与机壳相碰,以免损坏机器。但间隙太大时会影响送料效率和挤压力,甚至会使物料从间隙处倒流。因此,这部分零件的加工和安装的要求较高。装配间隙、螺旋轴线的直线度也应有要求,否则螺旋与机壳相碰的可能性也会增加。切刀与隔板的间隙对切割效率和切割质量影响较大。当切刀和隔板的工作面较平,接触良好,刀刃锋利,且刀刃刃口角正确时,所切物料粒度规则、均匀;当刀刃与隔

板的接触面不平,接触不良时,就不是完全切碎,会产生磨碎现象,影响产品质量。

第三节　原料加热提取设备

加热装置一般分为间歇式和连续式,但实际采用的基本上是间歇式的,这类装置如图 6-2 所示。在间歇式加热装置中也分为常压和向罐内注入蒸汽的加压釜。采用类型应根据原料的种类、质量标准及出品率要求来决定。

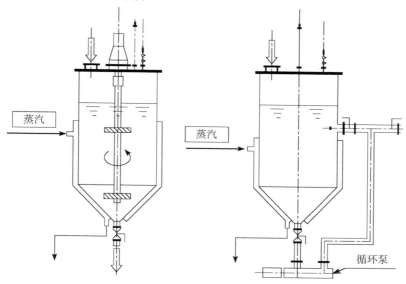

图 6-2　间歇式加热提取装置

一、常压加热装置

有夹层(中间进蒸汽)的加热罐以及罐内部安装有加热套管的加热罐(釜),在罐(釜)内投入原料后,按质量配比(为原料量的 1~10 倍)加水、开启热源(蒸汽)加热。数小时后,原料中的水溶性固形物就会溶入汤中。同时,动物性原料中的油脂会浮到液体表面上来。

加热时的温度一般在 90℃ 以上。为了提高传热效率,有的罐内还装有搅拌装置。但要注意的是,搅拌会促进水和油之间的融合,给以后的排油工序带来困难,因此应根据实际需要作出选择。

二、加压提取装置

罐是密闭型的,而且结构是耐压的。投入原料并加水之后,将罐密闭并通入蒸汽;或者是以间接加热方式使液体沸腾。并由内部产生的蒸汽使罐内压力增至 98.1 ~ 196.2 kPa(120 ~ 130℃)。高压、高温会使原料中的固形物迅速溶出。特点是出品率高,但在质量上同常压提取有所差异。

三、连续式提取装置

这种装置在实际生产中已经较少采用。其基本构成是用绞龙输送方式在移动原料的同时与沸水接触,或者是设多座提取罐,将原料固定在各个罐内,然后使沸水在各个罐内循环流动。

四、超声提取装置

超声波破碎法是破碎细胞或细胞器的一种有效方法,其机理与超声波作用溶液时,从气泡产生、长大,到气泡破碎的空化现象有关。空化现象引起的冲击波和剪切力使细胞裂解,细胞内的有效成分瞬间释放到溶剂中,从而提高提取效率,缩短提取时间。采用超声波破碎技术进行香料成分提取,具有提取速度快、提取率高、选择性好等特点。而且超声波提取具有一次性处理量大、重复性好、操作简便等优点。超声波提取技术广泛应用于植物香料的有效成分提取。

超声波提取设备主要有水浴式超声波提取器和探头式超声波提取器两种,即超声波清洗器和超声波细胞粉碎机两种设备。探头式超声波提取器的提取效果优于水浴式超声波提取器。因此,在植物香料生产中一般利用探头式超声波提取器。

超声波提取设备基本结构及组成主要由超声波发生器、超声振子(通称换能器)和处理容器组成。超声波发生器是超声波的波源,它是超声设备的重要组成部分。超声换能器是电能与机械能之间的转换器。处理容器的作用是盛装需要超声加工处理的物质。

五、微波提取装置

微波萃取是一种非常具有发展潜力的新的萃取技术,是在传统萃取工艺的基础上强化传热、传质;通过微波强化,其萃取速度、萃取效率及萃取质量均比常规工艺优秀得多。微波提取装置广泛应用于植物性香料的提取。

微波辅助提取是指利用微波的电磁辐射将目标物质从样品中快速萃取出来,使其进入溶剂中的萃取技术。目前,微波萃取的机理可由以下两方面考虑:一方面连续的高温使其内部压力超过细胞壁膨胀的能力,从而导致细胞破裂,细胞内的物质自由流出,萃取介质就能在较低的温度条件下捕获并溶解,通过进一步过滤和分离,便获得萃取物料;另一方面,微波所产生的电磁场,加速被萃取部分向萃取溶剂界面的扩散速率。用水作溶剂时,在微波场下,水分子高速转动成为激发态,这是一种高能量不稳定状态,或者水分子汽化,加强萃取组分的驱动力,最大限度保证萃取的质量。

六、蒸汽夹层锅

夹层锅又名双重釜、二层锅,是食品调味煮汁的主要设备之一。常用于需热烫、预煮的各种原辅材料。设备结构简单,使用方便。

常用的夹层锅为半球形,按其操作方式的不同,可分为固定式夹层锅和可倾式夹层锅。固定式夹层锅的进蒸汽管安装在锅体中心线成60°角的壳体上,出料通过底部接管,采用落差排料,或在底部接口处安装抽料泵,把物料泵至其他高位容器,因此固定式夹层锅常用来调配汤汁等液体物料;当其容器大于500 L或用作加热稠性物料时,常常有搅拌器,搅拌器的搅拌叶片有桨式和锚式,转速一般为10~20 r/min。

可倾式夹层锅的进蒸汽管从安装在支架上的填料盒中接入夹层,锅体由两层球形壳体组成,内层材料是3 mm厚的不锈钢板,外层材料是 5 mm 厚的普通锅板,内外两层壁板相互焊接。由于夹层加热室要承受 400 kPa 的压力,其焊缝应有足够的强度。

操作时可先将物料倒入锅内,夹层里通入蒸汽,通过锅体内壁进行热交换,用于加热物料。加热结束后,转动手轮,驱动蜗轮使锅体倾斜,倾斜角度可在 90°的范围内任意改变,以倒出物料。

锅体两侧焊制轴颈,支撑于支架两边的轴承上,轴颈一般采用空心轴,蒸汽管从这里伸入夹层中。为防止漏气,周围加填料制成填料盖(或称填料盒)密封。但对可倾式锅体,因倾倒时轴颈绕蒸汽管回转而容易磨损,故此处仍易泄漏蒸汽。

脚架用槽钢或两个具有 T 形断面的铸铁支架和一根连接两个支架的螺杆组成。

进气管在夹层锅装在压力表的一端,不凝气排出管在另一端;压力表旁装有安全阀,生产中如果排气端因故受阻或其他原因引起压力升高,超过允许压力时,安全阀能自动排气,以确保夹层锅的安全生产。

锅内蒸煮食物时,由于蒸汽通过锅内壁与物料进行热交换,必然有冷凝水产生。一部分冷凝水停留在夹层内,积累到一定量后,可听到夹层内水的冲击声,影响蒸煮食物的速度,此时应及时打开接在排出口上的旋塞放出冷凝水。为提高热效率,在冷凝水排出口安装一只疏水阀,以便冷凝水经常排放。每次使用完毕后,要将夹层内的冷凝水放净,以便下次使用。

夹层锅内壁球体部是用不锈钢板焊接而成,焊缝部分经不起长时间、高浓度的盐溶液或酸溶液等物料的腐蚀,在生产结束后,必须及时清洗,不能将此类物料长时间存放于锅内。

蜗轮蜗杆处和锅体两边的轴承油杯处要常加润滑油,经常保持润滑,既操作灵便,也能延长设备使用寿命。

夹层锅是一个压力容器,使用时要定期进行耐压试验,若发现焊接部分过薄甚至漏气,就要停止使用,进行维修,以防事故发生。

第四节　过滤与浓缩设备

　　过滤是利用多孔物质作为过滤介质进行固液分离的方法。在推动力的作用下,迫使悬浮液(滤浆)流经过滤介质,固体颗粒被截留形成滤饼,液相通过过滤介质,得到澄清的液体(滤液)或固相产品。

　　过滤是分离悬浮液最普遍和最有效的操作方式之一。借助过滤操作可获得清净的液体或固相产品,与沉降分离相比,过滤操作可使悬浮液的分离更迅速更彻底。另外,过滤只适用于悬浮液,而不适用于乳浊液的分离。

　　过滤过程中的推动力有重力、表面压力、离心力、真空等,过滤过程之所以能顺利进行,是由于过滤介质两侧存在着压力差,而不是固液两相的密度差。在某些场合下,过滤是沉降的后续操作,过滤属于机械分离操作,与蒸发、干燥等非机械操作相比,其能量消耗比较低。

一、过滤设备

　　间歇过滤机主要有板框压滤机、转鼓真空过滤机、硅藻土过滤装置、重力过滤机、厢式压滤机、叶滤机等。

(一)板框压滤机

　　板框压滤机早已应用于工业生产,至今仍沿用不衰,它是所有加压过滤机中最简单和应用最广的一种机型。它由多块带凹凸纹路的滤板和滤框交替排列组装于机架而构成,滤板和滤框的数量视生产能力和滤浆的情况可以增减。结构组成中,滤板与滤框之间加滤布,借助手动螺杆或液压机构将其压紧,两相邻滤布之间的框间为容纳滤浆及滤饼的过滤空间。滤布除作为过滤介质的作用外,同时还起密封圈的作用,防止板框之间的泄漏。板和框一般制成正方形,角端均开有通孔,板和框装合、压紧后即构成供滤浆、滤液或洗涤液流动的通道。过滤时,滤浆在指定的压强下经滤浆通道由滤框角端的暗孔进入滤框空间,滤液分别穿过两侧滤布,然后沿滤板的沟槽向下流动,再经邻板板面流至滤液出口排走,固粒被滤布截留在框内形成滤饼,待滤饼充满滤框后,即停止过滤。滤液的排出方式有明流和暗流之分。若滤液经由每块滤板底侧部管直接排出,则称为明流。若滤液不宜暴露于空气中,需将各板流出的滤液汇集于由板框通孔组成的密闭滤液通道总管集中流出,则称为暗流。

当框内充满滤饼时,应停止过滤,进行洗涤。可将洗水压入洗水通道,经洗涤板角端的暗孔进入板面与滤布之间。此时应关闭洗涤板下部的滤液出口,洗水便在压强差的推动下穿过一层滤布及整个厚度的滤饼,然后横穿另一层滤布,最后由过滤板下部的滤液出口排出。这种操作方式称作横穿洗涤法,其作用在于提高洗涤效果。洗涤结束后,旋开压紧装置并将板框拉开,卸出滤饼,清洗滤布,重新装合,进入下一个操作循环。

板框压滤机的操作压力一般在 0.3 ~ 0.8 MPa 的范围内,有时可高达 1.5 MPa,滤板和滤框可由多种金属材料(如铸铁、碳钢、不锈钢、铝等)、塑料及木材制造。

板框压滤机的优点是:结构简单,制造方便,占地面积小而过滤面积较大,操作压强高,过滤推动力大,对各种复杂物料适应能力强。其主要缺点是:间歇式操作,生产效率低,劳动强度大,滤布损耗也较快。

(二)转鼓真空过滤机

转鼓真空连续式过滤机,广泛应用于食品工业中,设备主体是一个能转动的水平转鼓,直径一般为 0.3 ~ 4.5 m,长度为 0.3 ~ 6 m。其表面有一层金属网,网上覆盖滤布,转鼓下部浸入滤浆中。过滤、第一次脱水、洗涤、第二次脱水、卸饼、滤布再生等操作工序同时在转鼓的不同部位上进行,转鼓每转一圈,完成一个操作循环。

转鼓真空过滤机主要由过滤转鼓、带有搅拌器的滤槽、分配头、卸料机构、洗涤装置和传动机构等组成。转鼓的过滤面积一般可达 5 ~ 40 m²,浸没部分占总面积的 30% ~ 40%。转速可在一定范围内调整,通常为 0.1 ~ 3 r/min。滤饼厚度一般保持在 40 mm 以内,转鼓真空过滤机所得滤饼中的液体含量很少低于 10%,常常可达 30% 左右。分配头由转动盘和固定盘组成。转动盘安装在转鼓上,当转鼓转动时,转动盘的通孔依次与固定盘上的通孔对齐,与真空或压缩空气接通,从而使转鼓的某个小室依次轮流起到过滤、洗涤、干燥、卸料的作用。

(三)硅藻土过滤装置

对于动植物原料,如动物组织原料煮汤之后,要尽可能彻底地将肉汤同肉渣、骨渣分离开来。除了在加热罐内设有分离用的网筐之外,均要使用固体与液体分离装置。此类设备主要有湿式振动筛、立式离心机、卧式离心和绞龙式压滤机等。

由于在得到的肉汤中含有大量油脂,为了防止肉汤酸败,要在浓缩之前进行除油脂处理。除油脂虽然可以采取加热到85℃以上后静置,待分出油层后再将其除去的方法,但这种操作费工、费时,效率低。现在一般利用液油密度差的离心。

经过滤和除油处理之后,在提取液(肉汤)中还存在有微细的杂质,为了提高肉汤的澄清度,将液体再次通过精制过滤装置,主要有过滤罐、压滤机和硅藻土过滤机。在选择精制过滤方式时,应考虑以下几个问题。

①肉汤的黏度和浓度,据此选择是用加压过滤还是用真空过滤,如黏度大就应采用加压过滤方式。

②肉汤的量有多大以及操作的难易程度,根据量的大小选择采用间歇式还是连续式,量大时应采用连续方式。

③根据所要达到的澄清度选择是否用硅藻土过滤方式,因为有些肉汁或膏允许存在微细的渣质物质,不需要过滤得非常澄清。

二、浓缩装置

(一)蒸发浓缩装置

通过加热减少肉汤中的水分,这种方式最简便易行,到现在仍是浓缩方式的主流。蒸发有直接加热和间接加热方式之分,一般是采用间接加热方式,热源是蒸汽。主要设备是减压或真空浓缩装置。

蒸发浓缩的缺点是耗热大、香气成分损失比较多。为了减少这种损失,一般采用真空浓缩装置进行浓缩。同常压浓缩相比,真空浓缩法的好处是能够用较低的温度进行浓缩,比如当真空度为 2.27 kPa,液温为 20℃,热源温度为 38℃左右就可以实现对溶液的浓缩。因而可以最大限度地防止产品的色度加深,并可保留大部分香气成分。

单效真空浓缩装置由一台浓缩锅、分离器、冷凝器及抽真空装置组合而成。料液进入浓缩锅后,加热蒸汽对料液进行加热浓缩,二次蒸汽进入冷凝器冷凝,不凝结气体由真空装置抽出,使整个浓缩装置处于真空状态。料液根据工艺要求的浓度,可间歇或连续排除。目前,在果酱类生产中,采用这种流程较多。

(二)冷冻浓缩设备

冷冻浓缩法是利用水在冰点以下会以冰的形式析出的原理进行浓缩的方法。同蒸发法相比,不仅节省能源,而且可以防止细菌的污染,特别是能保持提取液(肉汤)原有的风味。但是,冷冻浓缩法的设备投资大,一般厂家不易承受。

冷冻浓缩装置系统主要由结晶设备和分离设备两部分构成。结晶设备包括管式、板式、搅拌夹套式、刮板式等热交换器,以及真空结晶器、内冷转鼓式结晶器、带式冷却结晶器等设备。冷冻浓缩用的结晶器有直接冷却式和间接冷却式两种。直接冷却式可利用部分蒸发的水分,也可利用辅助冷媒(如丁烷)蒸发的方法。间接冷却式是利用间壁将冷媒与被加工料液隔开的方法。食品工业上所用的间接冷却式设备又可分为内冷式和外冷式两种。分离设备有压滤机、过滤式离心机、洗涤塔,以及由这些设备组成的分离装置等。

(三)反渗透装置

这是采用反渗透膜(半透膜)的浓缩法。反渗透膜具有只让水分(溶媒)通过,阻止固形物(溶质)通过的功能,因而可将水分同固形物分离。在一般情况下,当一边是水,另一边是溶液的时候,水通过半透膜向溶液扩散。但当溶液的渗透压大于水的渗透压时,溶液中的水向纯水方向渗透,这种现象就叫作反渗透。要形成反渗透现象的条件是加大溶液一边的渗透压。采用这种技术,不需要加热,所以不会造成香气成分的损失,也不会损失营养成分,是一种理想的浓缩方法。从设备上看,结构较为简单,主要是加压装置、输送装置及再循环等设备。

(四)超滤浓缩装置

超滤是将固液混合物进行分离的一种分离技术。超滤系统是以超滤膜为过滤介质,膜两侧的压力差驱动分离。超滤膜只允许溶液中的溶剂(如水分子)、无机盐及小分子有机物透过,而将溶液中的悬浮物、胶体、蛋白质等物质截留,从而达到净化或分离的目的。超滤技术可用于复合调味料浓缩过程。

超滤膜的形式可以分为板式和管式两种。管式超滤膜根据其管径的不同又分为中空纤维、毛细管和管式。用于复合调味料预处理的超滤膜基本上以毛细管式为主。超滤膜组件分为内压式、外压式和浸没式三种。其中浸没式超滤膜过滤的推动力是膜管内部的真空与大气压之间的压力差,比较适合于复合调味料中过滤精度较低的超滤膜或微滤膜。外压式超滤在正冲与反冲时,膜表面液体的流速极不均匀,影响膜表面的冲洗效果。因此对于复合调味料中过滤精度高的处理,超滤膜还是内压式组件结构较具有优势。

第五节 混合设备

混合机主要作用是使两种或两种以上的物料通过流动作用,成为组分浓度均匀的混合物。在混合机内,大部分混合操作都并存对流、扩散和剪切三种混合方式,只不过由于机型结构和被处理物料的物性不同,其中某一种混合方式起主导作用。

在混合操作中,粉料颗粒随机分布,受混合机作用而发生物料流动,引起性质不同的颗粒产生离析(即分离或离散)。因此在任何混合操作中,物料的混合与离析同时进行。一旦达到某一平衡状态,混合程度也就确定了。如果继续操作,混合效果的改变也不明显。

影响混合效果的一个主要因素是粉料的物料特性。粉料的物料特性包括粉料颗粒的大小、形状、密度、附着力、表面粗糙程度、流动性、含水量和结块倾向等。影响粉料混合效果的另一个主要因素是搅拌方式。按混合容器的运动方式不同,混合机可分为固定容器式和旋转容器式;按混合操作形式,可分为间歇操作式和连续操作式。固定容器式混合机有间歇与连续两种操作形式,依生产工艺而定,而旋转容器式混合机通常为间歇式,即装卸物料时需停机。

一、粉体专用混合机—V 型混合机

图 6-3 所示 V 型混合机是粉体专用混合机,它主要由 5 部分构成:V 型罐体、鼓风式粉体输入装置、罐体定位机构、动力装置和电控装置。它的旋转容器是由两段圆筒以互成一定角度的 V 型连接,两筒轴线夹角在60°~90°之间,两筒连接处剖面与回转轴垂直,这种混合机的工作转速在 6~25 r/min 之间,混合时间约为 4 min,粉料混合量占容量体积的 0~30%。V 型混合机旋转轴为水平轴,其操作原理与双锥型混合机类似。但由于 V 型容器的不对称性,使粉料在旋转容器内时而紧聚、时而散开,因此混合效果要好于双锥型混合机,而混合时间也比双锥型混合机更短。为混合流动性不好的粉料,一些 V型混合机做了结构的改进。在旋转容器内装有搅拌桨,而且搅拌桨还可反向旋转、通过搅拌桨使粉料强制扩散,同时利用搅拌桨的剪切作用还可破坏吸水量多、易结团的小颗粒粉料的凝聚结构,从而在短时间内使粉料得到充分混合。

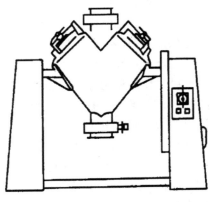

图 6-3 V 型混合机

操作方法是:打开加料盖,把要混合的各种粉体按比例加入 V 型混合容器中,装料比一般应在 0.5 以下。盖上盖,开动混合机,转动 V 型混合器,使粉体在 V 型混合器中不断按集中与扩散的自混合方式进行混合,从而达到混合的目的,混合结束后,打开加料盖,把混合料放出。

实践证明,这种 V 型混合机对粒度相差不大的物料混合效果非常理想,混合均匀度较高,适应性也较强。

二、单螺旋多功能混合机

单螺旋多功能混合机适用于粉体、浆液和膏体等多种物料的混合。混合用螺旋不仅能自转,还能紧贴混合槽的内表面,绕锥体的中心轴进行公转,使物料能实现上升、螺旋及下降等多种运动,从而实现物料的快速混合。此种设备有操作性良好、动力消耗小、发热小、对粉体的损伤小、混合速度快及物料容易排出等多种优点,可广泛应用于复合调味料的生产。

三、双螺旋粉体混合机

双螺旋粉体混合机是结合日本混合设备公司尖端科技,集国内混合机的优点而生产的新一代设备。其具有先进的控制系统,使混合物不被磨碎和压溃,无死角、无沉积。其广泛用于食品、饲料、酿造化工、制药、染料等行业的固粒粉或粉液体混合,纤维片状及喷液混合。使用该设备时热敏性物料无过热危险,密度悬殊和粒度不同的物料混合时不会产生分层离析现象,搅拌混合 5~8 min 即可混合均匀。据介绍其功效是单螺旋的数倍,是滚筒式的 10 倍以上,是行业重点推广的混合设备。机械部分采用不锈钢(P)和碳钢(C)两种材料。容积有 $0.3 m^3$、$0.5 m^3$、$1 m^3$、$2 m^3$、$4 m^3$ 等。

四、均质机

均质机常用于液态类复合调味料的混合。均质机类型很多,但其均质机理不外乎剪切作用、空穴作用、撞击作用 3 种。在调味品制作中比较常用的是胶体磨。

胶体磨分为卧式和立式两种结构。卧式的特点是转动件的轴水平安置,固定件与转动件之间的间隙为 50 ~ 150 μm,转子转动速度在 3000 ~ 15000 r/min 之间,适用于低黏度物料。对于高黏度物料,一般采用立式胶体磨,其转子转速为 3000 ~ 10000 r/min,立式结构的特点是卸料与清洗都比较方便。

(一)定盘与动盘

这是一对运动部件。工作时,物料通过定盘与动盘之间的圆环间隙,由于动盘高速旋转,附于旋转面上的物料速度最大,而附于定盘面的物料速度为零,其间产生急剧的速度梯度,从而使物料受到强烈的剪切、摩擦、撞击和高频振动等复合力的作用而被粉碎、分散、研磨、细化和均质。

定、动盘均为不锈钢件,热处理后的硬度要求达到 HRC70,动盘的外形和定盘的内腔均为截锥体,锥度为 1∶2.5 左右。工作表面有齿,齿纹按物料流动方向由疏到密排列,并有一定的倾角。这样,由齿纹的倾角、齿宽、齿间间隙以及物料在空隙中的停留时间等因素决定物料的细化程度。

(二)调节装置

胶体磨根据物料的性质、需要细化的程度和出料等因素进行调节,调节时,可以通过转动调节手柄由调整环带动定盘轴向位移而使间隙改变。若需要大的粒度比,调整定盘往下移。一般调节范围在 0.005 ~ 1.5 mm 之间,为避免无限度地调节而引起定、动盘相碰,调整环下方设有限位螺钉,当调节环顶到螺钉时便不能再进行调节。

由于胶体磨转速很高,为达到理想的均质效果,物料一般要磨几次,这就需要回流装置。胶体磨的回流装置是在出料管上安装一蝶阀,在蝶阀的稍前一段管上另接一条管通向入料口。当需要多次循环研磨时,关闭蝶阀,物料即会反复回流。当达到要求时,打开蝶阀则可排料。

对于热敏性材料或黏稠物料的均质、研磨,往往需要把研磨中产生的热量及时排走,以控制其温升。这时可以在定盘外围开设的冷却液孔中通水冷却。胶体磨可用于加工果酱、胡萝卜酱、调味酱料等。

第六节 灭菌设备

香辛料的粉末制品,由于在原料收获时,其表面黏附着大量的微生物。虽然在其干燥和加工的过程中,微生物的含量和种类会产生变化,但产品若不经杀菌,仍然会含有大量的微生物,将会导致产品质量下降,保质期短,甚至产生致病菌中毒的严重后果。

我国的粉末香辛料制品,主要靠减少制品中的含水量来抑制微生物的生长繁殖,另外大多香辛料本身具有一定的抑菌作用,所以产品就具有一定的保质期。香辛料的杀菌工艺发展很快,其中蒸汽杀菌法应用最为广泛,安全性好,但存在提高杀菌强度,挥发性风味物质容易损失的缺点。下面介绍一下常用的蒸汽杀菌设备。

一、饱和蒸汽杀菌设备

饱和蒸汽杀菌机工作原理:旋转滚筒在加压容器中转动,容器中通入饱和蒸汽,粉末原料从回转加料器加入,经螺旋输料器送到杀菌区,杀菌后的物料从回转卸料器排出。设备杀菌温度可以在 100 ~ 145℃ 之间调节,并可调节产品的水分含量,设备还能够实现自动清洗。

二、过热水蒸气杀菌设备

过热水蒸气对粉体杀菌的设备工作原理为:把饱和水蒸气用电热器加热成过热状态,让其直接与粉体接触,完成杀菌工作。这种装置被许多香辛料和制药厂家使用,本来过热水蒸气和低温物料接触会有冷凝水产生,但过热水蒸气又可以使产生的冷凝水干燥,所以可以称为"干的水蒸气"。

杀菌条件根据原料的种类、粒度、污染程度不同而异,一般采用压力 0.1 ~ 0.3 MPa、温度 140 ~ 180℃、时间 5 ~ 15 s。

(一)高速搅拌型粉体杀菌机

高速搅拌型粉体杀菌机,粉料从进料口入,经搅拌桨叶搅拌杀菌,然后由出料口排出。过热水蒸气从进口和轴上直接喷出,瞬间即可完成杀菌作业。

(二)气流式杀菌装置

气流式杀菌装置,原料由定量加料器和闭风器连续地加到管道中,与 20~30 m/s 的过热水蒸气相遇后,粉体处于悬浮状态随气流运动,在管道中输送的同时完成杀菌。粉料和过热水蒸气经分离器分离,过热水蒸气由分离器回收利用,粉料由排料口排出,经两次热空气干燥后成为无菌粉末产品,由排料阀连续排出。

三、灭菌锅

对于液体调味品,调配后、包装前都要进行杀菌作业,通常以蒸汽为热源利用巴氏杀菌原理处理,常用的是固定式夹套灭菌锅,见图 6-4。

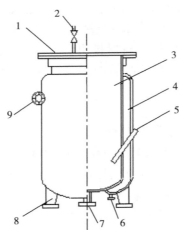

图 6-4 固定式夹套灭菌锅

1—上盖 2—进液口 3—内面搪瓷层 4—夹套 5—测温口
6—放冷凝水口 7—放液口 8—支座 9—蒸汽进口

（一）结构

这种灭菌锅一般都用钢板焊制,敞口,锅底为椭圆形封底,夹套底也为椭圆形封底,4 个支脚。夹层上部切线方向有蒸汽进入口法兰,最下部有冷凝水排放口法兰,侧面有测温套管,用于测量液体被加热温度。敞口有盖,锅最底部有放液口。锅的防腐问题是这样解决的:因它的工作温度为 100℃以上,不能用涂料或玻璃钢衬里,碳钢罐最好用内面搪玻璃(瓷)解决,这样造价便宜,国家有定型产品,或内套用不锈耐酸钢,造价较高。此夹套灭菌锅为压力容器,受劳动局监管,定期复查。

（二）特点

该锅结构简单,操作容易;工作可靠,控制加热温度和保温时间来杀灭成品杂菌;工作效率较低,因其每批成品处理时间长,对中、高档产品的色泽、香气带来不利影响;蒸汽压力高低对灭菌操作影响不大。

第七节　挤压成型机

目前食品挤压成型加工采用间向旋转、完全啮合、梯形螺旋的双螺杆挤压机。挤压成型机在复合调味料的生产中主要用于块状复合调味料的生产。螺杆挤压机的结构主要由喂料、预调质、传动、挤压、加热与冷却、成型、切割、控制 8 部分组成。

一、喂料装置

该装置把贮存于料仓的各种易黏结、不能自由流动的混合配料均匀而连续地喂入机器之中,确保挤压机稳定地操作。常用的喂料装置如下。

（1）振动喂料器　采用改变振动喂料斗频率或振幅的方法,以输送干制散状物料和控制喂料速率。

（2）螺旋喂料器　具有 1 根或 2 根螺旋的螺旋喂料器可以用来输送流动性较好的物料,控制螺旋的转速,即可对物料进行物料容积计量。

（3）液体计量泵　该泵的转速或柱塞行程可调，用来输送和控制液体物料或水的输送量。

二、预调质装置

各种配料在预调质装置（密封容器）中与水、蒸汽或其他液体组成混合，以提高物料的含水量和温度。预调质装置有常压和加压之分，当在加压条件下操作时，必须要用旋转阀等来保持预调质装置内部与周围环境之间的压差。在预调质装置中心轴上装有螺旋带式叶片或扁平的搅拌桨，在混合物料使之组分均匀、受热均匀的同时，把物料输送到挤压装置的进口处。可根据具体情况来确定是否配备调质装置。

三、传动装置

它的作用是驱动螺杆，保证螺杆在工作过程中所需要的扭矩和转速。电动机是传动装置的动力源，其大小取决于挤压机的生产能力，成型挤压机的电机功率可达 300 kW。可选用可控硅整流的直流电机、变频调速器控制的交流电机、液压马达、机械式变速器等方法来控制传动装置输出轴的转速，以达到控制螺杆转速的目的。

四、挤压装置

挤压装置由螺杆和机筒组成，它是整个挤压加工系统的心脏。

五、加热与冷却装置

加热与冷却是挤压加工过程顺利进行的必要条件。随着螺杆的转速、挤出压力、外加热功率以及挤压系统周围介质的温度变化，机筒中物料的温度也会相应地发生变化。为使食品物料始终能在其加工工艺所要求的温度范围挤压，通常采用电阻或电感应加热和水冷却装置来不断调节机筒的温度。

六、成型装置

成型装置又称挤压成型模板,它具有一些使物料从挤压机流出时成型的小孔。模孔的形状可根据产品形状要求而改变,最简单的是 1 个孔眼,环形孔、十字孔、窄槽孔也经常使用。为了改进所挤压产品的均匀性,常把模板进料端做成流线形开口。

七、切割装置

挤压加工系统中常用的切割装置为端面切割器,切割刀具旋转平面与模板端面平行。通过调整切割刀具的旋转速度和挤压产品的线速度来获得所需挤压产品的长度。根据切割器驱动电机位置和割刀长度的不同,可分为飞速和中心两种切割器。飞速切割器的电机装在模板中心轴线外面,割刀臂较长,以很高的速度旋转。中心切割器的刀片较短,并绕模板装置的中心轴线旋转。

八、控制装置

挤压加工系统控制装置主要由微电脑、电器、传感器、显示器、仪表和执行机构等组成,其主要作用是:控制电机,使其满足工艺所要求的转速,并保证各部分协调地运行;控制温度、压力、位置和产品质量;实现整个挤压加工系统的自动控制。

第八节　干燥设备

食品干燥是借助水分蒸发或升华排除食品中的水分的一种操作过程。食品的种类繁多,相应的干燥机械也多种多样。对复合调味料生产来说,干燥设备主要用于对原材料的干燥处理及固态复合调味料的生产。常见的干燥机形式及分类如下。

按干燥过程分,可分为间歇式和连续式两种类型。间歇式多用在小规模生产上;连续式则适用大量生产及产品规格一致的场合。

按干燥的操作条件分,可分为常压干燥和真空干燥两种类型。

前者为最普遍的大气下进行干燥的方法;后者是在减压真空的条件下进行干燥的方法,常用在不能用高温处理的食品原料上,也可用在常压下难以进行干燥处理的食品处理上。

按干燥机的结构分,可分为箱式干燥机、带式干燥机、隧道式干燥机、回转圆筒式干燥机、滚筒式干燥机、喷雾式干燥机、流化床干燥机、气流式干燥机、微波干燥机、远红外干燥机、真空冷冻干燥机等。

一、箱式干燥机

箱式干燥机的外形如箱柜,如图 6 – 5 所示,其构造主要由箱体、料盘、保温层、加热器、风机等组成。箱体(干燥室)外壁有绝热保温层,内设多层框架,其上放料盘,料盘中存放 50 ~ 150 mm 厚的待干燥食品原料。有的形式的箱体只为一个空间,湿物料放在框架小车推入箱内。箱内夹层的保温层材料为耐火、耐潮的材料,如层压板、硬纤维、石棉等。加热器有电热(一般小型烘箱采用)、翅片式水蒸气排管和煤气加热等。风机为轴流式或离心式风机。

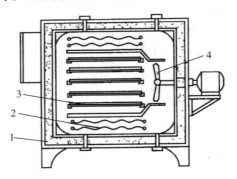

图 6 – 5   使用轴流风扇的箱式干燥机
1—保温层   2—加热器   3—料盘   4—风扇

箱式干燥机的结构简单,使用方便,投资少,对于需要经常更换产品,价高或小批量的食品物料,箱式干燥机的优点显著。箱式干燥机广泛用于蔬菜、水果、渔业加工的小规模生产。为适应不同的干燥工艺,热风的流量可以调节,一般热风风速为 2 ~ 4 m/s。按物料水分的多少,一个操作周期可在 4 ~ 48 h 内调节。

二、带式干燥机

带式干燥机由若干个独立的单元段所组成,每个单元段包括循环风机、加热装置、单独或公用的新鲜空气抽入系统和尾气排出系统。因此,对干燥介质数量、温度、湿度和尾气循环量等操作参数,可进行独立控制,从而保证带式干燥机工作的可靠性和操作条件的优化。

带式干燥机操作灵活,湿物料进料、干燥过程在完全密封的箱体内进行,劳动条件好,避免了粉尘的外泄。与其他干燥机相比,带式干燥机中的被干燥物料随同输送带移动时,物料颗粒间的相对位置比较固定,具有基本相同的干燥时间。对干燥物料色泽变化或湿含量均匀至关重要的某些干燥过程来说,带式干燥机是非常适用的。带式干燥机结构不复杂,安装方便,能长期运行,维修方便。缺点是占地面积较大,运行时噪声较大。

(一)单级带式干燥机

被干燥物料由进料端经加料装置被均匀分布到输送带上,输送带通常用穿孔的不锈钢薄板(网目板)制成,由电机经变速箱带动,可以调速。最常用的干燥介质是空气。空气用循环风机由外部经空气过滤器抽入,并经加热器加热后,通过分布板由输送带下部垂直上吹。热空气流过物料层时,物料中水分汽化,空气增湿,温度降低,一部分湿空气排出箱体,另一部分则在循环风机吸入口与新鲜空气混合再循环。为了使物料层上下脱水均匀,空气继上吹之后向下吹。干燥后的产品,经外界空气或其他低温介质直接接触冷却后,由出口端卸出。

干燥机箱体内通常分隔成几个单元,以便独立控制运行参数,优化操作。干燥介质以垂直方向向上或向下穿过物料层的,称为穿流带式干燥机。干燥介质是在物料上方做水平流动进行干燥的,称水平气流带式干燥机。

(二) 多级带式干燥机

多级带式干燥机实质上是由数台(多至 4 台)单级带式干燥机串联组成,其操作原理与单级带式干燥机相同。

对某些蔬菜类物料,由于干燥初期缩性很大,且"湿强度"差,在输送带上堆积较厚,将导致压实而影响干燥介质穿流,此时可采用多级带式干燥机。在前后两台带式干燥机的卸料和进料过程中,物料将被松动,空隙度增加,阻力减小,物料比表面积增大。这时通过物料层的干燥介质流量和总传热系数将增大,使干燥机组的总生产能力提高。

(三) 多层带式干燥机

多层带式干燥机常用于干燥速度要求较低、干燥时间较长,在整个干燥过程中工艺操作条件(如干燥介质流速、温度及湿度等)要保持恒定的场合。干燥室是一个不隔成独立控制单元段的加热箱体。层数可达 15 层,常用 3 ~ 5 层。最后一层或几层的输送运行速度较低,使物料层加厚,这样可使大部分干燥介质流经开始的几层较薄的物料层,以提高总的干燥效率。层间设置隔板以组织干燥介质的定向流动,使物料干燥均匀。多层带式干燥机占地面积小,结构简单,广泛应用于干燥谷物类食品。但由于操作中要多次装料和卸料,因此,不适于干燥易黏着输送带的物料。

第九节　包装设备

一、固体装料机

固体物料的形状及性质比较复杂,一般有粉状、颗粒状、块状、片状等,其几何形状也多种多样,现有的固体装料机,大多采用容积定量法和称量定量法。容积定量法形式有容杯式、转鼓式、柱塞式、螺杆挤出式等。

(一) 容杯式定量装置

图 6 - 6 所示为容杯式定量装罐装置工作机构图。它主要由回转

圆盘7、计量杯3、活门底盖4、刮板10、料斗1等组成。回转圆盘上有四个孔，每孔安装一个固定容积的计量杯3，在7的下面装有可绕销轴8回转的四个活门底盖4。计量时底盖4正好挡住计量杯3的下口，回转圆盘上面装有粉罩2及刮板10。

　　该装置工作时，在传动系统带动下，主轴8带动转盘7回转，物料由料斗1送入粉罩2内，靠自重装入计量容杯3内，回转圆盘7在转轴8带动下运转时，刮板10刮去定量杯3顶部多余的粉料，当已定好量的计量杯3随圆盘7回转到卸料工位时，由机身上安装的顶杆6推开定量杯底部的活门4，粉料自定量杯下面落入漏斗，装入瓶罐内。

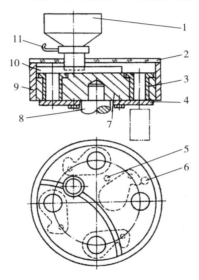

图6-6　容杯式定量装置工作机构示意图

1—料斗　2—有机玻璃罩　3—定量容杯　4—活门底盖　5—闭合销轴
6—顶杆　7—转盘　8—转轴　9—壳体　10—刮板　11—下料闸门

（二）转鼓式定量装置

　　圆柱转鼓定量装置由转鼓、调节螺丝、柱塞板、外壳组成。转鼓形状有圆柱形、菱柱形等，定量容腔在转鼓外缘，容腔形状有槽形、扇形和轮叶形，容腔容积有定容和可调的两种，通过转动调节螺丝改变定量容腔中柱塞板的位置来改变容积。

转鼓由传动轮带动回转,料斗中的粉料靠自重进入定量容腔,随转鼓到下料口而落入瓶罐中,转鼓的速度视粉料及定量腔结构的不同,可在 0.25 ~ 1 m/s 范围间调整,过快时定量不准确。

(三)柱塞式定量装置

柱塞式定量装置工作原理为:柱塞由曲柄或摇杆经连杆传动,作直线往复运动,柱塞在做往复运动行程中,使柱塞腔容积空间改变,此容积空间即为定量容积。工作时,当柱塞向左移动时,柱塞腔容积增大,物料靠自重从料斗落入其内定量。当柱塞向右移动时,将推动定好量的物料使弹性活门打开,物料经装料斗装入瓶内。

(四)螺杆式定量装料装置

螺杆式定量装料装置是用一种螺旋给料器来完成定量装罐的机构,螺旋的每个螺距具有一定理论容积。在每次装料循环中,要精确地控制螺杆的转数,才能得到正确定量。

对做定量用的螺杆螺旋,要求其理论容积应准确一致,以达到定量准确。所以螺杆必须经过精确加工,螺杆螺旋常应用单头矩形截面螺旋。

定量螺杆通常作垂直安装使用,粉料充满全螺旋断面中,螺杆螺旋外径与导管间配合的间隙要选择恰当,在导管内的螺杆螺旋的螺距数,一般大于 5 个为宜。

它适用于装填各种粉状或小颗粒的物料,也可以装半流体胶体物料。装不同物料时,使用不同的装料头。装料头按照装料机的生产能力可配置一台或两台,装料头的传动是独立的。工作时,经光电检查容器无缺,然后进行装填加料。

精密的装料机内还有电子秤,通过电子系统控制加料量。它具有粗装料和细装料两个装料头,粗装料量为 90% ~ 95%,在细装料下部装有电子秤,秤的反应通过控制系统控制细装料头的装料工作,同时反馈控制粗装料量及不合格的排出机构。这种装料机构的精度可达 ±2.5/1000(误差百分比)。

二、液体灌装机

(一)自动低真空液体灌装机

自动低真空液体灌装机是液态复合调味料首选的灌装机类型,适应液体类调味料等装瓶特点。灌装时不用压入二氧化碳气体;液体溢到瓶外表面上会污染商品,使其外观不雅。自动低真空液体灌装机以广东潮阳饮料机械厂 YG 系列自动低真空液体灌装机为例,重点介绍其主要结构、设备维护、保养知识等。

1. 主要结构组成

(1)机体及灌装部分　由底座、基座、转台、大齿轮、灌装阀体支撑盘、升降轨道、压下导轨、平台、下液缸、中液缸、上液缸、真空阀、进液管、浮球等组成。

(2)进瓶与出瓶装置　由进瓶控制装置、进瓶螺杆装置、进出瓶星轮、挡板、导板等组成。

(3)装瓶阀　装瓶阀体通过圆螺母固定于机架阀体支撑盘上,一周等距固定 36 个,它随支撑盘回转。它主要由滑管(也称灌装插入管)、导向滑套、瓶口密封垫、阀体、阀体上部、阀体下部、阀盖、上滑套、导杆、压缩弹簧、滚轮、滚轮座等零件组成。

(4)瓶托机构　36 个瓶托均分布固定在机架的大齿轮上,随大齿轮回转,主要由瓶托体、升降轴、伸缩轴、压缩弹簧、升降滚轮、滚轮轴、销轴、瓶托掌、瓶托盘等零件组成。

(5)传动系统　该灌装机由一台电磁调速电动机带动。其传动路线最重要的是灌装机的主传动,即转台的运转。电机通过 V 带带动蜗轮减速器使齿轮转动,两齿轮啮合使立轴逆时针旋转,装在轴上的齿轮带动大齿轮顺时针旋转,转台镶在大齿轮中心,转台上装配下、中、上液缸,灌装阀体支撑盘,支撑盘上装的 36 个灌装阀与大齿轮上装的 36 套瓶托上下对应,等距离布置。转台的旋转,带动装其上的零部件转动,这是灌装机的心脏。

2. 自动低真空液体灌装机的特点

①生产效率高,电机无级调速、操作方便、灌装快慢得心应手,工

作中无振动。

②接触液体部位,均采用不锈钢材料制造,符合食品卫生。

③负压灌装没有被灌液体溢到瓶外现象,商品形象好。

④灌装为容积定量法,机器调准后,液位一致。

⑤液体灌装时泡沫太多,或破瓶口不能密封者,一律不能灌装。

⑥结构复杂,维修麻烦,造价较高。

3. 设备的清洗、润滑和定期保养

(1)清洗

①灌装系统清洗:打开下液缸放水阀,自来水接进液管对下液缸清洗;上、中液缸和吸液管也要定期拆卸清洗;装瓶阀用高压水枪进行外部清洗。

②机器外部清洗:用清水冲洗机器外表面(不能冲电动机),彻底清除污物及碎玻璃,并用压缩空气吹干。

③消毒:用 60~80℃ 的热水对灌装系统进行消毒清洗,洗后用无菌空气吹干。

(2)润滑　对全机各润滑点加足润滑油及润滑脂。润滑油为 $30^{\#}$ 锭子油;润滑脂为 $2^{\#}$~$3^{\#}$ 钙基脂。

(3)定期保养

①每周对整机进行一次全面清洗,包括灌装部分、外部、热水消毒。

②每月检查一次 V 带,套筒滚子链条松紧状况,进行调整。

③减速箱每半年换油一次,采用 HJ-40 机械油。

④设备若停用一段时间,除清洗干净外,机件工作面应加油脂防锈,用塑料布将设备罩起来。

(二)液体袋装包装机

1. 主要零部件

主要零部件如图 6-7 所示。

2. 使用注意事项

①包装机安装完毕,应把待装物料容器注满清水(或酒精体积分数为75%的酒精),用橡皮管套在出料管上引到下水道,开启机器运

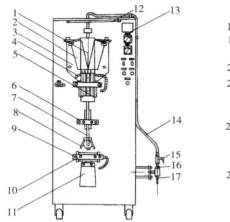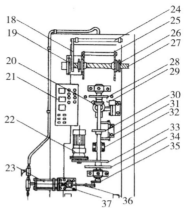

图 6-7　液体包装机主要零部件名称示意

1—成形器中心板　2—成形器折页　3—成形器底板　4—压袋轮　5—竖热封模头
6—走袋钳　7—中心管　8—涨翅　9—横热模头调压螺杆　10—料斗　11—照明灯
12—铭牌　13—输料管　14—三通换向阀　15—上止回阀　16—下止回阀　17—阻尼
摆杆　18—料卷摇板　19—走袋曲柄　20—电器配电盘　21—减速机　22—定量泵
23—过带管　24—穿带长孔　25—紧固套　26—料卷中心螺杆　27—竖封凸轮
28—定位停车　29—走袋凸轮　30—走袋摇板　31—固定套　32—走袋滑套
33—动力齿轮　34—横封凸轮　35—定量泵曲柄　36—定量泵连杆
37—定量泵活塞套杆

转 5 min,冲洗管道,确保食品卫生。

②将竖热封膜热封温度调到最佳处,视料袋的材质和厚度,再仔细微调,预热 30 min 使热模头恒温后方可正式灌装生产。

③调整走袋边杆在可变曲柄上的位置,即可得到所需的料袋长度,向里调整为缩短,向外调整为延长,调整好后,开车前应把紧固螺母再拧紧。

④调整定量泵边杆在可变曲柄上的位置,即可得到所需的灌装量的大小,向里调整为减小,向外调整为增大。

⑤灌装料罐(桶)液面最高位置应不高于本机定量泵 0.5 m 处为宜,以定量精度。当输液管道中有控制阀时,不允许在开机时呈关闭状态。

⑥应定期检查竖、横封模头,并及时把黏附在上面的杂物清除干净,否则会严重影响热封效果。清除时不允许用金属工具或砂纸刮擦,否则易损坏其工作面,无法使用。应在降温后,用布或木质工具蘸有机溶剂擦拭,清除异物。

3.维护和保养

当设备停止使用时,应及时用清水冲净管道中残液,否则残液变质或混浊会影响下个班次的产品质量,必要时应卸下输液塑料管用毛刷拉刷,并及时擦拭干净,使机器保持干燥整洁。

每班定期检查各运动部件和润滑状况,并随时加足 20# 润滑油。否则工作易不正常,并且严重影响机器的使用寿命。

冬季生产,当气温低于 0℃ 时,必须要用热水溶化定量泵及管道内的结冰物,否则将造成边杆折断,或机器无法启动。

本机使用的单片塑料薄膜厚度应在 80 μm,并应保证薄膜的抗拉强度,厚薄均匀,润滑性能好,每卷质量应控制在 18 kg 以下。

三、酱体装料机

酱体装料机适用于灌装靠重力不能流动或很难自由流动,必须加上外力才能流动的半固态复合调味料,如番茄酱等。酱体装料机目前多采用活塞定量,然后由活塞装入罐体中,完成定量装料的过程。

回转式酱体装料机是一种立式活塞装料机,活塞安装在回转运动的酱体储桶底部,通过垂直往复运动,把酱体定量吸入,然后装进空罐中。罐容积可在 0~500 mL 调节,该机具有液位自控、无罐不开阀等装置。

四、封口机

当包装容器盛装产品后,必须对容器进行封口,包装工作才算完成,因此,封口是产品包装不可缺少的工序之一。用王冠型圆盖压在瓶口所形成的封口,称为压盖封口。这种封口在瓶盖与瓶口端面之间衬有橡胶或软木制成的弹性密封垫片,变形后对瓶内产品起密封作用;由于卡在瓶口凸缘下端面上的瓶盖牢固的连接,密封作用才得以维持。压入瓶口内的瓶塞,靠其本身的弹性变形构成瓶口严密封口。瓶塞常用软木橡胶和塑料等具有一定弹性的材料制成。

(一)BLYG-8型王冠盖压力封口机

该机是灌装线中的配套设备,有8个压盖头,用以对灌装工序后的瓶子用王冠盖进行压盖封口。最高生产能力为6500 pcs/h(pcs:个、件、盒、袋等,为包装机生产能力的通用单位),瓶子容积为340~500 mL,瓶高为220~300 mm,瓶径不大于90 mm。

该机主要由瓶子供送、送盖装置、压盖机主体、安全机构、电气控制五个部分组成(见图6-8)。

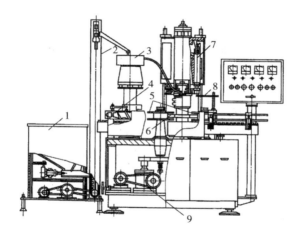

图6-8　BZYG-8型王冠盖压力封口机
1—贮盖箱　2—磁性带　3—电辊振动给料器　4—供瓶装置　5—进出瓶拨轮
6—压盖转盘　7—压盖机头　8—安全装置　9—宽皮带无级变速器

完成灌装后的瓶子,由链带输送至供瓶装置4,经变螺距螺杆隔开,被进出瓶拨轮5转送到压盖转盘6上;封口用的瓶盖,在贮盖箱1中经槽式电振给料器振动后送出,被磁性带2吸附,连续向上提升,经斗式振动给料器3,使杂堆放的瓶盖沿螺旋滑道自动定向排列输出,并由滑道送到压盖机头7的导向环槽中定位。当瓶子随转盘回转进入导向环下部时即被加盖,并在压盖机头下降运动时(其升降运动规律由固定于机身的凸轮控制）完成封口,然后由出瓶拨轮5输出。该机主要特点如下。

①通过贮盖箱、磁性带和电磁振动给料器,实现瓶盖的自动输供送,使操作工人不必像手工供盖那样,经常上下工作台往贮盖斗内加盖,从而减轻了劳动强度。

②压盖机头底面至压盖转盘之间的距离,以及供盖高度均可调节,可以适应各种瓶高封口的需要,使该机可以在灌装生产流水线或自动线中与其他机器配套使用。

③该机设有宽皮带无级变速器,结构简单,工作可靠,制造维修方便,使封口速度能够与联动机器配套。

④进出瓶拨轮底安装有离合器,当封盖出现吊瓶及破瓶现象时,因负荷过载可自动停机。

⑤本机产品系列化、部件通用化、零件标准化程度较高,有许多零部件,如进出瓶拨轮、变螺距螺杆、链带等可与灌装机互相通用。

(二)薄膜封口机

薄膜封口机用于单层薄膜及各种复合薄膜包装袋的封口、制袋。目前常见的多功能卧立两用自动薄膜封口机,能实现自动连续封口、自动控温,并同时打印日期,广泛应用于食品医药等各个部门。

该机主要由加热及控温系统、机械传动部分、微型带式输送机和机架等组成,待封口薄膜袋在传送系统带动下经过加热器时,由于薄膜本身所具有的热熔性和热塑性,使其封口部位受热、受压而相互黏合在一起。这种加热封口方法大体分为接触式和非接触式两大类,热封方式已发展为很多种,但影响封口质量的因素大致是相同的,即加热温度、封合压力和作用时间。合理确定这些参数与许多具体条件有关,需根据不同的薄膜材质实验确定。常用的接触式热封方法有以下几种:热板加压封合、热辊加压封合、环带热压封合、预热压纹封合、脉冲加压封合、热刀(或电热细丝)加压熔断封合、高频加压封合等。

五、贴标机

目前调味品常用的贴标签机,大致有三种形式:龙门式、真空转鼓式和自动回转式。这里主要介绍真空转鼓式贴标机,其特点是真空转鼓具有起标、贴标、标签码(出厂日期)及涂胶等作用。

　　需贴标签的瓶子由链板输送带送来,接着由进瓶螺杆将靠紧成排的瓶子,按一定的间距分开送向真空转鼓,瓶子在经过进瓶螺杆时,触动"无瓶不取标"装置的触头,电路断开,这时标盒做正常的摆动和移动的复合运动,以供转鼓取标用。真空转鼓绕垂直轴做逆时针旋转,鼓的圆柱面上有六个贴标区段,每个区段中有着取标作用的一组真空孔眼,其真空的接通与切断靠真空转鼓中的滑阀运动实现。有瓶子送来时,标盒向转鼓靠近,标盒支架上的滚轮触碰了真空转鼓的滑阀活门,使真空转鼓正对着标盒位置的相应真空气眼接通真空,并从向其贴靠的标盒上吸取一张标签,然后,标盒做离开转鼓的动作。带着标签的贴标区段经印码装置、涂胶装置,分别打印上出厂日期和涂上适量的胶液。转鼓继续旋转,已涂上胶液的标签与由进瓶螺杆送来的瓶子相遇,为此要求进瓶螺杆的速度应与转鼓的转速很好地配合,以使瓶子与转鼓的贴标工位准确相遇,此时转鼓中的阀门使其真空吸标孔眼从接通真空的状态切换成直通大气,标签失去真空吸力即自由地与真空转鼓脱离而黏附在瓶子上。当瓶子与标签相遇时,瓶子楔入转鼓的橡胶区段与海绵状橡胶之间,瓶子在转鼓的摩擦力带动下,开始绕本身轴线转动,标签即被滚贴到瓶身贴标位置上。贴标后的瓶子继续由链板输送带向前输送,进入由搓滚输送皮带和第二海绵状橡胶压块构成的通道中,瓶子在前进中被搓滚,新贴的标签被滚压平整并更加贴实。

参考文献

[1] 徐清萍. 复合调味料生产技术[M]. 北京:化学工业出版社,2008.

[2] 陈相杰,陈功,李恒,等. 一种发酵型韩国泡菜调味酱及其制备方法:中国,CN201510988571.5[P]、2016 - 05 - 04.

[3] 杨星星,崔迎雪,武凌宇,等. 一种新型功能性海带豆酱的制备工艺研究[J]. 海洋科学,2017,41(6):48 - 54.

[4] 贾建波. 发酵型龙虾调味料制备工艺研究[J]. 中国调味品,2011(8):63 - 66.

[5] 兰宏杰. 一种复合酶解大豆半固态酱油型调味料的制造工艺:中国,CN201110240646.3[P].2012 - 01 - 18.

[6] 董秀萍,李岩,祖岙雪,等. 果蔬发酵复合调味料的制备方法:中国,CN201510282154.9[P].2015 - 09 - 23.

[7] 高珊. 茶树菇味复合发酵调味品的研究[D]. 无锡:江南大学,2008.

[8] 徐辉. 复合食用菌调味汁的研制[D]. 成都:西华大学,2015.

[9] 邢盼盼,邓开野. 香辛料精油的研究进展及在食品工业中的应用[J]. 中国食品添加剂,2003,2:39 - 43.

[10] 赵谋明,凌关庭. 调味品[M]. 北京:化学工业出版社,2001.

[11] 翟营营,黄晶晶,张慧敏,等. 酵母抽提物主要滋味成分分析及其对鱼糜制品风味的影响[J]. 华中农业大学学报,2019,38(5):105 - 113.

[12] 徐吉祥,楚炎沛. 米糠多糖对芝士酱品质稳定性的优化研究[J]. 中国调味品,2017,42(7):156 - 159.

[13] 徐辉. 复合食用菌调味汁的研制[D]. 成都:西华大学,2015.

[14] 雷鸣,卢晓黎,等. 用高压蒸煮法研制鲨鱼骨海鲜辣酱[J]. 中国

调味品,2001(1):13-15.

[15]王琼瑶,阮征,张少兰.海虾黄灯笼辣椒酱的加工工艺[J].江苏调味副食品,2009,26(2):22-24.

[16]王勇,王勇辉,俞春山,等.一种香辣酱及其制作方法:中国,CN201711466587.5[P].2014-06-11.

[17]骆坤,尹志文,赖宁,等.竹笋兔肉香辣酱加工工艺研究[J].中国调味品,2016,41(11):95-99.

[18]潘东潮,张韵,贺习耀,等.新型剁椒口味复合调味酱的研发与应用[J].中国调味品,2013(4):65-70.

[19]毕艳红,高海林,王朝宇,等.淡水小龙虾肉酱的研制[J].现代食品科技,2012,28(6):676-678.

[20]周航,顾思远,孙俊秀,等.四川芽菜肉酱工艺条件研究[J].中国调味品,2016,41(8):107-109.

[21]崔东波.牛蒡香菇保健肉酱的研制[J].中国调味品,2014,39(10):106-108.

[22]曹雪金.一种莲藕牛肉酱及其制作方法:中国,CN201711253008.9[P].2018-03-27.

[23]谢镜国.一种即食牛蛙酱料的制备方法:中国,CN201610648396.X[P].2017-01-04.

[24]郭媛.方便型复合香辛调味料的研制[D].无锡:江南大学,2008.

[25]车科,麻成金,黄群,等.百合鹌鹑蛋黄酱的研制[J].江苏调味副食品,2007,24(4):14-16.

[26]孙慧敏.无蛋沙拉酱用糯米变性淀粉的制备及应用研究[D].无锡:江南大学,2008.

[27]马驰.一种酱鸭香精制备工艺的研究[D].上海:上海应用技术学院,2016.

[28]李凤华.鸡肉香精的制备及其感官评价体系研究[D].上海:上海应用技术学院,2015.

[29]曾晓房.鸡骨架酶解及其产物制备鸡肉香精研究[D].广州:华

南理工大学,2007.

[30]肖作兵,孙宗宇.一种红烧鸡肉香精的制备工艺研究[J].香料香精化妆品,2009(3):47-50.

[31]陈海涛,孙杰,蒲丹丹,等.内蒙古风干牛肉香精的调配[J].中国食品添加剂,2016(9):120-126.

[32]赵阳,高大伟,陈海华,等.红烧猪肉香精调香工艺的研究[J].青岛农业大学学报(自然科学版),2013,30(1):53-59.

[33]沈晗,孙宝国,廖永红,等.猪肉复合酶解及其热反应产物挥发性成分分析研究[J].食品工业科技,2010,31(2):104-107.

[34]张莉莉,孙颖,孔琰,等.糖醋排骨风味香精的制备工艺[J].精细化工,2017,34(10):1169-1174.

[35]张永清.麦芽糊精低能量方便面酱包的研制[J].中国调味品,2014,39(06):102-104,107.

[36]宋照军,蔡超,杨国堂,等.怪味方便复合调味酱的研制[J].安徽农业科学,2008(14):403-404,415.

[37]杜莉,卢一,陈丽兰,等.一种陈皮味方便型调味酱及其制备方法:中国,CNCN201710250176.6[P].2017-12-01.

[38]张美丽.一种麻辣鲜香方便面调味酱:中国,CN201510571722.7[P].2015-12-09.

[39]张美丽.一种番茄方便面调味酱:中国,CN201510568199.2[P].2015-12-16.

[40]张美丽.一种海鲜方便面调味酱:中国,CN201510569597.6[P].2015-12-16.

[41]吴昊.一步酸辣活鱼火锅调料:中国,CN201410540739.1[P].2016-03-16.

[42]曲春波,魏楠君,吴敏浩,等.南乳火锅调料的开发[J].农产品加工(学刊),2013(16):106-108,113.

[43]毕艳红,王朝宇,白青云,等.海鲜型风味火锅蘸酱的研制[J].中国调味品,2014,39(1):83-85.

[44]陈丽兰,陈祖明,袁灿.郫县豆瓣风味火锅蘸酱的研制[J].中国

调味品,2020,45(3):125 – 128.

[45]李燮昕,钟华,张淼. 无渣型鸡汁复合调味料清油火锅底料的研制[J]. 中国调味品,2015,40(12):83 – 87.

[46]兰宏杰. 一种膏状复合调味料:中国:CN201310733048. 9[P]. 2014 – 04 – 30.

[47]苗志伟. 一种新型膏状料酒调味品的制备方法:中国,CN201210398144. 8[P]. 2013 – 01 – 16.

[48]刘敏. 一种老坛酸菜牛肉风味膏状香精及其制备方法:中国,CN201810606127. 6[P]. 2018 – 11 – 16.

[49]兰宏杰. 一种鸡肉膏状调味料:中国,CN201310733046. X[P]. 2014 – 04 – 23.

[50]吕艳. 藿香调味料的制作工艺:中国,CN201410582913. 9[P]. 2016 – 05 – 04.

[51]陈钧,张贡博,易封萍,等. 具有复合香辛料的肉味膏状香精的制法及制得产品应用:中国,CN201410343046. 3[P]. 2015 – 11 – 18.

[52]李建平,司华静,彭晓芳,等. 微藻调味品及其制备方法:中国,CN201010517289. 6[P]. 2011 – 02 – 23.

[53]杨立苹,钱锋,郑立红. 液体复合调味料的调配技术[J]. 中国调味品,2003(07):32 – 33,39.

[54]范丽. 红烧调味汁的制备及其在红烧肉中的应用研究[D]. 上海:上海应用技术大学,2016.

[55]徐辉. 复合食用菌调味汁的研制[D]. 成都:西华大学,2015.

[56]霍国昌,钟芳芳,梁子聪,等. 鳗鱼酱油及其制作方法:中国,CN201810038045. 6[P]. 2018 – 05 – 08.

[57]康继富. 一种畜禽肉膏调味汁及其制备方法:中国,CN201711280049. 7[P]. 2018 – 03 – 27.

[58]王本新,李银塔,孙岐青. 一种用于猪肉制品的海带调味汁及制备方法:中国,CN201711151869. 6[P]. 2018 – 03 – 23.

[59]朱正娟. 一种由携带饺子式发酵体的发酵液制备的肉味胡萝卜

调味汁及其制备方法:中国,CN201510209099. 0 [P]. 2015 - 07 - 08.

[60] 袁伯才. 复合调味酱油:中国,CN201310190411. 7 [P]. 2013 - 08 - 07.

[61] 王炜. 一种功能性竹荪酱油复合调味料及其制备方法:中国, CN201710036431. 7 [P]. 2017 - 06 - 20.

[62] 刘洋,陈淑英,刘晓鹏. 一种富含蛋白质和氨基酸的海鲜调味酱油及其制备方法:中国,CN201711327398. X [P]. 2019 - 06 - 21.

[63] 耿瑞婷. 扇贝加工副产物制备海鲜调味汁的工艺研究 [D]. 舟山:浙江海洋学院,2014.

[64] 莫丽婷. 一种烤生蚝酱汁及其制备方法:中国,CN201610847513. 5 [P]. 2017 - 02 - 22.

[65] 杨洲. 燕麦调味汁发酵工艺优化及其特性研究 [D]. 重庆:西南大学,2013.

[66] 毕军华,李蓉,刘微. 虾油调味汁的开发和应用研究 [J]. 中国调味品,2018,43(12):138 - 141.

[67] 刘春娟,刘微. 一种麻辣海鲜调味汁的开发和应用研究 [J]. 中国调味品,2018(9):83 - 86.

[68] 张鹏,刘微. 一种酵母海鲜调味汁的开发和应用研究 [J]. 中国调味品,2018,43(4):175 - 177.

[69] 倪海平,杨众,唐茂林,等. 一种利用鱼粉加工废水制取海鲜调味料的方法:中国,CN201410678112. 2 [P]. 2015 - 04 - 08.

[70] 祝晓云,余家奇,张开艳. 花椒复合调味油的制备方法:中国, CN202010503998. 2 [P]. 2020 - 08 - 21.

[71] 倪军. 多味复合调味油及其生产方法:中国,CN201810958923. 6 [P]. 2019 - 01 - 04.

[72] 杨坤范. 一种香茅风味复合调味红油的制备方法:中国, CN201610840645. 5 [P]. 2017 - 02 - 15.

[73] 于希萌,马文静,王晓琳,等. 一种彩色复合调味油及其制备方法:中国,CN 201510041502 [P]. 2015 - 04 - 29.

[74]王振宇,郑元元,程翠林,等.一种砂仁复合调味油的加工方法:中国,CN201710471128.X[P].2017-09-05.

[75]李晟,杨冰冰.酱卤风味复合调味油及其制备方法:中国,CN201810047214.2[P].2018-06-19.

[76]李矼.一种植物香辛料复合调味油:中国,CN201610023618.9[P].2016-07-20.

[77]徐克明,窦文轲.一种复合调味油及其制备方法:中国,CN201611120100.3[P].2017-05-31.

[78]邓强.生蚝调味油及其制备方法:中国,CN201611098743.2[P].2017-05-31.

[79]尹连花.一种浓缩型复合牛肉面汤料及其制作方法:中国,CN201610184317.4[P].2017-10-10.

[80]邵信儒,孙海涛,姜瑞平,等.山楂蕈即食营养汤料的研制[J].中国调味品,2011,36(10):64-65,71.

[81]崔震昆,赵曼丽,朱琳,等.蔬香糟汁的工艺研究[J].农产品加工(学刊),2013(1):45-47,60.

[82]雷兰兰,吴祖芳,翁佩芳.榨菜低盐腌制卤汁生产营养调味汁的工艺优化[J].食品科学,2012,33(4):287-291.

[83]王皓平.一种靓汤调味料及制备方法:中国,CN201610095451.7[P].2017-08-29.

[84]王彬.一种酱油调味汁及其制备方法:中国,CN109497489A[P].2019-03-22.

[85]金宗宁,其他发明人请求不公开姓名.一种海参肽酱油(调味汁)的加工方法:中国,CN110101063A[P].2019-08-09.

[86]胡兴,吴标,车科,等.斑点叉尾鲖鱼露生产工艺研究[J].中国调味品,2008(05):66-68.

[87]曾焱.一种复合保健晒醋的制备工艺:中国,CN106281958A[P].2017-01-04.

[88]郭维图.微波提取技术及微波连续提取设备研究[J].机电信息,2016(5):1-11,32.

[89] 颜志红. 超声微波连续逆流提取、微波灭菌、真空带式干燥技术及设备的特点[J]. 机电信息, 2010(8): 6.

[90] 林硕. 超声—微波协同逆流提取的工艺及设备研究[D]. 合肥: 安徽农业大学, 2009.

[91] 张浩. 肉桂抗菌成分的微波提取设备研发及纯化甄别的研究[D]. 广东: 广东工业大学, 2017.

[92] 李平凡, 冯文清. 超滤膜在味精母液提纯工艺中的应用[J]. 中国调味品, 2009, 34(10): 59-61, 72.

[93] 冯文清. 超滤技术在味精末次母液生产复合调味品的研究[J]. 发酵科技通讯, 2011, 40(1): 24-26.

[94] 王虹, 刘鑫, 邹晓霜, 等. 蛋白鲜味肽复合调味品生产技术研究[J]. 中国食物与营养, 2018, 24(11): 34-38.